"十二五" 普通高等教育本科国家级规划教材
浙江省高等教育重点建设教材

高 等 学 校 教 材

现代酶工程

梅乐和　岑沛霖　主编

金志华　应国清　盛　清　参编

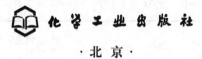
化学工业出版社
·北京·

内 容 提 要

本书在编排上结合酶工程的特点,力求反映近年来酶工程领域内涉及的新理论和新进展,系统地介绍了酶的分类和命名、酶的来源和生产、酶催化原理、酶催化反应动力学等酶工程基础知识,阐述了酶的固定化技术和应用、酶的化学修饰和和生物改造的原理和应用、酶工程的新进展,着重介绍了核酶、抗体酶、模拟酶以及非水介质中的酶催化反应,最后介绍了酶工程的应用。

本书可作为高等院校生物工程、发酵工程、食品科学和工程、生命科学、生物技术、制药工程等专的教材使用,也可作为与生物工程有关的科研、设计和工厂的工程技术人员参考用书。

图书在版编目(CIP)数据

现代酶工程/梅乐和,岑沛霖主编. —北京:化学工业出版社,2006.1 (2024.2重印)
"十二五"普通高等教育本科国家级规划教材
浙江省高等教育重点建设教材
高等学校教材
ISBN 978-7-5025-8032-2

Ⅰ. 现… Ⅱ.①梅…②岑… Ⅲ. 酶-生物工程-高等学校-教材 Ⅳ. Q814

中国版本图书馆 CIP 数据核字 (2006) 第 000306 号

责任编辑:赵玉清   文字编辑:焦欣渝
责任校对:陶燕华   装帧设计:胡艳玮

出版发行:化学工业出版社(北京市东城区青年湖南街 13 号 邮政编码 100011)
印   装:北京虎彩文化传播有限公司
787mm×1092mm 1/16 印张 15½ 字数 394 千字   2024 年 2 月北京第 1 版第 12 次印刷

购书咨询:010-64518888   售后服务:010-64518899
网   址:http://www.cip.com.cn
凡购买本书,如有缺损质量问题,本社销售中心负责调换。

定   价:40.00 元

前　　言

生物工程正在成为发展最快、应用最广、潜力最大、竞争最为激烈的领域之一，也是最有希望取得关键性突破的学科之一，它与人们日常生活、经济和社会的关系密切，并且已经渗透到工程科学、物理、化学、数学、管理科学、经济学、人文科学等几乎所有的学科。而生物工程产业作为一个正在崛起的主导性产业，已成为产业结构调整的战略重点和新的经济增长点，将成为我国赶超世界发达国家生产力水平，实现后发优势和跨越式发展最有前途、最有希望的领域。

作为生物工程重要组成部分的酶工程同样在迅猛发展。酶工程是酶学和工程学相互渗透结合并发展而形成的一门新的技术科学，是酶学、微生物学的基本原理与化学工程等有机结合而产生的边缘学科，作为生物工程中必不可少的重要组成部分，不但受到业内的广泛重视，也日益受到其它各领域内研究者的普遍关注。作为生物催化剂的酶具有催化专一性好、效率高、作用条件温和等优点，已广泛应用于医药、食品、轻工、化工、能源、环保、检测、生物技术等领域，深刻影响着许多重要的科学和实践领域。随着人类基因组计划的完成及许多重要动物、植物和微生物基因组的确定，可以预料，今后将有更多的酶被鉴别，并出现一批基因工程表达的酶制剂，酶的许多特殊功能将被发现。同时也可以预见，蛋白质工程为酶的性质改造和赋予新的功能提供了有力的工具，人们有理由期待，酶工程将在新世纪中大放异彩。

我国自 1998 年在生物化工（部分）、微生物制药、生物化学工程（部分）、发酵工程等专业的基础上设置生物工程专业以来，相关的教学和科学研究取得了迅猛发展。据不完全统计，截至 2003 年全国已有 148 所高校设立生物工程专业，本科生招生数已经超过 14000 人。由于教学的需要，迫切需要有一本适合生物工程及相关专业使用的酶工程教材。浙江大学1988 年以来一直在生物化工、生物工程等相关专业开设"酶工程"课程，并编写《酶工程》讲义。为了满足教学、科研和生产的需要，结合多年来的教学体会，对原讲义进行多次修改、增删后形成本书。本书在编排上结合酶工程的特点，系统地介绍了酶的分类和命名、酶的来源和生产、酶催化原理、酶催化反应动力学等酶工程基础知识，阐述了酶的固定化技术和应用、酶的化学修饰和生物改造的原理和应用、酶工程的新进展，系统地介绍了核酶、抗体酶、模拟酶以及非水介质中的酶催化反应，最后对酶工程的应用进行了分析，并力求反映近年来酶工程领域内涉及的新理论和新进展。

本书由浙江大学梅乐和教授和岑沛霖教授、浙江大学宁波理工学院金志华副教授、浙江工业大学应国清教授、浙江理工大学盛清副教授等共同编写。编写过程中得到了许多人士的关心和帮助，并被浙江省教育厅列为浙江省高校重点教材，在诸多方面给予支持，书中参考了许多学者的相关著作，在此一并表示感谢。

鉴于编者水平有限，书中难免会有错误或不妥之处，恳请读者不吝赐教，提出宝贵意见。

编者

2005 年于杭州西子湖畔

目　　录

1 绪 论

酶是一类生物催化剂，其化学本质为蛋白质，同时又具有催化剂的功能。生物体内，组成生命活动的大量生化反应都是在酶的催化作用下得以有序而顺利地进行，进而保证了正常代谢途径的畅通而不发生中间代谢产物的积累。几乎所有生物的生理现象都与酶的作用紧密相关，可以这样说，没有酶的存在，就没有生物体的生命活动。

对酶的认识最早起源于酿酒、造酱、制饴和治病等生产与生活实践。我国祖先在几千年以前就已经开始利用酶，早在夏禹时代，人们就会酿酒；《周礼》上也已有造酱、制饴的记载；春秋战国时期，已有采用曲治疗消化不良等疾病的案例。在西方，随着人们对酿酒发酵过程研究的深入，从 19 世纪起对酶的认识也逐渐深入。1810 年 Jaseph-Lussac 发现酵母可将糖转化为酒精，之后 Pasteur 对发酵作了很多研究，并作出了很大的贡献，但他却错误地认为只有活的酵母细胞才能进行发酵。Liebig 在研究酿酒过程中对这种观念提出了挑战，首次认为发酵现象是由于酵母细胞中含有发酵酶，是发酵酶催化糖发酵产生酒精，但由于当时科学和技术的限制，他未能从酵母细胞中制备出可催化发酵的无细胞酶制品。但从此时开始，人们对具有生物催化作用的酶已经有了模糊的认识。1835～1837 年间，Berzelius 提出了催化作用的概念，对酶学的发展起了非常重要的作用，实际上，正是此概念的产生使对酶的研究一开始就与它具有的催化作用联系在一起。1876 年 Kuhne 创造了 "enzyme" 一词，目的是为了避免与 "ferment" 一词的混淆。一般认为真正的酶学的研究始于Buechner 兄弟的发现，1887 年 Buechner 兄弟用细沙研磨酵母细胞，压取出汁液，证明了不含酵母细胞的酵母提取液也能使糖发酵生成酒精，实验证实了发酵与细胞的活力无关，并表明了酶能够以溶解的、有活性的状态从破碎的细胞中分离出来，从而推动了酶的分离以及对酶的理化性质的进一步探讨和研究，也促进了各种与生命活动过程有关的酶系统的深入研究。

历史上对酶化学本质的认识经历了一个曲折的过程。20 世纪 20 年代初，Willstatter 认为酶不一定是蛋白质，他将过氧化物酶纯化了 12000 倍后，酶的活性很高，但却检测不到蛋白质，所以他错误地认为酶是由活动中心与胶质载体组成的，活动中心决定酶的催化能力及专一性，胶质载体的作用在于保护活动中心，蛋白质只是保护胶质载体的物质，并以此来解释酶纯度越高越不稳定的实验现象。这一错误的观点是由于当时对蛋白质检测水平的限制而造成的，但由于 Willstatter 的权威地位，使这一观点在当时较为流行。1926 年，Sumner 第一个获得了脲酶的蛋白质结晶，并提出了酶是蛋白质的观点，但仍无法推翻 Willstatter 的观点。直到 Northrop 和 Kunitz 得到了胃蛋白酶、胰蛋白酶、胰凝乳蛋白酶的蛋白质结晶，并用令人信服的实验方法证实了酶是一种蛋白质后，酶的蛋白质属性才被人们普遍接受。到20 世纪 80 年代初，所发现的酶已经超过 4000 种，这些酶都是由生物体自然产生的具有催化能力的蛋白质。

1.1 酶与生命

无论是低等微生物还是高等动植物，体内成千上万个错综复杂的化学反应构成了新陈代谢的网络，这些反应在井井有条、绵绵不断地进行着，那么生物体内这样有规律、有秩序的反应是如何维持的呢？大量的科学研究表明，这些反应都是在生物催化剂——酶的作用下进行的，许多酶构成了一个庞大而有规律的酶反应体系，控制和调节着生物体复杂的新陈代谢。生物体内的每一个细胞内存在着许许多多的物质分子，它们之间可以发生各种各样的生化反应。组成生命活动的大量生化反应都是由一套特异的酶所催化的，细胞利用这些酶使复杂的生化反应得以有序地进行，从而保证生命体的正常代谢途径畅通而不发生副反应。

从目前的研究结果来看，生物体内几乎所有生化反应都是由酶催化的，新陈代谢就是酶催化的许多同化与异化反应的复杂体系，生物的发育、生长、繁殖等都涉及酶的催化作用。酶系统的完整性和协调性是生命的关键，一旦生物体内酶系统的完整性和协调性受到破坏，将会引起疾病，甚至危及生命。毫不夸张地说，几乎所有生物的生理现象都与酶的作用紧密相关。离开了酶，生命活动就一刻也不能维持；失去了酶，也就失去了整个生物界。

已经知道，细胞内通常含有很多相互关联的酶，这些酶构成了一个又一个的酶系并分布于特定的细胞组分之中，因此，某些调节因子就可以比较特异地影响某细胞组分中的酶活性，而不使其它组分中的酶受到影响。在生物体的各个不同的部位都存在着酶，各种酶均可在不同物种的生命体内发现，但在不同的生命体内或相同的生物体内的不同部位，酶的种类及分布是不同的。表1.1～表1.6分别列出了哺乳动物细胞内某些组分所含的部分酶。

表1.1 分布于细胞核中的酶

细胞核中的位置	酶
核膜	酸性磷酸酶、6-磷酸葡萄糖酶
染色质	三磷酸核苷酶、RNA核苷酸转移酶Ⅱ、RNA核苷酸转移酶Ⅲ、DNA核苷酸转移酶、烟酰胺核苷酸腺苷酰转移酶
核仁	RNA核苷酸转移酶Ⅰ、RNA甲基转移酶、核糖核酸酶
核内可溶性部分	酵解酶系、磷酸戊糖途径酶系、精氨酸酶、乳酸脱氢酶、异柠檬酸脱氢酶

表1.2 分布于细胞质中的一些酶

酶 的 功 能		酶
参与糖代谢的酶	酵解酶系	糖原合成酶、二磷酸果糖酶、磷酸化酶激酶、蛋白激酶、磷酸烯醇式丙酮酸羧激酶
	磷酸戊糖途径酶系	苹果酸脱氢酶、乳酸脱氢酶、异柠檬酸脱氢酶、柠檬酸裂合酶、1-磷酸葡萄糖尿苷酸转移酶
参与脂代谢的酶		脂肪酸合成酶复合体、乙酰辅酶A羧化酶、3-磷酸甘油脱氢酶
参与氨基酸、蛋白质代谢的酶		天冬氨酸转移酶、丙氨酸氨基转移酶、精氨酸酶、精氨琥珀酸合成酶、精氨琥珀酸裂解酶
参与核酸合成的酶		核苷激酶、核苷酸激酶

表1.3 分布于内质网的酶

分 布 位 置	酶
光滑内质网	胆固醇合成酶系、固醇羟基化酶系、(C_{12}～C_{20})脂肪酸碳链延长酶系、肉毒碱酰基转移酶、磷酸甘油酰基转移酶、药物代谢酶系(芳环羟化、侧链氧化、脱氨、脱烷基、脱卤等反应)
粗糙内质网(细胞质一侧)	蛋白质合成酶系、三磷酸腺苷酶、5'-核苷酸酶、细胞色素b_5还原酶、NADPH-细胞色素还原酶、GDP甘露醇α-D-甘露糖基转移酶、胆固醇酰基转移酶
粗糙内质网(内腔侧)	二磷酸核苷酸、6-磷酸葡萄糖酶、β-D-葡糖苷酸酶、UDP-葡糖苷酰转移酶

2

表 1.4 分布于线粒体内的酶

分布位置	酶
外膜	酰基辅酶 A 合成酶、甘油磷酸酰基转移酶、磷酸胆碱转移酶、NADH 脱氢酶、细胞色素 b₅ 还原酶、单胺氧化酶、狗尿酸原羟化酶、磷脂酶 A₃、腺苷酸激酶、己糖激酶
膜间腔	核苷激酶、腺苷酸激酶、L-木酮糖还原酶
内膜	NADH 脱氢酶、琥珀酸脱氢酶、3-羟丁酸脱氢酶、3-磷酸甘油脱氢酶、细胞色素 C 氧化酶、ATP 酶、己糖激酶、肉毒碱软脂酰转移酶
基质	三羧酸循环酶系、脂肪酸 β-氧化酶系、氨甲酰磷酸合成酶、鸟氨酸氨甲酰转移酶、丙酮酸羧化酶、谷氨酸脱氢酶

表 1.5 分布于溶酶体的酶

酶的功能	酶
水解蛋白质的酶	组织蛋白酶、弹性蛋白酶、胶原蛋白酶
水解糖苷类的酶	β-葡萄糖醛酸苷酶、β-半乳糖苷酶、α-甘露糖苷酶、β-N-乙酰氨基葡糖苷酶、葡聚糖酶、透明质酸酶、溶菌酶、神经氨酸糖苷酶
水解核酸的酶	核糖核酸酶Ⅱ、脱氧核糖核酸酶Ⅱ
水解脂类的酶	磷脂酶 A、胆固醇脂酶
其它水解酶	酸性磷酸酯酶、芳基硫酸酯酶

表 1.6 分布于过氧化酶体的酶

酶 类	酶
氧化酶类	乙醇酸氧化酶、酯酰 CoA 氧化酶、尿酸氧化酶、D-氨基酸氧化酶、L-氨基酸氧化酶、甲醇氧化酶、聚胺氧化酶、甘油磷酸氧化酶
脱氢酶类	L-β-羟脂酰 CoA 脱氢酶、苹果酸脱氢酶、甘油脱氢酶、异柠檬酸脱氢酶、黄嘌呤脱氢酶
合成酶类	脂酰 CoA 合成酶、乙酰 CoA 合成酶、烯脂酰合成酶、丙酮酸合成酶
酰基转移酶类	肉毒碱乙酰 CoA 转移酶、肉毒碱辛酰 CoA 转移酶、酰基 CoA 二羟丙酮酸转移酶
转氨酶类	谷氨酸-乙醛酸转氨酶、丝氨酸-乙醛酸转移酶、关氨酸草酰转氨酶、丙酮酸-乙醛酸转氨酶、丝氨酸-丙酮酸转氨酶、亮氨酸-乙醛转氨酶
乙醛酸循环酶类	异柠檬酸裂解酶、苹果酸合成酶、柠檬酸合成酶、乌头酸酶
膜上的酶类	细胞色素 C 还原酶、脂酶

酶的分布不仅有物种的差异，而且还存在部位的差异，在同一生物的不同细胞和组织，甚至不同的发育过程，酶的种类与含量会有很大的差异。表 1.7 列出了大鼠的一些器官组织中酶的分布情况。图 1.1 为大鼠肝脏发育过程中一些酶的活力变化。

表 1.7 大鼠的各组织中一些酶的分布情况

酶的名称	肝	肾	脾	心	骨骼肌	肺	小肠	大肠	胰腺	脑	睾丸	血液
α-淀粉酶			0	0	0		0.7		100	0	18	0.5
β-半乳糖苷酶	45	100	68	5			44		13	4		
组织蛋白酶	46	100	88		8	48				21		
天冬酰胺酶	38	100	26			14			16	29		
谷氨酰胺酶	8	46	6	5		6	33		7	100		
精氨酸酶	100	15	5	0	4				2	1		
鸟嘌呤脱氨酶	80	76	92		0				57	100		
腺嘌呤脱氨酶	11	35	100									
三磷酸腺苷酶	47	74	48	100	82	80			42	25		
二磷酸果糖醛缩酶	6	5	3	12	100	1.5	1		0.2	8		

酶的名称	肝	肾	脾	心	骨骼肌	肺	小肠	大肠	胰腺	脑	睾丸	血液
柠檬酸合成酶	8	16		100		8						
碳酸酐酶	100	19	25				0	0		100	31	
延胡索酸水化酶	68	66		100								
顺乌头酸水化酶	77	100					18	10			8	
烯醇化酶	9	15	6	13	100						9	
磷酸葡萄糖异构酶	21	0.5		1	0.5	5	15	100	1.5			
丙酮酸羧化酶	100	66	0	0						0		

注：每种酶的分布为组织间相对比较值（以酶量最多的组织中为100）。

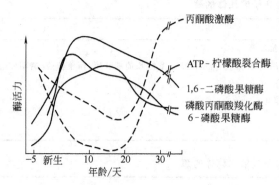

图 1.1　大鼠肝脏发育过程中一些酶的活力变化情况

从表1.7可以看出，有些酶分布极为广泛，如二磷酸果糖醛缩酶、三磷酸腺苷酶、磷酸葡萄糖异构酶、谷氨酰胺酶等分布于大鼠的众多组织或器官中，但有些酶却仅仅存在于某一些组织内，而在其它组织或器官内则没有分布，如丙酮酸羧化酶仅在大鼠的肝脏和肾脏存在，在脾脏、心脏等组织却没有分布。同样，在不同的组织或器官中分布的酶的种类和酶量也有很大的区别，例如，在大鼠的肝脏和肾脏就存在表中列出的所有酶，而在睾丸、大肠等组织或器官中分布的酶的种类相对就比较少。

值得注意的是，有些酶在某些组织或器官中的活性特别高，例如，表1.7中的α-淀粉酶和碳酸酐酶在胰腺中的含量就特别高，这可能与该器官组织的特征有相关的联系。通常可以将只分布于细胞内某个特定组分的酶称为标志酶，在实践上，可以将它作为细胞组分鉴别的依据，甚至可以判别组织或器官是否发生病变。表1.8列出了细胞各部分的标志酶和生化功能。

表 1.8　细胞各部分的标志酶和生化功能

细胞部分	标 志 酶	主要生化功能
细胞核	烟酰胺单核苷酸、NMN 腺苷酰转移酶	DNA、RNA、NAD 的生物合成
线粒体	琥珀酸脱氢酶、细胞色素氧化酶	电子转移、氧化磷酸化、尿素循环、三羧酸循环、脂肪酸氧化、血红素生物合成
溶酶体	酸性磷酸酶	细胞成分的水解
微粒体（核蛋白体、多核蛋白体、内质网）	6-磷酸葡萄糖酶、NADPH-细胞色素C 还原酶	蛋白质的合成，药物的解毒，黏多糖、葡萄糖苷酸、胆固醇、磷脂的生物合成
可溶性部分	乳酸脱氢酶	氨基酸的活化、糖酵解、糖的异生作用、戊糖磷酸旁路、脂肪酸的生物合成

需要指出的是，在某些生物中，酶的差异能显示属的特征，不同生物所含酶的种类和酶量是有区别的，即使不同生物所含的一些酶相同，其一级结构往往也有差异，并能体现出进化上亲缘关系的远近。

综上所述，酶能鲜明地体现出生物识别、催化、调节等功能，一切生命活动都是在酶的作用下通过各种生物化学反应的正常进行来维持的，酶是促进一切代谢反应的物质，没有酶，代谢就会停止，生命也就会随之终止。探讨酶与生命活代谢调节、疾病、生长发育等的关系，对于阐明生命现象的本质和规律具有十分重要的意义，在整个生物学领域中有重要的作用。

1.2 酶工程

酶工程是酶学和工程学相互渗透结合并发展起来的一门新的技术科学，是酶学、微生物学的基本原理与化学工程等有机结合而产生的边缘学科。它是从应用的目的出发研究、利用酶的特异性催化功能，并通过工程化将相应的原料转化为有用物质的技术，其特点是利用酶或含酶细胞器作为生物催化剂完成重要的化学反应。酶工程作为生物工程中必不可少的重要组成部分，不但受到生物化学、生物化工等工作者的重视，也日益受到其它各领域内研究者的关注。

酶工程的形成是建立在酶或酶制剂的应用基础上的，酶反应动力学理论的发展和运用化学工程原理建立起的多种反应器、大规模的酶应用为酶工程学科的产生和形成奠定了重要的基础。一般认为，酶工程的发展历史应从 20 世纪 40 年代日本采用深层液体发酵技术大规模成功生产 α-淀粉酶，使酶制剂生产应用进入工业化阶段算起。20 世纪 50 年代采用葡萄糖淀粉酶催化淀粉水解生产葡萄糖新工艺的研究成功，彻底废除了原来葡萄糖生产中采用的高温、高压酸水解工艺，使淀粉的得糖率由 80% 左右上升为 100% 以上，这项新工艺的成功大大促进了酶在工业上的应用，揭开了现代酶制剂工业的序幕。之后，许多酶制剂都采用微生物发酵方法进行生产，酶的生产和应用得以大规模发展。到了 20 世纪 60 年代，科学家提出了操纵子学说，阐明了酶生物合成的调节机理，使酶的生物合成可以按照人们的意愿加以调节控制，并显著提高了发酵生产过程酶的产率。而在这一时期内，固定化酶的出现使酶制剂的应用面貌焕然一新，日本科学家千钿一郎成功地将固定化氨基酰化酶拆分氨基酸技术用于 DL-氨基酸的拆分生产 L-氨基酸，开创了固定化酶应用的新局面。就是在这样的背景下，第一次国际酶工程会议于 1971 年顺利召开，会上总结了此前酶工程的研究和应用成果，并提出酶工程研究内容，主要包括酶的生产、分离纯化、酶的固定化、酶及固定化酶的反应器、酶与固定化酶的应用等内容。到了 20 世纪 70 年代后期，由于微生物学、基因工程及细胞工程等的迅猛发展为酶工程的进一步纵深发展带来了勃勃生机，不仅扩大了酶工程的研究和应用领域，而且取得了迅猛的发展。此后，固定化天冬氨酸酶生产 L-天冬氨酸、固定化葡萄糖异构酶生产高果糖浆、固定化青霉素酰化酶生产半合成青霉素或头孢菌素、固定化 β-半乳糖苷酶生产低乳糖奶等的工业化生产陆续取得成功，极大地推动了酶工程的发展。

随着酶在工业、农业、医药和食品等领域中应用的迅速发展，酶工程也不断地增添新的内容。目前从自然界中发现和鉴定的酶已经超过 4000 种，但大规模生产和应用的商品酶只有数十种，只占很少的一部分，大量的自然酶还没有得到很好的应用。其主要原因是大多数自然酶脱离其生理环境后极不稳定，而在生产和应用过程中的条件往往与其生理环境相差甚远，且酶的分离纯化工艺过于复杂、成本过高。为了更好地应用酶，通常可以采用自然酶的化学修饰、化学人工酶或采用酶学与基因工程相结合的手段，改造自然酶产生修饰酶甚至是自然界中不曾存在的新酶，这使得酶工程的研究和应用领域逐渐得以扩大，内容也日渐丰富。按现代观点来看，酶工程包括以下几个方面的研究内容：①酶的分离、纯化和大量生产，以及它们在细胞外的应用；②新颖酶的发现、研究和应用；③酶的固定化技术和固定化酶反应器的研究；④基因工程技术应用于酶制剂的生产及遗传修饰酶的研究；⑤酶分子改造与化学修饰以及酶的结构与功能之间关系的研究；⑥有机介质中酶反应的研究；⑦酶的抑制剂、激活剂的开发及应用研究；⑧抗体酶、核酸酶的研究；⑨模拟酶、合成酶以及酶分子的人工设计、合成的研究等。

目前，酶工程已经广泛地用于科学研究、医药、疾病诊断、分析检测、日常生活、工农业生产及环境保护。酶催化反应的规模大至上千万吨，如淀粉水解及高果玉米糖浆（HF-CS）生产，小到几个分子的检测，如蛋白质芯片。随着人类基因组计划的完成及许多重要动物、植物和微生物基因组的确定，可以预料今后将有更多的酶被鉴别，并出现一批基因工程表达的酶制剂，酶的许多特殊功能将被发现。同时也可以预见，蛋白质工程将为酶的性质改造和赋予新的功能提供有力的工具。

2 酶工程基础

在长期的研究过程中，人们对酶的基本知识和理论进行了大量的描述，形成了一整套酶的命名原则和方法，明确了酶的化学本质和来源，并根据实际情况，利用动物、植物和微生物制备和规模化生产酶制剂。根据酶催化反应的现象和规律，总结出了相应的酶催化机制和动力学特点，从而奠定了酶工程的基础。本章将介绍酶工程的基本概念和基本知识。

2.1 酶的分类和命名

由于酶的种类繁多，在酶学研究的初期，尚没有一个系统的命名法则，酶的名称都是习惯沿用的，绝大多数是依据酶催化作用的反应物（或称为底物）来命名的，如淀粉酶、蛋白酶、脂肪酶等；有时也根据酶所催化的反应性质来命名，如氧化酶、转氨酶等；也有一些酶结合了上述两点进行命名，如胆固醇氧化酶、醇脱氢酶、谷丙转氨酶等；此外，还有在这些命名法的基础上，加上酶的来源或酶的其它特点等对酶进行命名，如心肌黄酶、胰蛋白酶、碱性磷酸酯酶等。虽然这些命名法的沿用时间很长，也比较简单，但存在严重的局限性，缺乏系统性，常常会不可避免地出现一酶数名或一名数酶的混乱情况。

为了避免这种混乱，国际生物化学联合会（International Union of Biochemistry，IUB）在 1955 年就酶的分类和命名问题成立了国际委员会，并在 1961 年提出了酶的系统命名法和系统分类法，经 1965 年、1972 年、1978 年和 1984 年几次修改、补充后，形成了现在已得到普遍承认的分类和命名法。

2.1.1 国际系统分类法

国际酶学委员会根据已知的酶催化反应类型和作用的底物，将酶分为氧化还原酶类、转移酶类、水解酶类、裂合酶类、异构酶类、合成酶或连接酶类六大类，其催化的反应类型如下。

2.1.1.1 氧化还原酶类

氧化还原酶类催化的是氧化还原反应，包括了参与催化氢和/或电子从中间代谢产物转移到氧的整个过程中的各种酶，也包括促成某些物质进行氧化还原转化的各种酶。这类酶在体内参与氧化产能、解毒和某些生理活性物质的合成，在生命过程中起着很重要的作用，在生产实践中，应用也十分广泛。重要氧化还原酶类有各种脱氢酶、氧化酶、过氧化物酶、氧合酶、细胞色素氧化酶等。图 2.1 为葡萄糖氧化酶催化葡萄糖氧化为葡萄糖内酯。

β-D-葡萄糖 + O$_2$ $\longrightarrow$ D-葡萄糖内酯 + H$_2$O$_2$

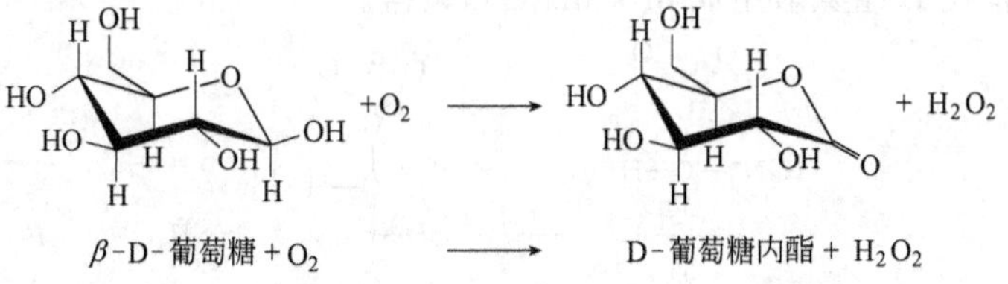

图 2.1　葡萄糖氧化酶催化葡萄糖氧化为葡萄糖内酯

2.1.1.2 转移酶类

转移酶类可催化各种功能基团从一种化合物转移到另一种化合物，在生物机体内参与核酸、蛋白质、糖类及脂肪等的代谢，对核苷酸、核酸、氨基酸、蛋白质等的生物合成有重要作用，并可为糖、脂肪酸的分解与合成准备各种关键性的中间代谢产物，此外，转移酶类还能催化诸如辅酶、激素和抗生素等生理活性物质的合成与转化，并能促成某些生物大分子从潜态转入功能状态。这类酶包括了一碳基转移酶、酮醛基转移酶、酰基转移酶、糖苷基转移酶、烃基转移酶、含氮基转移酶、含磷基转移酶和含硫基团转移酶等。图2.2为天冬氨酸转氨酶催化氨基转移反应。

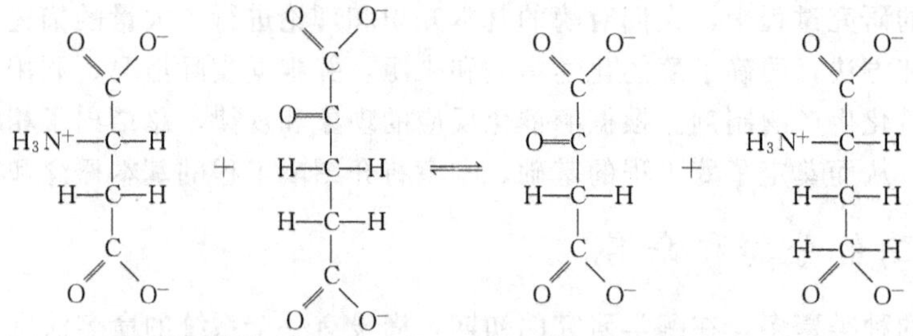

L-天冬氨酸盐(或酯)+酮基戊二酸——→草酰乙酸盐(或酯)+谷氨酸酯

图 2.2　天冬氨酸转氨酶催化氨基转移反应

2.1.1.3　水解酶类

水解酶类是目前应用最广的一类酶，催化的是水解反应或水解反应的逆反应，可催化水解酯键、硫酯键、糖苷键、肽键、酸酐键等化学键，在体内外起降解作用，包括酯酶、淀粉酶、脂肪酶、蛋白酶、糖苷酶、核酸酶、肽酶等。水解酶一般不需辅酶。图2.3为凝乳酶水解 κ-干酪素生成 para-κ-干酪素和 caseino macropeptide。

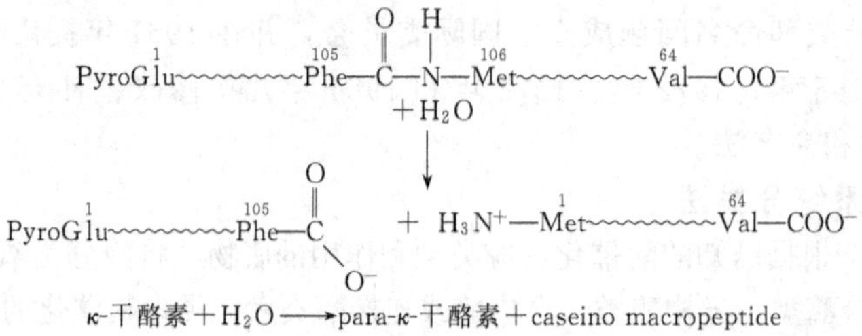

κ-干酪素+H_2O ——→ para-κ-干酪素+caseino macropeptide

图 2.3　凝乳酶水解 κ-干酪素生成 para-κ-干酪素和 caseino macropeptide

2.1.1.4　裂合酶类

这类酶能催化底物进行非水解性、非氧化性分解，可脱去底物上某一基团而留下双键，或可相反地在双键处加入某一基团，催化的主要化学键有 C—C、C—O、C—N、C—S、C—X（X=F，Cl，Br，I）和 P—O 键等。重要的裂合酶有谷氨酸脱羧酶、草酰乙酸脱羧酶、醛缩酶、柠檬酸解酶、烯醇化酶、天冬氨酸酶、DDT 脱氯化氢酶、顺乌头酸酶等。图2.4为组氨酸酶催化 L-组氨酸生成 urocanate 和铵盐。

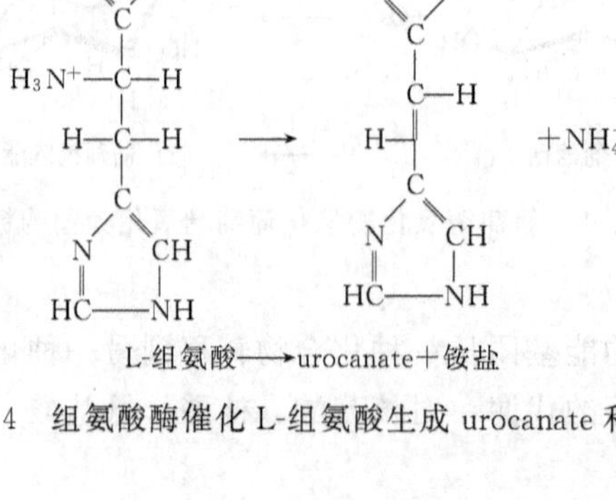

L-组氨酸——→urocanate+铵盐

图 2.4　组氨酸酶催化 L-组氨酸生成 urocanate 和铵盐

2.1.1.5 异构酶类

此类酶催化某些物质进行分子异构化，可进行化合物的外消旋、差向异构、顺反异构、醛酮异构、分子内转移、分子内裂解等，包括消旋酶、差向异构酶、顺反异构酶、醛酮异构酶、分子内转移酶等，为生物代谢所需要。重要的异构酶类有谷氨酸消旋酶、醛糖-1-差向异构酶、视黄醛异构酶、D-葡萄糖异构酶、磷酸甘油变位酶、谷氨酸变位酶、四氢叶酸甲基转移酶等。图 2.5 为葡萄糖异构酶将葡萄糖异构化生产 D-果糖。

D-葡萄糖 —————— D- 果糖

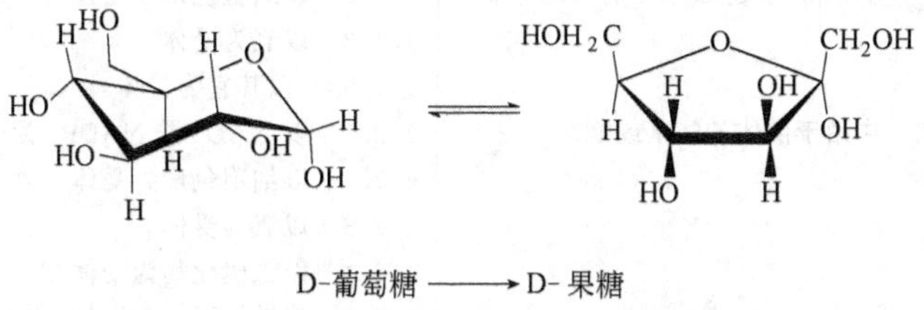

图 2.5　葡萄糖异构酶将葡萄糖异构化生产 D-果糖

2.1.1.6 合成酶或连接酶类

合成酶类或连接酶类能催化利用 ATP 或其它 NTP 供能而使两个分子连接的反应，能够形成 C—O 键（与蛋白质合成有关）、C—S 键（与脂肪酸合成有关）C—C 键和磷酸酯键等化学键。这类酶关系到很多重要的生命物质的合成，其特点是需要三磷酸腺苷等高能磷酸酯作为结合能源，有的还需金属离子辅助因子。图 2.6 为甘氨酸连接酶、谷胱甘肽合成酶催化 γ-L-谷氨酰-L-半胱氨酸、ATP 和甘氨酸生成谷胱甘肽、ADP 和磷酸盐。

γ-L-谷氨酰-L-半胱氨酸＋ATP＋甘氨酸 —————→ 谷胱甘肽＋ADP＋磷酸盐

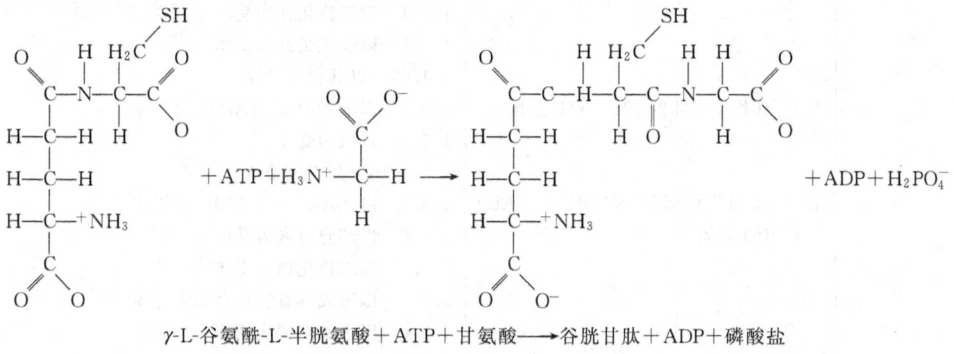

图 2.6　甘氨酸连接酶、谷胱甘肽合成酶催化 γ-L-谷
氨酰-L-半胱氨酸、ATP 和甘氨酸生成谷胱甘肽、ADP 和磷酸盐

根据上述分类，EC 规定每一种酶都有一个由四组数字组成的编号，每个数字之间用"."分开，并在此编号的前面冠以 EC（enzyme commission 的简称）。编号中的第一个数字表示该酶所属的大类，分别为：①氧化还原酶类；②转移酶类；③水解酶类；④裂合酶类；⑤异构酶类；⑥合成酶或连接酶类。第二个数字表示在该大类下的亚类，亚类的划分有些是根据所作用的基团，有些则反映了所催化反应的亚类，表 2.1 列出了酶的国际分类。第三个数字表示各亚类下的亚亚类，它更精确地表明酶催化反应底物或反应物的性质，例如氧化还原酶大类中的亚亚类区分受体的类型，具体指明受体是氧、细胞色素还是二硫化物等。第四个数字表示亚亚类下具体的个别酶的顺序号，一般按酶的发现先后次序进行排列。编号中的前三个数字表明了该酶的特性，如反应物的种类、反应的性质等。例如：EC 1.1.1.1 代表乙醇脱氢酶。第一个数字 1 表明这是一种氧化还原酶；第二个数字 1 说明作用于分子中的羟

基；第三个数字 1 代表作用的底物是乙醇；第四个数字 1 则是发现的顺序号。根据此规则，每个酶都有自己的编号，如己糖激酶为 EC 2.7.1.1，腺苷三磷酸酶是 EC 3.6.1.3，果糖二磷酸醛缩酶是 EC 4.1.2.13，磷酸丙糖异构酶是 EC 5.3.1.1 等。

表 2.1　酶的国际分类简表

大　类	亚　类		亚　亚　类	
1　氧化还原酶	1.1	作用于供体 CH—OH 基团：包括伯醇、仲醇及半缩醛的脱氢酶	1.1.1	以 NAD^+ 或 $NADP^+$ 为受体
			1.1.2	以细胞色素为受体
			1.1.3	以氧为受体
			1.1.99	以其它为受体
	1.2	作用于供体的醛基或酮基	1.2.1	以 NAD^+ 或 $NADP^+$ 为受体
			1.2.2	以细胞色素为受体
			1.2.3	以氧为受体
			1.2.4	以二硫化物为受体
			1.2.7	以铁硫蛋白为受体
			1.2.99	以其它为受体
	1.3	作用于供体的 CH—CH 基团	1.3.1	以 NAD^+ 或 $NADP^+$ 为受体
			1.3.3	以细胞色素为受体
			1.3.4	以氧为受体
			1.3.7	以铁硫蛋白为受体
			1.3.99	以其它为受体
	1.4	作用于供体的 CH—NH_2 基团	1.4.1	以 NAD^+ 或 $NADP^+$ 为受体
			1.4.2	以细胞色素为受体
			1.4.3	以氧为受体
			1.4.4	以二硫化物为受体
			1.4.7	以铁硫蛋白为受体
			1.4.99	以其它为受体
	1.5	作用于供体的 CH—NH 基团	1.5.1	以 NAD^+ 或 $NADP^+$ 为受体
			1.5.3	以氧为受体
			1.5.99	以其它为受体
	1.6	作用于供体的 NADH 或 NADPH 基团	1.6.1	以 NAD^+ 或 $NADP^+$ 为受体
			1.6.2	以细胞色素为受体
			1.6.4	以二硫化物为受体
			1.6.5	以醌或其有关化合物为受体
			1.6.6	以含氮基团为受体
			1.6.7	以铁硫蛋白为受体
			1.6.99	以其它为受体
	1.7	作用作为供体的其它含氮化合物	1.7.2	以细胞色素为受体
			1.7.3	以氧为受体
			1.7.7	以铁硫蛋白为受体
			1.7.99	以其它为受体
	1.8	作用于供体的含硫基团	1.8.1	以 NAD^+ 或 $NADP^+$ 为受体
			1.8.2	以细胞色素为受体
			1.8.3	以氧为受体
			1.8.4	以二硫化物为受体
			1.8.5	以醌或其有关化合物为受体
			1.8.7	以铁硫蛋白为受体
			1.8.99	以其它为受体
	1.9	作用于供体的血红素基团	1.9.3	以氧受体
			1.9.6	以含氮基团为受体
			1.9.99	以其它为受体

大　类	亚　类	亚　亚　类
	1.10 作用于供体的二元酚类及其化合物	1.10.1 以 NAD$^+$ 或 NADP$^+$ 为受体
		1.10.2 以细胞色素为受体
		1.10.3 以氧为受体
	1.11 作用于受体的过氧化氢	1.11.1 过氧化氢酶
	1.12 作用于供体的氢	1.12.1 以 NAD$^+$ 或 NADP$^+$ 为受体
		1.12.2 以细胞色素为受体
		1.12.7 以铁硫蛋白为受体
	1.13 借引入分子氧、作用于单一供体（加氧酶）	1.13.11 引入两个原子氧
		1.13.12 引入一个原子氧
		1.13.99 其它
	1.14 借引入分子氧、作用于一对供体	1.14.11 以 2-酮戊二酸为一个供体,在每个供体中各引进两个原子氧
		1.14.12 以 NADH 或 NADPH 作为一个供体,引进两个原子氧于另一个供体中
		1.14.13 以 NADH 或 NADPH 作为一个供体,引进一个原子氧于另一个供体中
		1.14.14 以还原型黄素或黄素蛋白作为一个供体,引进一个原子氧于另一个供体中
		1.14.15 以还原型铁-硫蛋白作为一个供体,引进一个原子氧于另一个供体中
		1.14.16 以还原型蝶啶作为一个供体,引进一个原子氧于另一个供体中
		1.14.17 以抗坏血酸作为一个供体,引进一个原子氧于另一个供体中
		1.14.18 以别的化合物作为一个供体,引进一个原子氧于另一个供体中
		1.14.99 其它
	1.15 作用于受体的超氧化物残基	1.15.1.1 超氧化物歧化酶(SOD)
	1.16 氧化金属离子	1.16.3 以氧为受体,如 1.16.3.1 亚铁氧化酶
	1.17 作用于 CH$_2$ 基团	1.17.1 以 NAD$^+$ 或 NADP$^+$ 为受体
		1.17.4 以二硫化物为受体
	1.18 作用于还原型铁氧蛋白	1.18.1 以 NAD$^+$ 或 NADP$^+$ 为受体
		1.18.2 以分子氮为受体
		1.18.3 以氢离子为受体
	1.19 作用于作为共体还原型黄素蛋白	1.19.2 以分子氮为受体
2 转移酶	2.1 碳基团转移酶	2.1.1 甲基转移酶
		2.1.2 羟甲基、甲酰基及其有关基因转移
		2.1.3 羧基及氨甲酰基转移酶
		2.1.4 咪唑基转移酶
	2.2 转移醛基或酮基	2.2.1 只有一个亚亚类,包括转酮酶和转醛酶
	2.3 酰基转移酶	2.3.1 酰基转移酶
		2.3.2 氨酰基转移酶
	2.4 糖基转移酶	2.4.1 己糖基转移酶
		2.4.2 戊糖基转移酶
		2.4.99 其它糖基转移酶
	2.5 转移甲基以外的烷基或芳香基	
	2.6 转移含氮基团	2.6.1 氨基转移酶
		2.6.2 肟基转移酶
	2.7 转移含磷基团	2.7.1 以醇基为受体的磷酸转移酶
		2.7.2 以羧基为受体的磷酸转移酶

大　类	亚　类	亚　亚　类
		2.7.3　以含氮基为受体的磷酸转移酶
		2.7.4　以磷酸基为受体的磷酸转移酶
		2.7.5　对供体的磷酸转移酶
		2.7.6　二磷酸转移酶
		2.7.7　核苷酸基转移酶
		2.7.8　其它具有取代基的磷酸根转移酶
		2.7.9　有一对受体的磷酸转移酶
	2.8　转移含硫基团	2.8.1　转硫酶
		2.8.2　硫酸根转移酶
		2.8.3　辅酶 A 转移酶
3　水解酶	3.1　作用于酯键	3.1.1　羧酸酯水解酶
		3.1.2　硫醇酯水解酶
		3.1.3　磷酸单酯水解酶
		3.1.4　磷酸二酯水解酶
		3.1.5　三磷酸单酯水解酶
		3.1.6　硫酸酯水解酶
		3.1.7　二磷酸单酯水解酶
		3.1.11　产生 5′-磷酸单酯的 DNA 外切酶
		3.1.13　产生 5′-磷酸单酯的 RNA 外切酶
		3.1.14　产物不是 5′-磷酸单酯的 DNA 外切酶
		3.1.15　作用于 DNA 或 RNA,产生 5′-磷酸单酯的核酸外切酶
		3.1.16　作用于 DNA 或 RNA,产物不是 5′-磷酸单酯的核酸外切酶
		3.1.21　产生 5′-磷酸单酯的 DNA 内切酶
		3.1.22　产物不是 5′-磷酸单酯的 DNA 内切酶
		3.1.24　具有裂解部位专一性的 DNA 内切酶
		3.1.25　具有裂解部位专一性的 DNA 酶
		3.1.26　产生 5′-磷酸单酯的 RNA 内切酶
		3.1.27　产生除 5′-磷酸单酯以外的 RNA 内切酶
		3.1.30　作用于 RNA 或 DNA,产生 5′-磷酸单酯的 RNA 内切酶
		3.1.31　作用于 RNA 或 DNA,产生除 5′-磷酸单酯以外的磷酸酯的 RNA 内切酶
	3.2　作用于糖基化合物	3.2.1　水解氧-糖化合物
		3.2.2　水解氮-糖化合物
		3.2.3　水解硫-糖化合物
	3.3　作用于醚键	3.3.1　硫醚水解酶
		3.3.2　醚水解酶
	3.4　作用于肽键	3.4.11　α-氨酰基肽水解酶
		3.4.13　二肽水解酶
		3.4.14　二肽基肽水解酶
		3.4.15　肽基二肽水解酶
		3.4.16　丝氨基羧肽酶
		3.4.17　金属羧肽酶
		3.4.21　丝氨酸蛋白酶
		3.4.22　蛋白酶
		3.4.23　羧基蛋白酶
		3.4.24　金属蛋白酶
		3.4.99　催化机理未明的蛋白酶

大　类	亚　类	亚　亚　类
	3.5　作用于除肽键以外的 C—N 键	3.5.1　水解链状酰胺
		3.5.2　水解环状酰胺
		3.5.3　水解链状
		3.5.4　水解环状
		3.5.5　水解腈
		3.5.99　水解其它化合物
	3.6　作用于酸酐	3.6.1　水解含磷的酸酐
		3.6.2　水解含磺酰的酸酐
	3.7　作用于 C—C 键	3.7.1　水解酮体
	3.8　作用于卤素键	3.8.1　水解 C—X 化合物
		3.8.2　水解 P—X 化合物
	3.9　水解 P—N 化合物	
	3.10　作用于 S—N 键	
	3.11　作用于 C—O 键	
4　裂合酶	4.1　C—C 裂合酶	4.1.1　羧基-裂合酶
		4.1.2　醛-裂合酶
		4.1.3　酮酸-裂合酶
	4.2　C—O 裂合酶	4.2.1　水裂合酶
		4.2.2　作用于多糖
		4.2.99　其它 C—O 裂合酶
	4.3　C—N 裂合酶	4.3.1　氨裂合酶
		4.3.2　脒裂合酶
	4.4　C—S 裂合酶	
	4.5　C—X 裂合酶	
	4.6　P—O 裂合酶	
	4.99　其它裂合酶	
5　异构酶	5.1　消旋酶及表异构酶	5.1.1　作用于氨基酸及其衍生物
		5.1.2　作用于羟基酸及其衍生物
		5.1.3　作用于碳水化合物及其衍生物
		5.1.99　作用于其它化合物
	5.2　顺反异构酶	
	5.3　分子内部氧化还原酶	5.3.1　醛糖及酮糖的内部转变
		5.3.2　酮及烯醇基的内部转变
		5.3.3　C—C 键的移位
		5.3.4　S—S 键的移位
		5.3.99　其它分子内部氧化还原酶
	5.4　分子内部转移酶	5.4.1　转移酰基
		5.4.2　转移磷酰基
		5.4.3　转移氨基
		5.4.99　转移其它基团
	5.5　分子内部裂合酶	
	5.99　其它异构酶	
6　连接酶	6.1　形成 C—O 键	6.1.1　形成氨酰基-tRNA 及其有关化合物的连接酶
	6.2　形成 C—S 键	6.2.1　酸-硫醇连接酶
	6.3　形成 C—N 键	6.3.1　酸-氨连接酶
		6.3.2　酸-氨基酸连接酶
		6.3.3　环化连接酶
		6.3.4　其它 C—N 连接酶
		6.3.5　以谷氨酰胺为酰胺供体 C—N 连接酶
	6.4　形成 C—C 键	
	6.5　形成磷酸酯键	

2.1.2 国际系统命名法

按照国际系统命名法，每一种酶都有一个系统名称和一个习惯名称，其命名原则如下：

① 酶的系统名称由两部分构成。前面为底物名，如有两个以上底物则都应该写上，并用"："分开，如底物之一是水时，则可将水略去不写；后面为所催化的反应名称。例如醇脱氢酶的系统名称为醇：NAD^+氧化还原酶；又如 ATP：己糖磷酸基转移酶等。

② 不管酶催化的是正反应还是逆反应，都用同一名称。当只有一个方向的反应能够被证实，或只有一个方向的反应有生化重要性时，自然就以此方向来命名。有时也带有一定的习惯性，例如在包含 NAD^+ 和 NADH 相互转化的所有反应中（$DH_2 + NAD^+ \rightleftharpoons D + NADH + H^+$），习惯上都命名为 DH_2：NAD^+氧化还原酶，而不采用其反方向命名。

此外，各大类酶有时还有一些特殊的命名规则，如氧化还原酶往往可命名为供体：受体氧化还原酶，转移酶为供体：受体被转移基团转移酶等。

2.1.3 习惯名或常用名

通常采用国际系统命名法所得的酶的名称非常长，使用起来十分不方便，因此，至今人们日常使用最多的还是酶的习惯名称。

习惯命名的原则有：

① 根据被催化的底物来命名，如淀粉酶、脂肪酶、蛋白酶等；
② 根据酶所催化反应的性质来命名，如转氨酶、脱氢酶等；
③ 结合酶催化的底物和催化反应的类型来命名，如乳酸脱氢酶、谷丙转氨酶等；
④ 在上述命名的基础上加上诸如酶的来源或酶的其它特点来命名，如胰蛋白酶、碱性磷酸酯酶等。

值得注意的是，来自不同物种或同一物种不同组织或不同细胞器的具有相同催化功能的酶，它们能够催化同一个生化反应，但它们本身的一级结构可能并不完全相同，有时反应机制也可能存在差别。例如，根据酶所含金属离子的不同，超氧化物歧化酶（SOD）可以分为三类：Cu,Zn-SOD、Mn-SOD 和 Fe-SOD。它们不仅一级结构不同，而且理化性质上也有很大差异，即使同是 Cu,Zn-SOD，来自牛红细胞和猪红细胞的 SOD 一级结构也是不同的。但无论是酶的系统命名法还是习惯命名法，对这些均不加以区别，而定为相同的名称，人们将这些酶称为同工酶。在讨论一种酶时，通常应把它的来源与名称一并加以说明。

2.2 酶的化学本质、来源和生产

2.2.1 酶的组成和化学本质

尽管迄今为止已经发现并证实了少数有催化活性的 RNA 分子，但几乎所有的酶都是具有催化功能的蛋白质。组成蛋白质的 L 型 α-氨基酸有二十种，一个氨基酸残基的 α-羧基与另一氨基酸残基的 α-氨基之间可以形成酰胺（肽）键，通常将由一个又一个的氨基酸连接起来的长链大分子称为多肽链，多肽链的结构如图 2.7 所示。多肽链是由不同种类、不同数量

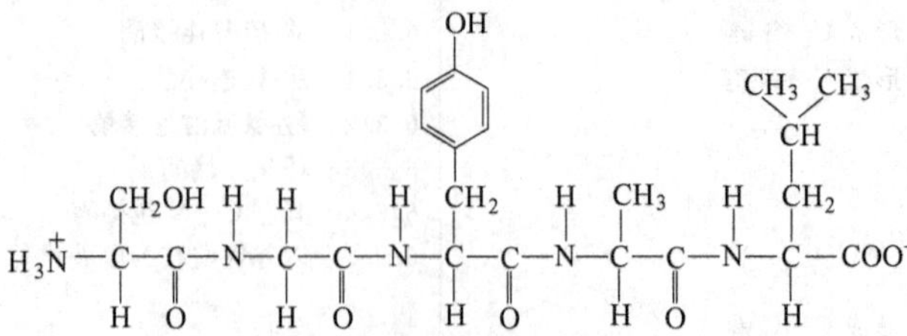

图 2.7 酶蛋白中的肽键

的 L-氨基酸以不同的排列顺序，靠酰胺键连接而成，而酶蛋白分子就是由一条或多条多肽链组成的。

2.2.2　辅助因子和辅酶

有些酶属于简单蛋白质，完全由氨基酸残基组成，如脲酶、溶菌酶、核糖核酸酶等；而有些酶除了蛋白质成分（酶蛋白）外，还有非蛋白质成分，如辅基或配基。只有当酶蛋白与辅助因子结合后形成的复合物才具有催化功能并表现出酶的催化活性，例如碳酸酐酶、超氧化物歧化酶、细胞色素氧化酶、乳酸脱氢酶等。通常将这类蛋白质称为结合蛋白质，包含辅基的酶称为全酶。辅助因子既可以是无机离子，如 Fe^{2+}、Fe^{3+}、Cu^+、Cu^{2+}、Mn^{2+}、Mn^{3+}、Zn^{2+}、Mg^{2+}、K^+、Na^+、Mo^{6+}、Co^{2+} 等，也可以是有机化合物。有的酶仅需其中一种；有的酶则二者都需要。辅助因子都属于小分子化合物，据不完全统计，约有 25% 的酶含有紧密结合的金属离子或在催化过程中需要金属离子来维持酶的活性，并在完成酶的催化过程中起作用。表 2.2 为一些酶及其金属辅助因子。有机辅助因子可依据其与酶蛋白结合的程度分为辅酶和辅基。通常辅酶与酶蛋白的结合比较松弛，多数情况下，可以用透析或其它方法将全酶中的辅酶除去，如辅酶 Q、辅酶 A 等；而辅基与酶蛋白之间常以共价键紧密结合，不易通过透析等方法将其除去，如 FMN 辅基等。尽管如此，但辅酶与辅基之间并无严格界限，人们还是常将辅酶和辅基统称为辅酶。大多数辅酶为核苷酸和维生素或它们的衍生物，常用的如辅酶 A、NAD^+、$NADP^+$、焦磷酸硫胺素、四氢叶酸、脱氧腺苷、胶原中脯氨酸羟化作用的辅助底物、磷酸吡哆醛、维生素、生物素、硫辛酸等。

表 2.2　一些酶及其金属辅助因子

酶	辅助因子	酶	辅助因子
Cu,Zn-超氧化物歧化酶	Cu^{2+}、Zn^{2+}	丙酮酸羧化酶	Mn^{2+}、Zn^{2+}（还需生物素）
Mn-超氧化物歧化酶	Mn^{3+}	磷酸酯水解酶类	Mg^{2+}
Fe-超氧化物歧化酶	Fe^{3+}	Ⅱ型限制性核酸内切酶	Mg^{2+}
固氮酶	Fe^{2+}、Mo^{2+}	碳酸酐酶	Zn^{2+}
过氧化氢酶	Fe^{2+} 或 Fe^{3+}（在卟啉环中）	羧肽酶	Zn^{2+}
过氧化物酶	Fe^{2+} 或 Fe^{3+}（在卟啉环中）	漆酶	Cu^+ 或 Cu^{2+}
琥珀酸脱氢酶	Fe^{2+} 或 Fe^{3+}（还需要 FAD）	酪氨酸酶	Cu^+ 或 Cu^{2+}
精氨酸酶	Mn^{2+}	抗坏血酸氧化酶	Cu^+ 或 Cu^{2+}

2.2.3　酶的结构

酶作为有催化功能的蛋白质，与其它蛋白质一样，也具有一级、二级、三级和四级结构形式。

酶的一级结构也称酶的化学结构，指的是酶分子多肽链共价主链的氨基酸排列顺序。酶蛋白的一级结构决定了酶的空间结构，一级结构决定了各种侧链之间的各种相互作用，包括疏水键、氢键、离子键、二硫键、配位键、范德华力等。例如，酶蛋白能否形成螺旋结构以及形成的螺旋结构的稳定程度与链的氨基酸组成和排列顺序有极大的关系，即与氨基酸侧链基团的大小、电荷性质密切相关。同样，酶的三维构象是多肽链主链上的各个单键的旋转自由度受到限制的结果，通过肽键的硬度（肽键的平面性质）、C—C 和 C—N 键旋转的许可角度、疏水基团和亲水基团的数目和位置、带电基团的性质和数量、位置等因素以及与溶剂和其它溶质的相互作用，最后达到平衡，形成在生物条件下最稳定的空间结构，实现自我装配。寡聚酶中多肽链的氨基酸顺序不仅仅规定了酶的二、三级结构，而且也规定了亚基之间接触的几何位置。酶的一级结构决定了酶的高级结构，而高级结构则决定了酶的性质与功能。

酶的二级结构是指多肽链通过氢键排列成沿一维方向具有周期性结构的构象。酶的二级结构没有考虑酶蛋白多肽链上的侧链的构象或与其它部分的相互关系，如纤维状蛋白质和球状蛋白质中的 α-螺旋和 β-折叠都属于二级结构，它们都是一种周期性结构，作用力是氢键，所有主链骨架上的 C═O 基上的氧原子和 N—H 基上的氢原子均参加构成氢键。

酶的三级结构是指单一的多肽链或共价连接的多肽链中所有原子在空间上的排列，它是在二级结构的基础上，借助于各种次级键（非共价键），肽链进一步转曲、折叠和盘绕成具有特定肽链走向的紧密球状构象。酶的三级结构具有以下一些特征：①一条肽链往往通过螺旋结构、β-折叠、转角结构和无规卷曲而形成紧密的三维球状结构，这种三维球状结构有利于把位于肽链各部分的活性基团密集在一起，以形成酶的活性中心，并赋予酶以催化活性和专一性；②酶分子中的非极性侧链在分子内部形成疏水核的分子骨架，极性侧链分布在分子表面，形成分子的亲水区，极性基团的种类、数目、排布决定酶的功能；③酶分子表面内陷空穴的疏水区往往是酶的活性部位，当底物进入该内陷空穴时会被裂隙壁上的有关基团结合固定。

酶的四级结构是指各亚基在寡聚酶中的空间排布及其相互作用。当然，寡聚酶中各亚基又有各自的三维构象，但在分析酶的四级结构时通常不考虑亚基的内部几何形状。维持酶蛋白四级结构的主要作用力是疏水键，在少数情况下，共价键和离子键等也参与维持四级结构，氢键、范德华力仅起次要作用。

图 2.8 为酶蛋白的四种结构示意图。

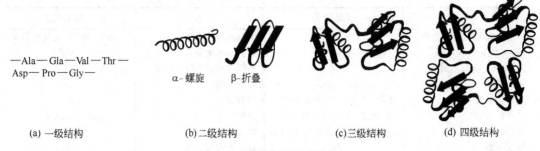

(a) 一级结构　　　　　　　(b) 二级结构　　　　　　　(c) 三级结构　　　　　　(d) 四级结构

图 2.8　酶蛋白的四种结构

值得指出的是：由两个半胱氨酸残基的巯基脱氢形成的二硫键对酶蛋白的结构具有重要的影响。二硫键可以在一条肽链内形成，也可以在两条不同的肽链之间形成。例如，人表皮生长因子中的 6 个半胱氨酸残基形成了 3 个二硫键；胰岛素的 A 链有 1 个二硫键，而在 A 链和 B 链之间则形成了 2 个二硫键。

2.2.4　酶的活性中心

通常可将构成酶蛋白的氨基酸残基分为接触残基、辅助残基、结构残基和非贡献残基等四类。其中接触残基可与底物接触并参与底物的化学转化，这类氨基酸残基的一个或几个原子的距离都在一个键距离之内，其侧链有与底物结合的结合基团和起催化作用的催化基团；辅助残基则不参与与底物接触，而是在使酶与底物结合以及协助接触残基发挥作用等方面起作用；结构残基在维持酶分子的正常三维构象方面起的作用非常大。通常将接触残基、辅助残基和结构残基通称为酶的必需基团。除了这些必需基团外，酶分子中还有大量的氨基酸残基，一般将这些氨基酸残基称为非贡献残基或非必需基团，非贡献残基对酶的催化活性作用的影响不是十分明显，可以由其它的氨基酸残基代替。这类残基在酶分子中所占的比例是比较大的，例如，木瓜蛋白酶中 2/3 的氨基酸残基是属于非贡献残基。大量的研究已经表明，在构成酶分子中的氨基酸残基中只有少数的氨基酸残基与酶的催化活性有关，通常将这些氨基酸集中的、与酶活性相关的区域称为酶的活性中心，有时也称为酶的活性部位。一般来说，构成酶的活性中心的氨基酸残基主要是接触残基和辅助残基，结构残基虽然不在酶活性中心范围之内，但它们却属于酶活性中心外的必需范围，如果被其它氨基酸残基取代，往往会造成酶的失活。值得注意的是，在酶蛋白的一级结构上氨基酸顺序相近或相距较远的，甚至是在不同的肽链上的氨基酸残基都可构成酶的活性中心，例如，组成 α-胰凝乳蛋白酶活性中心的几个氨基酸残基就分别位于 B、C 两条肽链上，依靠酶分子的空间结构使这些氨基酸残基集中在酶蛋白的特定区域，从而形成了催化活性中心，可行使酶的催化功能。对于需要辅助因子的酶来说，辅助因子或它的部分结构也是酶活性中心的重要组成部分。活性中心内起催化作用的部位称为催化部位或催化位点，与底物结合的部位称为结合部位或结合位点，对于大多数的酶来说，催化部位和结合部位都不是只有一个，有时可以是有多个。一般而言，组成酶蛋白的氨基酸参与构成活性中心的频率是有区别的，其中丝氨酸、组氨酸、半胱氨酸、酪氨酸、天冬氨酸、谷氨酸和赖氨酸等七种氨基酸参与酶活性中心的频率最高。

如前所述，在构成酶分子中的氨基酸残基中只有少数的氨基酸残基与酶的催化活性有关，一个酶的活性中心一般是相当小的（由几个到十几个氨基酸残基构成），那么对于酶分子来说如此小的活性中心为什么需要一个大而复杂的分子结构才能获得催化活性呢？原因可能是，为了使催化基团和结合基团聚集起来并保持它们相应的空间位置，从而赋予活性中心一定的柔性，进而具有催化功能，就必须有这样大而复杂的分子结构来保证。构成酶的活性中心的各基团在空间构象上的相对位置对酶活性是至关重要的，维持酶的活性中心构象主要依赖于酶分子空间结构的完整性。假如酶分子受变性因素影响导致空间结构的破坏，活性中心构象也会随着发生改变，甚至会因肽链松散而使活性中心各基团分散，当然此时酶也就随之失活。但有时只要酶活性中心各基团的相对位置得以维持就能保全酶的活性，酶分子一级结构的破坏却并不会影响到酶的活性。由此可见，活性中心各基团的相对空间位置对酶活性具有重要的意义。

2.2.5 单体酶、寡聚酶、多酶复合体和多酶融合体

酶有多种存在类型，如单体酶、寡聚酶、多酶复合体、多酶融合体等。

2.2.5.1 单体酶

单体酶的种类很少，一般多是催化水解反应的酶，绝大多数单体酶只表现一种酶活性。单体酶一般由一条肽链组成，分子质量通常在 35kDa 以下，不含四级结构。例如，牛胰核糖核酸酶是由 124 个氨基酸残基组成的一条多肽链（如图 2.9）。

但有的单体酶是由多条肽链组成，如胰凝乳蛋白酶就是由三条肽链组成，肽链间是由二硫键相连构成了一个整体，如图 2.10。α-胰凝乳蛋白酶是由总长度为 241 个氨基酸残基的 A、B、C 三条肽链组成，A、B 两链以及 B、C 两链之间各通过一对二硫键相连，使整个分子成为一个共价整体。

2.2.5.2 寡聚酶

寡聚酶是由两个或两个以上亚基组成的酶，分子质量一般高于 30kDa，具有四级结构。构成寡聚酶的亚基可以相同，也可以不同，亚基与亚基之间一般以非共价键、对称的形式排列，亚基与亚基之间彼此易于分开。例如来源于鼠肝的苹果酸脱氢酶含有 2 个相同的亚基，来源于兔肌的醇脱氢酶有 4 个亚基，而来源于兔肝的 1,6-二磷酸果糖酶则含 2 个蛋白 A 和 2 个蛋白 B 的 4 个亚基。寡聚酶中亚基的聚合作用有的与酶的专一性有关，有的与酶活性中

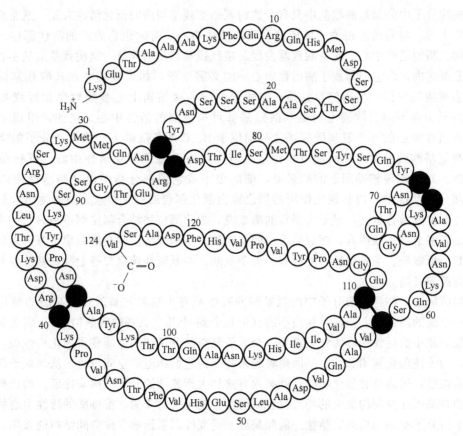

图 2.9 牛胰核糖核酸酶的氨基酸顺序
黑色代表组成四个二硫键的半胱氨酸

心的形成有关，有的则与酶的调节性能有关。大多数寡聚酶的聚合形式是活性型，解聚形式则是失活型，但也有一些例外，如牛肝谷氨酸脱氢酶的聚合形式为失活型。

在含有相同亚基的寡聚酶中，有的是多催化部位酶，每个亚基上都有一个催化部位，一个底物与酶的一个亚基结合对其它亚基与底物的结合没有影响，同样对已经结合了底物的亚基解离也没有影响。从这一点来看，一个带有 n 个催化部位的酶和 n 个一催化部位的酶是相等的，但值得注意的是，这类多催化部位酶的游离亚基没有活性，必须聚合成寡聚酶后才有活性，也就是说，多催化部位酶并不是多个分子的聚合体，而仅仅是一个功能分子。此外，有相当数量含有相同亚基的寡聚酶是调节酶，在调节控制代谢过程中起着非常重要的作用。

2.2.5.3 多酶复合体

多酶复合体由两个或两个以上的酶靠共价键连接而成，其中的每一种酶分别催化一个反应，所有反应依次连接，构成一个代谢途径或代谢途径的一部分。由于这一连串反应是在高度有序的多酶复合体内完成的，反应效率非常高。多酶复合体集不同催化活性于一身，有两个方面的意义：一是调节功能，能在不同的条件下表现不同的催化作用；二是能使催化连续反应的活性中心邻近化从而提高催化效率。例如大肠杆菌色氨酸合成酶复合体和大肠杆菌丙酮酸脱氢酶复合体。

（1）大肠杆菌色氨酸合成酶复合体 来源于大肠杆菌的色氨酸合成酶复合体是由 2 个 α 亚基和 2 个 β 亚基构成的双功能四聚体（α·α·β₂）。游离的 α 亚基可以催化吲哚甘油磷酸分解成为吲哚和磷酸甘油醛；单独的 β 亚基无催化活性，但 β₂ 可催化吲哚和 L-丝氨酸反应

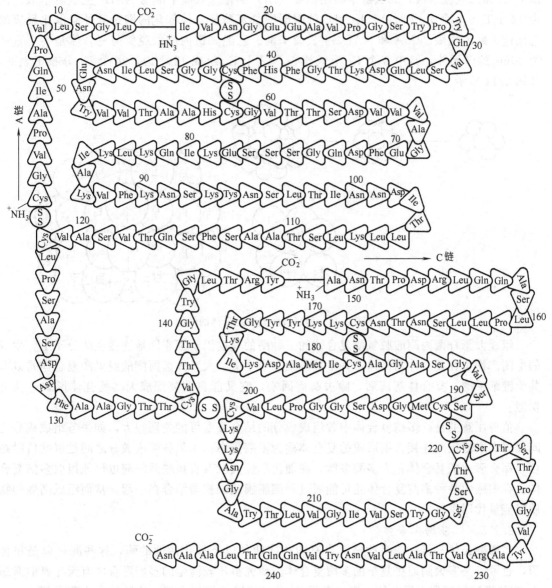

图 2.10 胰凝乳蛋白酶的一级结构示意

该酶是由通过二硫键连接在一起的 A、B、C 三条肽链组成

生成 L-色氨酸。当组成 $\alpha \cdot \alpha \cdot \beta_2$ 复合体后能催化吲哚甘油磷酸和 L-丝氨酸反应生成 L-色氨酸和 3-磷酸甘油醛，高效完成色氨酸的合成。研究证明，尽管游离的 α 和 β_2 都有催化活性，但催化效率却显著低于复合体，α 亚基的催化效率只有复合体的 1/30，而 β_2 亚基的催化效率大约只有复合体的 1%，说明形成复合体后，中间产物可在亚基之间移动，对催化能力的提高十分有利。

（2）大肠杆菌丙酮酸脱氢酶复合体 大肠杆菌丙酮酸脱氢酶复合体是由丙酮酸脱氢酶（E_1）、二氢硫辛酸转乙酰基酶（E_2）和二氢硫辛酸还原酶（E_3）三种酶组成。这三种酶催化的反应是不同的，丙酮酸脱氢酶（E_1）以 TPP 作为辅酶催化丙酮酸和硫辛酸反应生成 S-

乙酰二氢硫辛酸；二氢硫辛酸转乙酰基酶（E_2）催化 S-乙酰二氢硫辛酸与 CoA 反应生成乙酰 CoA 和二氢硫辛酸；二氢硫辛酸还原酶（E_3）催化二氢硫辛酸与 NAD^+ 生成硫辛酸。而由 12 个 E_1、8 个 E_2 和 24 个 E_3 组成的丙酮酸脱氢酶复合体催化的则是三种酶催化反应的总反应，即丙酮酸、CoA 和 NAD^+ 生成硫辛酸。已经知道丙酮酸脱氢酶复合体是一个直径为 30nm 的多面体，其中 8 个 E_2 形成核心，12 个 E_1 组成 12 个边，24 个 E_3 分布于表面，如图 2.11 所示。

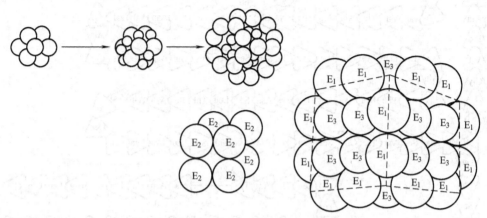

图 2.11　丙酮酸脱氢酶复合体的结构

组成大肠杆菌丙酮酸脱氢酶复合体的三种酶的辅助因子都牢固地连接在酶分子上，生成的中间产物也在复合体内传递，并不扩散到介质中去。大肠杆菌丙酮酸脱氢酶复合体是以非共价键维系的，复合体解离后，除去解离因素，它又能自动装配成天然复合体形式并恢复功能。

值得注意的是，多酶复合体中各组成成分的结合强度可能差别很大，如果各组成成分之间仅以次级键彼此连接，则形成的复合体称为多酶蛋白；如果各组成成分之间是以共价键结合，那么形成的复合体称为多酶多肽。在催化活性上没有直接联系的酶也可能组成多酶复合体。在细胞内各种多酶复合体还可能通过和细胞膜或细胞器结合在一起，从而组成高效的物质或能量代谢系统。

2.2.5.4　多酶融合体

多酶融合体是指一条多肽链上含有两种或两种以上催化活性的酶，这些酶可以是单体酶，也可以是寡聚酶或更复杂的多酶复合体。研究得比较清楚的多酶融合体有天冬氨酸激酶Ⅰ-高丝氨酸脱氢酶Ⅰ融合体、克木毒蛋白和 AROM 多酶融合体、脂肪酸合成酶系等。

（1）天冬氨酸激酶Ⅰ-高丝氨酸脱氢酶Ⅰ融合体　来源于大肠杆菌的天冬氨酸激酶Ⅰ-高丝氨酸脱氢酶Ⅰ融合体是一个 α_4 四聚体，每条肽链含有两个活性区域：N 端部分的天冬氨酸激酶和 C 端部分的高丝氨酸脱氢酶。它在天冬氨酸到丝氨酸的生物合成中催化两步反应。也将这种一条肽链的两端各含一种不同酶活性的酶称为双头酶。类似的双头酶还有催化除去糖原上的 1,6-分支的脱支酶，一条肽链上有淀粉-1,6-葡萄糖苷酶和 4-α-D-葡聚糖转移酶两种催化活性。

（2）克木毒蛋白和 AROM 多酶融合体　克木毒蛋白也是一条肽链上含有两个以上酶活性的蛋白质，它由一条肽链组成，具有 3 种不同的酶活性，分别是：①RNA N-糖苷酶活性，可水解大鼠核糖体 28S RNA 中第 4324 位腺苷酸的 N—C 糖苷键，释放一个腺嘌呤碱基；②依赖于超螺旋 DNA 构型的核酸内切酶活性，可专一解旋并切割超螺旋环状 DNA 形成缺口环状和线状 DNA；③超氧化物歧化酶活性。

AROM 多酶融合体来源于红色链孢霉，为二聚体，每条肽链都含有 5-脱氢奎尼酸合成酶、5-脱氢奎尼酸脱水酶、5-脱氢莽草酸还原酶、莽草酸激酶和 3-烯醇式丙酮酸-莽草酸-5-磷酸合成酶 5 种酶活性，可催化多芳香合成途径中的五步反应，且该融合体具有中间产物的传递通道，可使催化效率大为提高。

（3）脂肪酸合成酶系 来源于酿酒酵母的脂肪酸合成酶系是由 6 个 α 亚基和 6 个 β 亚基构成的 12 聚体（$\alpha_6\beta_6$），具有 8 种酶活性，分别为位于 α 链上的酰基载体蛋白、β-酮脂酰基合成酶、β-酮脂酰基还原酶以及位于 β 链上的乙酰转酰基酶、丙二酰转酰基酶、β-羟酰基脱水酶、烯酰基还原酶、脂酰基转移酶和软脂酰转酰酶活性，可催化脂肪酸的合成反应。

由于多酶复合体或多酶融合体具有多种酶活性，而每种酶活性均有一个 EC 编号，所以多酶复合体或多酶融合体在国际系统分类中就占有一个以上的位置和 EC 编号。例如，天冬氨酸激酶I-高丝氨酸脱氢酶I融合体的编号分别为 EC 2.7.2.4 和 EC 1.1.1.3；又如，丙酮酸脱氢酶复合体的编号分别为 EC 1.2.4.1、EC 2.3.1.12 和 EC 1.6.4.3。但从一个多酶复合体或多酶融合体的 EC 编号无法判断这些酶活性是存在于一条肽链上还是来自于不同的亚基。

2.2.6 酶的来源和生产

2.2.6.1 酶的来源

酶作为生物催化剂普遍存在于动物、植物和微生物细胞中。早期酶的生产多以动植物为主要来源，直接从生物体组织经过分离、纯化而获得，有些酶的生产至今仍采用提取法，如从颌下腺中提取激肽释放酶、从菠萝中制取菠萝蛋白酶、从木瓜汁液中制取木瓜蛋白酶等。图 2.12、图 2.13 分别为从木瓜汁液中提取木瓜蛋白酶和从菠萝中提取菠萝蛋白酶的工艺过程。

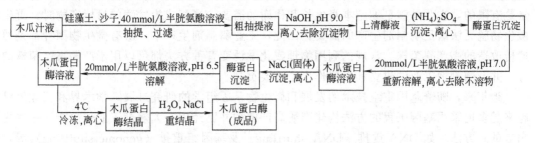

图 2.12 从木瓜汁液中提取木瓜蛋白酶

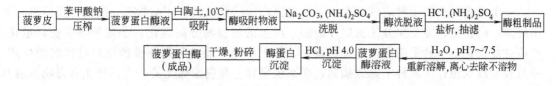

图 2.13 从菠萝中提取菠萝蛋白酶

动植物原料的生产周期长、来源有限，并受地理、气候和季节等因素的影响，同时，还要受到技术、经济以及伦理等各方面的限制，使酶的生产受到限制，不易进行大规模的生产。而随着酶制剂应用范围的日益扩大，单纯依赖于动植物来源的酶已经不能满足需要，并使得许多传统的酶源已经远远不能适应当今世界对酶的需求。

理论上，酶和其它蛋白质一样，也可以通过化学合成法来生产。继我国科学家在 1964 年率先从氨基酸出发，以化学法全合成了具有生物活性的牛胰岛素以后，1969 年 Gutte 和 Merrifield 也通过化学方法人工合成了含有 124 个氨基酸的活性核糖核酸酶，并发展了一整套固相合成多肽链的自动化技术，大大加快了合成速度。但是，化学合成的反应步骤多，一般只适用于短肽的生产。就经济和技术等角度而言，由于酶的化学合成要求单体达到很高的纯度且成本非常高，受到试剂、设备和成本等多种因素的限制，迄今为止只能合成那些化学结构十分清楚的少数酶。期望用化学合成法人工合成氨基酸残基数目高达 100 以上的酶蛋白的目标还很遥远，更谈不上工业化生产。鉴于此，人们正越来越多地求助于自然界中广泛存在的微生物。

2.2.6.2 酶的生产

工业上酶的生产一般都是以微生物为主要来源，通过液体深层发酵或固态发酵进行生产。在目前 1000 余种正在使用的商品酶中，大多数的酶都是利用微生物生产的。原始产酶微生物可以从菌种保藏机构和有关研究机构获得，但大多数产酶的高产微生物是从自然界中经过分离筛选获得的。自然界中的土壤、地表水、深海、温泉、火山、森林等是产酶微生物的主要来源。筛选产酶微生物的方法主要包括含菌样品的采集、菌种分离初筛、产酶性能测定及复筛等步骤。利用微生物生产酶制剂的突出优点是：①微生物种类繁多，制备出的酶种类齐全，几乎所有的酶都能从微生物中得到；②微生物繁殖快、生产周期短、培养简便，并可以通过控制培养条件来提高酶的产量；③微生物具有较强的适应性和应变能力，可以通过适应、诱导、诱变以及基因工程等方法培育出新的高产酶的菌株。从目前的情况来看，几乎所有来源于动植物的酶都可以从微生物中得到，微生物产生的酶类以其种类多、产量大、稳定性好等特点，在酶制剂的生产中一直占据着十分重要的地位。

微生物细胞产生的酶可以分为两类：结构酶和诱导酶。结构酶在细胞的生长过程中出于其自身需要就会表达，而诱导酶则需要加入相应的诱导剂后才会表达，诱导剂一般是该酶所催化反应的底物或产物。一般情况下，细胞所表达的酶量受到细胞的调节和控制，合成的酶量是有限的，主要是满足细胞本身生长和代谢的需要。当酶成为发酵的目标产物时，野生型微生物就无法满足酶制剂生产的需要，因此，工业酶制剂生产中，所有微生物菌种都是通过遗传改造的高产酶菌株。常规的利用物理或化学诱变育种方法都可以用于产酶高产菌株的选育，并为酶制剂工业的建立和发展作出了重要贡献。

近年来，随着基因重组技术的发展和微生物基因组学的研究进展，学术界和工业界已经越来越多地采用基因工程的方法构建产酶高产菌株并已经用于大规模工业化生产。一些更加高效的新方法，如 DNA 重排（DNA shuffling）及基因组重排（genome shuffling）等，也已经开始用于高产菌株的选育。

一个优良的产酶菌种应该具备以下一些要求：①繁殖快，产酶量高，酶的性质应符合使用要求，而且最好能产生分泌到胞外的酶，产生的酶容易分离纯化；②菌种不易变异退化，产酶性能稳定，不易受噬菌体感染侵袭；③易于培养，能够利用廉价的原料进行酶的生产，并且发酵周期短；④菌种不是致病菌，在系统发育上与病原体无关，也不产生有毒物质或其它生理活性物质，确保酶生产和使用的安全；⑤除了目标产物是蛋白酶外，生产其它酶的微生物应不产或尽量少产蛋白酶，以免所产生的目标酶蛋白受到蛋白酶的攻击而水解。

在酶制剂工业化生产中，一些常用的微生物及其所产的酶列于表 2.3。从表中可以看到，同一种微生物经过诱变育种后可以用于不同酶的生产；不同的微生物也可以用于具有相同功能酶的生产。

有了优良的产酶菌株后，如何通过发酵实现微生物的大规模培养及产酶就成了关键。发酵法生产酶制剂是一个十分复杂的过程，由于具体的生产菌种和目的酶不同，菌种制备、发酵方法和条件等都不尽相同，其中影响酶生产的主要因素是：培养基设计，发酵方式选择，发酵条件控制等。

表 2.3　一些常用的微生物及其所产的酶

微生物	所　产　的　酶
大肠杆菌	谷氨酸脱羧酶、天冬氨酸酶、青霉素酰化酶、β-半乳糖苷酶等
枯草杆菌	α-淀粉酶、β-葡萄糖氧化酶、碱性磷酸酯酶等
酵母菌	产转化酶、丙酮酸脱羧酶、乙醇脱氢酶等
曲霉菌	糖化酶、蛋白酶、果胶酶、葡萄糖氧化酶、氨基酰化酶以及脂肪酶等
青霉菌	葡萄糖氧化酶、青霉素酰化酶、$5'$-磷酸二酯酶、脂肪酶等
李氏木霉	内切纤维素酶、外切纤维素酶、β-葡萄糖苷酶等
根霉菌	淀粉酶、蛋白酶、纤维素酶等
链霉菌	葡萄糖异构酶等

培养基是人工配制的供微生物生长、繁殖、代谢和合成代谢产物的营养物质和原料。由于酶是蛋白质，大量合成蛋白质需要丰富的营养物质和能源，如碳源、氮源、无机盐及生长因子等。同时，许多酶的用途是作为工业催化剂，销售价格不高，这样就需要尽可能利用那些价格便宜、来源丰富又能满足细胞生长和酶合成需要的农副产品作为发酵原料，如淀粉、糊精、糖蜜、蔗糖、葡萄糖等碳源物质，鱼粉、豆饼粉、花生饼粉及尿素等氮源物质，Ca^{2+} 等无机离子，以及少量的维生素、氨基酸、嘌呤碱、嘧啶碱等生长因子。对于诱导酶，培养基中还应该加入诱导剂。例如，在利用白腐菌生产木素过氧化物酶时，就必须加入藜芦醇或苯甲醇作为诱导剂。

微生物发酵生产酶主要有两种方式：固体发酵和液体深层发酵。固体发酵技术也称为表面培养或曲式培养，是以麸皮、米糠等为基本原料，加入适量的无机盐和水作为培养基进行产酶微生物菌种培养的一种培养技术。常用的固体发酵设备有浅盘培养、转鼓培养和多用通风式厚层培养等。固体发酵法的特点是设备简单，便于推广，特别适合于霉菌的培养和产酶；它的缺点是发酵条件不易控制，物料利用不完全，劳动强度大，容易染菌等。该法不适于胞内酶的生产。液体深层发酵技术也称为浸没式培养，它是利用液体培养基，在发酵罐内进行的一种搅拌通气培养方式，发酵过程需要一定的设备和技术条件，动力消耗也较大，但是原料的利用率和酶的产量都较高，培养条件容易控制。目前，工业上主要采用液体深层发酵技术生产酶，但是在酒曲（内含大量淀粉酶及糖化酶等）培养、食品工业及一些用于饲料添加剂的酶生产中，仍在应用固态发酵技术。

由于蛋白质合成需要消耗大量 ATP，微生物发酵产酶一般都采用好氧微生物，在通气搅拌罐中进行。除了营养条件外，环境条件（如溶氧浓度、温度、pH 等）也对微生物生长和酶的产生具有重要影响，需要进行调节和控制。此外，在高剪切力条件下，蛋白质很容易失活，因此应该对发酵体系中的剪切力予以适当控制。蛋白质又是一种天然的表面活性剂，大量蛋白质积累在发酵液中使得在鼓泡条件下很容易形成泡沫，影响发酵罐的正常操作，因此在发酵罐设计中应考虑除泡沫装置并在发酵过程中及时添加消泡剂。在发酵罐的操作中，经常采用流加碳源和氮源的方法提高酶的产量。

2.2.6.3　酶的分离和提纯

从动植物、微生物细胞或微生物的发酵液中产生的酶必须进行分离提纯后才能应用。值得注意的是，酶的分离提纯要求与酶的用途直接相关。一般地说，用于科学研究的酶需要有最高的纯度，特别是用于酶蛋白结构研究时，应该使用酶蛋白的结晶；医用酶制剂也需要有很高的纯度，特别是那些用于静脉注射的酶，如用于溶解血栓的尿激酶或链激酶等，必须非常纯净以避免不良反应；用于食品工业的酶制剂的纯度要求可以低一些，但必须考虑其安全性，因此，生产食品工业用酶的微生物应是对人类安全的；工业用酶制剂的纯度要求通常不高，但是为了提高生产效率及减少副反应，也必须达到一定的酶活力要求。

酶的分离提纯是一项十分复杂的任务，特别是需要高纯度的酶产品时更是如此。酶产品的价格构成中，分离提纯占的比重非常高，一般都占 50％ 以上，有时甚至超过 80％。这是由如下原因引起的：①酶的浓度往往很低，无论是从动植物中提取，还是从微生物发酵生产，酶蛋白的浓度都很低，而分离提纯的费用往往随着产物初始浓度的下降呈指数上升；②细胞破碎液或发酵液的组成都非常复杂，存在大量与目标酶蛋白性质类似、分子量差不多的杂蛋白，要将这些杂蛋白分离不是一件容易的事；③酶是具有生物活性的蛋白质，对环境条件非常敏感，而且，环境中免不了会存在数量不等的蛋白酶，使目标酶蛋白很容易失活。因此，酶的分离提纯一般都在低温、缓冲溶液中进行，无疑将增加分离成本。

对于胞内酶，在下述情况下，可以直接利用整细胞作为生物催化剂：①细胞内目标酶的活性很高，可以满足工业过程对酶活的要求；②细胞内目标酶的催化作用必须依赖于辅酶（如 ATP、NADH 等），而细胞内除了目标酶外还存在一个现成的辅酶再生系统，利用整细胞就可以不用外加价格昂贵的辅酶或另外设计复杂的辅酶再生系统；③所需要的生物转化过程需要细胞内几种酶共同参与。

酶的大多数应用领域都需要对酶进行一定程度的分离提纯。在酶的分离提取过程中，保持酶的活性不受或少受破坏是一条必须时时刻刻都要牢记的原则。任何会影响酶活力的因素都必须仔细考虑，如温度、pH、离子强度、剪切力、有机溶剂等。应用于酶的分离纯化技术必须满足以下的一些要求：①条件温和，特别是对具有生物活性的物质，在后处理过程中必须保持其生物活性；②分离纯化技术的选择性好、专一性强，能从复杂的混合物中有效地将目的产物分离出来，以达到较高的分离纯化倍数；③目的产物的量和活性具有较高的收率；④在提高单个分离技术的效率的同时，注意各操作间的有效组合和整体协调，以减少工艺过程的步骤；⑤快速，以提高生产能力。

分离纯化路线都包括了两个基本阶段：①产物的初级分离阶段；②产物的纯化精制阶段。初级分离阶段在细胞培养结束之后，其任务是分离细胞和培养液、破碎细胞释放产物（如果产物在胞内）、溶解包涵体、复原蛋白质、浓缩产物和去除大部分杂质等。纯化精制阶段是在初级分离的基础上，用各种高选择性的手段和方法，将目标产物和干扰杂质尽可能地分开，使产物的纯度达到相关的要求，成为各种级别的产品。

通常酶的分离纯化步骤一般包括培养液的预处理、浓缩、产物的捕获、初步纯化、精制等步骤。图 2.14 显示了酶的通用分离纯化过程。

（1）培养液的预处理　培养液预处理是从微生物发酵液或细胞培养液中提取目的产物的第一个必要步骤，包括了菌体分离、细胞破碎、固体杂质去除等步骤。如前所述，由于培养液中目的酶的浓度较低，料液组成复杂，其中所含的各种杂质都会对产物的分离纯化产生很大的影响，因此在生物产物的分离纯化之前必须进行培养液的预处理。培养液的预处理主要是用来改进培养液的处理性能，其目的不仅在于分离细胞、菌体和其它悬浮颗粒（如细胞碎片、核酸以及蛋白质的沉淀物），还需除去培养液中的部分可溶性杂质，并改变培养液的过滤性能，以利于产物的分离纯化，为纯化、精制作准备。

培养液的预处理过程一般包括：

① 菌体细胞的分离　由于培养液中除了目的酶之外，还含有大量的菌体细胞。为了方便分离和纯化过程，有必要首先进行菌体细胞和培养液的分离。对于胞外代谢产物，可使产物与菌体细胞分离；而对于胞内酶，通过分离菌体细胞并收集，经细胞破碎使产物释放到液相之中，继而进行分离。

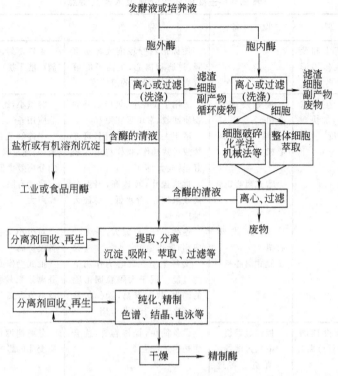

图 2.14　酶的通用分离纯化过程

② 固体悬浮物的去除　培养液中除了含有大量的菌体细胞之外，还含有相当数量的固体悬浮杂质，通过预处理将这些固体悬浮物质基本除去，获得透光度好的澄清处理液进行后续分离纯化。

③ 杂蛋白质的去除　除去菌体细胞和悬浮固体物质之后的处理液中仍有一些可溶性的蛋白质残留，这些残留的蛋白质会对分离纯化产生很大的影响，如在溶剂提取时会产生严重的乳化、在离子交换提取时会严重影响树脂的吸附量等，必须在预处理时设法除去。

④ 重金属离子的去除　重金属离子的存在不仅会严重影响生物物质的分离和纯化的操作，还会直接影响生物产品的质量和生产过程的收率，也是必须予以除去的。

⑤ 色素、热原质、毒性物质等有机物质的去除　对于药用酶，必须设法除去色素、热原质、毒性物质等有机物质。

⑥ 改善培养液的处理性能　改善培养液的处理性能的目的在于使分离和纯化过程能顺利进行。预处理时应尽可能使产物转入便于以后处理的相中。

⑦ 调节适宜的 pH 和温度　预处理时调节适宜的 pH 和温度一方面使处理液适合分离纯化工艺的要求，另一方面保证产物的质量，尽量避免因 pH、温度过高或过低而引起目的酶的失活而损失。

（2）培养液的固液分离　可以用多种方法实现固液分离。表 2.4 列出了固液分离过程常用技术及其特点。

（3）细胞的破碎　细胞破碎是采用不同手段破坏细胞外围使细胞内含物释放出来，转入液相中，便于进行产物的分离纯化。细胞破碎的方法有很多，按照是否存在外加作用力可分为机械法和非机械法两大类（图 2.15）。

表 2.5 列出了主要的细胞破碎方法的原理、使用的设备、特点和存在的缺点。

表 2.4　主要的固液分离技术及其特点

方法	原理	设备	特点	缺点
絮凝	利用电荷中和及大分子桥联作用形成更大的粒子		使固形物颗粒增大容易沉降、过滤和离心,提高了固液分离速度和液体的澄清度	条件苛刻,放大困难,引入的絮凝剂可能干扰以后的分离纯化
离心	在离心产生的重力场作用下,加快颗粒的沉降速度	高速冷冻离心机	适用于粒径小、热稳定差的物质回收,常用于实验室	容量小,连续操作困难,大规模工业应用差
		蝶片式离心机	适于大规模工业应用,可连续或批式操作,操作稳定性较好,易放大、推广	半连续或批式操作时出渣、清洗繁杂,连续操作固形物含水量高,总的分离效率低
		管式离心机	批式操作,转速高,固液分离效果较好,含水低。易放大推广	容量有限。拆装频繁、处理量小、噪声大
		倾析式离心机	连续操作,易放大,易工业应用,操作稳定	对很小颗粒固形物回收困难,设备投资高
		篮式离心机	实际上是在离心力作用下的过滤。适于大颗粒固形物的回收,放大容易,操作较简单、稳定,适于工业应用	批式操作或半连续操作,转速低。分离效果较差,操作繁重。离心的设备投资高,操作成本高
过滤	依据过滤介质的空隙大小进行分离	板框过滤机平板过滤器真空旋转过滤机管式过滤器蜂窝式过滤器深层过滤器	设备简单,操作容易,适合大规模工业应用	分离速度低,分离效果受物料性质变化的影响,劳动强度大
膜分离	依据被分离的分子大小和膜孔大小进行分离	平板、卷曲、中空纤维、管式微孔过滤器	主要用于分离细胞,操作简单,效果好,可无菌操作,适用性好,易放大	膜易污染,分离效果与操作技巧关系密切,需要精心保养、清洗,不适合精确分离
		平板、卷曲、中空纤维、管式超滤器	用于粗分离、脱盐、浓缩,可无菌、批式或连续操作,适用性好,容易放大	膜容易污染,分离效果与物料处理及性质关系密切。需精心护养、清洗
		平板、卷曲、中空纤维反渗透器	主要用于无盐、无热原的水的制备和小分子物质浓缩	需要高压操作,对设备要求高,需精心护养、清洗
		半透膜型、离子半透膜型电渗析器	可连续进行带电荷的物质分离	电渗过程产热对生物活性有影响

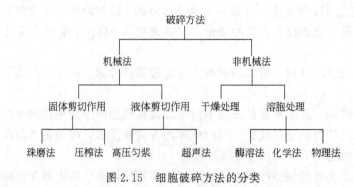

图 2.15　细胞破碎方法的分类

表 2.5 细胞破碎方法

方法	原理	设备	特点	缺点
压力破碎法	利用压力释放时的液固剪切进行破碎	压力破碎机	操作简便,可连续操作,适用于不同的细胞	加压放热,需要冷却,否则生物活性物质会失活;破碎率较低,压力不稳定,需要进行反复破碎
珠磨破碎法	利用固体的剪切进行破碎	细胞珠磨破碎机	操作简便、稳定,可连续批式操作,破碎率可以控制,容易放大,适用于工业放大	珠磨时会放热,需要高效冷却,不同细胞的破碎条件差异大
超声波破碎法	利用超声波形成空穴产生压力冲击使进行破碎	超声破碎机	操作简便,可连续或批式操作	超声波处理会产热,需要冷却,破碎率较低,需反复进行破碎,应用面较窄
渗透压法	利用渗透压的突变,造成细胞内压力差而引起细胞的破碎		适用于位于胞内质的产物释放,细胞的破碎率低,但产物的释放较好,纯度较高	操作比较复杂,条件要求严格,只适用于少量样品的处理,费用高
有机溶剂或表面活性剂法	利用有机溶剂或表面活性剂改变细胞壁或膜的通透性,使胞内产物得以释放		方法简单,细胞内含物释放少,产物较纯,可大规模应用	适用性有限,只适合于对有机溶剂或表面活性剂稳定的产物
碱或酶处理法	经碱或酶的处理使细胞壁或膜破坏,使产物释放出来		方法简单,可大规模应用	适用性有限,只适合于对碱或酶稳定的产物

（4）酶的分离纯化方法 用于酶的分离、纯化的方法除了传统的沉淀法、吸附法、离子交换、萃取法等之外,还有超滤、反渗透、电渗析、凝胶电泳、离子交换色谱、亲和色谱、疏水色谱、等电聚焦、双水相萃取、超临界萃取、反胶团萃取、凝胶色谱等。表 2.6～表 2.8 分别列出了一些生物分离纯化技术及它们的特点、经济性。

表 2.6 主要的生物分离纯化技术

分离纯化技术	开发现状	典型产物	产物回收率	选择性	产物产出形式
浓缩					
超滤法	工业化	相对分子质量大于 50000 的目的酶	高	去除所有低分子量化合物	浓缩且部分纯化的发酵液
萃取					
双水相分配	小规模	大分子量的目的酶	中	中等选择性	溶解在聚乙二醇中的目的溶液
双水相＋液膜	工厂生产	潜力大,酶的范围广	潜力大	潜力很大	溶剂和目的酶溶液的乳化液
沉淀、过滤或离心	工业化	目的酶的不溶性衍生物	高	选择性较高	产物不溶衍生物的浓浆
吸附	工业化	大分子量及不稳定的目的酶	中	选择性高,甚至是专一性	以溶液存在于洗脱液中

表 2.7 主要的用于酶分离纯化技术的特点

方 法	原 理	特 点	缺 点
萃取法			
双水相萃取法	依据目的酶在不相容的聚合物或无机盐溶液形成的两相中的分配系数不同而进行分离	可连续或批式操作,设备要求简单,萃取容易,操作稳定,极易放大。适合于大规模应用。将离子交换基团、亲和配基、疏水配基等结合在聚合物分子上可改进分配系数及萃取专一性	成本较高,纯化倍数较低。适合于粗分离
反胶团萃取法	利用表面活性剂形成的"油包水"微滴,对酶等蛋白质进行分离	有一定的选择性,操作简单,萃取能力大	表面活性剂筛选工作量大,目前还缺乏应用实例
凝胶萃取法	利用凝胶可发生可逆、非连续的溶胀和皱缩以及对所吸收的液体具有选择性的性质进行酶分离	设备简单,能耗低,再生容易,有良好的应用前景	目前还处于实验室研究阶段
超临界流体萃取法	利用某些流体在高于其临界压力和临界温度时形成的超临界流体作为溶剂进行萃取	萃取能力大,速度快,可通过控制温度和压力改变对某些物质的选择性	操作压力大,目前大规模应用的例子不多,但研究十分活跃
沉淀法			
有机溶剂沉淀法	利用有机溶剂破坏蛋白质分子的水化壳,使之聚集成更大的分子而沉淀	可用于沉淀各种蛋白质。可实现分级沉淀,达到粗分离和浓缩的目的。应用较广、简便,可大规模应用	需低温下进行,沉淀时会发生蛋白质变形失活
盐析法	利用无机盐破坏蛋白质分子的水化层,中和表面电荷,使之聚集成更大的分子团而沉淀	可用于蛋白质分级沉淀或沉淀、粗分离及浓缩作用。对生物活性有一定的保护作用。方法简便,可大规模应用	蛋白质的回收率一般,产生的废水含盐高,对环境有比较大的影响
化学沉淀法	通过化学试剂与目的产物形成新的化合物,改变溶解度而沉淀	可针对性沉淀目的产物	通用性差,需分解沉淀回收目的产物
等电点沉淀法	利用带电物质在等电点时溶解度最小的原理,在低的离子强度下,调节 pH 至等电点,使蛋白质等所带电荷为零,使蛋白质等物质沉淀出来,从而实现分离	方法简单、有效,成本较低,是常用的粗分离方法	酸化时,目标产物比较容易失活
色谱法			
离子交换色谱法	依据被分离物质的各组分的电荷性质、数量以及与离子交换剂的吸附和交换能力不同而达到分离的目的	适用于带有电荷的大、中、小及生物活性或非生物活性物质的分离纯化,纯化效率较高,可柱式操作和搅拌式操作。应用广泛,常用于实验室和工业生产	操作较复杂,试剂消耗量较大,成本高,放大比较困难,离子交换剂需再生后方可再用
吸附色谱法	依据范德华力、极性氢键等作用力将分离物吸附于吸附剂上,然后改变条件进行洗脱,达到分离纯化的目的	吸附色谱可柱式或搅拌式操作。吸附剂种类繁多,可选择范围和应用范围广,吸附和解吸的条件温和,不需要复杂的再生	选择性较低。柱式操作放大困难
亲和色谱法	依据目的产物与专一性配基的专一性相互作用进行分离	选择性极高,纯化倍数和效率高。可从复杂的混合物中直接分离目的产物	成本高,配基亲和稳定性差,使用寿命有限,亲和材料制备复杂,放大困难

方法	原理	特点	缺点
染料亲和色谱法	依据染料分子与目的产物之间的专一性作用而进行分离	选择性高,成本低,使用稳定性好,寿命长	有染料配基污染产物的可能,放大困难
疏水色谱法	依靠疏水相互作用进行分离	选择性较好,使用稳定性好,应用较广	成本较高,放大困难,需较严格控制条件,保证活性收率
凝胶色谱法	依据分子大小进行分离	分离条件温和,活性收率较高,选择性和分辨率高,应用广,适合于生物大分子的分离纯化	放大较困难,稀释度高,操作不易掌握
结晶法	利用只有同类分子或离子才能排列成为晶体的性质进行物质分离	选择性好,成本低,设备简单,操作方便,广泛应用于抗生素等的分离	要得到均匀的结晶时需要很高的操作要求,常常需要纯净的初始溶液、浓缩以及重结晶才能得到高品位的产物

表 2.8　主要的生物物质分离纯化技术的经济性

分离纯化技术	操作性能	可应用性	废水产生情况	附加操作
浓缩				
超滤法	有堵塞和清洗问题	低值酶制剂	提去目的酶的发酵液	膜清洗
萃取				
双水相分配	应不错	高值酶制剂	污染分离剂的发酵液	回收分离剂
双水相+液膜	应不错	高值酶制剂	溶剂和湿润剂污染的废液相	乳化及分离
沉淀、过滤或离心	应不错	低值酶制剂	废发酵液可能有污染沉淀	重溶解沉淀
吸附	好,有可能堵塞	中值酶制剂	无污染的废发酵液	吸附剂再生

(5) 酶分离工艺介绍　对胞内酶和胞外酶来说,分离的工艺有一些微小的差别,图 2.16、图 2.17 分别为胞内酶和胞外酶的典型分离工艺流程图。

① 胞内酶的分离工艺流程(酰胺酶):图 2.16。

② 胞外酶的分离提取工艺流程(蛋白酶):图 2.17。

(6) 微生物酶制剂的生产工艺　在表 2.9 中列出了一些微生物酶制剂的种类、来源和用途。

表 2.9　一些微生物酶制剂的种类、来源和用途

酶的名称	来源	用途
α-淀粉酶	枯草杆菌、米曲霉、麦芽、黑曲霉	织物退浆、酒精及其它发酵工业液化淀粉、消化剂等
β-淀粉酶	巨大芽孢杆菌、多黏芽孢杆菌、吸水链霉菌等	与异淀粉酶一起用于麦芽糖的制造
葡萄糖淀粉酶	根霉、黑曲霉、内孢霉、红曲霉	制造葡萄糖,发酵工业和酿酒行业作为糖化剂
异淀粉酶	假单胞杆菌、产气杆菌属	与β-淀粉酶一起用于麦芽糖的制造,直链淀粉的制造,淀粉糖化
茁霉多糖酶	假单胞杆菌、产气杆菌属	与β-淀粉酶一起用于麦芽糖的制造,直链淀粉的制造,淀粉糖化
纤维素酶	绿色木霉、曲霉	饲料添加剂,水解纤维素制糖,消化植物细胞壁等
半纤维素酶	曲霉、根霉	饲料添加剂,水解纤维素制糖,消化植物细胞壁等
果胶酶	木质壳霉、黑曲霉	果汁澄清,果实榨汁,植物纤维精炼,饲料添加剂等
β-半乳糖酶	曲霉、大肠杆菌	治疗不耐乳糖症,炼乳脱除乳糖等
右旋糖酐酶	青霉、曲霉、赤霉	分解葡聚糖防止龋齿,制造麦芽糖等
放线菌蛋白酶	链霉菌	食品工业、调味品制造、制革工业
细菌蛋白酶	枯草杆菌、赛氏杆菌、链球菌	洗涤剂、皮革工业脱毛软化、丝绸脱胶、消化剂、消炎剂、蛋白质水解、调味品制造等

酶的名称	来　源	用　途
霉菌蛋白酶	米曲霉、栖土曲霉、酱油曲霉	皮革工业脱毛软化、丝绸脱胶、消化剂、消炎剂、蛋白质水解、调味品制造等
酸性蛋白酶	黑曲霉、根霉、担子菌、青霉	消化剂、食品加工、皮革工业脱毛软化等
链激酶	链球菌	清创
脂肪酶	黑曲霉、根霉、核盘菌、镰刀霉、地霉、假丝酵母	消化剂、试剂
脱氧核糖核酸酶	黑曲霉、枯草芽孢杆菌、链球菌、大肠杆菌	试剂、药物
多核苷酸磷酸酶	溶壁小球菌、固氮菌	试剂、药物
磷酸二酯酶	固氮菌、放线菌、米曲霉、青霉	制造调味品
过氧化氢酶	黑曲霉、青霉	去除过氧化氢
葡萄糖氧化酶	黑曲霉、青霉	葡萄糖定量分析,食品去氧,尿糖、血糖的测定
尿素酶	产朊假丝酵母	测定尿酸
葡萄糖异构酶	放线菌、凝结芽孢杆菌、短乳酸杆菌、游动放线菌、节杆菌	葡萄糖异构化制造果糖
青霉素酶	蜡状芽孢杆菌、地衣芽孢杆菌	分解青霉素

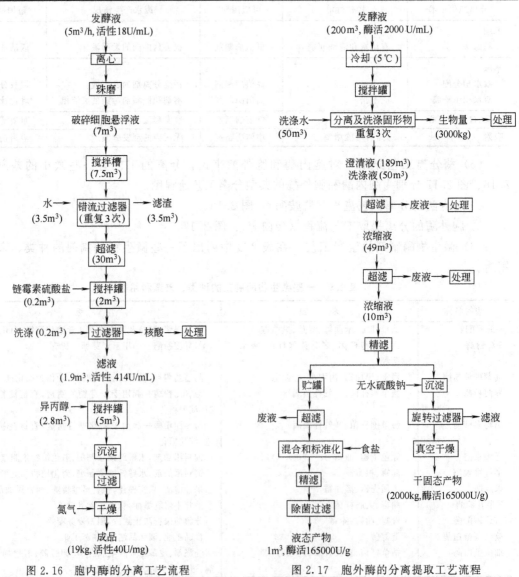

图 2.16　胞内酶的分离工艺流程　　　　图 2.17　胞外酶的分离提取工艺流程

图 2.18 为枯草杆菌生产中性蛋白酶的工艺流程图。

① 菌种 生产中性蛋白酶的枯草杆菌菌种一般为 AS1398 菌。

② 培养基

a. 碳源 工业上常用的碳源有葡萄糖、淀粉、玉米粉、米糠、麸皮等。

b. 氮源 常选用豆饼粉、鱼粉、血粉、酵母、玉米浆等作氮源。

c. 无机盐 磷酸盐对中性蛋白酶的生产很重要。当使用麸皮、米糠等有机磷含量丰富的原料时，添加无机磷酸盐对酶的生产有明显的促进效果。生产培养基中添加 0.1%～0.3% 磷酸盐，可使酶活提高 20%～30%。除此之外，钙、镁、锌等无机盐类也是中性蛋白酶生产所必需的，对蛋白酶的生成有明显的刺激作用。

d. 特殊添加剂（产物促进剂） 向培养基中加入大豆提取物、植酸钙镁或多聚磷酸盐，可以刺激枯草杆菌等的蛋白酶的生产。

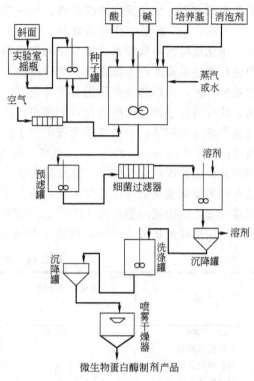

图 2.18 枯草杆菌生产中性蛋白酶的工艺流程

通常添加 0.03%～0.05% 的植酸钙镁或多聚磷酸盐，可使蛋白酶的活性增加 1 倍以上。

③ 发酵条件控制

a. 菌种培养 将菌种移入茄子瓶斜面，30℃培养 26h，转入种子罐中在 30℃，通风比 1：0.5、搅拌转速 320r/min 下培养 15～18h。

b. 温度控制 要求在 0～4h 期间保持 30～32℃；在 5～8h 期间，每小时升温 2℃；在 9～12h 期间，每小时降温 2℃；12h 以后保持 30～32℃。

c. 通气 控制通风比 0～12h 期间 1：0.6；12～20h 期间 1：0.7；20～28h 期间 1：0.8。搅拌的速度根据发酵过程中各个阶段的需要进行调整。

d. 泡沫的控制 由于发酵过程中会产生大量的泡沫，通常采用豆油、玉米油等天然油脂或环氧丙烯、环氧乙烯、聚醚类化学合成消泡剂进行消泡。应尽量控制其用量和加入方式，否则会影响菌体的代谢。

④ 酶的提取 根据对酶产品的用途等要求不同，采用相应的提取方法制成工业用酶、食品用酶和药用酶。

2.3 酶催化原理

2.3.1 酶催化反应的特点

酶是由活细胞产生的一类具有催化功能的生物分子，在生物体内不仅作为各种复杂生物化学反应的催化剂，能够催化生物体内的诸多反应，而且也作为生物体内能量转化的中间体。无论是动物、植物等高等生物还是细菌、真菌、藻类等低等生物的生长发育、繁殖衍生、吸收排泄等新陈代谢所进行的一切生物化学反应几乎都是在酶的催化下进行的，可以说没有酶就没有生命。大量的研究已经证明，酶与化学催化剂比较具有显著的特点，其中最重要的有四方面：催化反应的高效性，专一性，反应的温和性及酶活性可以调控性。

2.3.1.1 催化反应的高效性

催化反应的高效性是指极少量的催化剂就可以使大量的物质发生化学反应。酶是自然界中催化活性最高的一类催化剂：生命体内发生的许多化学反应在没有催化剂存在的情况下是很难进行的，而酶的催化作用可使这些反应的反应速度提高 $10^6 \sim 10^{12}$ 倍，甚至可高达 10^{17} 倍，比普通化学催化剂的催化效能高出很多。例如，铁离子和过氧化氢同样都能够催化过氧化氢分解为水和氧，但铁离子的催化效率仅为 $6 \times 10^{-4} \, mol/(mol \cdot s)$，而过氧化氢酶的催化效率则为 $5 \times 10^6 \, mol/(mol \cdot s)$，显然，酶的催化效率比一般催化剂要高得多。但遗憾的是，酶催化反应速度与在相同 pH 值及温度条件下非酶催化反应速度的可直接比较的例子很少，这是因为非酶催化的反应速度太低，不易观察。对那些可比较的反应，可发现反应速度大大提高，如乙酰胆碱酯酶接近 10^{13} 倍，丙糖磷酸异构酶为 10^9 倍，分支酸变位酶为 1.9×10^6 倍，四膜虫核酶接近 10^{11} 倍，如表 2.10 所示。

表 2.10 天然酶催化能力举例

酶	非催化半衰期 $t_{1/2}^{uncat}$	专一性因子 k_{cat}/K_m /[L/(mol·s)]	反应加速倍数 k_{cat}/k_{uncat}
OMP 脱羧酶	7.8×10^7 年	5.6×10^7	1.4×10^{17}
乙酰胆碱酯酶	约 3 年	$>10^8$	约 10^{13}
丙糖磷酸异构酶	1.9 天	2.4×10^8	1.0×10^9
分支酸变位酶	7.4h	1.1×10^6	1.9×10^6
四膜虫核酶	约 430 年	1.5×10^6	约 10^{11}

注：k_{cat} 表示催化反应速率常数，k_{uncat} 表示非催化反应速率常数。

在其它可比较的反应中，酶促反应速度相当高，而反应温度可能很低。酶催化的最适条件几乎都为温和的温度和非极端 pH 值。以固氮酶为例，NH_3 的合成在植物中通常是 25℃和中性 pH 值下由固氮酶催化完成。酶是由两个解离的蛋白质组分组成的一个复杂的系统，其中一个含金属铁，另一个含铁和钼，反应需消耗一些 ATP 分子，精确的计量关系还未知，但工业上由氮和氢合成氨时，需在 700～900K、10～90MPa 条件下，还要有铁及其它微量金属氧化物作催化剂才能完全反应。

2.3.1.2 催化作用的高度专一性

酶的催化具有高度选择性，大多数酶对所作用的底物和催化的反应都是高度专一的。酶催化作用的专一性是指酶仅仅能催化某一种或某一类物质发生化学反应，或者说只能作用于某一种或某一类的底物。例如，蛋白酶只能水解蛋白质的肽链生产小肽或氨基酸，但不能催化淀粉的水解反应，同样，淀粉酶只能分解淀粉生成糊精或葡萄糖，而不能作用于其它物质。不同的酶专一性程度不同，有些酶专一性相对较低，如肽酶、磷酸（酯）酶、酯酶，可以作用很多底物，可催化化学键相同的底物进行相关的反应，可分别作用于肽、磷酸酯、羧酸酯等底物，催化这些底物的水解。而大多数酶则是呈现出绝对或几乎绝对的专一性，它们只能催化一种底物进行反应，如脲酶只能催化尿素的反应，或以很低的速度催化结构非常相似的类似物。

酶催化作用的专一性包括反应专一性和底物专一性两方面：

（1）反应专一性 酶一般只能选择性地催化一种或一类相同类型的化学反应。酶催化反应几乎没有副反应。

（2）底物专一性 一种酶只能作用于某一种或某一类结构和性质相似的物质，而根据酶对底物专一性的程度和类型，大致上又可分为以下几类：

① 结构专一性 有些酶对底物的要求非常严格，只作用于一个特定的底物，这种专一性又称为"绝对专一性"，例如脲酶只能催化尿素水解，而对尿素的类似物却均无作用。有些酶的作用对象不是一种底物，而是一类化合物或一类化学键，这种专一性又称为"相对专一性"，如胰凝乳蛋白酶能选择性地水解含有芳香侧链的氨基酸残基形成的肽链。

② 立体专一性 酶的一个重要特征是能专一性地与手性底物结合并催化这类底物发生反应，如胰蛋白酶只能水解由 L-氨基酸形成的肽键，而不能作用于由 D-氨基酸形成的肽键；同样，淀粉酶只能选择性地水解 D-葡萄糖形成的 1,4-糖苷键，而不能影响 L-葡萄糖形成的糖苷键。此外，在酶催化反应中，还存在潜手性例子，虽然底物本身不具有手性，但反应却是立体专一性的。

③ 几何专一性 某些酶只能选择性地催化某种几何异构体底物的反应，而对另一种构型的底物却没有催化作用。如延胡索酸水合酶只能催化延胡索酸水合生成苹果酸，而对马来酸则不起作用。

例如不同的蛋白酶都能水解肽键，但它们的专一性程度是不相同的，图 2.19 和表 2.11 列出了消化道中的几种蛋白酶的专一性。

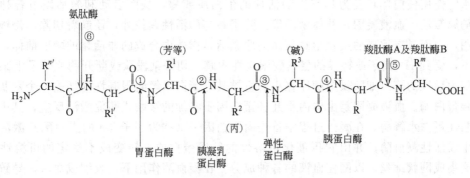

图 2.19 消化道中几种蛋白酶的专一性

表 2.11 消化道蛋白酶作用的专一性

酶 种 类		对 R 基团的要求	键作用部位	脯氨酸的影响
内肽酶	胃蛋白酶	R^1、$R^{1'}$：芳香族氨基酸及其它疏水性氨基酸(NH_2 端及 COOH 端)	↑ ①	对肽键提供—NH—的氨基为脯氨酸时,不水解
	胰凝乳蛋白酶	R^1：芳香族氨基酸及其它疏水性氨基酸(COOH 端)	↑ ②	对肽键提供—CO—的氨基酸为脯氨酸时,水解受阻
	弹性蛋白酶	R^2：丙氨酸、苷氨酸、丝氨酸等短脂肪链的氨基酸(COOH 端)	↑ ③	
	胰蛋白酶	R^3：碱性氨基酸(COOH 端)	↑ ④	对肽键提供—CO—的氨基酸为脯氨酸时,水解受阻
外肽酶	羧肽酶 A	R^m：芳香族氨基酸	⇓ ⑤羧基末端的肽键	
	羧肽酶 B	R^m：碱性氨基酸	⇓ ⑤羧基末端的肽键	
	氨肽酶		⇓ ⑥氨基末端的肽键	
二肽酶		要求相邻两个氨基酸上的 α-氨基和 α-羧基同时存在		

2.3.1.3 酶活性可以调控

生命现象表现了它内部反应历程的有序性。这种有序性是受多方面因素调节和控制的，而酶活性的控制又是代谢调节作用的主要方式。酶活性的调节控制主要有下列七种方式：

（1）**酶浓度的调节** 酶浓度的调节主要有两种方式：一种是诱导或抑制酶的合成；另一种是调节酶的降解。例如，在分解代谢中，β-半乳糖苷酶的合成，平时是处于被阻遏状态，当乳糖存在时，抵消了阻遏作用，于是酶受乳糖的诱导而合成。

（2）**激素调节** 这种调节也与生物合成有关，但调节方式有所不同。如乳糖合成酶有两个亚基——催化亚基和修饰亚基。催化亚基本身不能合成乳糖，但可以催化半乳糖以共价键的方式连接到蛋白质上形成糖蛋白。修饰亚基和催化亚基结合后，改变了催化亚基的专一性，可以催化半乳糖和葡萄糖反应生成乳糖。修饰亚基的水平是由激素控制的。妊娠时，修饰亚基在乳腺生成，分娩时，由于激素水平急剧变化，修饰亚基大量合成，它和催化亚基结合，大量合成乳糖。

（3）**共价修饰调节** 这种调节方式本身又是通过酶催化进行的。在一种酶分子上，共价地引入一个基团从而改变它的活性。引入的基团又可以被第三种酶催化除去。例如，磷酸化酶的磷酸化和去磷酸化；大肠杆菌谷氨酰胺合成酶的腺苷酸化和去腺苷酸化就是以这种方式调节它们的活性。

（4）**限制性蛋白酶水解作用与酶活性调控** 限制性蛋白酶水解是一种高特异性的共价修饰调节系统。细胞内合成的新生肽大都以无活性的前体形式存在，一旦生理需要，才通过限制性水解作用使前体转变为具有生物活性的蛋白质或酶，从而启动和激活以下各种生理功能：酶原激活，血液凝固，补体激活等。除了参与酶活性调控外，还起着切除、修饰、加工等作用，因而具有重要的生物学意义。酶原激活是指体内合成的非活化的酶的前体，在适当条件下，受到 H^+ 离子或特异的蛋白酶限制性水解，切去某段肽或断开酶原分子上某个肽键而转变为活性的酶。如胰蛋白酶原在小肠里被其它蛋白水解酶限制性地切去一个六肽，活化成为胰蛋白酶。血液凝固是由体内十几种蛋白因子参加的级联式酶促激活反应，其中大部分为限制性蛋白水解酶。在凝血过程中首先由蛋白因子（称为因子 Xa 的蛋白酶）激活凝血酶原，生成活性凝血酶；并由它再催化可溶性的纤维蛋白原，转变成不稳定的可溶性纤维蛋白，聚集成网状细丝，以网住血液的各种成分。在凝血酶作用下，收缩成血块，导致破损的血管被封闭而修复。

（5）**抑制剂的调节** 酶的活性受到大分子抑制剂或小分子抑制剂抑制，从而影响活力。前者如胰脏的胰蛋白酶抑制剂（抑肽酶）；后者如 2,3-二磷酸甘油酸，是磷酸变位酶的抑制剂。

（6）**反馈调节** 许多小分子物质的合成是由一连串的反应组成的。催化此物质生成的第一步反应的酶，往往可以被它的终端产物所抑制，这种对自我合成的抑制叫反馈抑制。这在生物合成中是常见的现象。例如，异亮氨酸可抑制其合成代谢通路中的第一个酶——苏氨酸脱氨酶。当异亮氨酸的浓度降低到一定水平时，抑制作用解除，合成反应又重新开始。再如，合成嘧啶核苷酸时，终端产物 UTP 和 CTP 可以控制合成过程一连串反应中的第一个酶。反馈抑制就是通过这种调节控制方式，调节代谢物流向，从而调节生物合成。

（7）**金属离子和其它小分子化合物的调节** 有一些酶需要 K^+ 活化，有时 NH_4^+ 可以代替 K^+，但 Na^+ 不能活化这些酶，而且有时还有抑制作用。这一类酶有 L-高丝氨酸脱氢酶、丙酮酸激酶、天冬氨酸激酶和酵母丙酮酸羧化酶。另有一些酶需要 Na^+ 活化，K^+ 起抑制作用。如肠中的蔗糖酶可受 Na^+ 激活，二价金属离子如 Ca^{2+}、Zn^{2+}、Mg^{2+}、Mn^{2+} 往往也为一些酶表现活力所必需，它们的调节作用还不很清楚，可能和维持酶分子一定的三级、四级结构有关，有的则和底物的结合和催化反应有关。这些离子的浓度变化都会影响有关的酶活性。丙酮酸羧化酶催化的反应为：$ATP + 丙酮酸 + HCO_3^- \rightleftharpoons 草酰乙酸 + ADP + Pi$。这是从丙酮酸合成葡萄糖途径中限速的一步。丙酮酸的浓度影响酶的活力，而丙酮酸的浓度是由 NAD^+ 和

NADH 的比值决定的，NAD$^+$ 和 NADH 的总量在体内差不多是恒定的。NADH 的浓度相对地提高了，丙酮酸的浓度就要降低。与此相类似的 ATP、ADP、AMP 的总量在体内也是差不多恒定的，其中 ATP、ADP、AMP 的相对量的变化也可影响一些酶的活性。

2.3.2 酶催化作用的机制

酶催化反应机制的研究是当代酶学中的一个重要研究内容，要清楚地阐述酶的作用机制不是一件容易的事情，也是酶学和相关学科需要面对的艰巨任务，至今人们只知道了一些因素可以使酶催化反应的速度加快，但仍然不能确切地用规律性的理论去合理地解释这些结果，仍有许多问题没有得到解决。通常需要从酶的特性和化学性质以及相关的理论基础出发进行相关的研究。研究酶的催化作用一般采用两种方法。一种方法是从非酶系统模式获得催化作用规律，该法的优点是反应简单，易于探究；而缺点是非酶系统与酶系统存在着许多差别，非酶系统中取得的实验结果不一定完全适合于阐明酶的催化作用。另一种方法是从酶的结构与功能研究中得到催化作用机理的证据。一般来说，对提出的一个酶催化作用机制，应该从底物转化为产物的每一步过程的中间配合物及其基元反应的次序、中间配合物之间相互转化的速率常数、配合物的结构等几个方面予以论证。也就是说，酶的催化作用机制需要用动力学和结构两方面的知识予以解释和确认。因此，反应动力学的研究、X 射线技术、晶体学、质谱技术等对酶的作用机制研究就具有重要的意义，当然酶催化反应过程中的中间配合物的检测、酶分子中氨基酸侧链的化学修饰以及蛋白质的定点突变技术就成为了酶催化作用机制研究中获得基础数据的重要手段。

2.3.2.1 酶催化的作用机制

根据目前的研究结果，酶的催化作用可能来自多个方面，包括了广义的酸碱催化、共价催化、多元催化、邻近效应及定向效应、变形或张力以及活性中心为疏水区域。

（1）广义的酸碱催化　在酶反应中起到催化作用的酸与碱，在化学性质上应与非酶反应中酸与碱的催化作用相同，酸或碱可以通过暂时提供或接受一个质子以稳定过渡态来达到催化反应的目的。如酮与醇的异构化反应十分缓慢，加入酸或碱后，可以使反应的速度大大加快。

酸与碱，在狭义上常指能离解 H$^+$ 与 OH$^-$ 的化合物。狭义的酸碱催化剂即是 H$^+$ 与 OH$^-$。广义的酸碱是指能供给质子（H$^+$）与接受质子的物质。例如 HA $\Longrightarrow$ A$^-$ ＋H$^+$。在狭义上 HA 是酸，因为它能离解 H$^+$；但在广义上，HA 也为酸，是由于它供给质子。在狭义上，A$^-$ 既不是酸，也不是碱；但在广义上，它能接受质子，因此它就是碱。由此可见，在广义上酸与碱可以共轭对存在，如 CH$_3$COOH 为共轭酸，而 CH$_3$COO$^-$ 则为共轭碱。虽然酸离解时释放 H$^+$，但是 H$^+$ 是质子，实际上在水溶液中不会自由存在的，它常与溶剂结合成水化质子，即 H$_3$O$^+$。不过在一般情况下，为了方便起见，仍把 H$_3$O$^+$ 看成 H$^+$。在酸的催化反应中，H$^+$ 与反应物结合，通常该结合物的反应性更强，因而导致催化反应的速度大为加快。与此同理，当碱为催化剂时，从反应物移去 H$^+$，反应速度也大为加快。许多反应中既受酸的催化，也受碱的催化，即在反应中既有质子的供给，也有质子的转移，例如 X 转变为 Y 的反应主要靠酸与碱的催化。

酸碱催化剂是催化有机反应中普遍的、有效的催化剂。它们在酶反应中的协调一致可能起到特别重要的作用。由于生物体内酸碱度偏于中性，在酶反应中起到催化作用的酸碱不是狭义的酸碱，而是广义的酸碱。在酶蛋白中可以作为广义酸碱的功能基团见表 2.12。

在所有的广义酸碱的功能基团中以组氨酸的咪唑基特别重要，其理由有以下两点：①咪唑基在中性溶液条件下可以作为质子的传递体，既可以质子供体（广义酸）形式存在，又可以质子受体（广义碱）形式存在，可在酶的催化反应中发挥重要作用；②咪唑基供给质子或

表 2.12　酶蛋白中作为酸碱催化基团

质子供体（广义酸）	质子受体（广义碱）
—COOH	—COO$^-$
—NH$_3^+$	—NH$_2$
（苯环）—OH	（苯环）—O$^-$
—SH	—S$^-$
咪唑基（质子化）	咪唑基

注：
$$\text{咪唑基（酸）} \longrightarrow \text{咪唑基（碱）} + H^+$$

接受质子的速度十分迅速，而且两者的速度几乎相等，因此咪唑基是酶的催化反应中最有效最活泼的一个功能基团。由于酶分子中的氨基酸侧链具有质子供体和受体的功能，所以酸碱催化在酶分子中起重要作用的推测应该说是合理的，不少研究的结果也已经证实了这一点。例如，在一些酯酶、肽酶、蛋白水解酶的活性中心中的组氨酸在酶的酸、碱催化中起了极其重要的作用。

(2) 共价催化　共价催化又称亲核或亲电子催化，在催化时，亲核催化剂或亲电子催化剂分别放出电子或吸取电子并作用于底物的缺电子中心或负电子中心，迅速形成不稳定的共价配合物，降低反应的活化能，以达到加速反应的目的。根据酶对底物攻击的基团种类不同，共价催化也可以分为亲核和亲电子催化两类。有一些酶反应可通过共价催化来提高反应速度，通过底物与酶以共价键的方式结合，形成过渡态中间物，这种中间物可以很快转变为活化能大为降低的转变态，从而提高催化反应速度。例如糜蛋白酶与乙酸对硝基苯酯可结合成为乙酰糜蛋白酶的复合中间物，同时生成对硝基苯酚，其中在复合中间物中乙酰基与酶的结合是通过共价键形式而形成的。乙酰糜蛋白酶与水作用后，迅速生成乙酸并释放出糜蛋白酶。乙酰糜蛋白酶是共价结合的酶-底物复合物。除此之外，能形成共价酶-底物复合物的酶还有不少，见表 2.13。共价催化在酶促反应机构中占有极重要的地位。共价催化机制中酶首先与底物进行亲核反应形成共价键，再通过同一酶进行亲电催化，从反应中心吸收电子，因此共价催化具有亲核、亲电过程。反应机制到底归于亲核或亲电催化中的哪一类则主要取决于哪种效果对催化限速反应步骤起决定作用。迄今，已经有大量的研究报道了酶催化具有共价催化机理，这可以通过从已经分离出来的大量以共价键连接的酶-底物复合物的研究工作予以证实。参与共价催化的主要是酶分子中组氨酸的咪唑基、天冬氨酸中的羧基以及丝氨酸的羟基等，此外，一些辅酶也可作为共价催化剂，如焦磷酸硫胺素等。

(3) 邻近效应及定向效应　从已有的知识可以知道，化学反应速度的快慢与反应物浓度成正比的关系。也就是说，在反应体系中底物浓度增高，则反应速度也相应增高。根据这一关系，在酶催化反应过程中，如果溶液中底物分子能有效地进入到酶的活性中心，并在活性行中心富集，那么就会使活性中心区域内底物浓度大为提高。例如，在研究中人们已经发现某底物在溶液中浓度为 0.001mol/L，而在酶活性中心的浓度竟达到 100mol/L，比溶液中浓度高 10^5 倍，相应地就可以使反应速度大为提高。

当然，底物分子进入酶的活性中心，除因浓度增高因素使反应速度增快外，还会有特殊的邻近效应及定位效应。所谓邻近效应，就是底物的反应基团与酶的催化基团越靠近，其反应速度越快。以双羧酸的单苯基酯的分子内催化为例，当—COO—与酯键相隔较远时，酯水解相对速度为 1，而两者相隔很近时，酯水解速度可增加 53000 倍，如表 2.14 所列。

表 2.13　某些通过共价催化机制进行催化的酶

酶	与底物共价结合的氨基酸残基	酶-底物形成共价复合物
葡萄糖磷酸变位酶	丝氨酸残基	磷酰基-酶
乙酰胆碱酯酶	丝氨酸残基	酰基-酶
糜蛋白酶	丝氨酸残基	酰基-酶
3-磷酸甘油醛脱氢酶	半胱氨酸残基	酰基-酶
乙酰辅酶 A-乙酰基转移酶	半胱氨酸残基	酰基-酶
6-磷酸葡糖酶	组氨酸残基	磷酰基-酶
琥珀酰辅酶 A 合成酶	组氨酸残基	磷酰基-酶
转醛醇酶	赖氨酸残基	Schiff 碱
D-氨基酸氧化酶	赖氨酸残基	Schiff 碱
磷酸葡糖变位酶	丝氨酸残基	磷酰基-酶
果糖二磷酸醛缩酶	赖氨酸残基	Schiff 碱
ATP-柠檬酸解酶	谷氨酸残基	磷酰基-酶
碱性磷酸酯酶	丝氨酸残基	磷酰基-酶
木瓜蛋白酶	丝氨酸残基	酰基-酶
胰蛋白酶	丝氨酸残基	酰基-酶

表 2.14　双羧酸的单苯基酯的分子构造与酯水解的相对速度关系

酯	酯水解的相对速度	酯	酯水解的相对速度
	1		1000
	20		53000
	230		

邻近和定向效应影响酶催化反应速度的原因主要有：①酶对底物分子起电子轨道导向作用；②酶使分子间反应转变成分子内反应；③起底物固定作用，酶对底物的邻近、定向作用生成中间复合物的寿命比一般双分子相互碰撞的平均寿命要长，大大增加了产物形成的概率。

严格来讲，仅仅利用底物的反应基团与酶的催化基团的靠近程度还不能完全解释反应速度的提高。从理论上讲，要使邻近效应达到提高反应速度的效果，必须是既靠近又定向结合，即酶与底物的结合必须达到最有利于形成转变态的程度，只有这样才能使反应速度得到大幅度提高（图 2.20）。也就是说，当酶催化一个反应发生时，酶分子与底物之间并不是相互靠近以后就能在任何方向上都可以发生反应，而必须要有一定的空间定向关系。所谓定向效应是指反应物的反应基团之间、酶的催化基团与底物的反应基团之间的正确取位后产生的

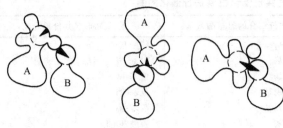

(a) 不靠近,不定向   (b) 靠近,不定向   (c) 靠近,又定向

图 2.20　底物与酶的邻近和定向效应的三种情形

反应速度增大的一种效应。定向效应对催化反应速度有很大的影响。从底物和酶的结构分析,要使酶既与底物靠近,又能与底物定向结合,就要求底物要有与酶催化活性中心结合的相应结构,也就是底物必须是酶的最适底物。有人认为,这种加速效应可能使反应增加 10^8 倍。

(4) 扭曲变形和构象变化的催化效应　当酶与底物专一性结合后,酶很可能使底物分子中的敏感键发生变形或扭曲,从而使底物的敏感键更易于破裂,并使底物的几何和静电结构更接近于过渡态,进而降低了反应的活化自由能,使反应速度大为增加(如图 2.21)。

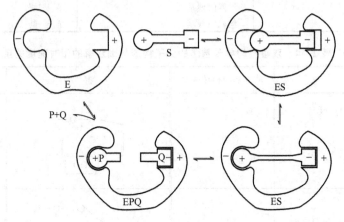

图 2.21　变形或张力示意
E—酶;S—底物;P+Q—产物

从图可以看出,扭曲变形和构象变化加速催化反应速度的主要原因大致有三种:一是当底物与酶蛋白接触时,酶蛋白的三维结构发生了改变,使酶从低活性形式转变为高活性形式;二是底物为了能与酶更好地结合,可在酶的诱导下,靠它们相互结合所释放的能量产生各种类型的扭曲、变形和去稳定作用;三是当底物与酶结合时,底物的构象发生变化,变得更像过渡态的结构,使反应活化能大大降低。扭曲变形和构象变化的催化效应实际上和酶促反应的诱导契合假设非常吻合。

(5) 多元催化与协同效应　酶分子是一个拥有多种不同侧链基团组成活性中心的大分子,这些基团在催化过程中根据各自的特点发挥不同的作用,而酶的催化作用则是一个综合的结果,是通过这些侧链基团的协同作用共同完成的。多元催化与协同作用的效果远远胜于单元催化的效果。以甲基葡萄糖在苯中的变旋反应为例,在没有催化剂存在时,反应进行得极为缓慢;酚和吡啶对此反应均有催化作用,但效果一般。如酚和吡啶同时存在于体系时,催化效率会有明显的提高;而如果将酚和吡啶一起结合于同一分子,则催化效率的升高就更为显著,当该催化剂的浓度为 0.001mol/L 时,其催化效率比酚和吡啶的混合液大 7000 倍。

(6) 金属离子催化　在所有已知的酶中,几乎有 1/3 的酶表现活性时需要有金属离子的存在。根据金属离子与酶蛋白结合的紧密程度大小,可以将需要金属离子的酶分为金属酶和金属激活酶等两大类。通常,金属酶中酶蛋白与金属离子是紧密结合的,与酶蛋白结合的一般为过渡金属离子，如 Fe^{2+}、Fe^{3+}、Cu^{2+}、Mn^{2+}、Co^{3+} 等；而金属激活酶中酶蛋白与金属离子的结合则较为疏松，与酶蛋白结合的一般为碱金属和碱土金属离子，如 Na^+、K^+、Mg^{2+}、Ca^{2+} 等。需要指出的是，金属酶与金属激活酶两者之间并不能作出明确的区分。

金属离子通常是以多种方式参与了酶的催化作用，这些方式包括了：①可接受或供出电子，激活亲电剂或亲核剂，有时金属离子本身也可作为亲电剂或亲核剂；②通过配位键，将酶和底物组合在一起，可引起底物分子变形；③可保持反应基团处于合适的三维取向；④可使酶稳定于催化活性构象；⑤通过静电作用稳定或掩蔽负电荷等。需要金属离子的酶有很多，例如：肌肉丙酮酸激酶就需要碱金属离子和 Mg^{2+}；Ca^{2+} 能激活 α-淀粉酶；Mg^{2+} 能激活肌酸激酶、丙酮酸激酶、烯醇酶等。

（7）微环境的影响　X射线结晶学研究显示酶可以为反应提供不寻常的环境。例如，X射线研究发现溶菌酶分子上有一裂缝为底物结合部位，该裂缝上镶嵌了许多极性的氨基酸侧链，为催化反应提供了一个与溶剂水有较大差别的特殊环境，而且在酶的活性中心有一解离的带负电荷的 Asp-52 侧链，有助于稳定反应过渡态。计算结果表明，低介电常数介质中静电稳定作用很强，使反应速度较非酶催化要高得多。其它酶催化反应的研究结果也表明，由于特殊的微环境，在一个溶液中可以同时存在高浓度的酸和高浓度的碱，而使氨基酸侧链基团的 pK 偏离正常值，以在反应中起酸和碱的作用。此外，酶的催化反应一般均是在一定的溶剂中进行的，溶剂的性质对反应速度的影响很大。例如，二甲基硫氧和二甲基甲酰胺等溶剂不能使负离子溶剂化，特别适合于亲核取代反应。在二甲基硫氧中进行下列反应就要比在水中进行时快 12000 倍。

许多酶催化反应研究结果也表明，由于特殊的微环境，在一个溶液中可以同时存在高浓度的酸和碱。需要指出的是，上述讨论仅仅是对酶催化反应进行了定性的分析和讨论，且在酶催化反应中上述机制往往不是单个地起作用，而是多种机制的综合作用结果。目前人们还没有能力做到完全弄清楚酶催化反应机制，离定量地理解和认识酶催化反应机制也还有相当距离，人们正朝这一方向努力，但要搞清各种因素对酶催化反应的定量影响还有待时日。

2.3.2.2　研究酶催化反应机制的方法

研究酶催化反应机制的方法有很多，通过这些方法所获得的有关酶催化反应机制的信息都是相互补充的，单纯的一种或两种方法很难得到一个酶催化反应机制的全貌。为了建立一个完整的酶催化模式，往往有赖于各种方法所获得信息的相互补充、相互验证。研究酶催化反应机制的方法主要有动力学研究、X射线晶体学、中间产物检测和氨基酸侧链的化学修饰等。

（1）动力学研究　设计一个酶催化反应，通过底物浓度变化、底物结构改变、可逆抑制作用、pH变化和稳态前动力学等的研究，可以获得相关的酶催化反应动力学方程和其它与酶催化反应有关的有效信息，并以此来解释酶催化反应机制。表 2.15 为从酶催化反应动力学研究可以获得的有效信息。

① 底物浓度变化　研究已经表明，底物浓度对酶催化反应的影响很大，研究底物浓度变化对酶催化反应的影响可以获得相应的动力学数据，为单底物酶催化反应的一个或多个

表 2.15　从酶催化反应动力学研究可以获得的有效信息

动力学研究的方法	可获得的有效信息
底物浓度变化	反应中各复合物顺序,动力学机制
底物结构改变	结合和催化的酶结构特征
可逆抑制作用	竞争性抑制剂有助于阐明酶活性部位本质
pH 变化	从 pK 估计某特殊氨基酸侧链在酶催化中的应用
稳态前动力学	含酶中间复合物和催化反应过程中一些基本步骤的速度

酶-底物复合物提供证据,但值得注意的是,往往不能根据这些数据获得各复合物的生成顺序。而对于双底物酶催化反应,由研究底物浓度变化对酶催化反应影响而获得的稳态动力学数据能有效地区分顺序机制和乒乓机制,结合其它有效的方法还可区分顺序机制是有序的还是随机的。

②　底物结构改变　已经有大量的研究结果显示,可以根据底物结构改变对酶催化反应的影响来探测酶活性部位的特性。例如,通过木瓜蛋白酶对各种合成底物所显示的专一性研究表明,该酶有 7 个亚部位,其中亚部位 S_2' 专门与 L-苯丙氨酸侧链相互作用,亚部位 S_1' 对 L-氨基酸特别是 Leu 和 Trp 等疏水氨基酸呈现立体专一性。又例如,根据酶催化不同氨基酸酰胺衍生物水解速度的比较,可以得出结论,胰凝乳蛋白酶对芳香氨基酸或大的疏水 R 侧链氨基酸具有优先性,而弹性蛋白酶则对小的 R 侧链氨基酸底物具有优先性,并可推测出引起这些专一性的酶底物结合部位的特征（图 2.22）。

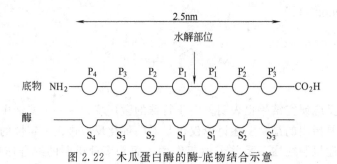

图 2.22　木瓜蛋白酶的酶-底物结合示意

③　可逆抑制作用动力学　通过对底物与竞争性抑制剂结构的比较,可以推测出酶活性部位所包含的主要结构特征。例如,对图 2.22 中的木瓜蛋白酶与底物和竞争性抑制剂的结合研究,发现 Ala-Phe-Arg 三肽是木瓜蛋白酶的强竞争性抑制剂后,推知这一三肽分别占据了酶分子上的亚部位 S_3、S_2 和 S_1,所以不能被酶水解,相反却抑制了酶对底物的结合和水解。

④　pH 变化的影响　许多酶的活性强烈地依赖于 pH,其主要原因是 pH 会影响到酶的催化作用机制中某氨基酸侧链的解离作用。一般可以根据酶催化反应速度对 pH 以及 pK_m 对 pH 作图,推导出解离侧链的 pK_a 值,然后再将这些 pK_a 值与自由氨基酸或小肽侧链的 pK_a 值进行比较,往往就可以推测出酶活性部位侧链的本质。如果进一步参考溶剂对 pK_a 值的影响,就可望对有关侧链的本质作出更为肯定的推断。核糖核酸酶催化机制中所包含的两个组氨酸咪唑侧链就是通过这一方法而预测推断出来,之后已经被 X 射线晶体学研究所证实。

⑤　稳态前动力学研究　利用稳态前动力学方法可以有效检测和分析酶催化反应中酶-底物复合物以及酶-底物复合物的形成和分解速度,利用这一手段相关的原理和方法可以研究

酶的催化机制。例如，胰凝乳蛋白酶催化对硝基苯酚乙酯水解的机制就是根据这一方法而获得，反应过程中，当在405nm监测酚负离子产物随时间而增加时，发现反应速度很慢，只有在高酶浓度时才能看到产物随时间而增加的现象，如图2.23所示。如果将实验结果外推至时间为零时，可以发现生成的酚负离子却不等于零，说明该酶催化反应是分两个阶段进行的：首先是酶活性部位快速催化形成酰化酶并释放产物酚负离子；然后是酰化酶的水解以及酶的再生。

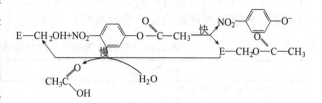

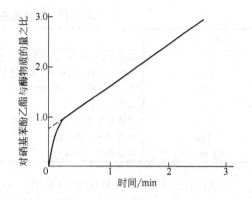

图2.23 胰凝乳蛋白酶催化对硝基苯酚乙酯水解反应过程

（2）X射线晶体学方法 应用X射线晶体学方法可以获得许多酶的结构详情信息，可以探测酶催化机制中所含功能氨基酸在活性部位的定位，研究酶与底物的结合模式。X射线晶体学是研究酶催化机制强有力的手段，但往往不能直接研究催化活泼的酶-底物复合物，还需要采用其它的手段和方法的联合运用才能获得催化活泼的酶-底物复合物的结构。这些手段和方法包括单底物反应、酶与不适底物或竞争性抑制剂形成稳定复合物等。

① 单底物反应 当反应平衡极端趋向一方时，就有可能直接获得催化活泼的复合物。例如，磷酸丙糖异构酶所催化的反应，平衡极端趋向于磷酸二羟丙酮，就可以通过X射线晶体学的方法获得酶-磷酸二羟丙酮的晶体结构。

② 酶与不适底物或竞争性抑制剂形成稳定复合物 由于酶的不适底物或竞争性抑制剂能以合适的方式与底物一样结合于酶的活性部位，且相对来说比较稳定，可以通过对这些稳定复合物的观察来研究酶的三维结构，并推测出正常底物与酶进行结合的机制。

X射线晶体学方法除了定位活性部位和提供催化机制中所包含的侧链本质等信息外，也能帮助了解随着底物结合于酶分子中所产生的结构（或构象）改变的程度。

（3）中间产物检测手段 检测酶与底物形成的中间物是获得酶催化过程中各种信息最直接的方法之一，如果酶催化反应过程中形成的中间物足够稳定且可分离，那么就可以检测反应途径中的任一中间物并定性。即使不能有效分离，也可以用一些灵敏的检测手段探测其存在。有些酶与底物结合的中间物的形成速度比分解速度慢，没有中间物累积，则可用一捕获剂来证明它确实在酶催化反应中的存在。中间产物检测手段有望为X射线晶体学研究提供稳定中间物找到一条合适的途径。

（4）氨基酸侧链的化学修饰 应用氨基酸侧链化学修饰技术研究酶催化反应机制的原理很简单，用化学方法对酶的催化活性中心相关的氨基酸侧链进行修饰之后，将会导致酶的失活，通过标准结构技术，例如分离出修饰肽并进行测序就可确定哪个氨基酸侧链在酶催化中起作用。在此方法应用过程中如何改善修饰反应的专一性是一个需要解决的重要问题，选择合适的修饰剂、超反应性侧链和酶侧链的亲和标记是改善修饰反应专一性的重要手段。

① 利用化学反应原理选用合适的修饰剂 可以根据自由氨基酸与各种修饰剂的反应活

性合理选择修饰剂，也可以通过 pH 的改变而改变一些修饰剂的选择性。表 2.16 为各种修饰剂对各种氨基酸侧链的反应活性次序，表 2.17 为各种氨基酸侧链的常用修饰剂。

表 2.16　各种修饰剂对各种氨基酸侧链的反应活性次序

修　饰　剂	氨基酸侧链反应次序
酰化剂(碘乙酸胺、碘乙酸)	Cys>Tyr>His>Lys
烃基化剂(2,4,6-三硝基苯磺酸、1-氟-2,4-二硝基苯)	Cys>Lys>Tyr>His

表 2.17　各种氨基酸侧链的常用修饰剂

侧链类型	修　饰　剂
Cys	汞化物(如对-氯汞苯甲酸)；二硫化物[如 5,5-二硫双(2-硝基苯甲酸)]；碘乙酰胺
Lys	2,4,6-三硝基苯磺酸；磷酸吡哆醛
His	二乙基碳酸酯；光氧化
Arg	苯乙二醛；2,3-丁二酮
Tyr	四硝基甲烷；N-乙酰咪唑；碘
Trp	N-溴代琥珀酰亚胺
Asp 或 Glu	水溶性碳二亚胺

② 超反应性侧链　酶分子中经常有一些特殊的氨基酸侧链，由于其所处的环境特殊，会变得非常活泼，可意外地被一些修饰剂专一性修饰，这些特殊的氨基酸侧链也称为超反应性基团或超反应性侧链。例如，牛肝谷氨酸脱氢酶中的一个 Lys 就属于超反应性侧链，在牛肝谷氨酸脱氢酶的每个亚基都有 30 个 Lys，而其中只有一个可被2,4,6-三硝基苯磺酸修饰。这些超反应性侧链一般都参与了酶的催化机制。

值得注意的是，对酶分子侧链化学修饰结果的解释应特别注意不要出现误判。例如，如果化学修饰后的酶失活，不一定就能说明被修饰的侧链就确实包含于酶的催化机制中，因为修饰后使酶的构象改变也会导致酶的失活。要确认被修饰的侧链是否确实位于酶的活性部位一般需要满足两个标准：一是酶的失活程度和修饰剂量之间必须有计量关系；二是加入底物或竞争性抑制剂对酶的失活有防护作用。

2.4　酶催化反应动力学

酶催化反应动力学研究的是酶催化反应速度问题，即研究各种因素对酶催化反应速度的影响，并据此推断从反应物到产物之间可能进行的历程，在酶学研究和酶工程中具有十分重要的理论意义和广泛的实践意义。酶催化反应动力学作为阐明酶催化反应机理的重要手段而得到了发展，它通过研究影响反应速度的各种因素，对各基元反应过程进行静态与动态的分析，从而获得反应机理的有关信息。酶催化反应有单底物酶催化反应和多底物酶催化反应之分，简单的酶催化反应动力学是指由一种反应物（底物）参与的不可逆反应，也称单底物酶反应动力学，它是酶反应动力学的基础，属于此类反应的有酶催化的水解反应和异构反应。含有两个或两个以上底物的酶催化反应通常称为多底物酶催化反应。无论是单底物酶催化反应还是多底物酶催化反应，在酶反应系统中除了反应物（即底物）外，还有多种因素对酶催化反应产生影响，正是这些因素的多元作用和组合才构成了不同水平、不同复杂程度的酶反应体系。表 2.18 列出了影响酶催化反应动力学的因素。

自 19 世纪末开始就有很多研究者致力于酶催化反应动力学的研究，并希望用合适的数学模型来描述酶催化反应的进程。1902 年 Henri 和 Brown 分别提出了酶催化反应中有酶-底物复合物的生成，并推导了简单的数学方程式，V. Henri 首先进行了转化酶、苦杏仁酶和 β-

表 2.18　影响酶催化反应动力学的因素

因　　素	种　　类	
酶系统	单酶系统	多酶系统
酶性质	恒态酶	别构酶
酶状态	溶液酶	固定化酶
底物	单底物	双底物或多底物
动力学性质	稳态动力学	稳态前动力学
动力学内容	稳态初过程	稳态全过程
其它影响因素	抑制剂、活化剂、pH、温度等	

淀粉酶等三种酶的催化反应实验，推测了其反应机理，并导出了动力学方程式。但遗憾的是，从现在的观点来看，他的实验不够正确。1913 年 Michaelis 和 Menten 用简单的平衡或准平衡概念推导了单底物酶催化反应动力学方程，应用了所谓"快速平衡"解析方法对该速率方程进行了详细的研究，发表了著名的米氏方程，即现在应用的 Michaelis-Menten 方程，常简称为 M-M 方程。1925 年 Briggs 和 Haldane 在酶催化动力学中引入了稳态的概念，对 M-M 方程的推导方法进行了修正。此后的单底物酶催化反应动力学研究大多都基于 Henri 和 Michaelis-Menten 或 Briggs-Haldane 方程。从 20 世纪 60 年代初开始，人们已经开始尝试用平衡态或稳态概念来解释双底物甚至是三底物的酶催化反应，并建立了变构酶催化反应动力学模型。后来又有许多学者对酶催化反应动力学进行了多方面的探索，使酶催化反应动力学的研究有了很大的进展。对于从事酶应用的工程技术人员，除了需要了解酶催化的反应机理外，更应着重研究酶的总反应速率，能定量解析影响总反应速率的各种因素，建立可靠的总反应速率方程式，进而用于计算反应时间、最佳反应条件，以设计出合理的反应器。

2.4.1　简单酶催化反应动力学

2.4.1.1　Michaelis-Menten（M-M）方程

酶催化反应活性中心复合物学说认为酶的催化反应至少包括两个步骤，即底物先与酶相结合形成中间复合物，然后该复合物再分解而生成产物，同时释放出酶。根据这一学说，对于酶催化反应：

$$E+S \longrightarrow P \tag{2.1}$$

可以写出它的反应机理为：

$$E+S \underset{k_{-1}}{\overset{k_{+1}}{\rightleftharpoons}} ES \overset{k_{+2}}{\longrightarrow} E+P \tag{2.2}$$

式中，E 为游离酶；ES 为酶-底物复合物；S 为底物；P 为产物；k_{+1}，k_{-1}，k_{+2} 分别为相应各步反应的反应速率常数。

根据化学动力学理论，反应速率常数是以单位时间、单位反应体系中某一组分的变化量来表示，因此上述反应的反应速率可以表示为：

$$k_{+1}[E][S] = k_{-1}[ES] + k_{+2}[E][P] \tag{2.3}$$

1913 年 L. Michaelis 和 M. L. Menton 基于前人的研究基础和理论，提出了三点假设：

① 相对于底物浓度 [S]，酶的浓度 [E] 是很小的，因而可忽略该由于生成中间复合物 ES 而相耗的底物；

② 考虑初始状态，此时产物 P 的浓度为零，可忽略该反应的逆反应 P+E $\longrightarrow$ ES 的存在；

③ 假设基元反应 ES $\longrightarrow$ E+P 的反应速率最慢，为上述反应的控制步骤，而 S+E $\longrightarrow$ ES 的反应速率最快，可快速达到平衡状态。

根据上述这些假设，在反应达到平衡时，可得：

$$k_{+1}[\mathrm{E}][\mathrm{S}]=k_{-1}[\mathrm{ES}] \tag{2.4}$$

或：

$$[\mathrm{E}]=\frac{k_{-1}}{k_{+1}} \cdot \frac{[\mathrm{ES}]}{[\mathrm{S}]}=K_{\mathrm{s}} \frac{[\mathrm{ES}]}{[\mathrm{S}]} \tag{2.5}$$

式中，$[\mathrm{E}]$、$[\mathrm{S}]$ 和 $[\mathrm{ES}]$ 分别表示游离酶、底物和中间复合物的浓度，$\mathrm{mol/L}$；K_{s} 为中间复合物的解离常数，$\mathrm{mol/L}$。

反应体系中酶的总浓度 $[\mathrm{E}]_0$ 为：

$$[\mathrm{E}]_0=[\mathrm{E}]+[\mathrm{ES}] \tag{2.6}$$

将式（2.5）代入上式后可得：

$$[\mathrm{E}]_0=K_{\mathrm{s}} \frac{[\mathrm{ES}]}{[\mathrm{S}]}+[\mathrm{ES}]=[\mathrm{ES}]\left(\frac{K_{\mathrm{s}}}{[\mathrm{S}]}+1\right) \tag{2.7}$$

也即：

$$[\mathrm{ES}]=\frac{[\mathrm{E}]_0 \cdot [\mathrm{S}]}{[\mathrm{S}]+K_{\mathrm{s}}} \tag{2.8}$$

如用产物生成速率代表上述简单酶催化反应的反应速率 (v)，就可写成：

$$v=k_{+2}[\mathrm{ES}] \tag{2.9}$$

将式（2.8）代入上式后可得该反应的反应速率：

$$v=\frac{k_{+2} \cdot [\mathrm{E}]_0 \cdot [\mathrm{S}]}{[\mathrm{S}]+K_{\mathrm{s}}} \tag{2.10}$$

而最大反应速率可写为：

$$v_{\max}=k_{+2} \cdot [\mathrm{E}]_0 \tag{2.11}$$

所以式（2.10）可写为：

$$v=\frac{v_{\max} \cdot [\mathrm{S}]}{[\mathrm{S}]+K_{\mathrm{s}}} \tag{2.12}$$

此式就是著名的 Michaelis-Menten 方程，简称 M-M 方程，或称米氏方程。由式 (2.12) 可以看出：

① 当 $[\mathrm{S}] \gg K_{\mathrm{s}}$ 时，则：

$$v \approx \frac{v_{\max} \cdot [\mathrm{S}]}{[\mathrm{S}]}=v_{\max}$$

即 $[\mathrm{S}]$ 很大时，该反应的反应速率达到最大值。

② 当 $[\mathrm{S}] \ll K_{\mathrm{s}}$ 时，则：

$$v \approx \frac{v_{\max} \cdot [\mathrm{S}]}{K_{\mathrm{s}}}$$

也即对于某一反应来说，当酶浓度不变时，由于 $v_{\max}$ 和 K_{s} 都是常数，所以 v 与 $[\mathrm{S}]$ 成正比关系。

由米氏方程的推导过程可知，方程中的 K_{s} 为中间复合物 ES 的解离常数，人们为了纪念 Michaelis 和 Menten，就用 K_{m} 来代替 K_{s} 而成为米氏常数（Michaelis constant），其倒数 $\frac{1}{K_{\mathrm{m}}}$ 称为酶与底物结合的亲和常数。

2.4.1.2 Briggs-Haldane 方程（修正的 M-M 方程）

1925 年 Briggs 和 Haldane 考虑到许多酶的催化常数很高，即 $\mathrm{ES} \xrightarrow{k_2} \mathrm{E}+\mathrm{P}$ 不能忽略，

而且还发现很多酶的 k_2 远大于 k_1。对 Michaelis 和 Menten 假设的第 3 条进行了修正，提出了"拟稳态"假说，对 M-M 方程引入了更为普遍的假设。他们认为由于酶反应体系在初始阶段底物浓度 [S] 要比酶的浓度 [E] 高得多，中间复合物分解时得到的酶又立即与底物相结合，不断处于分解和生成之中，其生成和分解速度相等，从而使反应体系中中间复合物的浓度维持不变。即中间复合物的浓度不再随时间的变化而变化，中间复合物的浓度达到了稳态，这就是"拟稳态"假说。

根据"拟稳态"假说处理推导速度方程过程如下：

① 由于在初速度条件下 [P] 很小，所以逆反应 E＋P $\longrightarrow$ ES 可以忽略不计。

② 根据式（2.2），因为：

$$ES \text{ 生成速度} = k_{+1}[E][S] = k_{+1}([Et]-[ES])[S]$$
$$ES \text{ 分解速度} = k_{-1}[ES] + k_{+2}[ES] = (k_{-1}+k_{+2})[ES]$$

所以：

$$k_{+1}([Et]-[ES])[S] = (k_{-1}+k_{+2})[ES]$$

得：

$$[ES] = \frac{k_{+1}[Et][S]}{k_{+1}[S]+k_{-1}+k_{+2}} = \frac{[Et][S]}{\frac{k_{-1}+k_{+2}}{k_{+1}}+[S]}$$

③ 由于 $v = k_{+2}[ES]$，$v_{max} = k_{+2}[Et]$，所以：

$$v = \frac{k_{+2}[Et][S]}{\frac{k_{-1}+k_{+2}}{k_{+1}}+[S]} = \frac{v_{max}[S]}{\frac{k_{-1}+k_{+2}}{k_{+1}}+[S]}$$

用 K_m 来代表 $\frac{k_{-1}+k_{+2}}{k_{+1}}$，则得：

$$v = \frac{v_{max}[S]}{K_m+[S]}$$

这一关系式与米氏方程形式相同，只是常数的定义不同，因此仍称为米氏方程或修正的米氏方程。

2.4.1.3 米氏方程的意义

从上述推导过程可以知道，米氏方程是在每个酶分子只有一个结合位点、反应中只形成一种复合物的单底物酶催化反应的情况下获得的。值得注意的是，这种反应在实际过程中很少见，但在多底物反应中，如果只有一种底物浓度发生变化，而其它底物浓度都保持不变，这时反应往往也可纳入准单底物反应。同样，单一结合位点的酶也可纳入具有多个结合位点，且相互之间没有发生作用的酶。因此，实际上米氏方程能应用于很多酶催化反应，具有非常重要的意义。

（1）米氏方程提供了一个极为重要的酶催化反应动力学常数 K_m，并通过 K_m 表达了酶催化反应的性质、条件和酶催化反应常数之间的关系。

K_m 是由酶催化反应性质、反应条件决定的，因此对于特定的酶催化反应和特定的酶催化反应条件来说，K_m 是一个特征常数，而米氏方程正是通过 K_m 部分地描述了酶催化反应性质、反应条件对酶催化反应速度的影响。同样，也正因为 K_m 是一个特征常数，所以有时也可通过它来鉴别不同来源，或相同来源但发育阶段不同，或生理状况不同而催化相同反应的酶是否属于同一酶。

人们通常将 K_m 看作是酶与底物形成的复合物的解离常数，K_m 愈大，说明酶-底物复合物愈容易解离，酶与底物的亲和力愈小；反之，K_m 愈小，说明酶-底物复合物愈不容易解离，酶与底物的亲和力愈大。

K_m 是衡量反应速度与底物浓度之间关系的尺度。因此，在实际工作中，人们常常可以通过 K_m 来确定酶催化反应要达到某种速度应该使用的底物浓度。

K_m 可以帮助人们在酶的多种底物中判断出酶的最适底物，或者说是可能的天然底物，因为最好的底物应该具有最大的 v/K_m 值。同样，K_m 也可能帮助人们了解酶的底物在体内可能具有的浓度水平。一般来说，作为酶的天然底物，在体内的浓度水平应该接近于它的 K_m 值。

通过体外测定某些物质对酶反应 K_m 的影响，往往有助于推测该物质可能有的生理效应，如作为抑制剂或活化剂等，同时也可以帮助人们了解酶在机体内可能具有的调节功能。

K_m 的大小对不同的酶、不同的酶反应来说可以很不相同，甚至可能相差几个数量级，一般多为 $10^{-5} \sim 10^{-3}$ mol/L，如表 2.19 所列。

表 2.19　某些酶催化反应的 K_m

酶	底物	K_m/(mol/L)	酶	底物	K_m/(mol/L)
过氧化氢酶	H_2O_2	1.1		谷氨酸	4.0×10^{-3}
谷氨酸脱氢酶	谷氨酸	1.2×10^{-4}	胰凝乳蛋白酶	N-苯甲酰酪氨酰胺	2.5×10^{-3}
	α-酮戊二酸	2.0×10^{-3}		N-甲酰酪氨酰胺	1.2×10^{-2}
	NH_4^+	5.7×10^{-2}		N-乙酰酪氨酰胺	3.2×10^{-2}
	NADH	1.8×10^{-5}		甘氨酰酪氨酰胺	1.2×10^{-1}
	NAD^+	2.5×10^{-5}	碳酸酐酶	CO_2	8.0×10^{-3}
天冬氨酸转氨酶	天冬氨酸	9.0×10^{-4}	丙酮酸脱羧酶	丙酮酸	4.0×10^{-4}
	α-酮戊二酸	1.0×10^{-4}		HCO_3^-	1.0×10^{-3}
	草酰乙酸	4.0×10^{-5}		ATP	6.2×10^{-5}

（2）米氏方程描述了酶催化反应速度与底物浓度之间的关系。

米氏方程表明酶催化反应的速度和底物浓度直接相关，底物浓度决定着酶系统的反应级别。从米氏方程可以看出，当 [S]$\gg K_m$ 时，反应速度接近于最大反应速度，此时酶催化反应速度与底物浓度无关，相对于底物来说，反应系统表现为零级反应；反之，当 [S]$\ll K_m$ 时，反应速度与底物浓度之间呈线性比例关系，显示出一级反应特征；而当 [S] 接近 K_m 时，反应系统则随底物浓度而变动于零级反应和一级反应之间。

在实际工作中，酶催化反应系统使用适当的底物浓度是一个很重要的问题。例如，在酶分析过程中用动力学方法进行酶活性测定，或进行底物以外其它因素的测定时，为了避免同时夹杂底物因素的影响，最好使用足够高的底物浓度，使反应呈零级反应状态；反之，进行底物本身的测定时，则应使反应速度直接比例于底物浓度，使反应系统处于一级反应状态。

（3）米氏方程描写了酶反应速度与酶浓度之间的关系。

从米氏方程可以看到，酶反应速度是比例于酶的浓度的，这种分析与绝大多数实验情况是一致的，但值得指出的是，当 [S]$\ll K_m$ 时，反应速度与酶的浓度之间不是简单的线性函数关系，它受底物浓度变化的影响而变得十分复杂。如上所述，为排除底物这一因素的影响，以动力学方法进行酶活性测定时，应使用足够高的底物浓度，使每个酶分子都能正常地参加反应，也就是说，要使反应速度达到最大，这种情况下，酶反应速度仅取决于酶的催化性质和酶浓度。

2.4.1.4　米氏方程的多种表达形式

为了深入讨论各种因素对酶催化反应动力学的影响，同时也为了测得一些重要的动力学常数，往往需要将米氏方程转化成为多种形式，这样就使米氏方程有了多种表达形式。常用的主要有以下几种：

(1) $v\sim[S]$关系形式

$$v=\frac{v_{\max}\cdot[S]}{[S]+K_{m}}$$
(2.13)

(2) $\frac{1}{v}\sim\frac{1}{[S]}$关系形式

$$\frac{1}{v}=\frac{1}{v_{\max}}+\frac{K_{m}}{v_{\max}}\cdot\frac{1}{[S]}$$
(2.14)

(3) $\frac{[S]}{v}\sim[S]$关系形式

$$\frac{[S]}{v}=\frac{[S]}{v_{\max}}+\frac{K_{m}}{v_{\max}}$$
(2.15)

(4) $v\sim\frac{v}{[S]}$关系形式

$$v=v_{\max}-K_{m}\cdot\frac{v}{[S]}$$
(2.16)

(5) $v\sim\lg[S]$关系形式

$$\lg\frac{v_{\max}-v}{v}=\lg K_{m}-\lg[S]$$
(2.17)

或：

$$p[S]=pK_{m}-\lg\frac{v_{\max}-v}{v}$$
(2.18)

(6) $\frac{2.3}{t}\lg\frac{[S]_{0}}{[S]}\sim\frac{[S]_{0}-[S]}{t}$关系形式

$$\frac{2.3}{t}\lg\frac{[S]_{0}}{[S]}=\frac{1}{K_{m}}\cdot\frac{[S]_{0}-[S]}{t}+\frac{v_{\max}}{K_{m}}$$
(2.19)

通常可以利用上述的米氏方程形式中的$v\sim[S]$、$\frac{1}{v}\sim\frac{1}{[S]}$、$\frac{[S]}{v}\sim[S]$、$v\sim\frac{v}{[S]}$、$v\sim\lg[S]$和$\frac{2.3}{t}\lg\frac{[S]_{0}}{[S]}\sim\frac{[S]_{0}-[S]}{t}$之间的关系进行作图，如图2.24。根据图中的斜率或截距

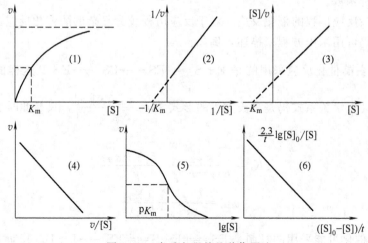

图2.24　米氏方程的几种作图法

就可以计算出相关的动力学常数，如十分重要的动力学常数 K_m 和 $v_{\max}$。

在上述这些作图法中，以 $v \sim [S]$ 关系作图最为方便，但因很难准确地画出矩形双曲线和渐近线，误差不易察觉，其准确性也最差；以 $\frac{1}{v} \sim \frac{1}{[S]}$ 关系作图也称为 Lineweaver-Burk 作图或双倒数作图，是 20 世纪 60~70 年代最常用的一种方法，但由于作图时点分布集中与 $\frac{1}{v}$ 轴，点分布不均匀，且在低的 $[S]$ 时，v 很小，容易产生误差，转化成 $\frac{1}{v}$ 与 $\frac{1}{[S]}$ 后，误差将会显著放大，因此现在有不少研究者对该法提出了异议；$\frac{[S]}{v} \sim [S]$ 关系作图法也称为 Hanes 作图，优点是点分布均匀，一般认为比较适用于常数的测定；$v \sim \frac{v}{[S]}$ 关系作图法也称为 Eadie-Hofstee 作图，尽管该法的点分布不均匀，但误差没有放大，数据可信度高，各种因素的影响都可以在图上表现出来，因此正越来越受到人们的重视；以 $v \sim \lg[S]$ 作图的方法通常比较少用，只有当 $[S]$ 变动很大，而 v 变化较小时，该法才能表现出优势来；以 $\frac{2.3}{t} \lg \frac{[S]_0}{[S]} \sim \frac{[S]_0 - [S]}{t}$ 之间的关系作图比较少用，一般仅用于不能测定初速度的情况。

值得指出的是，在应用上述这些方法测定动力学常数时，应注意尽可能使用接近于 K_m 的 $[S]$，否则就不能得到准确的结果。

2.4.1.5 米氏方程的适用范围

米氏方程作为酶催化反应的最基本动力学方程，描写的是最简单的酶催化反应动力学关系，有相应的适用范围，但是，在其推导过程中作了不少的假定，米氏方程也就有一定的局限性。

（1）多中间步骤的催化反应 在推导米氏方程时是以只有单一中间复合物的反应：$E + S \underset{k_{-1}}{\overset{k_{+1}}{\rightleftharpoons}} ES \xrightarrow{k_0} E + P$ 为出发点，但是，实际上酶催化反应可能是多步骤的，例如：$E + S \rightleftharpoons ES_1 \rightleftharpoons ES_2 \longrightarrow E + P$、$E + S \rightleftharpoons ES_1 \rightleftharpoons ES_2 \cdots ES_n \longrightarrow E + P$ 等反应。对于这样复杂的酶反应机制，无论是按代数法推导，还是按矩阵法或图像法推导，得到的动力学方程都和原始的米氏方程基本一样，唯一的差别仅仅在于中间步骤越多，由多环节的反应速率常数组成的 K_m 和 K_{cat} 的复合函数越复杂。事实上，一般测得的 K_m 和 $v_{\max}$ 本身也可能就是由多个中间步骤提供的复合函数。

（2）较复杂反应历程的催化反应 对于反应历程较为复杂的酶催化反应，通过推导获得的动力学方程仍可用米氏方程来描述，例如：

① 某些蛋白酶催化反应采用的是 $E + S \underset{k_{-1}}{\overset{k_{+1}}{\rightleftharpoons}} ES \xrightarrow{k_{+2}} ES' \xrightarrow{k'_{+2}} E + P$ 这样的反应历程，通过推导得出的动力学关系式仍是米氏方程的形式：$v = \dfrac{v_{\max} \cdot [S]}{K_m + [S]}$，只是此时 K_m 和 $v_{\max}$ 变得更为复杂：

$$K_m = \frac{k'_{+2}}{k_{+2} + k'_{+2}} + \frac{k_{-1} + k_{+2}}{k_{+1}} \tag{2.20}$$

$$v_{\max} = \frac{k_{+2} k'_{+2} [E]_0}{k'_{+2} + k_{+2}} \tag{2.21}$$

② 溶菌酶催化可能采用的机制是 $ES' \overset{K_u}{\rightleftharpoons} E + S \underset{k_{-1}}{\overset{k_{+1}}{\rightleftharpoons}} ES \xrightarrow{k_{+2}} E + P$，其动力学关系也仍然

可以用米氏方程的形式：$v=\dfrac{v_{\max}\cdot[\mathrm{S}]}{K_{\mathrm{m}}+[\mathrm{S}]}$ 来描述，只是此时 K_{m} 和 $v_{\max}$ 为：

$$K_{\mathrm{m}}=\left(\frac{1}{K}+\frac{1}{K_{\mathrm{u}}}\right)^{-1} \tag{2.22}$$

$$v_{\max}=\frac{k_{+2}[\mathrm{E}]}{1+\dfrac{K}{K_{\mathrm{u}}}} \tag{2.23}$$

其中：

$$K=\frac{k_{+2}+k_{-1}}{k_{+1}}$$

$$K_{\mathrm{u}}=\frac{[\mathrm{E}][\mathrm{S}]}{[\mathrm{ES}']}$$

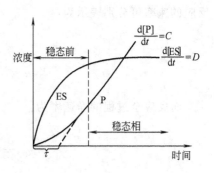

图 2.25 酶催化反应开始到
稳态过程中酶-底物复合物
与产物随时间的变化情况

（3）酶催化反应进入稳态前　在任何一个酶催化反应系统中，酶与底物一经混合就会立即生成酶-底物复合物 ES 及产物 P，形成的 ES 及生成的产物 P 的量也将随时间的延长而逐渐升高。但经过一定时间后，酶-底物复合物的形成与分解就达到动态平衡，而产物也将以恒定的速度生成，催化反应系统进入一个稳定的状态，如图 2.25 所示。

根据化学反应动力学的相关知识，当催化反应系统进入稳态后，酶-底物复合物的量就不再与时间有关，即 $\dfrac{\mathrm{d}[\mathrm{ES}]}{\mathrm{d}t}=0$；而在进入稳态前，$\dfrac{\mathrm{d}[\mathrm{ES}]}{\mathrm{d}t}\neq0$，对于简单的反应 $\mathrm{E}+\mathrm{S}\underset{k_{-1}}{\overset{k_{+1}}{\rightleftharpoons}}\mathrm{ES}\overset{k_{+2}}{\longrightarrow}\mathrm{E}+\mathrm{P}$ 可以表达为：

$$\frac{\mathrm{d}[\mathrm{ES}]}{\mathrm{d}t}=k_{+1}([\mathrm{E}]-[\mathrm{ES}])([\mathrm{S}]-[\mathrm{ES}]-[\mathrm{P}])-k_{-1}[\mathrm{ES}]-k_{+2}[\mathrm{ES}] \tag{2.24}$$

由于 $[\mathrm{S}]\gg[\mathrm{E}]$，所以 $[\mathrm{S}]\approx[\mathrm{S}]-[\mathrm{ES}]-[\mathrm{P}]$，对上式积分后可得：

$$[\mathrm{ES}]=\frac{[\mathrm{E}]\cdot[\mathrm{S}]}{K_{\mathrm{m}}+[\mathrm{S}]}[1-\exp k_{+1}\cdot t\cdot(K_{\mathrm{m}}+[\mathrm{S}])]$$

代入 $v=k_{+2}\cdot[\mathrm{ES}]$ 后就可得催化反应稳态前的动力学方程：

$$v=\frac{k_{+2}[\mathrm{E}]\cdot[\mathrm{S}]}{K_{\mathrm{m}}+[\mathrm{S}]}[1-\exp k_{+1}\cdot t\cdot(K_{\mathrm{m}}+[\mathrm{S}])] \tag{2.25}$$

与米氏方程相比，多了 $[1-\exp k_{+1}\cdot t\cdot(K_{\mathrm{m}}+[\mathrm{S}])]$ 一项，但这一项随 t 的增大可以消去，上式就可还原为简单的米氏方程，反应也就随之转入稳态。

（4）催化反应全过程与逆反应　当一个酶催化反应的产物不产生抑制作用时，逆反应不进行，如 $\mathrm{E}+\mathrm{S}\underset{k_{-1}}{\overset{k_{+1}}{\rightleftharpoons}}\mathrm{ES}\overset{k_{+2}}{\longrightarrow}\mathrm{E}+\mathrm{P}$，反应全过程的速率仅由底物浓度的降低决定时，米氏方程的积分式可用来描述反应全过程：

$$k_{+2}\cdot[\mathrm{E}]\cdot t=([\mathrm{S}]_0-[\mathrm{S}])+K_{\mathrm{m}}\cdot\ln\frac{[\mathrm{S}]_0}{[\mathrm{S}]} \tag{2.26}$$

如果以“对数平均浓度 $[\mathrm{S}]_{\mathrm{m}}$”表示反应过程中的底物浓度，那么反应的平均速率就可写为：

$$\bar{v}=\frac{[\mathrm{S}]_0-[\mathrm{S}]_t}{t}=\frac{v_{\max}\cdot[\mathrm{S}]_{\mathrm{m}}}{K_{\mathrm{m}}+[\mathrm{S}]_{\mathrm{m}}} \tag{2.27}$$

其中：

$$[S]_m = \frac{[S]_0 - [S]_t}{\ln\left(\frac{[S]_0}{[S]_t}\right)} \tag{2.28}$$

但是，实际上，当催化反应进行一定时间后，随着产物的积累增加，逆反应也往往变得不可忽略，此时，反应 $E + S \underset{k_{-1}}{\overset{k_{+1}}{\rightleftharpoons}} ES \overset{k_{+2}}{\longrightarrow} E + P$ 就变为 $E + S \underset{k_{-1}}{\overset{k_{+1}}{\rightleftharpoons}} ES \underset{k_{-2}}{\overset{k_{+2}}{\rightleftharpoons}} E + P$，正反应和逆反应的速率可分别表示为：

$$v_{正} = \frac{v_{\max 正} \cdot [S]}{K_s + [S]} \tag{2.29}$$

$$v_{逆} = \frac{v_{\max 逆} \cdot [P]}{K_p + [P]} \tag{2.30}$$

而反应全过程的净速率为：

$$v_{净} = \frac{v_{\max 正} \cdot \dfrac{[S]}{K_s} - v_{\max 逆} \cdot \dfrac{[P]}{K_p}}{1 + \dfrac{[S]}{K_s} + \dfrac{[P]}{K_p}} \tag{2.31}$$

或：

$$v_{净} = \frac{v_{\max 正}\left([S] - \dfrac{[P]}{K_{eq}}\right)}{K_s\left(1 + \dfrac{[P]}{K_p}\right) + [S]} \tag{2.32}$$

(5) 高底物浓度抑制与活化　在某些酶催化反应系统中，底物在高浓度的情况下可能会表现出抑制或活化作用。根据机制的不同，相应地，其动力学关系也不相同。

① 高底物浓度引起抑制　在酯酶、脲酶和二胺氧化酶等酶催化反应中可以观察到高底物浓度引起的抑制。其反应过程可写为：

$$E + S \underset{}{\overset{K_s}{\rightleftharpoons}} ES \overset{k_{+2}}{\longrightarrow} E + P$$

和

$$ES + S \overset{K'_s}{\rightleftharpoons} ES_2$$

根据上述反应机制可以推导出反应速率的动力学方程：

$$v = \frac{v_{\max} \cdot K'_s[S]}{K_s K'_s + K'_s[S] + [S]^2} \tag{2.33}$$

以 $v \sim [S]$ 作图就可得图 2.26。

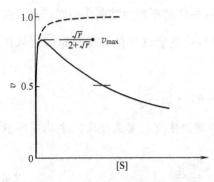

图 2.26　高底物浓度引起的抑制

从图可见，在有高浓度底物抑制时，$v_{\max}$ 只有理论意义；当 $K'_s > K_s$ 时，催化反应实际上的最大速率为：

$$v'_{\max} = \frac{\sqrt{r} \cdot v_{\max}}{(2 + \sqrt{r})}$$

式中，$r = \dfrac{K'_s}{K_s}$。此时的底物浓度为 $\sqrt{K'_s \cdot K_s}$。

而底物浓度很高时，式 (2.33) 就变为：

$$v = \frac{K'_s}{K'_s + [S]} \cdot v_{\max} \tag{2.34}$$

② 高底物浓度引起活化　高底物浓度引起活化的反应过程可写为：

$$E+S \underset{}{\overset{K'_s}{\rightleftharpoons}} ES$$

$$E+S \underset{}{\overset{K_{sa}}{\rightleftharpoons}} ES_a$$

和：

$$ES_a + S \underset{}{\overset{K_s}{\rightleftharpoons}} ES_a S \xrightarrow{k_0} E_a + P$$

根据上述反应机制可以推导出反应速率的动力学方程：

$$v = \frac{v_{\max}}{1 + \dfrac{K_s}{[S]}\left(1 + \dfrac{K_{sa}}{K'_s} + \dfrac{K_{sa}}{[S]}\right)} \tag{2.35}$$

或变形为：

$$\frac{1}{v} = \frac{1}{v_{\max}} + \frac{K_s}{v_{\max}}\left(1 + \frac{K_{sa}}{K'_s}\right)\frac{1}{[S]} + \frac{K_{sa}K_s}{v_{\max}}\frac{1}{[S]}$$

如以 $\dfrac{1}{v} \sim \dfrac{1}{[S]}$ 作图，当 $K_{sa} \ll K'_s$ 时，$\dfrac{1}{v}$ 与 $\dfrac{1}{[S]}$ 为线性关系，此时的表观米氏常数 $K'_m = \dfrac{K_m}{1 + \dfrac{K_{sa}}{K'_s}}$，$K_m$ 的增大是因为形成了无效的 ES。

（6）高酶浓度　从前面的描述可知，在推导米氏方程过程中有一条很重要的假定，即反应系统中底物浓度大大高于酶浓度，因此，在酶与底物混合后，酶-底物复合物能迅速达到稳态平衡。这种假定在体外的酶反应中很容易能够得到满足，但在体内的情况就比较复杂，许多酶和它们的底物在细胞中的浓度往往接近与 K_m。对这种高酶浓度的反应系统，米氏方程就不适用了，为此，有人先后提出了各种方程以代替米氏方程用于描述各种酶浓度下的动力学关系。

Straub 最初进行了尝试，提出了一个综合的动力学方程：

$$v = \frac{v_{\max}}{2[E]_0}(K_m + [S]_0 + [E]_0) - \sqrt{K_m + [S]_0 + [E]_0 - 4[E]_0 \cdot [S]_0} \tag{2.36}$$

已经有一些研究证实了这个方程可以用来描述各种底物与酶浓度条件下的动力学关系，但就应用而言，方程过于复杂，处理较为烦琐。之后，人们又提出了各种简化近似式，其中较为人们所接受的是 Cha-Cha 方程：

$$v = \frac{v_{\max} \cdot [S]_0}{K_m + [S]_0 + [E]_0} \tag{2.37}$$

2.4.2　多底物酶催化反应动力学

多底物酶催化反应是指两个或两个以上的底物所参与的反应。一般来说，多底物酶催化反应动力学是非常复杂的，且有很多问题没有得到有效的解决，本节仅对简单的多底物酶催化反应动力学作简要的讨论。

2.4.2.1　多底物酶催化反应的类型和命名

可以将 IUB-EC 所分的六大类酶按底物的多少予以分类列于表 2.20 中。

从表中可见，真正的单底物反应只包括变位酶、消旋酶在内的异构酶所催化的异构反应，其在所有的酶催化反应中只占有 5%，即使将单向的单底物反应计算在内，也不超过20%，而双底物反应则占了大多数。其中水解反应本来也应该是双底物反应，但由于系统中

表 2.20　酶催化反应按底物数的分类

底物数	酶分类	催化反应	酶种类占总酶比例/%
单底物	异构酶	$A \rightleftharpoons B$	5
单向单底物	裂合酶	$A \rightleftharpoons B + C$	12
假单底物	水解酶	$A-B + H_2O \rightleftharpoons A-OH + BH$	26
双底物	氧化还原酶	$AH_2 + B \rightleftharpoons A + BH_2$	
		$A^{2+} + B^{3+} \rightleftharpoons A^{3+} + B^{2+}$	27
	基团转移酶	$A + B_x \rightleftharpoons A_x + B$	
三底物	连接酶	$A + B + ATP \rightleftharpoons AB + ADP + Pi$	24
		$A + B + ATP \rightleftharpoons AB + AMP + PPi$	5

水的浓度相对酶和另一底物要高得多，且比较恒定，因此在动力学中往往被看作是恒定的常数，并不将它作为在动力学上有意义的底物。当然，也已经有很多实验证实，水解反应的动力学往往符合单底物反应的动力学。同样，一些有水参加的裂合酶催化的反应，如碳酸酐酶、延胡索酸酶等催化的反应也可以看作是单底物单产物的反应。双底物反应主要是转移反应，约占总酶催化反应的 50% 左右。

2.4.2.2　Cleland 命名和表示法

1963 年 Cleland 建立了一套多底物、多产物系统的酶催化反应动力学统一命名方法和表示历程的原则，其要点主要为：

① 按照底物与酶结合的次序，分别以 A、B、C、D 等表示；产物则按其从酶-产物复合物中释放的次序，分别用 P、Q、R、S 等表示。

② 在酶催化反应中，酶与底物形成的中间复合物可分为稳态中间复合物和过渡态中间复合物。所谓稳态中间复合物是指酶与底物以共价键结合而形成的中间复合物，是比较稳定的，可以与另一底物发生双分子反应。过渡态中间复合物可分为两类：一类为非中心过渡态中间复合物，是指酶与配体形成中间复合物时，酶活性中心没有全部被占据，因此，这类中间复合物既可以单分子反应分解生成产物或底物，也可以参与和其它配体结合的双分子反应；另一类为中心过渡态中间复合物，是指酶与配体形成中间复合物时，酶的活性中心已全部被配体所占据，因此，这类中间复合物不再能参与和其它配体结合的双分子反应，而只能进行单分子反应解离成底物或产物。

③ 稳态中间复合物（包括自由酶）分别用 E、F、G、H 等表示；而过渡态中间复合物则以 EA、EB、EAB、EP、EQ、EPQ 等表示，以外加括号来表示中心过渡态中间复合物。由于稳态动力学不能区分中心过渡态中间复合物的数目，通常只假定一种中心过渡态中间复合物，以 (EA-EP)、(EA-EPQ) 等表示其异构化作用。

④ 对一定方向的反应来说，动力学上有意义的底物和产物的数目以单、双、三、四等或 Uni、Bi、Ter、Quad 等表示。如 Bi Bi 表示两种底物反应生成两种产物；Uni Bi 表示一种底物反应生成两种产物。

⑤ 除随机机制以外，酶催化反应历程用一直线表示，线上向下的箭头代表与酶结合的底物，向上的箭头为从酶释放的产物。酶结合底物或释放产物的各种形式在线下表示，随机机制以菱形图线表示。

⑥ 以 K_{mA}、K_{mB}、K_{mP}、K_{mQ} 等代表酶对 A、B、P、Q 等的米氏常数；K_{iA}、K_{iB}、K_{iP}、K_{iQ} 等表示抑制常数，即 A、B、P、Q 等与酶结合所形成的非中心过渡态中间复合物的解离常数。

2.4.2.3 双底物反应动力学

人们在科学研究和生产实践中经常会遇到一些双底物反应，其反应式为：

$$E+A+B \Longrightarrow E+P+Q$$

根据反应过程中是否形成三元配合物可将双底物反应分为连续机制和乒乓机制。

① 反应过程中能形成三元配合物的连续机制可表示为下式，并包括了有序机制和随机机制两种类型。

$$E+A+B \longrightarrow EAB \longrightarrow EPQ \longrightarrow E+P+Q$$

a. 序列有序机制　两种底物按一定的顺序与酶结合，只有当第一个底物与酶结合后，第二个底物才能结合上去。同样，产物的释放也是按一定的顺序进行：

$$E+A \Longrightarrow EA \overset{+B}{\Longrightarrow} EAB \Longrightarrow EAQ \overset{-P}{\Longrightarrow} EQ \Longrightarrow E+Q$$

或

$$E+B \Longrightarrow EB \overset{+A}{\Longrightarrow} EBA \Longrightarrow EPQ \overset{-Q}{\Longrightarrow} EP \Longrightarrow E+P$$

用 Cleland 法可表示为：

$$
\begin{array}{ccccc}
& A \downarrow \quad B \downarrow & & P \uparrow \quad Q \uparrow & \\
E & \text{————} & \text{————} & \text{————} & E \\
& EA \; (EAB-EPQ) & & EQ &
\end{array}
$$

此外，还有一种酶催化反应，其中心过渡态中间复合物形成速度很慢，而分解速度很快，其浓度在动力学上可以忽略，是一种特殊的序列有序机制。由于这个反应机制最初是由 Theorell Chance 首先提出，故称为 Theorell Chance 反应，如下所示：

$$
\begin{array}{ccccc}
& A \downarrow & B \searrow \; P \nearrow & & Q \uparrow \\
E & \text{————} & \text{————} & \text{————} & E \\
& EA & & EQ &
\end{array}
$$

b. 序列随机机制　两种底物不按一定的顺序与酶结合，产物也是随机释放：

$$
\begin{array}{ccc}
E+A \rightleftharpoons EA & & EQ \rightleftharpoons E+Q \\
\updownarrow A+B & & \updownarrow -P \\
EAB & \rightleftharpoons & EPQ \\
\updownarrow A & & \updownarrow -Q \\
E+B \rightleftharpoons EB & & EP \rightleftharpoons E+P
\end{array}
$$

用 Cleland 法可表示为：

$$
\begin{array}{c}
\text{（六边形 Cleland 图）}
\end{array}
$$

对于连续机制的催化反应来说，反应速度方程式可以写为：

$$v = \frac{v_{\max} \cdot [S_A][S_B]}{[S_A] \cdot [S_B] + K_{mB} \cdot [S_A] + K_{mA} \cdot [S_B] + K_{mB} \cdot K'_{mA}} \tag{2.38}$$

式中，K_{mA} 和 K_{mB} 分别为另一种底物大大过量条件下，$v=\frac{1}{2}v_{\max}$ 时，底物 A 和 B 的浓度，即底物 A、B 的米氏常数；K'_{mA} 是三元配合物 EAB 的解离常数。

② 反应过程中不形成三元配合物的乒乓机制是酶首先与一个底物结合，释放出一个产

物以后，再与另一个底物结合，并释放出产物，也就是说，底物和产物交替地与酶结合或从酶中释放，反应过程中没有三元配合物形成：

$$A+E \Longleftrightarrow EA \Longleftrightarrow FP \underset{-P}{\overset{+B}{\Longleftrightarrow}} F \Longleftrightarrow FB \Longleftrightarrow EQ \Longleftrightarrow E+Q$$

用 Cleland 法可表示为：

$$\underset{(EA-FP) \quad F \quad (FB-EQ)}{E \overset{A}{\downarrow} \qquad \overset{P}{\uparrow} \quad \overset{B}{\downarrow} \qquad \overset{Q}{\uparrow} \qquad E}$$

对于乒乓机制来说，上式中的 $K'_{mA}=0$，因此，反应速度方程就为：

$$v=\frac{v_{max} \cdot [S_A][S_B]}{[S_A] \cdot [S_B]+K_{mB} \cdot [S_A]+K_{mA} \cdot [S_B]} \tag{2.39}$$

无论是连续机制还是乒乓机制，当 $[S_B]$ 一定时，上式都可表达为米氏方程的形式：

$$v=\frac{v'_{max} \cdot [S_A]}{K'_m+[S_A]}$$

其中：

$$v'_{max}=\frac{v_{max} \cdot [S_B]}{K_{mB}+[S_B]}$$

$$K'_m=\frac{K_{mB} \cdot K'_{mA}+K_{mA} \cdot [S_B]}{K_{mB}+[S_B]}$$

或：

$$K'_m=\frac{K_{mA} \cdot [S_B]}{K_{mB}+[S_B]}$$

从这些公式可以看出，v'_{max} 和 K'_m 与 v_{max} 和 K_{mA} 是不同的，它们随 $[S_B]$ 的浓度而变化，但当 $[S_B] \gg K_{mA}$ 时，v'_{max} 和 K'_m 与 v_{max} 和 K_{mA} 就很接近。也就是说，当双底物反应中的一种底物浓度大大超过其 K_m 值时，反应可转变为拟单底物反应，反应速度仍然可以用米氏方程来描述。

2.4.3 酶催化反应的抑制动力学

2.4.3.1 酶的抑制作用

抑制是指抑制剂与酶的活性有关部位结合后，改变了酶活性中心的结构或构象，从而引起酶活力下降的一种效应。许多类型的分子有可能会干扰个别酶的活性，一些物质与酶结合以后会影响到酶与底物的结合及酶的转换数，从而改变了酶的活性。任何能直接作用于酶并降低酶催化反应速度的物质称为酶的抑制剂。酶的抑制剂既可以是正常细胞的代谢物，抑制某一特殊酶，作为代谢途径中正常调控的一部分；同时也可以是外源物质，如药物式毒物等。抑制剂是对酶反应速度有十分重要影响的因素之一。抑制的过程是抑制剂先与酶的活性中心有关部位形成可逆的、非共价结合，然后根据抑制剂的特点，有的继续保持这种可逆结合状态，而有的则进一步转变成为不可逆的共价键。因此，酶抑制作用可以分为两种主要类型：不可逆抑制和可逆抑制。

不可逆抑制是指抑制剂与酶的活性中心发生了化学反应，抑制剂共价地连接到酶分子中的必需基团上，阻碍了底物与酶的结合或破坏了酶的催化基团。这样的抑制过程中，抑制剂一旦和酶结合就很难自发分解，通过透析、超过滤等操作是不可能解除不可逆抑制的，要使酶从抑制剂中释放出来的唯一途径是必须通过其它化学反应。

可逆抑制指的是抑制剂与酶之间是以非共价键发生相互作用，其结合是建立在解离平衡的基础上，未涉及化学反应，因此，可以通过透析等方法除去抑制剂，从而减轻或消除抑制作用。可逆的抑制作用本身又可再分为竞争性的和非竞争性的抑制作用。

2.4.3.2　酶的可逆抑制作用

（1）简单的可逆抑制　简单的可逆抑制类型包括竞争性抑制、非竞争性抑制、反竞争性抑制和混合型抑制等，这些抑制的作用方式、动力学方程、双倒数作图方程、表观米氏常数和双倒数图分别列于表 2.21、表 2.22 和图 2.27 中。

表 2.21　常见的酶可逆抑制类型

类型	作用方式	动力学方程	双倒数作图方程
竞争性	$E+S \rightleftharpoons ES \longrightarrow E+P$ $I \updownarrow$ EI	$v_0 = \dfrac{v_{max} \cdot [S]}{K_m \left(1 + \dfrac{[I]}{K_i}\right) + [S]}$	$\dfrac{1}{v_0} = \dfrac{K_m}{v_{max}} \left(1 + \dfrac{[I]}{[I]K_i}\right) \cdot \dfrac{1}{[S]} + \dfrac{1}{v_{max}}$
非竞争性	$E+S \rightleftharpoons ES \longrightarrow E+P$ $I \updownarrow k_i \quad I \updownarrow k_i$ $EI+S \rightleftharpoons ESI$	$v_0 = \dfrac{v_{max} \cdot [S]}{\left(1 + \dfrac{[I]}{K_i}\right)([S] + K_m)}$	$\dfrac{1}{v_0} = \dfrac{K_m}{v_{max}} \left(1 + \dfrac{[I]}{K_i}\right) \cdot \dfrac{1}{[S]} + \dfrac{1}{v_{max}} \left(1 + \dfrac{[I]}{K_i}\right)$
反竞争性	$E+S \rightleftharpoons ES \longrightarrow E+P$ $I \updownarrow k_i$ ESI	$v_0 = \dfrac{\dfrac{v_{max} \cdot [S]}{1 + \dfrac{[I]}{K_i}}}{\dfrac{K_m}{1 + \dfrac{[I]}{K_i'}} + [S]}$	$\dfrac{1}{v_0} = \dfrac{K_m}{v_{max}} \cdot \dfrac{1}{[S]} + \dfrac{1}{v_{max}} \left(1 + \dfrac{[I]}{K_i}\right)$
混合型	$E+S \rightleftharpoons ES \longrightarrow E+P$ $I \updownarrow k_i \quad I \updownarrow k_i$ $EI+S \rightleftharpoons ESI$	$v_0 = \dfrac{v_{max} \cdot [S]}{\left(1 + \dfrac{[I]}{K_i}\right)K_m + \left(1 + \dfrac{[I]}{K_i}\right)[S]}$	$\dfrac{1}{v_0} = \dfrac{K_m}{v_{max}} \cdot \left(1 + \dfrac{[I]}{K_i}\right) \cdot \dfrac{1}{[S]} + \dfrac{1}{v_{max}} \left(1 + \dfrac{[I]}{K_i}\right)$

注：k_i 表示抑制剂与酶形成共价结合的反应速率常数；K_i 表示酶与抑制剂间的解离常数；K_i' 表示抑制剂与酶-底物复合物间的解离常数。

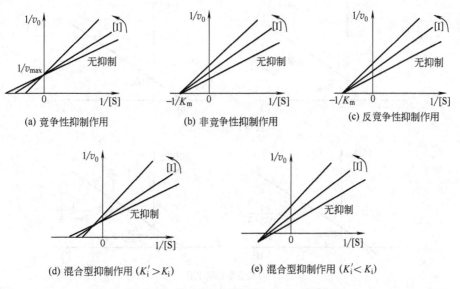

(a) 竞争性抑制作用　(b) 非竞争性抑制作用　(c) 反竞争性抑制作用

(d) 混合型抑制作用 ($K_i' > K_i$)　(e) 混合型抑制作用 ($K_i' < K_i$)

图 2.27　常见的可逆抑制作用的双倒数图

表 2.22 常见的可逆抑制作用的表观米氏常数

类 型	K'_m	v'_{max}	斜率'
竞争性	$K_m\left(1+\dfrac{[I]}{K_i}\right)$	v_{max}	$\dfrac{K_m}{v_{max}}\left(1+\dfrac{[I]}{K_i}\right)$
非竞争性	K_m	$\dfrac{v_{max}}{1+\dfrac{[I]}{K_i}}$	$\dfrac{K_m}{v_{max}}\left(1+\dfrac{[I]}{K_i}\right)$
反竞争性	$\dfrac{K_m}{1+\dfrac{[I]}{K_i}}$	$\dfrac{v_{max}}{1+\dfrac{[I]}{K_i}}$	$\dfrac{K_m}{v_{max}}$
混合型	$\dfrac{\left(1+\dfrac{[I]}{K_i}\right)K_m}{1+\dfrac{[I]}{K_i}}$	$\dfrac{v_{max}}{1+\dfrac{[I]}{K_i}}$	$\dfrac{K_m}{v_{max}}\left(1+\dfrac{[I]}{K_i}\right)$

可逆抑制作用的抑制常数 K_i 可以通过用有抑制剂存在下的表观米氏常数或双倒数图的斜率对抑制剂浓度的两次作图来求解，如图 2.28。

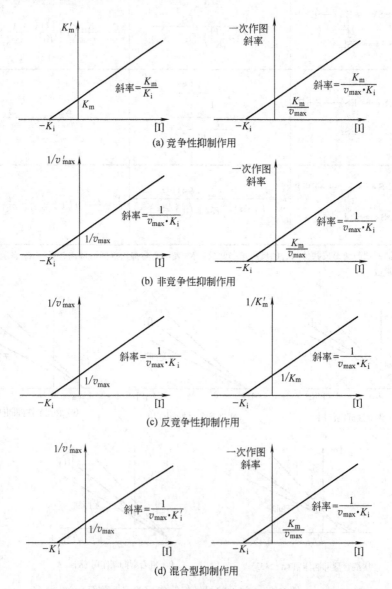

图 2.28 有抑制剂存在下的表观米氏常数或双倒数图的斜率对抑制剂浓度的两次作图

此外，竞争性抑制作用和非竞争性抑制作用的抑制常数也可以用 Dixon 作图法求解，如图 2.29；反竞争性抑制作用和混合型抑制作用的抑制常数可以用 Comish-Bowden 作图法求解，如图 2.30。

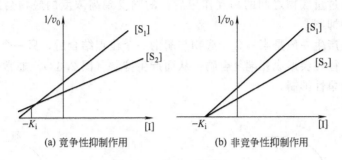

图 2.29 Dixon 作图法

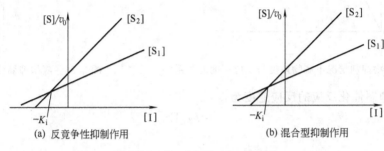

图 2.30 Comish-Bowden 作图法

（2）部分抑制　以上讨论的情况都是形成不会释放产物的死端复合物的抑制作用，但有一些混合型抑制中的三元配合物也能释放产物，如：

$$E+S \underset{k_{-1}}{\overset{k_{+1}}{\rightleftharpoons}} ES \overset{k_2}{\longrightarrow} E+P$$

$$E+S+I \overset{K_i}{\longrightarrow} ESI \overset{k'_2}{\longrightarrow} E+P+I$$

这时：

$$v = k_2[ES] + k'_2[ESI]$$

也即：

$$v = k_2[ES] + k'_2 \frac{[ES][I]}{K_i} = k_2[ES]\left(1 + \frac{k'_2}{k_2}\frac{[I]}{K'_i}\right)$$

也可得到米氏方程的表达式：

$$v = \frac{v_{max}[S]\dfrac{\left(1 + \dfrac{k'_2}{k_2}\dfrac{[I]}{K'_i}\right)}{\left(1 + \dfrac{[I]}{K'_i}\right)}}{[S] + \dfrac{K_m\left(1 + \dfrac{[I]}{K_i}\right)}{\left(1 + \dfrac{[I]}{K'_i}\right)}} \tag{2.40}$$

$$k_2[ES] + k'_2 \frac{[ES][I]}{K_i} = k_2[ES]\left(1 + \frac{k'_2}{k_2}\frac{[I]}{K_i}\right)$$

（3）底物抑制　从前面的叙述中已经知道，在给定的酶浓度下，酶催化反应的速度随底物浓度的增加而加快，直至达到最大反应速度 v_{max}。但在实践上，人们也常常会观察到在有些情况下，即使底物的浓度非常高，此时反应的初速度仍然会低于最大值（图 2.31），排除由于测定系统与过量底物之间的相互作用后，的确发现高浓度的底物会抑制自身转化为产物，表现出底物抑制。

底物抑制的产生一般是当一分子底物与酶的一个位点结合后，另一个底物与酶分子上另一个位点结合，往往会形成死端复合物，从而产生抑制（图 2.32）。通常也可以将过量的底物分子视为反竞争性抑制。

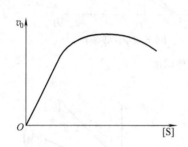

图 2.31　底物抑制情况下底物浓度与反应速度的关系

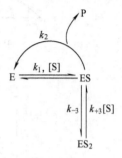

图 2.32　底物抑制作用的机制

在底物抑制催化反应的反应速度为：

$$v = k_2[ES]$$

经推导：

$$v = \frac{v_{max}}{1 + \dfrac{K_m}{[S]} + \dfrac{[S]}{K'_s}} \tag{2.41}$$

式中，$K'_s = \dfrac{k_{-3}}{k_{+3}}$。经变形后得：

$$\frac{1}{v} = \frac{1}{v_{max}}\left(1 + \frac{K_m}{[S]} + \frac{[S]}{K'_s}\right) \tag{2.42}$$

当 $[S] \ll K'_s$ 时，通过 $\dfrac{1}{v} \sim \dfrac{1}{[S]}$ 作图就可以求出 K_m 和 v_{max}，如图 2.33。

如果 $[S] \gg K_m$，上式可转简化为：

$$\frac{1}{v} = \frac{1}{v_{max}}\left(1 + \frac{[S]}{K'_s}\right) \tag{2.43}$$

此时以 $\dfrac{1}{v} \sim [S]$ 作图后，取其直线的延长部分，即可求出 K'_s 和 v_{max}，如图 2.34。

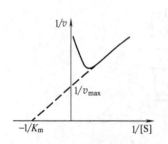

图 2.33　底物抑制作用的双倒数图（$[S] \ll K'_s$）

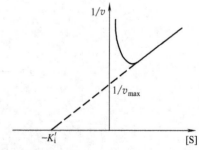

图 2.34　底物抑制作用 $\dfrac{1}{v} \sim [S]$ 作图（$[S] \gg K_m$）

（4）产物抑制　在生物体中经常可以注意到产物对酶催化反应存在的抑制作用。在细胞中，酶反应的产物虽然不断地为另外的酶所利用，但由于酶和产物总是同时存在，因此，考虑产物对酶催化反应速度的影响应该说是具有一定的意义的。下面以单底物酶催化反应为例，简单地讨论一下产物的抑制作用。

$$v = \frac{v_{1max} K_{mp}[S] - v_{2max} K_{ms}[P]}{K_{mp} K_{ms} + K_{mp}[S] + K_{ms}[P]} \tag{2.44}$$

式中，$K_{ms} = \dfrac{k_{-1} + k_{+2}}{k_1}$，$K_{mp} = \dfrac{k_{-1} + k_{+2}}{k_{-2}}$。

分子、分母除以 K_{mp} 后得：

$$v = \frac{v_{1max}\left([S] - \dfrac{v_{2max}}{v_{1max}}\dfrac{K_{ms}}{K_{mp}}[P]\right)}{K_{ms}\left(1 + \dfrac{[P]}{K_{mp}}\right) + [S]} \tag{2.45}$$

因为 $K_{eq} = \dfrac{v_{1max} K_{mp}}{v_{2max} K_{ms}}$，所以：

$$v = \frac{v_{1max}\left([S] - \dfrac{[P]}{K_{eq}}\right)}{K_{ms}\left(1 + \dfrac{[P]}{K_{mp}}\right) + [S]} \tag{2.46}$$

可以看出该表达式在形式上与米氏方程一致，只是相关的项发生了一些改变，分子中以 $[S] - \dfrac{[P]}{K_{eq}}$ 代替了 $[S]$，分母中以 $K_{ms}\left(1 + \dfrac{[P]}{K_{mp}}\right)$ 代替了 K_m，这就是说产物对反应速度的影响就相当于底物的竞争性抑制反应速度的影响。

2.4.3.3　不可逆抑制作用

酶的不可逆抑制是指抑制剂与酶的活性中心发生了化学反应，抑制剂共价地连接在酶分子的必需基团上，阻碍了底物与酶的结合或破坏了酶的催化基团，即抑制剂不可逆地与酶结合，通常是与靠近活性部位的氨基酸残基形成共价键，永久地使酶失活。通常不可逆抑制作用不能用透析或稀释等方法使酶活性恢复。不可逆抑制作用的特点是随时间的延长抑制作用会逐渐增强，最后达到完全抑制。

一般来说，酶催化系统中不可逆抑制剂的作用相当于使酶失活，从而降低了酶的浓度，在酶和不可逆抑制剂作用完全后加入底物进行催化反应时，抑制剂的效应不能以平衡常数来表示，而应以速率常数来表示，它决定于给定时间内某一浓度抑制剂所抑制酶活性的分数。不可逆抑制作用的反应动力学行为符合米氏方程性质，K_m 不变，但 v_{max} 下降。

无抑制时，$v_{max} = k[E]$，而存在不可逆抑制剂 I 后，$v'_{max} = k([E] - [I])$。比较后得：

$$\frac{v'_{max}}{v_{max}} = \frac{[E] - [I]}{[E]}$$

即：

$$v'_{max} = v_{max}[E]\left(1 - \frac{[I]}{[E]}\right) \tag{2.47}$$

根据抑制剂与酶活性部位基团作用的专一性不同，可以将不可逆抑制作用分为专一性不可逆抑制作用和非专一性不可逆抑制作用等两种类型。

（1）非专一性不可逆抑制作用　通常将抑制剂与酶分子上不同类型的基团都能发生化学反应，并共价地连接在酶分子的必需基团上，阻碍了底物与酶的结合或破坏了酶的催化基团的抑制作用称为非专一性不可逆抑制作用，同时称这类抑制剂为非专一性不可逆抑制剂。

最简单的非专一性不可逆抑制作用的动力学方程可以写为：

$$[E]+[I] \xrightarrow{k} [EI]$$
$$v=k[E][I]$$

如果 $[I] \gg [E]$，那么：

$$v=k'[E]$$

式中，$k'=k[I]$。

即：

$$-\frac{d[E]}{dt}=k'[E]$$

积分后得：

$$\ln\frac{[E]_t}{[E]_0}=k't$$

也可写为：

$$\ln\frac{v}{v_0}=k't \tag{2.48}$$

式中，$[E]_t$ 和 $[E]_0$ 分别代表 t 时和系统总酶浓度。

如以酶活力剩余分数的对数对时间作图可以得到一条直线，如图 2.35，从图中可以求出 k'，再根据不同抑制剂浓度下得到的 k' 对抑制剂浓度作图，即可求出 k 值，如图 2.36。

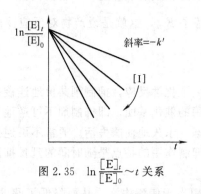

图 2.35　$\ln\dfrac{[E]_t}{[E]_0}\sim t$ 关系

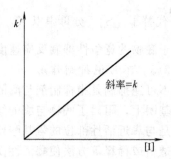

图 2.36　不同抑制剂浓度下得到的 $k'\sim[I]$ 关系

如果某一非专一性的不可逆抑制剂与酶分子上的两种残基 X、Y 都会发生作用，但反应速率不同并都会导致酶活力降低，反应过程可以表示为：

$$\begin{array}{ccccc}
 & & E\diagup\!\!\!\!\begin{array}{c}X^* \\ Y\end{array} & & \\
 & \nearrow^{k_1} & & \searrow^{k_2} & \\
E\diagup\!\!\!\!\begin{array}{c}X \\ Y\end{array} & & & & E\diagup\!\!\!\!\begin{array}{c}X^* \\ Y^*\end{array} \\
 & \searrow_{k_2} & & \nearrow_{k_1} & \\
 & & E\diagup\!\!\!\!\begin{array}{c}X \\ Y^*\end{array} & &
\end{array}$$

其中，k_1 表示 X 被修饰为 X^* 的反应速率常数；k_2 表示 Y 被修饰为 Y^* 的反应速率常数。

如果 $[I] \gg [E]$，如上所述，$k'_1=k_1[I]$，$k'_2=k_2[I]$，X 和 Y 被修饰后的剩余分数分别为：

$$\frac{[X]}{[X]_0}=e^{-k'_1 t}$$

$$\frac{[Y]}{[Y]_0} = e^{-k'_2 t} \tag{2.49}$$

式中，$[X]_0$ 和 $[Y]_0$ 分别表示没有修饰时的浓度；$[X]$ 和 $[Y]$ 分别表示修饰后的浓度。那么，酶活力的剩余分数则为：

$$\frac{v}{v_0} = e^{-k'_1 t} \cdot e^{-k'_2 t} = e^{-(k'_1 + k'_2) t} \tag{2.50}$$

以 $\ln \frac{v}{v_0} \sim t$ 作图可得到一条直线，如图 2.37。

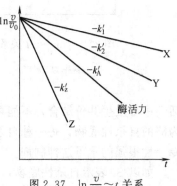

图 2.37　$\ln \frac{v}{v_0} \sim t$ 关系

可以根据此图得出的结果来判断所修饰的基团是否为酶活性中心所必需。如果 $k'_A = k'_1$，则 X 为酶活性中心所必需；如果 $k'_A = k'_1 + k'_2$，则 X、Y 都为酶活性中心的必需基团。如果残基 Z 的修饰速度远高于酶活力下降的速度，则 Z 不是酶活动所必需的基团。

（2）专一性的不可逆抑制作用　通常将抑制剂只能与酶分子上的酶活性部位有关的基团发生化学反应，并共价地连接在酶分子的必需基团上，阻碍了底物与酶的结合或破坏了酶的催化基团的抑制作用称为专一性不可逆抑制作用，同时称这类抑制剂为专一性不可逆抑制剂。专一性不可逆抑制作用有 K_s 型和 K_{cat} 型专一性不可逆抑制两类。

① K_s 型专一性不可逆抑制　K_s 型专一性不可逆抑制也称为亲和标记，指结构与底物类似但同时带有一个活泼化学基团的 K_s 型专一性不可逆抑制剂或亲和标记试剂对酶分子必需基团的某一个侧链进行共价修饰，从而抑制酶的活性。

K_s 型专一性不可逆抑制剂与酶的结合是可逆的，但一旦结合后与酶的必需基团的作用是不可逆的，抑制剂与酶作用过程的动力学方程可以写为：

$$E + I \underset{k_{-1}}{\overset{k_1}{\rightleftharpoons}} EI \overset{k_2}{\longrightarrow} E - I$$

$$\frac{d[E-I]}{dt} = k_2 [EI]$$

如 $k_2 \ll k_{-1}$，则可推导得到：

$$\ln \frac{v}{v_0} = k' t$$

$$k' = \frac{k_1 k_2 [I]}{k_1 [I] + k_{-1}} \tag{2.51}$$

改写后可得到：

$$\frac{1}{k'} = \frac{1}{k_2} + \frac{K_1}{k_2} \cdot \frac{1}{[I]} \tag{2.52}$$

式中，$K_1 = \frac{k_{-1}}{k_1}$。

以 $\ln \frac{v}{v_0} \sim t$ 作图，如图 2.38，可得到一系列的 k'，再以 $\frac{1}{k'} \sim \frac{1}{[I]}$ 作图，如图 2.39，就可求出 k_2 和 K_1。

② K_{cat} 型专一性不可逆抑制　K_{cat} 型专一性不可逆抑制又称酶的自杀，指结构与底物类似但结构中潜藏着一种化学活性基团，在酶的作用下，潜在的化学活性基团被激活，与酶的

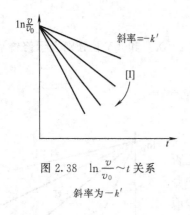

图 2.38　$\ln\dfrac{v}{v_0} \sim t$ 关系

斜率为 $-k'$

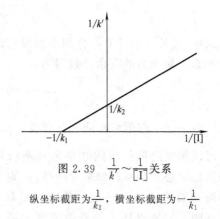

图 2.39　$\dfrac{1}{k'} \sim \dfrac{1}{[\mathrm{I}]}$ 关系

纵坐标截距为 $\dfrac{1}{k_2}$，横坐标截距为 $-\dfrac{1}{k_1}$

活性中心发生共价结合，不能再分解，酶就因此失活。通常将 K_{cat} 型专一性不可逆抑制剂称为酶的自杀性底物，每一种自杀性底物都有其作用对象。K_{cat} 型专一性不可逆抑制剂是一种专一性很强的不可逆抑制剂。

如以 S_s 表示自杀性底物，I_s 为 S_s 被酶催化生成的抑制物，则 K_{cat} 型专一性不可逆抑制可表示为：

$$\mathrm{E} + \mathrm{S_s} \underset{}{\overset{K_s}{\rightleftharpoons}} \mathrm{ES_s} \overset{K_{cat}}{\longrightarrow} \mathrm{E \cdot I_s} \overset{K_i}{\longrightarrow} \mathrm{E\text{-}I_s}$$

式中，K_s 为 ES_s 的解离常数；K_{cat} 为 ES_s 转变为 EI_s 的催化常数；K_i 为 E 与 I_s 形成共价结合的速率常数。

K_{cat} 型抑制作用的效率及专一性不但与 K_s 有关，更重要的是取决于 K_{cat}，因为 S_s 单纯地与 E 结合还不能成为抑制剂，只有生成产物 I_s 后才有抑制作用。K_{cat} 越大，生成产物 I_s 的速度就越快，抑制作用也就越强。

自杀底物所具有的 K_{cat} 型抑制作用具有以下一些特点：①自杀底物 S_s 的浓度越大，抑制作用也就越强；②抑制作用通常呈为一级反应；③抑制作用的最适 pH 与催化底物的最适 pH 一致；④S_s 本身无抑制活性，而生成的 I_s 是一种亲和标记抑制物；⑤在自杀性底物 S_s 过量时，加入酶越多，产生的抑制也就越大；⑥酶活性中心的必需基团与 I_s 的化学计量关系是 1∶1；⑦真正的底物能竞争性地阻断 S_s 的抑制作用。

2.4.3.4　几种类型的抑制剂

不可逆抑制剂在酶的作用机制研究和进行化学治疗等方面都起着十分重要的作用，常用的不可逆抑制剂可大体上分为两类：非专一性不可逆抑制剂和专一性不可逆抑制剂。

（1）非专一性不可逆抑制剂

① 能与金属形成配合物，从而"毒害"以金属离子为活性中心的"金属酶"抑制剂，如氰化物、硫化物、叠氮化合物和 CO 等。

② 作用于以巯基为活性中心的"巯基酶"抑制剂，包括巯基烷化剂、成硫醇盐试剂、巯基氧化剂等。巯基烷化剂主要有卤乙酸衍生物，如碘乙酰胺是鉴定巯基是否是酶分子的必需基团的常用试剂。属于成硫醇盐试剂的有机汞化物和砷化物，能可逆地与巯基反应生成硫醇盐，而过量的巯基化物或二巯基化物又可使抑制逆转。对氯苯甲酸和对羟苯甲酸等最为人熟知的成硫醇盐试剂常用于鉴定巯基是否属于酶的必需基团。最常见的巯基氧化剂有谷胱甘肽等二硫化物和 I_2。

③ 诸如汞、铅、银、铜等重金属毒物，在高浓度时是蛋白质沉淀剂，但是某些酶对低浓度的重金属盐也十分敏感。

此外，还有能作用于羟基、氨基、酚基等的酰化剂、磷酰化剂、烃基化剂、含有活泼双键的试剂、亲电试剂等。表 2.23 为一些常见的非专一性不可逆抑制剂。

表 2.23　一些常见的非专一性不可逆抑制剂及其作用基团

抑制剂名称	α-NH₂ Lys-ε-NH₂	α-COOH Asp-γ-COOH Glu-δ-COOH	—S—S—	Arg 胍基	Ser-OH Thr-OH	His 咪唑基	Trp 吲哚基	Tyr 酚-OH	Cys-SH	Met-S-CH₃
乙酸酐	+				+			+	+	
乙酰咪唑	+							+	+	
丙烯氰	+								+	
叠氮化合物	+							+	+	
溴甲胺									+	
溴代丙酮酸									+	
N-溴代琥珀酰亚胺						+	+	+	+	
羰二亚胺		+								
二硫化碳	+									
氰酸盐	+							+		
尿酰氟				+						
丁二酮				+						
二乙基焦碳酸酯		+								
连二亚硫酸			+							
硫酸二甲酯	+	+								
乙酰亚氨酸酯	+									
苯甲酸汞化物	+						+		+	
O-甲基异脲	+									
苯基异硫氰酸酯	+									
三硝基苯硫酸	+									
氮芥类	+	+							+	+

注：+表示抑制剂对相关基团有抑制作用。

由于这一类不可逆抑制剂是非专一性的，所以它们不但能与酶分子中的必需基团作用，同时也能与相应的非必需基团作用，甚至可以与多种基团作用，可以通过非专一性不可逆抑制作用判断酶分子中必需基团的性质和数目，但必须要通过测定酶活力降低的反应速率常数和侧链基团被破坏的反应速率常数，比较它们之间的关系并加以分析才能获得正确的结果。

（2）专一性不可逆抑制剂　属于这一类型的抑制剂又可以分为 K_s 型专一性不可逆抑制剂和 K_{cat} 型专一性不可逆抑制剂两类。

① K_s 型专一性不可逆抑制剂　K_s 型专一性不可逆抑制剂除了具有与底物相似的可与酶结合的基团外，同时还具有一个能与酶其它基团反应的活泼基团。K_s 型抑制剂之所以具有专一性是由于该类抑制剂与酶活性部位的某些基团形成的非共价配合物和它与非活性部位同类基团形成的非共价配合物之间的解离常数不同，这两个解离常数的比值可以决定其专一性程度，如果比值在三个数量级以上，则这个不可逆抑制剂是一个专一性很强的抑制剂。常用下面的一些方法来判断 K_s 型抑制剂的抑制作用是否发生在酶的活性部位：

a. 如果抑制剂的作用是化学计量的，并且作用后酶活性全部丧失，说明抑制剂全部结合在酶的活性部位；

b. 如果底物和竞争性抑制剂能保护酶，使之抵抗不可逆抑制剂的作用，即可证实此不可逆抑制剂肯定结合在酶的活性部位；

c. 采用简单方法使酶失活，如失活酶不会再与抑制剂反应，则证明该不可逆抑制剂是结合在酶的活性部位。

下面为两个 K_s 型专一性不可逆抑制剂的实例。

从结构上看，胰凝乳蛋白酶的 K_s 型专一性不可逆抑制剂对甲苯磺酰-L-苯丙氨酰氯甲烷（TPCK）与胰凝乳蛋白酶的最佳底物对甲苯磺酰-L-苯丙氨酸甲酯相似，都含有对甲苯磺酰-L-苯丙氨酰基，如图 2.40、图 2.41。

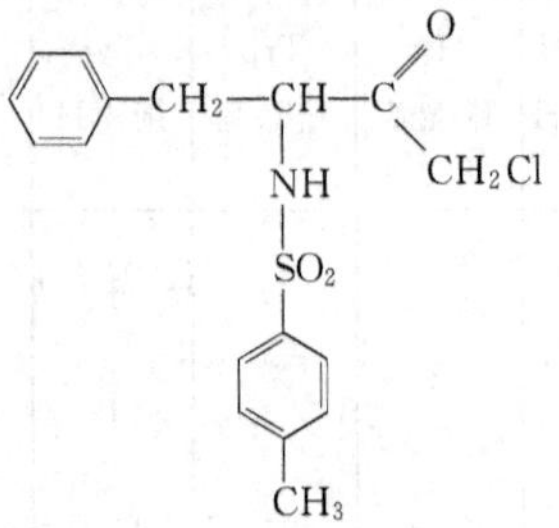

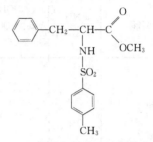

图 2.40　胰凝乳蛋白酶的 K_s 型抑制剂对
甲苯磺酰-L-苯丙氨酰氯甲烷（TPCK）

图 2.41　胰凝乳蛋白酶的最佳底物对
甲苯磺酰-L-苯丙氨酸甲酯

胰凝乳蛋白酶通过对对甲苯磺酰-L-苯丙氨酰基的强亲和力，将对甲苯磺酰-L-苯丙氨酰氯甲烷（TPCK）误认为底物而与之结合，从而形成了 K_s 很小的非共价配合物，但 TPCK 又与该酶的最佳底物不同，它以—CH_2Cl 取代了最佳底物中的—$O—CH_3$ 基团。—CH_2Cl 是一个烷化基，在通常情况下，该基团虽然不是很活泼，但在 TPCK 与酶形成的非共价配合物中，—CH_2Cl 与酶活性部位的一个 His-咪唑基距离很近，从而使—CH_2Cl 成为该 His-咪唑基的极活泼烷化剂，可很快使其烷化；而非活性部位的咪唑基，由于远离—CH_2Cl，则不易被烷化。

从结构上看，胰蛋白酶的 K_s 型专一性不可逆抑制剂对甲苯磺酰-L-赖氨酰氯甲烷（TPLK）与胰蛋白酶的最佳底物对甲苯磺酰-L-赖氨酸甲酯相似，都含有对甲苯磺酰-L-赖氨酰基，如图 2.42、图 2.43。

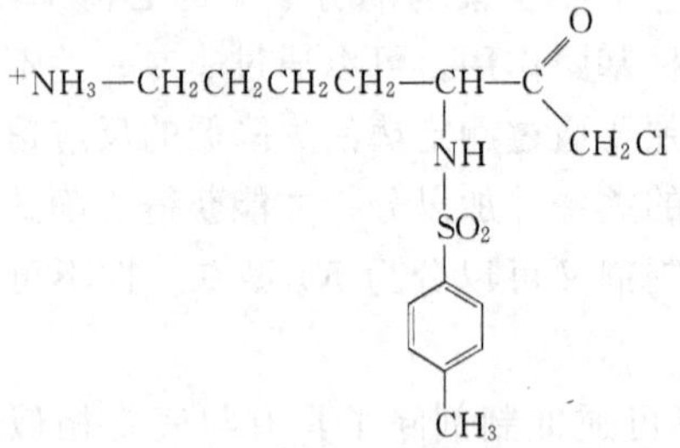

图 2.42　胰蛋白酶的 K_s 型抑制剂对
甲苯磺酰-L-赖氨酰氯甲烷（TPLK）

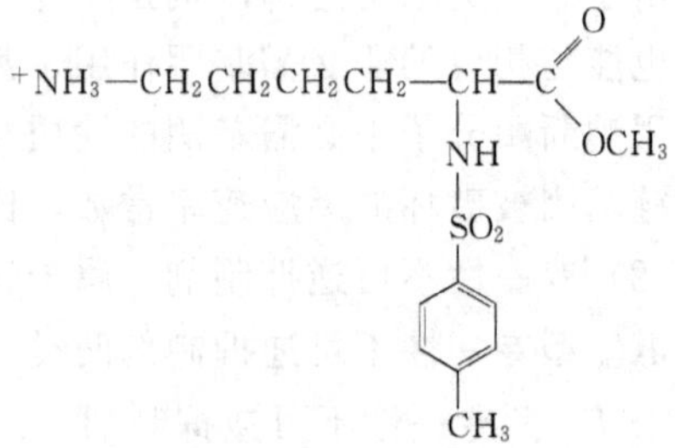

图 2.43　胰蛋白酶的最佳底物对
甲苯磺酰-L-赖氨酸甲酯

由于酶对赖氨酸正离子基团的亲和力，把 TPLK 误认作底物而与之集合，从而形成了 K_s 很小的非共价配合物，配合物形成后，—CH_2Cl 在空间上与酶活性部位的一个 His-咪唑基非常邻近，可立即使其烷化，而非活性部位的咪唑基则不能被烷化。

从上可看出，这两个 K_s 型专一性不可逆抑制剂都是根据酶的底物结构而设计的，添加了一个能与酶活性部位反应的活泼基团，所以又称为活性部位定向指示剂或亲和标记试剂。

② K_{cat} 型专一性不可逆抑制剂　K_{cat} 型专一性不可逆抑制剂是根据酶的催化过程来设计的，它们与底物类似，既能与酶结合，也能被酶催化发生反应，抑制剂的结构与底物类似但结构中潜藏着一种化学活性基团，在酶的作用下，潜在的化学活性基团被激活，与酶的活性中心发生共价结合，不能再分解，酶就因此失活。K_{cat} 型专一性不可逆抑制剂也称为自杀性

底物。例如：β-羟基癸酰硫酯脱水酶的 K_{cat} 专一性不可逆抑制剂和以 FMN 或 FAD 为辅基的单胺氧化酶的 K_{cat} 专一性不可逆抑制剂。迫降灵就是属于这一类抑制剂，是单胺氧化酶的自杀性底物，反应如下：

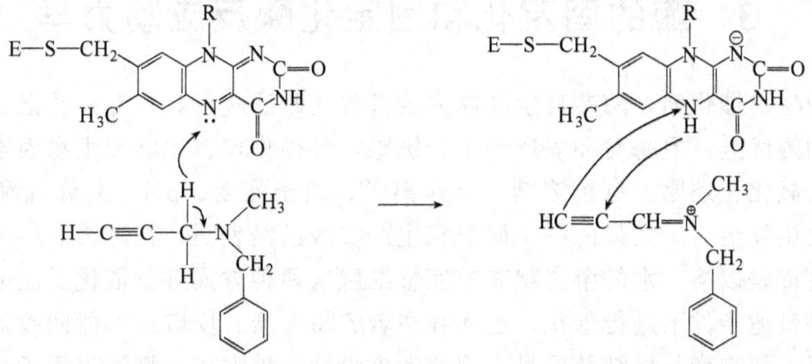

由于迫降灵能抑制单胺氧化酶，也就能抑制一些血管舒张剂的氧化，因而有降血压作用，为一种治疗高血压的良药。

酶的自杀底物在治疗酶学上是一类崭新的课题，对于医疗实践有着十分重要的意义。如果以酶作为靶子，使某些致病菌或异常生长的细胞中的酶能被一些相应的化合物所抑制或失活，就能使疾病得以治疗。通常天然酶的自杀底物并不一定能治病，有些酶的天然自杀底物甚至还是致命的毒物，不仅不能起到治病的作用，有时反而对正常人体的正常酶产生抑制而造成功能不正常或致病。人工合成的各种酶的自杀底物是人类征服各类疾病的新的有效药物，目前已经用于治疗高血压、癫痫、肿瘤、痛风、震颤麻痹症等疾病，为人类带来健康的福音。

3 酶的固定化和固定化酶反应动力学

作为一种生物催化剂，酶参与生物体内的各种代谢反应，具有专一性强、催化效率高及作用条件温和等优点。但酶对环境影响十分敏感，各种物理、化学和生物因素（如温度、压力、电磁场、氧化、还原、有机溶剂、金属离子、离子强度、pH、酶修饰和酶降解等）都可能使酶丧失生物活力。大量的科学研究和生产实践已经表明，在过去的科学研究和生产实践中，酶一直都是以溶于水的游离状态或完整细胞这两种方式进行催化反应的，但游离酶即使在酶反应的最适条件下进行催化，也还存在着容易失活、反应后不能回收等缺陷，有时不易与产物分开，影响产品提纯及质量。因此考虑设计一种方法，将酶束缚于特殊的相，使它与整体相（或整体流体）分隔开，但仍能进行底物和效应物（激活剂或抑制剂）的分子交换。这种固定化的酶可以像一般化学反应的固体催化剂一样，既具有酶的催化特性，又具有一般化学催化剂能回收、反复使用等优点，并且生产工艺可以连续化、自动化。自 1916 年 Nelson 和 Griffin 利用活性炭吸附蔗糖酶、1969 年成功运用固定化酰化氨基酸水解酶生产 L-氨基酸以来，经过多年的研究和发展，酶的固定化技术取得了长足的进步。它不仅在理论研究（如阐明酶作用机理）上发挥独特作用，在实际应用上也显示出强大威力。用这种技术不仅能稳定酶，改变酶的专一性，提高酶活力，从而改善酶的种种特性，使之更符合人类要求，而且还能创造适应特殊要求的新酶。目前，人们对固定化酶极感兴趣，因为其性质比可溶性酶及其相关技术优越，对固定化酶的利用也与日俱增。

固定化酶与一般水溶性酶制剂相比，不但仍具有酶的高度专一性、催化效率及作用条件温和等特点，而且比水溶性酶更稳定，使用寿命更长，一般可连续使用几百小时甚至一个月。固定化酶是悬浮于反应液中进行作用，反应后可用过滤或离心的方法与反应液分离，从而可反复使用多次。固定化酶还可装成酶柱，反应液流过酶柱后，流出液即为反应物，这样就可能使生产管道化、连续化及自动化。固定化酶在使用前可充分洗涤，除去水溶性杂质，因而不会污染反应液，产物的分离提纯简单，收率高，酶活损失少。因此，它在实际生产中和理论研究中越来越受到重视。

3.1 酶的固定化

3.1.1 固定化酶的定义

所谓固定化酶，是指在一定空间内呈闭锁状态存在的酶，能连续地进行反应，反应后的酶可以回收重复使用。因此，不管用何种方法制备的固定化酶，都应该满足上述固定化酶的条件。例如，将一种不能透过高分子化合物的半透膜置入容器内，并加入酶及高分子底物，使之进行酶反应，低分子生成物就会连续不断地透过滤膜，而酶因其不能透过滤膜而被回收再用，这种酶实质也是一种固定化酶。

固定化酶与游离酶相比，具有下列优点：①极易将固定化酶与底物、产物分开；②可以在较长时间内进行反复分批反应和装柱连续反应；③在大多数情况下，能够提高酶的稳定性；④酶反应过程能够加以严格控制；⑤产物溶液中没有酶的残留，简化了提纯工艺；⑥较游离酶更适合于多酶反应；⑦可以增加产物的收率，提高产物的质量；⑧酶的使用效率提高，成本降低。

与此同时，固定化酶也存在一些缺点：①固定化时，酶活力有损失；②增加了生产的成本，工厂初始投资大；③只能用于可溶性底物，而且较适用于小分子底物，对大分子底物不适宜；④与完整菌体相比不适宜于多酶反应，特别是需要辅助因子的反应；⑤胞内酶必须经过酶的分离程序。

固定化酶是20世纪50年代开始发展起来的一项新技术，最初是将水溶性酶与不溶性载体结合起来，成为不溶于水的酶的衍生物，所以曾称其为"水不溶酶"和"固相酶"。但是后来发现，也可以将酶包埋在凝胶内或置于超滤装置中，高分子底物与酶在超滤膜一边，而反应产物可以透过膜逸出，在这种情况下，酶本身仍处于溶解状态，只不过被固定在一个有限的空间内不能再自由流动。因此，用水不溶酶或固相酶的名称就不恰当了。在1971年第一届国际酶工程会议上，正式建议采用"固定化酶"的名称。

3.1.2　固定化酶的制备方法

迄今为止已发现的酶有数千种之多，但由于应用的性质与范围、保存稳定性和操作稳定性、成本的不同以及制备的物理、化学手段、材料等不同，可以采用不同的方法进行酶的固定化。一般要根据不同情况（不同酶、不同应用目的和应用环境）来选择不同的固定化方法，但是无论如何选择，确定什么样的方法，都要遵循几个基本原则：

① 必须注意维持酶的催化活性及专一性，保持酶原有的专一性、高效催化能力和在常温常压下能起催化反应的特点。酶蛋白的活性中心是酶的催化功能所必需的，酶蛋白的空间构象与酶活力密切相关。因此，在酶的固定化过程中，必须注意酶活性中心的氨基酸残基不发生变化，也就是酶与载体的结合部位不应当是酶的活性部位，而且要尽量避免那些可能导致酶蛋白高级结构破坏的条件。由于酶蛋白的高级结构是凭借氢键、疏水键和离子键等弱键维持，所以固定化时要采取尽量温和的条件（如低温、最适 pH 及水溶液中），尽可能保护好酶蛋白的活性基团。

② 固定化应该有利于生产自动化、连续化。为此，用于固定化的载体必须有一定的机械强度，不能因机械搅拌而破碎或脱落。

③ 固定化酶应有最小的空间位阻，尽可能不妨碍酶与底物的接近，应不会引起酶的失活，以提高产品的产量。制备固定化酶时所选载体应尽可能地不阻碍酶和底物的接近。

④ 酶与载体必须结合牢固，从而使固定化酶能回收贮藏，利于反复使用，因此，在制备固定化酶时，应使酶和载体尽可能地结合牢固。

⑤ 固定化酶应有最大的稳定性，在制备固定化酶时，所选载体不与废物、产物或反应液发生化学反应。

⑥ 固定化酶应易与产物分离，即能通过简单的过滤或离心就可回收和重复使用。

⑦ 固定化酶成本要低，须综合考虑固定化酶在总成本中的比例，应为廉价的、有利于推广的产品，以便于工业使用。

⑧ 充分考虑到固定化酶制备过程和应用中的安全因素，在设计制备过程中采用的化学反应与化学试剂等就需要慎重考虑残留和有毒物质的形成等安全问题，尤其是固定化酶在食品和医药工业中应用时尤其重要。

在考虑到上述因素之后，如何选择固定化载体又是固定化酶制备过程中需要解决的重要问题。一般来说，已有的研究成果和应用过程已经表明，固定化载体的选择标准基本上与固定化方法的选择标准类似，且这两者之间有着十分密切的关系。一般需要根据载体的形式、结构、性质和酶偶联量（或装填量）以及实效系数等来选择合适的固定化载体：

① 载体的形式　通常固定化的载体可以有膜片状、管状、纤维状和颗粒状等多种形式。

对于膜片状、管状、纤维状等非颗粒状载体来说，要求具有足够的机械强度；而对于颗粒状载体而言，形状、大小和密度等参数将会直接影响到固定化酶的性能。从形状来讲，颗粒状载体可以是球形，也可以是不规则无定形。由于颗粒状载体的大小与单位质量载体上酶的装载容量之间有密切关系，对不同性质和用途的酶需要选择不同大小的载体。此外，还必须根据应用系统的性质选择合适密度的载体，在大多数情况下，一般需要选择密度略大于水的载体，但如果反应系统有不溶性颗粒物质存在或产生时，为了使固定化酶在催化反应完成后易于与生成的产物进行分离，使用较大密度的载体相比来说就较为有利。

② 载体的结构　单从结构上考虑，载体有孔型、半透膜型和非孔型三种类型。一般来说，孔型结构有助于大幅提高酶的装填容量，但采用孔型载体时需要注意扩散效应的影响、接近于载体表面的微环境与载体颗粒内部微环境的不同以及由于孔数的增多和孔径的增大带来的机械性能变化等问题。

③ 载体的性质　用于制备固定化酶的载体可以分为水溶性和水不溶性两种形式，通常在大多数情况下是采用水不溶性载体，但是对于作用于高分子底物的酶来说，为了克服载体可能造成的立体障碍，采用水溶性载体往往比较有利。此外，也可以将载体分为亲水载体、疏水载体和无机载体三种类型。亲水载体适用于通常的水溶液反应系统，但相对而言，亲水载体的机械性能较差；而由于疏水载体和无机载体具有机械性能较好、比较稳定、容易回收等优点，在规模应用上较为有利。载体的亲水和疏水性质对固定化酶催化反应的动力学性质有很大的影响，可直接影响酶的催化性质，也可以通过分配系数影响催化反应的最适 pH 和 K_m。

④ 酶偶联量或装载量和实效系数　前面已经谈到，孔型载体，特别是小颗粒载体可大大提高酶的装填容量，但是值得注意的是，在高装填量情况下，并非所有的酶分子都一定能够有效地发挥催化作用，可以有效发挥催化作用的酶分子在总的被固定化的酶分子中只占有一定的比例，通常将该比例称为实效系数。研究表明，载体的颗粒越小，实效系数就越大；单位载体上固定化的酶量越小，实效系数也就越大。而值得指出的是，如果单纯从酶装载量与实效系数之间的关系来看，小装载量有助于保证较大的实效系数，但实际上如果酶的装载量太小，尽管此时实效系数很高，总的酶活力却仍然很小，应用时也是极不经济的。因此，需要在酶装载量与实效系数之间寻求一个合适的平衡。

制备固定化酶的方法有很多。在酶固定化研究的早期，对酶的交联进行了较为系统的研究，但人们发现采用这种方法获得的固定化酶的机械和流体动力学性质较差，应用时存在一定的缺陷，之后人们就逐渐开发了其它一些的固定化方法，按照用于结合的化学反应的类型进行分类可参见表 3.1。但需要注意的是，尚没有对任何酶都适用的固定化方法。

表 3.1　酶的固定化方法

固定化方法	分　类	固定化方法	分　类
非化学结合法	结晶法 分散法 物理吸附法 离子结合法	化学结合法	交联法 共价结合法
		包埋法	微囊法 网格法

3.1.2.1　非化学结合法

非化学结合法包括结晶法、分散法、物理吸附法和离子结合法等，分别叙述如下：

（1）结晶法　结晶法固定化酶就是使酶结晶从而实现固定化的方法。对于酶晶体来说，载体就是酶蛋白本身，酶晶体可以提供非常高的酶浓度，这一点对于活力较低的酶来说，就显得具有很大的优越性，因为对活力低的酶来说不仅固定化技术的运用受到了很大的限制，而且活性低的酶通常都较昂贵，如果提高了酶的浓度，也就提高了单位体积的活力，应用时就大大缩短了反应时间。但是结晶法固定化酶在应用时也存在局限性，在不断的重复循环中，酶会有损耗，从而使得固定化酶浓度降低。

(2) 分散法　分散法就是通过将酶分散于水不溶相中而实现酶固定化的方法。在实践上，对于在水不溶的有机相中进行的反应，最简单的固定化方法是将酶的干粉悬浮于溶剂中，这样不仅实现了酶的催化作用，而且可以通过过滤和离心的方法将酶与介质进行完全分离，进而实现酶的再利用。但该法在一些实际过程中，如果酶分散得不好将会引起传质效应的产生，使酶的催化活力降低。遗憾的是，目前还没有完善的酶粉末保存系统，由于潮湿和反应产生的水使得贮存的冻干粉变得发黏并使得酶的颗粒较大，影响催化效果。研究人员已经发现，有许多途径可以提高分散酶的活力：

① 选择正确的体系和贮存状态使酶粉末能充分分散，将有助于提高活力。例如，在酶的干燥过程中，加入多种有稳定和保护作用的化合物将有助于酶的分散。

② 通过与亲脂化合物的共价连接能增加酶在水不溶相中的溶解度。例如，可以通过将酶包埋在膜体系中或通过多相反应来实现酶的固定化。

(3) 物理吸附法　利用各种固体吸附载体将酶或含酶菌体吸附在其表面上而实现酶固定化的方法称为物理吸附法。物理吸附法具有酶活性中心不易被破坏、酶高级结构变化少、操作方便、条件温和、载体廉价易得、可反复使用等优点，若能找到适当的载体，是实现酶固定化的很好的方法。但由于酶与吸附载体是依靠物理吸附作用，结合力较弱，酶与载体结合不十分牢固而容易脱落，使其在应用过程中受到一定的限制。可以根据酶的特点、载体的来源与价格和固定化酶的使用要求等因素选择相应的载体。符合物理吸附固定化酶的吸附载体有很多，常用的吸附载体多孔玻璃、活性炭、酸性白土、漂白土、高岭石、氧化铝、硅胶、膨润土、羟基磷灰石、磷酸钙、金属氧化物等无机载体和淀粉、白蛋白等天然高分子载体。此外，还有大孔型合成树脂、陶瓷、具有疏水基的载体（如丁基-葡聚糖凝胶或己基-葡聚糖凝胶）等以及以单宁作为配基的纤维素衍生物等载体也十分引人注目。

(4) 离子结合法　这是酶通过离子键结合于具有离子交换基的水不溶性载体的固定化方法。离子结合法具有操作简单、处理条件温和、酶的高级结构和活性中心的氨基酸残基不易被破坏以及可得到酶活回收率较高的固定化酶等优点，但是由于载体与酶的结合力比较弱，容易受缓冲液种类或 pH 的影响，在离子强度高的条件下使用时，酶往往会从载体上脱落。用于此法的载体主要有 DEAE-纤维素、DEAE-葡聚糖凝胶、Amberlite IRA-93、Amberlite IRA-410、Amberlite IRA-900 等阴离子交换剂和 CM-纤维素、Amberlite CG-50、Amberlite IRC-50、Amberlite IR-120、Dowex-50 等阳离子交换剂。迄今已有许多酶用离子结合法固定化，例如 1969 年最早应用于工业生产的固定化氨基酰化酶就是使用多糖类阴离子交换剂 DEAE-葡聚糖凝胶固定化的。

3.1.2.2　化学结合法

(1) 共价结合法　通过共价键将酶与载体结合的固定化方法称为共价结合法，与离子结合法或物理吸附法相比，其优点是酶与载体结合牢固，一般不会因底物浓度高或存在盐类等原因而轻易脱落，但是该方法反应条件苛刻，操作复杂。而且由于采用了比较激烈的反应条件，会引起酶蛋白高级结构变化，破坏部分活性中心，因此往往不能得到比活高的固定化酶，酶活回收率一般为 30% 左右，有时甚至连底物的专一性等酶的性质也会发生变化。常用的载体可以分为三类：多糖、蛋白质、细胞等天然有机载体；玻璃、陶瓷等无机载体；聚酯、聚胺、尼龙等合成聚合物载体。研究已经表明，可与载体共价结合的酶的功能团主要有 α-氨基、ε-氨基、α-羧基、β-羧基、γ-羧基、巯基、羟基、咪唑基、酚基等，但值得指出的是，参与共价结合的氨基酸残基不应是酶催化活性所必需的，否则往往造成固定后的酶活性完全丧失。

通过共价键将酶与载体结合的固定化方法首先是借助于化学方法，在载体上引进活泼基团或使载体上的有关基团活化，然后再使这些活泼基团与酶有关基团发生偶联反应，通过共价键使酶与载体结合起来。迄今为止，可使载体活化的方法已经有很多，主要的有重氮法、叠氮法、溴化氰法和烷化法等，现分述如下：

① **重氮法** 将含有芳香族氨基的水不溶性载体（Ph-NH$_2$）与亚硝酸反应，生成重氮盐衍生物，使载体引进了活泼的重氮基团，然后再与酶发生偶合反应，得到固定化酶。

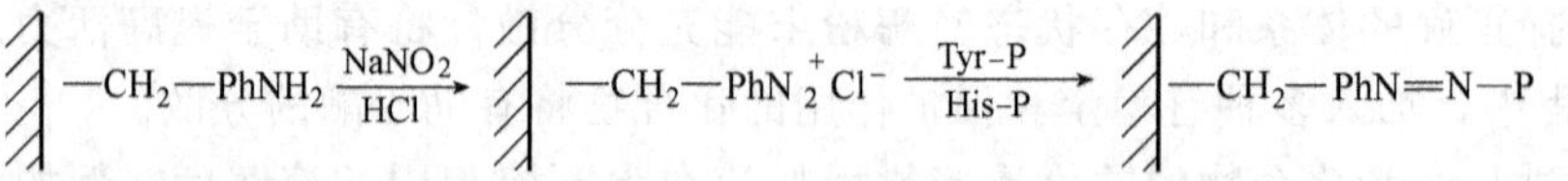

$$-CH_2-PhNH_2 \xrightarrow[\text{HCl}]{\text{NaNO}_2} -CH_2-PhN_2^+Cl^- \xrightarrow[\text{His-P}]{\text{Tyr-P}} -CH_2-PhN=N-P$$

酶蛋白中的游离氨基、组氨酸的咪唑基、酪氨酸的酚基等参与此反应。很多酶，尤其是酪氨酸含量较高的木瓜蛋白酶、脲酶、葡萄糖氧化酶、碱性磷酸酯酶、β-葡萄糖苷酶等能与多种重氮化载体连接，获得活性较高的固定化酶。

② **叠氮法** 含有酰肼基团的载体可用亚硝酸活化，生成叠氮衍生物，使载体引进了活泼的重氮基团，然后再与酶分子中的氨基形成肽键，使酶固定化。以羧甲基纤维素为例，各步的反应如下：

a. 羧甲基纤维素（CMC）与甲醇反应生成羧甲基纤维素甲酯。

$$R-O-CH_2-COOH+CH_3OH \longrightarrow R-O-CH_2-\overset{\displaystyle O}{\overset{\displaystyle \|}{C}}-O-CH_2+H_2O$$

CMC   CMC 甲酯

b. 羧甲基纤维素甲酯与肼反应生成羧甲基纤维素酰肼衍生物。

$$R-O-CH_2-\overset{\displaystyle O}{\overset{\displaystyle \|}{C}}-O-CH_2+NH_2-NH_2 \longrightarrow R-O-\overset{\displaystyle O}{\overset{\displaystyle \|}{C}}-O-CH_2-NHNH_2+CH_3OH$$

CMC 甲酯   肼   CMC 酰肼衍生物

c. 羧甲基纤维素酰肼衍生物可与亚硝酸反应生成羧甲基纤维素叠氮衍生物。

$$R-O-CH_2-\overset{\displaystyle O}{\overset{\displaystyle \|}{C}}-NHNH_2+HNO_2 \longrightarrow R-O-CH_2-\overset{\displaystyle O}{\overset{\displaystyle \|}{C}}-N_3+2H_2O$$

d. 羧甲基纤维素叠氮衍生物中活泼的叠氮基团可与酶分子中的氨基形成肽键，从而使酶固定化。

$$R-O-CH_2-CO-N_3+H_2N-E \longrightarrow R-O-CH_2-CO-NH-E$$

固定化酶

酶分子中能与载体叠氮衍生物中活泼的叠氮基团还有羟基、巯基等，通过这些基团的反应就可以制成相应的固定化酶。

$$R-O-CH_2-CO-N_3+HO-E \longrightarrow R-O-CH_2-CO-O-E$$
$$R-O-CH_2-CO-N_3+HS-E \longrightarrow R-O-CH_2-CO-S-E$$

③ **溴化氰法** 诸如纤维素、琼脂糖凝胶、葡聚糖凝胶等含有羟基的载体，可用溴化氰

活化生成亚氨基碳酸酯衍生物，再利用活化载体上的亚氨基碳酸基团在碱性条件下与酶分子上的氨基反应制成固定化酶。

$$R-CH-OH \atop R-CH-OH \quad +BrCN \longrightarrow \quad {R-CH-O \atop R-CH-O}C=NH+HBr$$

含羟基载体　　　　载体的亚氨基碳酸酯衍生物

$${R-CH-O \atop R-CH-OH}C=NH+H_2N-E \longrightarrow \quad {R-CH-O-CO-NH-E \atop R-CH-OH}$$

载体的亚氨基碳酸酯衍生物　　　　固定化酶

通过大量的研究已经发现，含有多羟基的多糖类载体在碱性条件下用溴化氰活化时，除产生大量活化的亚氨基碳酸酯衍生物外，还会产生少量不活泼的氨基甲酸衍生物，如下式：

$$R{OH \atop OH} \xrightarrow[(碱性)]{BrCN} \left[R{OC\equiv N \atop OH} \right] \xrightarrow{H_2O} \quad {R{OCONH_2 \atop OH} \atop 氨基甲酸衍生物} \atop {R{O \atop O}C=NH \atop 亚氨基碳酸酯衍生物}$$

多糖类

生成的活化亚氨基碳酸酯衍生物可以如图 3.1 所示的三种结合方式与酶结合制成固定化酶。

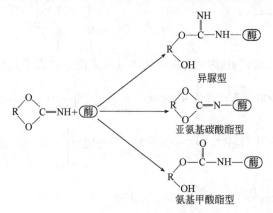

图 3.1　活化亚氨基碳酸酯衍生物与酶的结合方式

其中异脲型是该法固定化酶的主要生成物。由于溴化氰法能在非常温和条件下与酶蛋白的氨基发生反应，它已成为近年来普遍使用的固定化方法，尤其是溴化氰活化的琼脂糖已在实验室广泛用于制备固定化酶及相关材料。

④　烷基化法　含有羟基的载体可以用三氯均三嗪等多卤代物进行活化，形成含有卤素基团的活化载体，再与酶分子中的氨基、巯基、羟基等发生烷基化反应，制备成固定化酶。以与酶分子中的氨基反应为例，反应如下：

载体　　　　三氯均三嗪　　　　　　活化载体　　　　　固定化酶

⑤ 活化酯法　含有羟基的载体可以用对甲苯磺酰氯进行活化，形成含有对甲苯磺酰基团的活化载体，再与酶分子中的氨基、巯基等发生反应，制备成固定化酶，其反应如下：

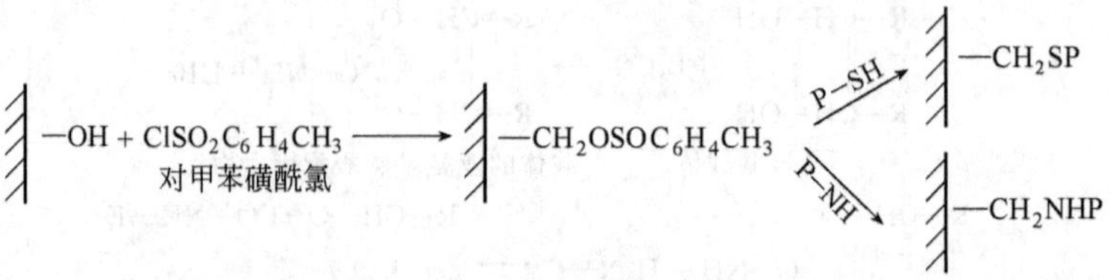

⑥ 环氧化法　含有羟基的载体可以用表氯醇进行活化，形成含有环氧基的活化载体，再与酶分子中的氨基、巯基、羟基等发生烷基化反应，制备成固定化酶，其反应如下：

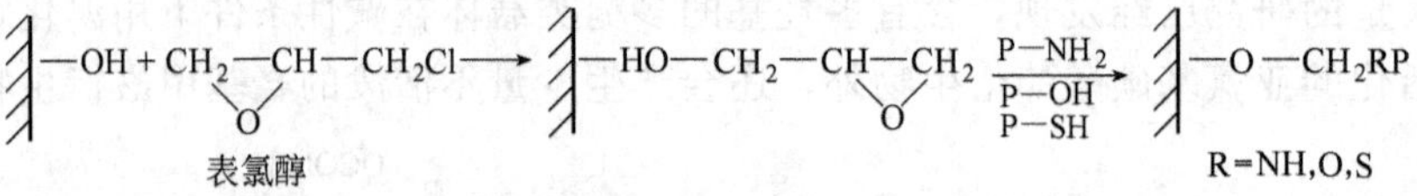

⑦ 高碘酸法　将纤维素葡聚糖等含有醛基的载体经过碘酸氧化或用二甲基砜氧化裂解葡萄糖环，产生二醛高聚物，每个葡萄糖分子含两个醛基，再与酶分子中的氨基、巯基、咪唑基等基团反应制成固定化酶。反应式如下：

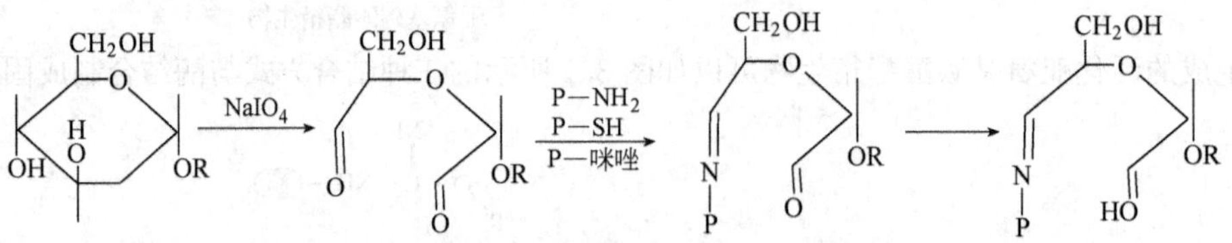

此外，对于含有羧基、氨基和巯基的载体可以采用下述方法进行酶的固定化：

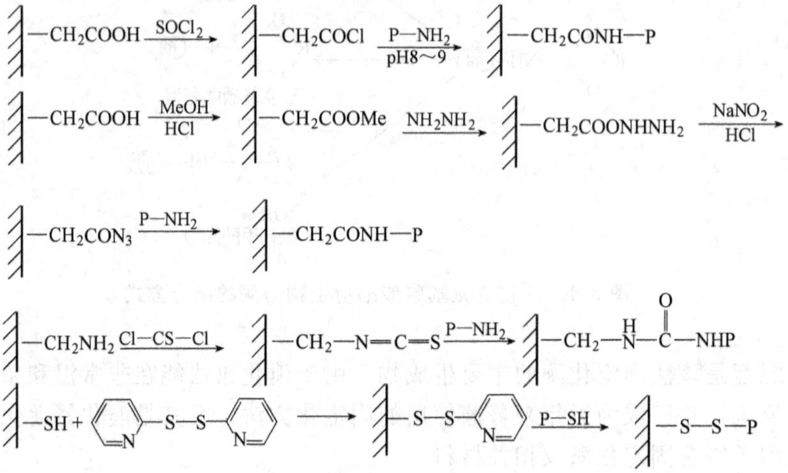

在实践上，有许多场合采用了无机材料作为固定化载体进行酶的固定化，如图 3.2。

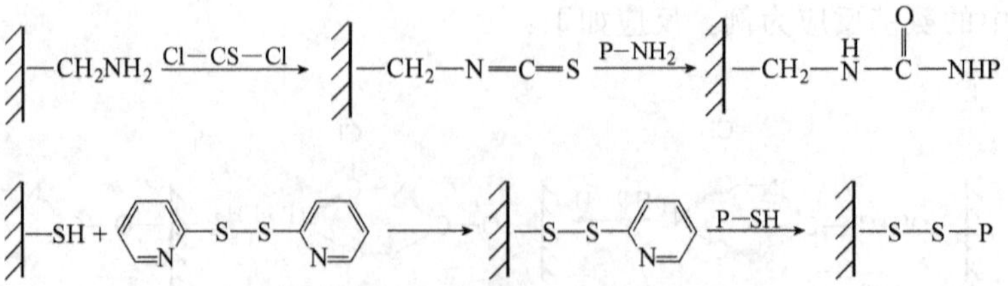

图 3.2　酶的固定化方法

(2) 交联法 交联法是指借助于双功能试剂或多功能试剂能使酶分子之间发生交联作用，而利用双功能或多功能试剂使酶与酶之间交联，制成网状结构固定化酶的方法。交联法与共价结合法一样也是利用共价键固定酶的，所不同的是它不使用载体，而是使用多功能试剂使酶与酶分子之间产生交联来达到固定化的目的。常用的多功能试剂有戊二醛、己二胺、顺丁烯二酸酐、双偶氮苯、异氰酸酯、双重氮联苯胺或 N,N'-乙烯双马来亚胺等，其中应用最广泛的是戊二醛。参与交联反应的酶蛋白的功能团则主要有 N 末端的 α-氨基、赖氨酸的 ε-氨基、酪氨酸的酚基、半胱氨酸的巯基和组氨酸的咪唑基等。常用的交联剂是戊二醛，图 3.3 为利用戊二醛进行酶交联的反应式，其中 **E** 表示酶。

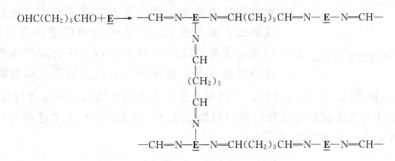

图 3.3 利用戊二醛进行酶交联的反应式

交联法制备的固定化酶一般比较牢固，可以长时间使用，但由于交联反应条件比较激烈，酶分子的多个基团被交联，致使酶活力损失较大，固定化的酶活回收率一般较低，而且制成的固定化酶的颗粒较小，会给使用带来不便。尽管可以通过尽可能降低交联剂浓度和缩短反应时间来提高固定化酶比活，但在实际使用过程中，效果还是不理想，此时可以将交联法与吸附法或包埋法联合使用，以制备出酶活性高、机械强度好的固定化酶。

3.1.2.3 包埋法

将酶包埋在各种多孔载体中使酶固定化的方法称为包埋法。包埋法可分为网格型和微囊型两种，一般将酶或微生物包埋在高分子凝胶细微网格中的称为网格型；将酶或微生物包埋在高分子半透膜中的称为微囊型。包埋法一般不需要与酶蛋白的氨基酸残基进行结合反应，很少改变酶的高级结构，酶活回收率较高，因此可以应用于许多酶的固定化，但是在包埋时发生化学聚合反应，容易导致酶的失活，必须巧妙设计反应条件，以获得满意的结果。由于只有小分子可以通过高分子凝胶的网格扩散，并且这种扩散阻力还会导致固定化酶动力学行为的改变，降低酶活力。因此，包埋法只适合作用于小分子底物和产物的酶，对于那些作用于大分子底物和产物的酶是不适合的。

(1) 网格型 通过将酶和聚合物混合，然后加入合适的交联剂将聚合物交联形成网络结构，并将酶分子阻隔在网格内，从而完成酶的固定化。同样，也可以将酶和化学单体物质混合，然后加入合适的引发剂使单体聚合交联形成聚合网络，将酶分子阻留在网络孔隙，从而实现酶的固定化，如图 3.4。

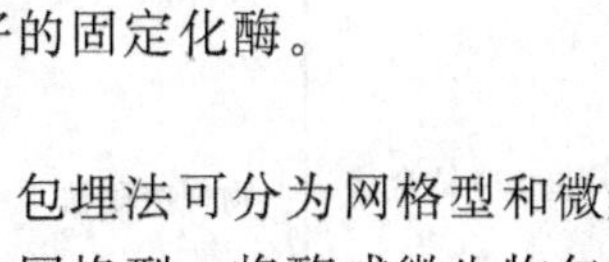

在实践上，可供选择使用的单体有很多，如甲基丙烯酸酯、丙烯酰胺等，高分子聚合物有聚丙烯酰胺、聚乙烯醇和光敏树脂等合成高分子化合物以及淀粉、蒟蒻粉、明胶、胶原、海藻酸和角叉菜胶等天然高分子化合物。合成高分子化合物常采用单体或预聚物在酶或微生物存在下聚合的方法，而溶胶状天然高分子化合物则在酶或微生物存在下凝胶化。值得注意的是，除单体之外，交联剂

图 3.4 网格型固定化酶

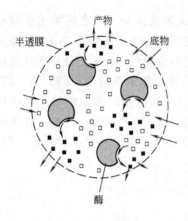

图 3.5 微囊型固定化酶

或引发剂对网格状聚合物的形成有很大的影响，通常形成的网状结构的空隙大小以及强度与所添加的交联剂和单体的比例、数量有关，通过改变二者的浓度就能改变所形成的网络结构。网格型包埋法是固定化微生物中用得最多、最有效的方法。

（2）微囊型　微囊型固定化通常是用直径为几微米到几百微米、厚约 25nm 的半透性膜形成的球状体将酶分子进行包埋固定化的方法。通常半透性膜仅能容许小分子底物和产物自由进出，而大分子物质则不能自由进出，由于微囊的比表面积很大，膜内外的物质交换也可以十分迅速，因此，微囊型比网格型更有利于底物和产物扩散，但是反应条件要求高，制备成本也高。制备微囊型固定化酶（图 3.5）有下列几种方法：界面沉淀法，界面聚合法，二级乳化法以及脂质体包埋法等。

各种固定化方法的优缺点大致可以归纳如表 3.2。在选择固定化方法时可以根据具体情况，考虑各种方法的特点和效果来进行。

表 3.2　酶的各种固定化方法的比较

方　　法		优　　点	缺　　点
非化学结合法	结晶法	可以提供非常高的酶浓度，对于活力较低的酶来说具有很大的优越性；应用时可大大缩短了反应时间	在不断的重复循环中，酶会有损耗，从而使得固定化酶浓度降低
	分散法	可以通过过滤和离心的方法将酶与介质进行完全分离，进而实现酶的再利用	在一些实际过程中，如果酶分散得不好将会引起传质效应的产生，使酶的催化活力降低
	物理吸附法	酶活性中心不易被破坏，酶高级结构变化少，操作方便，条件温和，载体廉价易得，可反复使用等	由于酶与吸附剂是依靠物理吸附作用，酶与载体的结合力较弱，酶与载体结合不十分牢固而容易脱落
	离子结合法	操作简单，处理条件温和，酶的高级结构和活性中心的氨基酸残基不易被破坏以及可得到酶活回收率较高的固定化酶等	由于载体与酶的结合力比较弱，容易受缓冲液种类或 pH 的影响，在离子强度高的条件下使用时，酶往往会从载体上脱落
化学结合法	共价结合法	酶与载体结合牢固，一般不会因底物浓度高或存在盐类等原因而轻易脱落	反应条件苛刻，操作复杂，会引起酶蛋白高级结构变化，破坏部分活性中心，往往不能得到比活高的固定化酶，有时底物的专一性等酶的性质也会发生变化
	交联法	比较牢固，可以长时间使用	反应条件比较激烈，酶分子的多个基团被交联，酶活力损失较大，固定化的酶活回收率一般较低，制成的固定化酶的颗粒也较小
包埋法		一般不需要与酶蛋白的氨基酸残基进行结合反应，很少改变酶的高级结构，酶活回收率较高，可以应用于许多酶的固定化	在包埋时发生化学聚合反应，容易导致酶的失活，且只适合作用于小分子底物和产物的酶

由表 3.2 可见，没有一个方法是十全十美的，几种方法各有利弊。包埋、共价结合、共价交联三种方法虽结合力强，但不能再生、回收；吸附法制备简单，成本低，能回收再生，

但结合差，在受到离子强度、pH 变化影响后，酶会从载体上游离下来，在使用价格较高的酶与载体时可行；包埋法各方面较好，但不适于大分子底物和产物。作出最佳的选择还要依据于特定的技术需要和资金考虑。因为不同的酶种类具有不同的特性，对于不同的靶物质需要不同的反应技术，所以有必要开发出更有效的酶固定化的方法和技术。

3.2 辅酶的固定化

3.2.1 辅基的固定化

辅基的固定化首先应选择合适的载体。理想的载体应具有以下的条件：没有特异性吸

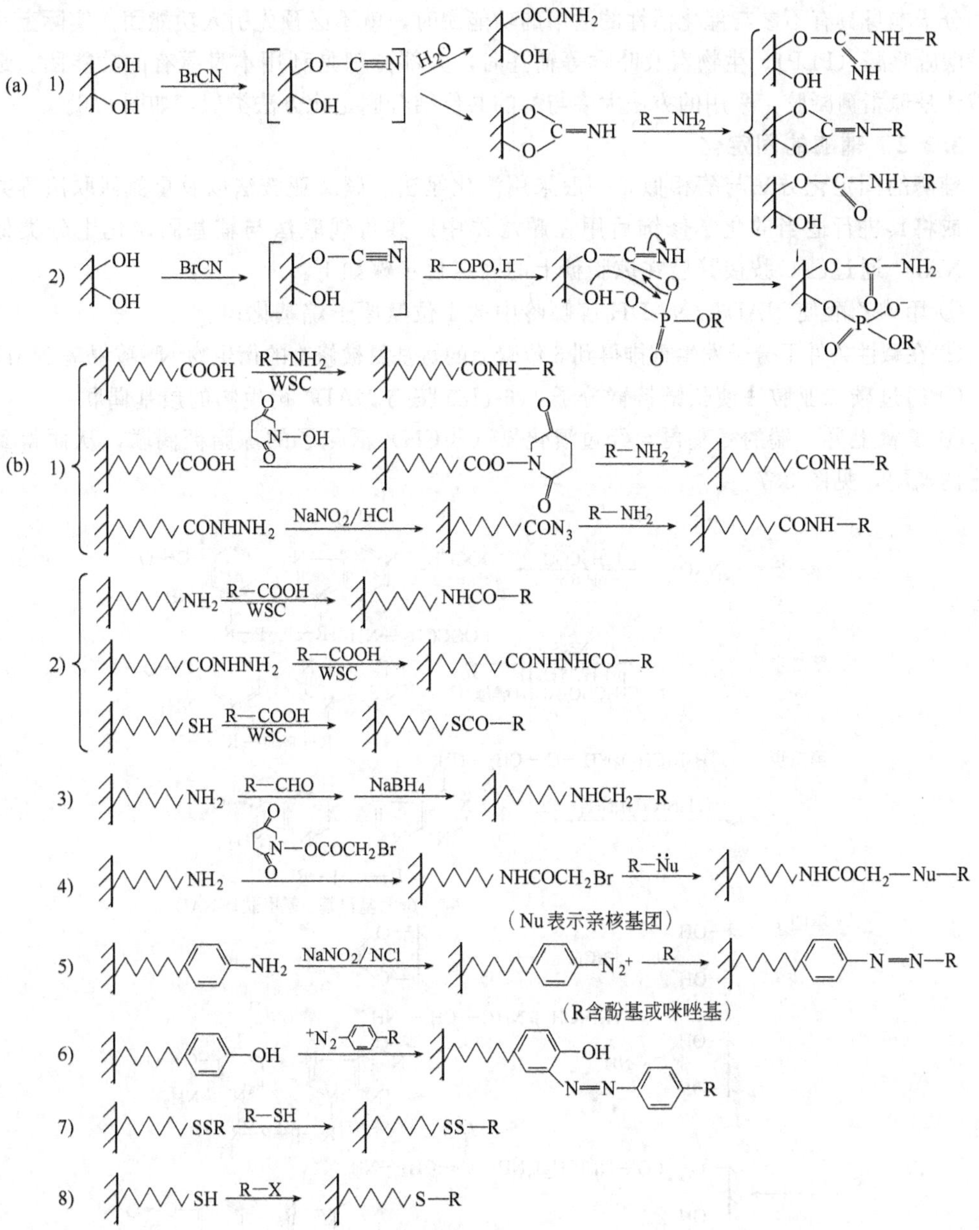

图 3.6 辅基固定化所用的偶联反应

（a）与 BrCN 活化的琼脂糖直接偶联；（b）与具有间隔臂的载体偶联

WSC—碳二亚胺

附；具有多孔性；有适合引入配基的官能团；化学稳定性；具有适当的机械强度等。目前使用的载体主要有琼脂糖，此外还有纤维素、玻璃珠及合成高分子载体等。在选择好合适的载体后就需要选择间隔臂或"手臂"。一般辅基分子和载体之间需要一个 0.5～1.0nm 长的"手臂"。此外，必须考虑辅基的性质，如疏水性、亲水性、离子性和体积大小等因素。用较长直链烷基作手臂时，由于疏水作用亦有吸附酶的能力，会使固定化辅基吸附专一性降低。

要将辅基共价偶联于载体上，首先必须在不影响辅基活性的分子部位引入适当的功能团。其次，将具有某种功能团的辅基先与间隔臂结合，再与活化的载体偶联；或者先使间隔臂与活化载体结合，再与辅基或其衍生物偶联。一般引入羧基或氨基后，与载体偶联比较容易。如果辅基分子本身具有不参与催化活性的适当的功能团时，就不必预先引入功能团。实际上在固定化磷酸吡哆醛（PLP）、生物素及卟啉等辅基时，大部分都是利用本身原有的功能团。最常用的载体是琼脂糖凝胶，采用的方法大多与酶的共价结合固定化方法类似，如图 3.6。

3.2.2 辅酶的固定化

辅酶的固定化方法与酶相似，一般采用溴化氰法、碳二亚胺法以及重氮偶联法等共价偶联，或将其进行适当的化学修饰后用在超滤器中。共价偶联法与辅基固定化十分类似。例如，NAD^+ 通过己二胺接臂后在琼脂糖上的固定化步骤如下：

① 用碘乙酸使 NAD^+/NADH 腺嘌呤中的 1 位氮原子烷基化；

② 在碱性条件下分子发生重排得到 6 位碳上的氨基氮被修饰的衍生物 N^6-羧甲基 NAD^+；

③ 通过碳二亚胺法使长链接臂分子 1,6-己二胺与 NAD^+ 衍生物的羧基偶联；

④ 长臂上另一端的氨基再与经过溴化氰（BrCN）活化了的琼脂糖偶联，从而得到了固定化的辅酶，见图 3.7。

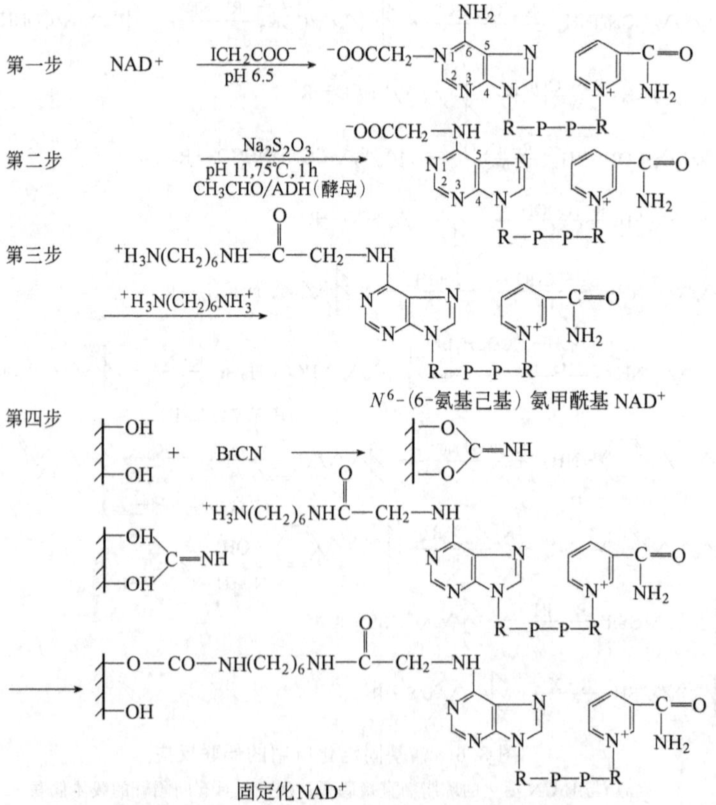

图 3.7 辅酶 NAD^+ 在琼脂糖上的固定化

由于辅酶的相对分子质量只有几百，要将其包埋在半透膜比较困难，若将辅酶与不溶性载体结合，则不能在多个酶之间起传递作用，因此，目前都是将辅酶结合于水溶性高分子载体，使其高分子化来解决这一难题。辅酶高分子化一般的顺序是先在辅酶的一定部位进行修饰，引入适当的功能团或间隔臂，生成辅酶衍生物，然后再与水溶性高分子结合。

(1) 引入功能团和间隔臂　辅酶引入的功能团主要是氨基或羧基。ATP、NAD(P)和CoA的AMP部分直接体现辅酶活性，所以不适宜进行化学修饰。因此，这类辅酶一般考虑在腺嘌呤6位或8位引入新的功能团，制成各种辅酶衍生物。腺嘌呤6位氨基烷化一般采用式（A）的反应，而腺嘌呤8位引入功能团一般采用式（B）的反应。

(A)

$$\begin{matrix}\text{ATP} \\ \text{NAD 或} \\ \text{NADP}\end{matrix} \xrightarrow[\text{CH}_2\text{COOH, }]{\text{ICH}_2\text{COOH}} \text{HOOCCH}_2\text{—} \xrightarrow{\text{Dimroth 转位}} \text{NHCH}_2\text{COOH}$$

(B)

$$\begin{matrix}\text{NAD} \\ \text{NADP}\end{matrix} \xrightarrow{\text{Br}} \quad\text{Br} \xrightarrow[\text{或 H}_2\text{N(CH}_2)_6\text{NH}_2]{\text{HS(CH}_2)_2\text{COOH}} \text{S(CH}_2)_2\text{COOH}$$

(2) 高分子化　具有羧基的辅酶衍生物可以用碳二亚胺的缩合反应使其与具有氨基的聚赖氨酸、聚乙亚胺等水溶性高分子结合而高分子化。不预先引入功能团，用一步反应也能高分子化。例如，ATP、NADH可与具有环氧基的水溶性高分子按照式（A）同样的反应结合，分别得到相应的高分子化合物。

在辅酶高分子化中水溶性高分子的选择也很重要。首先其溶解度要大；其次分子大小要适当，使其能保持在半透膜内，分子过大会增加溶液黏度和影响辅酶活性。高分子化辅酶的活性与高分子大小、结构，疏水性、亲水性的程度，解离基的有无和种类，结合于高分子的辅酶量等有关。

3.2.3　辅酶的再生

在实际应用中要考虑辅酶再生问题，根据辅酶和酶的固定化情况，需要辅酶的酶反应系统一般有如下几种类型：①辅酶和酶均不固定的反应系统；②辅酶不固定而酶固定的反应系统；③辅酶固定而酶不固定的反应系统；④辅酶和酶分别固定的反应系统；⑤辅酶和酶共固定的反应系统；⑥辅酶与酶分子偶联形成辅酶-酶复合物的反应系统。由于辅酶分子量小，难以截留再生，所以①、②两种系统应用较少。如果辅酶固定在水不溶载体上，显然酶反应存在较大的扩散阻力，酶的表现活性将降低，而且辅酶的再生效率也较低。这在酶也被固定的情况下更为明显。如果辅酶被固定在可溶性的大分子载体（例如葡聚糖 T40、糊精等分子）上，那么效果会有较大改善。但这时系统对反应设备的要求较高，需要有一个适宜的超滤膜反应器或中空纤维反应器来截留固定化辅酶和酶（或固定化酶）。

将辅酶和酶共固定在同一个载体上，可得到一种不需外加辅酶而活性持久的固定化酶[图 3.8 (a)]。例如马肝醇脱氢酶和 NAD+衍生物，N^6-(6-氨基己基)氨甲酰基甲基 NAD+一起固定在同一载体琼脂糖上可以形成一种共固定复合物。由于在这种固定复合物中只有一种酶，所以这种共固定辅酶系统通常只能应用于偶联底物再生的系统。在偶联底物再生的系统中，这种共固定复合物的辅酶再生循环大约为 3400 次/h，因而它不再需要外加

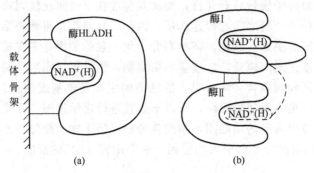

图 3.8　辅酶和酶固定化的反应系统

（a）辅酶与酶共固定在载体上；

（b）通过间隔臂将辅因子直接固定在酶分子上

辅酶。

另一种较为有效的方法是将辅酶直接固定在某个酶分子上，原先可分离的辅酶便成了这一酶分子上被牢固结合着的辅基［图 3.8 （b）］。例如辅酶 NAD$^+$ 衍生物可直接共价结合到醇脱氢酶，并仍能与此酶分子相互作用具有辅酶活性。这种酶-辅酶复合物如果被固定在某个电极上，便是一种酶电极。辅酶通过酶反应被还原，然后再经过电化学方法得到氧化。一种最理想的构型是一个酶的活性中心能与另一个酶的活性中心相互定向，而辅酶与其中一个酶分子相结合，它的手臂分子的长度又适于辅酶分子与两个酶的活性中心相互作用。这样辅酶便能在两个酶的活性中心之间进行游摆从而得到再生。

3.3　固定化酶催化反应动力学

酶在固定化之后，包括酶的催化活性、反应动力学参数以及对 pH、温度、抑制剂等因素的影响反应性等都与游离酶有很大不同。固定化酶的性质不同于相应游离酶性质的原因很多，主要有：酶的固定化过程产生性质改变，以及使用过程中由于传递阻力等的变化而改变。要预测固定化酶反应进行中的实际状态，就必须了解固定化酶反应动力学的特征及其相关参数与反应速度的关系。与游离酶催化反应动力学相比，固定化酶催化反应动力学要复杂得多，而固定化酶催化反应动力学的研究对固定化酶的应用有重要的意义。

3.3.1　固定化对酶活性及酶反应系统的影响

固定化对酶本身以及酶所处的环境都可能产生一定的影响，酶本身的结构必然受到扰动，同时酶固定化后，其催化作用由均相移到异相，由此带来的扩散限制效应、空间障碍、载体性质造成的分配效应等因素必然对酶的性质产生影响，使固定化酶表现出的性质和状态与游离酶有很大的不同。

3.3.1.1　固定化对酶活性及酶反应系统的影响

固定化对酶活性及酶反应系统所产生的影响十分复杂，常常会因酶的种类、反应系统的组成、固定化方法以及固定化载体不同而有显著不同。尽管在有一些情况下，固定化不会引起酶活力的下降，有时甚至还可能会升高酶反应的速度，但多数情况下，固定化酶的活力常低于相应的游离酶。概括起来，固定化对酶活性及酶反应系统的影响的原因主要有：

（1）构象改变、立体屏蔽和微扰　固定化过程对酶可能产生的构象改变、立体屏蔽和微扰能直接影响酶的催化活性，这些因素或者与固定化过程有关，或者与所用的载体有关，甚至常与这二者均有关，如图3.9。

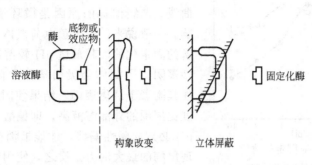

图 3.9　固定化酶的构象改变和立体屏蔽

① 构象改变　是指在酶的固定化过程中，酶与载体的相互作用引起了酶的活性中心或/和调节中心构象发生改变，从而导致酶活性改变的一种效应。从目前的情况来看，这种效应难以定量描述，也难以预测，它多出现于用吸附法和共价偶联法制备的固定化酶。

② 立体屏蔽　是指由于固定化过程所用的载体的孔径太小，或者是由于固定化的方式与位置不当，给酶的活性中心或/和调节中心造成了空间障碍，使底物与效应物等无法直接和酶接触，从而影响了酶活性的一种效应。同样，这种效应也难以定量描述，不过，当以包埋法、采用大孔载体进行酶的固定化或以吸附法与共价偶联法将酶固定化于纤维素类载体上，并在酶与载体之间加以"手臂"时，这种效应往往可以发生显著的变化，对固定化酶的活性影响就会明显降低。

③ 微扰　是指由于固定化时所用的载体的亲水、疏水性质和介质的介电常数等直接或间接地影响酶的催化能力，或/和影响酶对效应物作出反应能力的一种效应。与前两种效应相比，微扰效应更难于定量描述和预测，但可以通过改变载体与介质的性质进行判断或进行适当的调节。

（2）分配效应和扩散限制效应　分配效应和扩散限制效应与酶所处的微环境有着密切关系。所谓微环境是指与固定化酶紧邻的微观局部环境，是引入了固定化载体以后产生的新概念，如图3.10。

① 分配效应　是由于固定化载体的亲水和疏水性质使酶的底物、产物以及其它效应物在微观环境

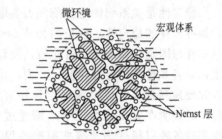

图 3.10　含有固定化酶的多孔载体示意

与宏观体系之间发生了不等的分配，进而改变了酶反应系统的平衡，从而影响酶反应速度的一种效应。分配效应可以通过分配系数来定量描述，一般规律为：

a. 如果载体与底物带有相同电荷，反应系统的 K_m 将因固定化而增大；反之，带有相反电荷时，K_m 将减少。产物和其它效应物的动力学常数，如 K_p、K_i 和 K_a 等也类似。

b. 当载体带有正电荷时，固定化以后酶活力-pH曲线将向酸性方向偏移；反之，载体带负电荷将导致酶活力-pH曲线向碱性方向偏移。

c. 上述效应可以通过提高介质的离子强度而减弱或者消除。

d. 采用疏水性载体时，如底物为极性物质或荷电物质，则其 K_m 将因酶的固定化而升高；如底物同样为疏水性物质，则 K_m 将因固定化而降低。

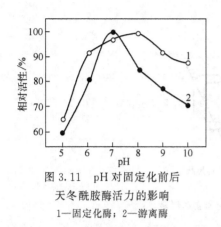

图 3.11 pH 对固定化前后
天冬酰胺酶活力的影响
1—固定化酶；2—游离酶

图 3.11 是天冬酰胺酶固定化前后的 pH-酶活性曲线。曲线偏移的原因是微环境表面电荷性质的影响。一般说来，用带负电荷载体（阴离子聚合物）制备的固定化酶，其最适 pH 较游离酶偏高，这是因为多聚阴离子载体会吸引溶液中阳离子（包括 H⁺），使其附着于载体表面，结果使固定化酶扩散层 H⁺ 浓度比周围的外部溶液高，即偏酸，这样外部溶液中的 pH 必须向碱性偏移，才能抵消微环境作用，使其表现出酶的最大活力。反之，使用带正电荷的载体其最适 pH 向酸性偏移。

② 扩散效应　是指底物、产物以及其它效应物的迁移和运转速度受到限制的一种效应，包括外扩散限制和内扩散限制等两种类型。外扩散限制是指底物、产物或其它效应物从宏观体系穿过包围在固定化酶颗粒周围的近乎停滞的液膜层（又称 Nernst 层）到颗粒表面所受到的限制，或/和向相反方向运转所受到的限制。内扩散限制是指底物、产物或其它效应物从颗粒表面到颗粒内部酶所在位点所受到的限制，或/和向相反方向所受到的限制。扩散限制效应也可以通过引入相应的参数和模量进行定量分析。一般规律为：

a. 扩散限制效应对反应速度的影响程度既取决于该效应本身的大小，也取决于它和酶反应固有速度的大小。这就是说，如果酶反应本身的速度很小，扩散限制产生的影响就大一些；反之，扩散限制就将在整个过程中起律速作用。

b. 外扩散限制效应往往可以通过充分搅拌和混合减轻或消除，而内扩散限制效应则取决于载体的性质，须通过其它途径予以减轻或消除。

3.3.1.2　固定化对酶稳定性的影响

稳定性是关系到固定化酶能否实际应用的大问题，在大多数情况下，酶经过固定化后一般都有较高的稳定性、较长的操作寿命和保存寿命。Merlose 曾选择 50 种固定化酶，就其稳定性与固定化前的酶进行比较，发现其中有 30 种酶经固定化后稳定性提高，12 种酶无变化，只有 8 种酶稳定性降低。然而，由于目前尚未找到固定化方法与稳定性之间的规律性，因此要预测怎样才能提高稳定性还有一定困难，但实践已经表明在大多数情况下，酶经过固定化后热稳定性和对各种有机试剂及酶抑制剂的稳定性确实得到了提高。

固定化酶稳定性的提高首先表现在热稳定性提高，由图 3.12 可见固定化酶在 50℃ 以下稳定，自然酶在 40℃ 以下稳定。固定化酶的热稳定性优于自然酶。但是，酶是蛋白质组成的，一般对热不稳定。因此，实际上不能在高温条件下进行反应，而固定化酶耐热性提高，使酶最适温度提高，酶催化反应能在较高温度下进行，加快反应速度，提高酶作用效率。

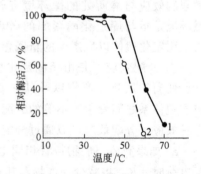

图 3.12　固定化酶的稳定性变化
1—固定化酶；2—自然酶

其次，固定化酶稳定性的提高也表现在对各种有机试剂及酶抑制剂的稳定性提高，如表 3.3。提高固定化酶对各种有机溶剂的稳定性，使本来不能在有机溶剂中进行的酶反应成为可能。可以预计，今后固定化酶在有机合成中的应用会进一步发展。

表 3.3　某些酶对各种化学试剂的稳定性

酶	固定化方法	试剂	保存活性/%	
			溶液酶	固定化酶
氨基酰化酶	离子交换吸附法 （DEAE-纤维素）	6mol/L 尿素	9	146
		2mol/L 盐酸胍	49	117
		1%SDS	1	35
胰蛋白酶	缩合偶联法 （CM-纤维素）	4mol/L n-丙醇	55	138
		3mol/L 尿素	60	120
		大豆胰蛋白酶抑制剂	0	80

此外，固定化酶对不同 pH（酸度）稳定性、对蛋白酶稳定性、贮存稳定性和操作稳定性都有影响。

固定化后酶稳定性提高的原因，可能有以下几点：①固定化后酶分子与载体多点连接，增加了酶活性构象的牢固程度，可防止酶分子伸展变形；②阻挡了不利因素对酶的侵袭；③将酶与固态载体结合后，限制了酶分子间的相互作用，使酶失去了相互作用的机会，从而抑制了降解。

3.3.1.3　固定化对酶的最适温度的影响

酶反应的最适温度是酶热稳定性与反应速度的综合结果。由于固定化后，酶的热稳定性提高，所以最适温度也随之提高，这是非常有利的结果。

3.3.1.4　影响固定化酶性能的因素

固定化酶制备物的性质取决于所用的酶及载体材料的性质。酶和载体之间相互作用使固定化酶具备了化学、生物化学、机械及动力学方面的性质。为此，要考虑许多方面的参数，较重要的参数见表 3.4。

表 3.4　涉及酶、载体和固定化酶的特征参数

酶		参　　数
载体	生物化学性质	分子量、辅基、蛋白质表面的功能基团、纯度(杂质的失活或保护作用)
	动力学参数	专一性、pH 及温度曲线、活性及抑制性的动力学参数；对 pH、温度、溶剂、去污剂及杂质的稳定性
	化学特征	化学组成、功能基、膨胀行为、基质的可及体积、微孔大小及载体的化学稳定性
	机械性质	颗粒直径、单颗粒压缩行为、流动抗性(固定床反应器)、沉降速率(流体床)、对搅拌罐的磨损
固定化酶	固定化方法	所结合的蛋白、活性酶的产量、内在的动力学参数(即无质量转移效应的性质)
	质量转移效应	分配效应(催化剂颗粒内外不同的溶质浓度)、外部或内部(微孔)扩散效应
	稳定性	操作稳定性(表示为工作条件下的活性降低)、贮藏稳定性
	效能	生产力(产品量/单位活性或酶量)、酶的消耗(酶单位/千克产品)

如果固定化酶的动力学仍服从 M-M 方程，则可以通过米氏常数值的大小来反映酶在固定化前后活性的变化，表 3.5 列出了某些游离酶和固定化酶的米氏常数值。

从表中可以看出，大多数酶在固定化后，其 K_m 值增加，意味着固定化使酶的催化活性将下降，但也有少数酶固定化后活性变化很小，甚至有所增大。

3.3.2　固定化酶反应动力学

固定化反应动力学中的反应速率是通过测定宏观环境中底物和产物的浓度而取得的，代

表 3.5　某些游离酶和固定化酶的米氏常数

酶	固定化试剂	底物	$K_m/(mol/L)$
肌酸激酶	无	ATP[①]	$6.5×10^{-4}$
	对氨苯基纤维素	ATP	$8.0×10^{-4}$
乳酸脱氢酶	无	NADH[②]	$7.8×10^{-6}$
	丙酰-玻璃	NADH	$5.5×10^{-5}$
α-糜蛋白酶	无	ATEE[③]	$1.0×10^{-3}$
	可溶性醛葡聚糖	ATEE	$1.3×10^{-3}$
无花果蛋白酶	无	BAEE[④]	$2.0×10^{-2}$
	CM-纤维素-70	BAEE	$2.0×10^{-2}$
胰蛋白酶	无	BAA[⑤]	$6.8×10^{-3}$
	马来酸/1,2-亚乙基	BAA	$2.0×10^{-4}$

① 三磷酸腺苷。

② 烟酰胺腺嘌呤二核苷酸。

③ N-乙酰-L-酪氨酸乙酯。

④ N-苯酰精氨酸乙酯。

⑤ 苯酰精氨酰胺。

表的是所有局部速率总和的平均值，而反应总速率与宏观环境中相关浓度的关系不同于其与微环境中相关浓度的关系。固定化酶催化反应的总速率受多种因素的影响，需要准确把握反应总速率与底物或产物在固定化颗粒内外的传递特性才能得出正确的反应动力学方程。通常，在固定化酶催化反应存在多个概念，如本征速率、固有速率、表观速率等。

一般将考虑到固定化后酶分子的结构改变、底物作用及位阻效应等诸多因素的固定化酶反应速率称为本征速率。本征速率和本征动力学参数描绘的是酶的真实动力学特性，对于游离酶催化而言，其催化过程就是本征反应，而对于固定化酶而言，如果底物和产物在微环境和宏观环境中的浓度都相同，这时所观察到的反应动力学行为就是它的本征行为。但值得指出的是，酶经过固定化后，其结构变化及屏蔽效应等诸多因素都会改变酶的行为，因此，固定化酶的本征行为与游离酶的本征行为并非完全一致。

固定化酶反应的固有速率是假定底物和产物在酶的微环境及宏观环境之间的传递是无限的，也就是在没有扩散阻力情况下的反应速率。由于分配效应或各物质之间的静电作用会导致微环境与宏观环境之间的浓度差异，因此，固有速率及其动力学参数与固定化酶的本征动力学不同。

不论分配效应是否存在，固定化酶受到扩散限制时所观察到的速率统称为有效反应速率，或称为宏观反应速率，而据此建立起来的动力学方程也就称为宏观动力学方程，或称为有效动力学方程。图 3.13 表示了上述三种不同动力学之间的关系。

由于生化物质在溶液内和固定化酶微孔内的扩散速率是比较慢的，因

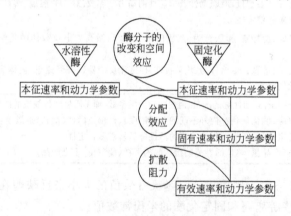

图 3.13　不同的速率和参数及其相互关系

而扩散阻力是影响固定化酶催化活性的主要因素，建立起来的宏观动力学方程也不完全遵循 M-M 方程。

从上述讨论中可以看出，对固定化酶催化反应动力学来说，不仅要考虑固定化酶本身的活性变化，而且还要考虑到底物等物质的传质速率的影响，而传质速率又与底物等物质的性质和操作条件以及载体的性质等因素有关，因此，对固定化酶这样一个包括液、固两相的非均相体系所建立的宏观动力学方程不仅包括了酶的催化反应速率，而且还包括了传质速率。这是固定化酶催化反应过程动力学的最主要特征。

3.3.2.1 外扩散限制效应

为了集中研究外扩散限制效应，常选择液体不能渗透的无电活性的固定化酶膜或固定化酶颗粒作为模型。在这种情况下，固定化酶与液相反应物系相接触时，反应过程包括了三个步骤：①底物从液相主体扩散到达固定化酶的外表面；②底物在固定化酶的外表面上进行反应；③产物从固定化酶的外表面扩散进入液相主体。其中①和③为单纯的传质过程，②为催化反应过程。可以认为，上述三个步骤是一串联过程，其中任何一个步骤的速率发生变化都会影响到整个过程的速率。

(1) 外扩散速率对酶催化反应速率的限制　假设对一非电的固定化酶，其外表面上的反应速率符合 M-M 方程，则反应速率就可写成以下形式：

$$v_{S_i} = \frac{v_{max} \cdot [S_i]}{K_m + [S_i]} \tag{3.1}$$

式中，v_{S_i} 为底物在固定化酶外表面上的消耗速率，又称宏观反应速率，mol/(L·s)；$[S_i]$ 为底物在固定化酶外表面上的浓度，mol/L。

而底物由液相主体扩散到固定化酶外表面的速率可表示为：

$$v_{S_{di}} = k_L a([S_0] - [S_i]) \tag{3.2}$$

式中，$v_{S_{di}}$ 为底物由液相主体扩散到固定化酶外表面的速率，mol/(L·s)；k_L 为液膜传质系数，m/s；a 为单位体积的物系中所具有的传质表面积，m^{-1}；$k_L a$ 为体积传质系数，s^{-1}；$[S_0]$ 为底物在液相主体中的浓度，mol/L。

在催化反应达到稳定态时，底物扩散到固定化酶外表面的速率等于固定化酶外表面上的反应速率，应该存在 $v_{S_{di}} = v_{S_i}$，即：

$$k_L a([S_0] - [S_i]) = \frac{v_{max} \cdot [S_i]}{K_m + [S_i]} \tag{3.3}$$

当外扩散传质速率很快，而固定化酶外表面反应速率相对较慢，并成为该反应过程速率的控制步骤时，则固定化酶外表面内上的底物浓度应等于在液相主体溶液中的浓度，即 $[S_i] = [S_0]$，那么，此时催化反应的反应速率就为：

$$v_{S_i} = \frac{v_{max} \cdot [S_0]}{K_m + [S_0]} = v_{S_0} \tag{3.4}$$

式中，v_{S_0} 为没有外扩散传质速率影响的本征反应速率，或称在此条件下可能达到的最大反应速率。

当外扩散传质速率很慢，而固定化酶外表面上的反应速率很快，此时，外扩散速率就成为了酶催化反应的控制步骤，固定化酶外表面上底物浓度就趋向于零，故：

$$v_{S_i} = k_L a[S_0] = v_d \tag{3.5}$$

式中，v_d 为此条件下可能的最大传质速率。

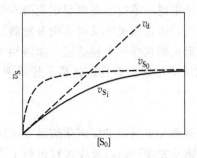

图 3.14 宏观反应速率 v_{S_i}、最大反应速率 v_{S_0}、最大扩散速率 v_d 与固定化酶所处的液相主体浓度 [S_0] 之间的关系

各种条件下，固定化酶催化反应的有效速率、最大速率及扩散最大速率与液相主体浓度之间的关系如图 3.14 所示。

从图 3.14 可以看出：

当 [S_0] 值较低时，$v_{S_0} > v_d$，固定化酶催化反应为外扩散控制过程，此时有：

$$v_{S_i} = v_{S_0}$$

当 [S_0] 处于中间范围，也称过渡区，此时，反应速率与扩散速率相差不大，可采用两种方法求取有外扩散影响下的反应速率，即宏观反应速率 v_{S_i}。

① 由 [S_i] 值确定 v_{S_i}。可写出：

$$[S_0] - [S_i] = \frac{v_{max}}{k_L a} \cdot \frac{[S_i]}{K_m + [S_i]} \tag{3.6}$$

引入 $\overline{[S]} = \dfrac{[S_i]}{[S_0]}$，$\overline{K} = \dfrac{K_m}{[S_0]}$，并定义 $Da = \dfrac{v_{max}}{k_L a [S_0]}$

则式（3.6）就可表示为：

$$1 - \overline{[S]} = Da \frac{\overline{[S]}}{\overline{K} + \overline{[S]}} \tag{3.7}$$

式中，$\overline{[S]}$ 为无因次底物浓度；$\overline{K}$ 为无因次米氏常数；Da 为无因次准数，常称为 Damkohler 准数，其物理意义为最大反应速率与最大传质速率的比值。当 $Da \ll 1$ 时，固定化酶催化的最大反应速率要大大慢于底物的扩散速率，此时，该反应过程为反应动力学控制；当 $Da \gg 1$ 时，底物的最大扩散速率要大大慢于固定化酶催化底物的反应速率，此时的反应过程为传质扩散控制。

求解式（3.7）可以得到：

$$\overline{[S]} = \frac{\alpha}{2} \left[\pm \sqrt{1 + \frac{4\overline{K}}{\alpha^2}} - 1 \right] \tag{3.8}$$

式中，$\alpha = Da + \overline{K} - 1$。

根据此式就可求出 [S_i]，进而求出宏观反应速率。

由于底物在固定化酶外表面处的浓度应同时满足传质速率方程式和反应速率方程式，也可以通过作图求出 [S_i] 和相应的速率，如图 3.15。

② 引入外扩散有效因子 η_E 求 v_{S_i}。

外扩散有效因子 η_E 可定义为：

$$\eta_E = \frac{\text{有外扩散影响时的实际反应速率}}{\text{无外扩散影响时的反应速率}} = \frac{v_{S_i}}{v_{S_0}} \tag{3.9}$$

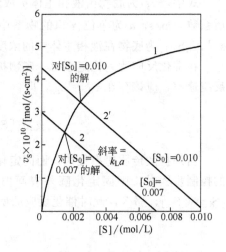

图 3.15 无孔固定化酶外表面处反应速率图解法

曲线 1 为底物 S 的反应本征动力学曲线；直线 2 为传质速率方程所规定。

直线斜率为 $k_L a$，直线与曲线交叉点对应的横坐标值为固定化酶表面底物浓度 [S_i]，对应的纵坐标值为固定化酶表面的反应速率 v_{S_i}。

2 与 2′ 分别表示不同的液相主体浓度

引入无因次形式后，η_E 可记为：

$$\eta_E = \frac{\overline{[S]}(1+\overline{K})}{\overline{[S]}+\overline{K}} \qquad (3.10)$$

有外扩散影响时的实际反应速率可由下式求出：

$$v_{S_i} = \eta_E v_{S_0} = \eta_E \frac{v_{\max}[S_0]}{K_m+[S_0]} \qquad (3.11)$$

从该式可以看出，当 $\eta_E \approx 1$ 时，$v_{S_i} \approx v_{S_0}$，表明固定化酶外表面处底物浓度与液相主体浓度相同，此时，反应没有受到外扩散传质速率的限制影响；当 $\eta_E < 1$ 时，表明由于外扩散传质速率较慢，已在某种程度上限制了反应速率；而当 $\eta_E \ll 1$ 时，则可认为此时的宏观反应速率实际上已由外扩散传质速率所控制。

因此，当反应过程为外扩散控制时，$Da \gg 1$，并有 $\eta_E = \dfrac{1+\overline{K}}{Da}$，此时，反应具有一级反应动力学特性，反应宏观速率可表示为：

$$v_{S_i} = k_L a[S_0]$$

而当反应过程为反应动力学控制时，$Da \ll 1$，并有 $\eta_E \approx 1$ 时，反应具有零级反应动力学特性，反应宏观速率可表示为：

$$v_{S_i} = v_{S_0}$$

为了使 η_E 尽可能增大到 1，应控制操作条件使 Da 值尽可能小，一个有效的方法是通过提高液体流速来提高 $k_L a$ 值。

（2）外扩散限制与化学抑制同时存在的动力学

① 存在非竞争性化学抑制时的动力学　对于一个有固定化酶参与的反应过程，如既有外扩散限制，又有非竞争性化学抑制时的宏观动力学方程可以表示为：

$$v_{S_i} = k_L a([S_0]-[S_i]) = \frac{v_{\max}[S_i]}{(K_m+[S_i])\left(1+\dfrac{[I]}{K_I}\right)} \qquad (3.12)$$

式中，v_{S_i} 为同时存在外扩散限制和非竞争性抑制时的宏观反应速率；$[I]$ 为抑制剂浓度；K_I 为抑制常数。

引入下列无因次参数：

$$\overline{[S]} = \frac{[S_i]}{[S_0]}; \quad \overline{K} = \frac{K_m}{[S_0]}; \quad Da = \frac{v_{\max}}{k_L a[S_0]}$$

式（3.12）可表示为：

$$1-\overline{[S]} = \frac{Da}{1+\dfrac{[I]}{K_I}} \cdot \frac{\overline{[S]}}{\overline{K}+\overline{[S]}} = Da_I \frac{\overline{[S]}}{\overline{K}+\overline{[S]}} \qquad (3.13)$$

式中，Da_I 为包括化学抑制影响的 Damkohler 准数。

如记 η_I 为仅有化学抑制作用时的有效因子；η_E 为仅有外扩散限制作用时的有效因子；η_{IE} 为同时存在化学抑制和外扩散限制的有效因子，则 η_{IE} 可表示为：

$$\eta_{IE} = \frac{\overline{[S]}(1+\overline{K})}{\overline{[S]}+\overline{K}} \cdot \frac{1}{1+\dfrac{[I]}{K_I}} \tag{3.14}$$

如果固定化酶催化过程没有外扩散限制，那么 $\overline{[S]}=1$，此时：

$$\eta_{IE} = \eta_I = \frac{1}{1+\dfrac{[I]}{K_I}} \tag{3.15}$$

如果固定化酶催化过程没有化学抑制，那么 $[I]=0$，此时：

$$\eta_{IE} = \eta_E = \frac{\overline{[S]}(1+\overline{K})}{\overline{[S]}+\overline{K}} \tag{3.16}$$

这些基于非竞争性抑制的结果同样适用于竞争性抑制和反竞争性抑制等。

② 存在底物抑制时的动力学　对于一个固定化酶参与的催化反应，如果除了存在有外扩散限制外，还存在有底物抑制，此时有效反应速率 v_{SS} 可以表示为：

$$v_{SS} = \frac{v_{max}}{1+\dfrac{K_m}{[S_I]}+\dfrac{[S_I]}{K_{S_I}}} = k_L a([S_0]-[S_I]) \tag{3.17}$$

定义 $\overline{[S_I]} = \dfrac{[S_I]}{K_m}$ 为无因次底物浓度；$\overline{[S_0]} = \dfrac{[S_0]}{K_m}$ 为液相主体无因次底物浓度；$\mu = \dfrac{v_{max}}{k_L a K_m}$ 位底物模数，其物理意义与 Da 相同，也表示了反应速率与外扩散传质速率的比值，μ 值越大表示外扩散限制越严重；$K = \dfrac{K_m}{K_{S_I}}$ 为无因次抑制常数，K 值愈大表示抑制程度就愈高。将这些无因次变量和参数引入上式，就可得：

$$K\overline{[S_I]}^3 + (1-K\overline{[S_0]})\overline{[S_I]}^2 + (1+\mu-\overline{[S_0]}) \cdot \overline{[S_I]} - \overline{[S_0]} = 0$$

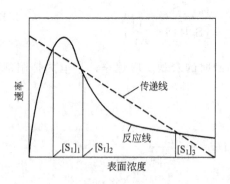

图 3.16　在非均相酶系统中，底物抑制和底物扩散的相互作用

在一定的 $\overline{[S_0]}$ 和 μ 值下，上式可得到三个不同的 $\overline{[S_I]}$ 值，即三个不同的反应速率，如图 3.16。

③ 存在产物抑制时的动力学　对于存在产物抑制的固定化酶催化过程而言，需要考虑产物在微环境内的积累。通常引入一外部积累因数 α_e 来描述固定化酶催化反应中产物抑制的特点。定义 α_e 为：

$$\alpha_e = \frac{k_L K_m}{k_P K_P} \tag{3.18}$$

式中，k_P 为产物传质系数；K_P 为产物抑制常数。

如果 $\alpha_e < 1$，表明产物传质速率较快，此时产物在固定化酶表面没有积累；$\alpha_e > 1$，则表明产物在固定化酶表面有积累，将会使有效反应速率下降。α_e 值越大，表明产物在固定化酶外表面的积累越多，有效反应速率就会下降；当 α_e 值很小时，固定化酶外表面上没有产物累积，此时产物抑制就得以缓解或消失。

3.3.2.2 内扩散限制效应

对于采用包埋或吸附于多孔性载体中制备而成的固定化酶，其催化反应主要发生在固定化酶颗粒的内部，此时起作用的是内扩散。在这种情况下，内扩散的主要阻力是来自于固定化酶微孔内的阻力，这种内扩散阻力的大小与固定化酶颗粒内部的物理结构参数、反应物系的性质等因素密切相关。

为了简化处理过程，一般在讨论内扩散对固定化酶催化反应动力学的影响时，常以均匀分布着酶的多孔球形颗粒或多孔膜作为固定化酶的模型，首先要涉及的是固定化酶颗粒载体的结构参数和流体在载体微孔内的扩散。

(1) 固定化酶载体的结构参数　固定化酶载体的结构参数主要包括比表面积、微孔半径、孔隙率、颗粒当量直径、颗粒密度等，分别介绍如下：

① 比表面积 S_g　指单位质量固定化载体所具有的内表面积，单位以 m^2/g 表示。一般固定化酶载体的比表面积可达 $200 \sim 300 m^2/g$。

② 微孔半径 $\bar{r}$　如单位质量载体的孔体积为 V_g，那么该载体的平均微孔半径为：

$$\bar{r} = \frac{2V_g}{S_g} \tag{3.19}$$

③ 孔隙率 ε_P　载体的孔隙率为该载体颗粒内孔隙所占有的体积与该颗粒体积的比值，因此，ε_P 在数值上均小于1。

④ 颗粒当量直径　有两种方法可以表示不同形状的固定化酶颗粒的大小。

一种方法是以与颗粒相当的球体直径表示颗粒的大小。如以与颗粒体积相等的球体直径 d_V 表示，则称为体积相当直径；如以与颗粒外表面积相等的球体直径 d_S 表示，则称为外表面积相当直径；如以与颗粒的比表面积相等的球体直径 d_{S_g} 表示，则称为比表面积直径。这样，对同一非球形颗粒，按上述这些不同的定义表示的当量直径在数值上是不同的。而假设某一形状的固定化酶颗粒，其体积为 V_P，外表面积为 A_P，则根据上述定义的各当量直径分别为：

$$d_V = \left(\frac{6V_P}{\pi}\right)^{1/3}$$

$$d_S = \left(\frac{A_P}{\pi}\right)^{1/2}$$

$$d_{S_g} = 6\frac{d_S^2}{d_V^3}$$

另外一种方法是引入形状系数的概念，用 ψ 表示，定义为与颗粒体积相同的球体的外表面积 A_{S_g} 与颗粒的外表面积 A_P 之比值。由于体积相同的几何体中以球体的外表面积最小，因此，一般来说 $\psi<1$。显而易见，球形颗粒的 $\psi=1$。ψ 表示了任意颗粒的外形与球形的接近程度，也称为圆球度。

⑤ 颗粒密度　颗粒密度有三种定义方法，分别为颗粒表观密度 ρ_P、颗粒真密度 ρ_t 和颗粒堆密度 ρ_b，定义如下：

$$\rho_P = \frac{固体的质量}{颗粒的体积}$$

$$\rho_t = \frac{固体的质量}{固体的体积}$$

$$\rho_b = \frac{固体的质量}{床层的体积}$$

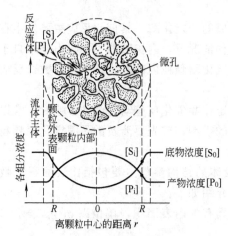

图 3.17 固定化酶颗粒及其周围的物质传递、
浓度分布（没有考虑分配效应）

（2）液体在固定化酶颗粒微孔内的扩散
在微孔内，由于内扩散阻力的存在，反应组分在微孔内的浓度分布是不均匀的。对于底物而言，在固定化酶颗粒或膜的外表面处浓度最高，而在颗粒中心处的浓度最低，形成了一个由表及里逐渐降低的浓度分布，而产物的浓度分布则正好与之相反，是由里及外逐渐降低的分布，如图 3.17。

同时，又由于在微孔内物质的扩散与反应是同时进行的，因而沿着微孔的方向，底物的浓度及反应速率同时下降。因此，要描述浓度及反应速率的变化规律，必须首先建立包括扩散与反应在内的质量衡算方程式，且由于内扩散状况与固定化酶颗粒的几何形状有关，本章将只讨论球形固定化酶的情况。

① 质量衡算方程式　普遍而完整的质量衡算方程式可表示为：

流入系统的质量－离开系统的质量＋系统内产生的质量－
系统内消耗的质量＝系统内累积的质量

对于一个半径为 R 的球形颗粒来说，可在距离球心 r 处取厚度为 Δr 一壳层，并对进出该壳层的物质进行质量衡算，因而称为壳层质量衡算，如图 3.18。

为使问题简化，通常假设：固定化酶颗粒为等温和均匀的；仅存在扩散效应的传质机理且可以用费克定律描述；底物的分配系数为 1；固定化酶颗粒处于稳态中，催化活性无变化；底物和产物的浓度仅沿 r 方向而变化。

根据这些假设，可以推导出质量衡算方程式为：

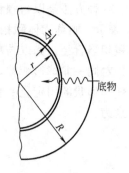

图 3.18　对球形颗粒的
壳层进行衡算

$$D_e\left(\frac{\mathrm{d}[S]}{\mathrm{d}r}4\pi r^2\right)\bigg|_{r+\Delta r} - D_e\left(\frac{\mathrm{d}[S]}{\mathrm{d}r}4\pi r^2\right)\bigg|_r = 4\pi r^2 v_S \Delta r$$

简化后可以得到：

$$D_e\left(\frac{\mathrm{d}^2[S]}{\mathrm{d}r^2}+\frac{2}{r}\cdot\frac{\mathrm{d}[S]}{\mathrm{d}r}\right)=v_S \tag{3.20}$$

而要得到具体的方程解，就要与酶催化反应的形式有关。

② 一级动力学的浓度分布　如果引入 $\bar{r}=\dfrac{r}{R}$，$\overline{[S]}=\dfrac{[S]}{[S_0]}$；并令 $\phi_1=\dfrac{R}{3}\sqrt{\dfrac{k_1}{D_e}}$，$v_S=k_1[S]$，那么式（3.20）就变为：

$$\frac{\mathrm{d}^2\overline{[S]}}{\mathrm{d}\bar{r}^2}+\frac{2}{\bar{r}}\cdot\frac{\mathrm{d}\overline{[S]}}{\mathrm{d}\bar{r}}=9\phi_1^2\overline{[S]} \tag{3.21}$$

其边界条件为：$\bar{r}=1$ 处，$\overline{[S]}=1$；$\bar{r}=0$ 处，$\dfrac{\mathrm{d}\overline{[S]}}{\mathrm{d}\bar{r}}=0$。此边界条件又称为对称条件，

所求的浓度分布即为对称分布。

若定义 $\overline{\alpha} = \overline{r} \cdot \overline{[S]}$，那么上式就可表示为：

$$\frac{d^2 \overline{\alpha}}{d \overline{r}^2} = 9\phi_1^2 \overline{\alpha} \tag{3.22}$$

而该方程的通解为：

$$\overline{\alpha} = C_1 \cosh(3\phi_1 \overline{r}) + C_2 \sinh(3\phi_1 \overline{r}) \tag{3.23}$$

或：

$$\overline{[S]} = \frac{1}{\overline{r}}[C_1 \cosh(3\phi_1 \overline{r}) + C_2 \sinh(3\phi_1 \overline{r})] \tag{3.24}$$

式中，C_1 和 C_2 均为积分常数，可以根据边界条件求出。

当 $\overline{r}=0$，$\dfrac{d \overline{[S]}}{d \overline{r}}=0$，则 $C_1=0$；当 $\overline{r}=1$，$\overline{[S]}=1$，则 $C_2 = \dfrac{1}{\sinh 3\phi_1}$。

所以：

$$\overline{[S]} = \frac{\sinh(3\phi_1 \overline{r})}{\overline{r} \sinh(3\phi_1)} \tag{3.25}$$

或：

$$[S] = [S_0] \frac{R}{r} \frac{\sinh\left(3\phi_1 \dfrac{r}{R}\right)}{\overline{r} \sinh(3\phi_1)} \tag{3.26}$$

由于 $[S_0]$、R 和 ϕ_1 均为已知，所以可以求出 $[S]$-R 的具体结果。图 3.19 为不同 ϕ_1 值时的底物浓度分布。

从图中可以看出，当 ϕ_1 值较小时，扩散速率要明显快于反应速率，因此底物可以扩散进入颗粒中心，并且使底物浓度沿 r 方向的分布是平坦的；当 ϕ_1 值较大时，扩散速率要明显慢于反应速率，大部分底物在接近颗粒外表面处就被消耗掉，很难进入颗粒的中心。

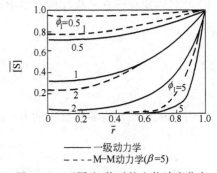

图 3.19　不同 ϕ_1 值时的底物浓度分布

③ 零级动力学的浓度分布　对于零级反应，质量衡算方程可以写为：

$$\frac{d^2 [S]}{dr^2} + \frac{2}{r} \cdot \frac{d[S]}{dr} = \frac{k_0}{D_e} \tag{3.27}$$

由于零级反应的最主要特点是其反应速率与底物浓度无关，如要反应发生就必须要有底物的存在，无底物存在反应也就不会发生，这样上式就仅在 $[S]>0$ 时才能成立。

同样，如果引入 $\alpha = r[S]$，则有：

$$\frac{d^2 \alpha}{dr^2} = \frac{k_0}{D_e} r \tag{3.28}$$

积分后，可得：

$$\alpha = \frac{1}{6}\frac{k_0}{D_e}r^3 + C_1 r + C_2 \tag{3.29}$$

因此：

$$[S] = \frac{1}{6}\frac{k_0}{D_e}r^2 + C_1 + \frac{C_2}{r} \tag{3.30}$$

其边界条件为 $r=0$，$\frac{d[S]}{dr}=0$；$r=R$，$[S]=[S_0]$。根据这一边界条件，可以得到：

$$C_2 = 0$$

$$C_1 = [S_0] - \frac{1}{6}\frac{k_0}{D_e}R^2$$

那么就有：

$$[S] = [S_0] - \frac{1}{6}\frac{k_0}{D_e}R^2 \tag{3.31}$$

代入质量衡算方程后，就变为：

$$[S] = [S_0] + \frac{1}{6}\frac{k_0 R}{D_e}\left(\frac{r^2}{R^2}-1\right) = [S_0] + \frac{1}{6}\frac{k_0}{D_e}(r^2 - R^2) \tag{3.32}$$

按照类似的处理方法同样可以得到片状固定化酶在稳态下不同动力学时底物浓度分布的方程式。

片状固定化酶在一级反应动力学时有：

$$[S] = [S_0]\frac{\cosh\left(l \cdot \sqrt{\frac{k_1}{D_e}}\right)}{\cosh\left(L \cdot \sqrt{\frac{k_1}{D_e}}\right)} \tag{3.33}$$

片状固定化酶在零级反应动力学时有：

$$[S] = [S_0] + \frac{1}{2}\frac{k_0}{D_e}(l^2 - L^2) \tag{3.34}$$

式中，L 为片状固定化酶的厚度；l 为由表面到某一厚度的距离。

(3) 内扩散有效因子　前面讨论的仅是球形和片状固定化酶内底物浓度的分布，它反映了内扩散阻力对浓度分布的影响。但研究的目的是要求出内扩散阻力对反应速率的影响，并定量地算出在有内扩散影响时的有效反应速率，为此，需要引入一个称为内扩散有效因子的概念来进行处理。

内扩散有效因子 η 定义为：

$$\eta = \frac{颗粒内的实际有效反应速率}{颗粒内无浓度梯度时的反应速率} = \frac{v_S}{v_{S_0}} \tag{3.35}$$

对于不同的反应动力学过程，η 有不同的计算方法。

① 一级动力学的有效因子 η_1　对于球形固定化酶颗粒，有效因子计算式为：

$$\eta_1 = \frac{1}{\phi_1}\left[\frac{1}{\tanh(3\phi_1)} - \frac{1}{3\phi_1}\right] \tag{3.36}$$

对于膜状固定化酶颗粒，有效因子计算式为：

$$\eta_1 = \frac{\tanh(\phi_1)}{\phi_1} \tag{3.37}$$

$$\phi_1 = L\sqrt{\frac{k_1}{D_e}} \tag{3.38}$$

对于圆柱状固定化酶颗粒，有效因子计算式为：

$$\eta_1 = \frac{1}{\phi_1}\frac{I_1(2\phi_1)}{I_0(2\phi_1)} \tag{3.39}$$

$$\phi_1 = \frac{R}{2}\sqrt{\frac{k_1}{D_e}} \tag{3.40}$$

式中，I_0 和 I_1 分别位零级和一级贝塞尔函数。

② 零级反应动力学的有效因子 η_0 对于球形固定化酶颗粒，有效因子计算式为：

$$\eta_0 = 1 - \left(1 - \frac{6D_e[S_0]}{R^2 k_0}\right)^{3/2} \tag{3.41}$$

对于膜状固定化酶颗粒，有效因子计算式为：

$$0 < \phi_0 \leqslant 1 \text{ 时,} \qquad \eta_1 = 1$$

$$\phi_0 > 1 \text{ 时,} \qquad \eta_1 = \frac{1}{\phi_0}$$

3.3.2.3   内、外扩散同时存在时的限制效应

实际上，在各种固定化酶催化过程中内、外扩散是同时存在的，它们将共同影响催化反应速率，因此有必要对内、外扩散同时存在情况下的限制效应进行讨论。为了方便，以一级不可逆反应为例进行讨论。如果同时存在内、外扩散，可定义一个总有效因子 η_T，令：

$$\eta_T = \frac{v_S}{v_{S_0}} \tag{3.42}$$

可以通过一系列处理，得到内、外扩散同时存在时的有效因子为：

$$\eta_T = \frac{\eta_1}{1 + \eta_1 Da} \tag{3.43}$$

当无内扩散影响时，$\eta_1 = 1$，此时，$\eta_T = \frac{1}{1 + Da}$；当无外扩散影响时，$Da = 0$，此时，$\eta_T = \eta_1$。

4 酶反应器的设计和放大

酶和固定化酶在体外进行催化反应时都必须在一定的反应器中进行,以便控制酶催化反应的各种条件和催化反应的速度,通常将用于酶进行催化反应的容器及其附属设备称为酶反应器。合适的酶反应器可以使酶得到合理的应用,并能够提高产品的质量和降低成本,具体来说,包括了选择酶适宜的应用形式、选择适宜的反应器和适宜的反应操作条件。其中,酶适宜的应用形式选择(即是选择溶液酶还是选择固定化酶)应该考虑多种因素,如酶应用的性质与范围、保存稳定性和操作稳定性、成本等,而一旦酶的应用形式确定之后,酶反应器的选择和操作就显得重要起来。

4.1 酶反应器

酶反应器种类繁多,依据结构的不同,可以分为搅拌罐式反应器、填充床反应器、流化床反应器、鼓泡式反应器、膜反应器和喷射式反应器等,如表 4.1 所示。

表 4.1 常见的酶反应器类型

反应器类型	适用的操作方式	适用的酶形式	特 点
搅拌罐式反应器	分批式 流加分批式 连续式	游离酶 固定化酶	设备简单,操作容易,酶与底物混合较为均匀,传质阻力较小,反应比较完全,反应条件容易调节控制
填充床式反应器	连续式	固定化酶	设备简单,操作方便,单位体积反应床的固定化酶密度大,可以提高酶催化反应的速度,在工业生产中应用普遍
流化床反应器	分批式 流加分批式 连续式	固定化酶	混合均匀,传质和传热效果好,温度和 pH 的调节控制比较容易,不易堵塞,对黏度较大的反应液也可以进行催化反应
鼓泡式反应器	分批式 流加分批式 连续式	游离酶 固定化酶	结构简单,操作容易,剪切力小,混合效果好,传质、传热效率高,适合于有气体参与的酶催化反应
膜反应器	连续式	游离酶 固定化酶	结构紧凑,集反应与分离于一体,利于连续化生产,但容易发生浓差极化而引起膜孔阻塞,清洗比较困难
喷射式反应器	连续式	游离酶	通入高压喷射蒸汽实现酶与底物混合进行高温短时催化反应,适用于某些耐高温酶的催化反应

4.1.1 搅拌罐式反应器

搅拌罐式反应器是具有搅拌装置的一种反应器,由反应罐、搅拌器和保温装置等部分组成,是酶催化反应中最常用的反应器,既可以用于游离酶的催化反应,也可以用于固定化酶的催化反应。

按照操作方式的不同，搅拌罐式反应器可以分为分批搅拌罐式反应器和连续搅拌罐式反应器。

（1）分批搅拌罐式反应器（图 4.1）　分批搅拌罐式反应器的设计简单，操作容易，酶与底物混合较为均匀，传质阻力较小，反应较为完全，反应条件容易调节控制。

图 4.1　分批搅拌罐式反应器示意

实践上，采用分批式酶催化反应时，是将酶或固定化酶和底物一次性加到反应器中，在一定条件下反应一段时间后，再将反应液全部取出。当分批搅拌式反应器用于游离酶催化反应时，反应后产物和酶混合在一起，酶难于回收再利用；用于固定化酶催化反应时，酶虽然可以回收利用，但是反应器的利用效率较低，而且可能对固定化酶的结构也会造成破坏。

值得注意的是，在实际应用过程中，往往会遇到这样一种现象，有些酶的催化反应会出现高浓度底物的抑制作用，即在高浓度底物存在的情况下，酶的催化活力会受到抑制作用。此时，人们常常采用流加分批的操作方式来避免或尽量减少高浓度底物的抑制作用，以提高酶的催化速度。分批搅拌罐式反应器也可以用于流加分批式反应。一般，流加分批式搅拌罐式反应装置与分批式反应器相同，只是在操作时，需先将一部分底物加到反应器中，在酶催化下进行反应，随着反应的进行，底物浓度逐步降低，然后再连续或分批地缓慢将底物加到反应器中进行反应，待反应结束后，将反应液一次性地全部取出。

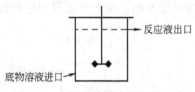

图 4.2　连续搅拌罐式反应器示意

（2）连续搅拌罐式反应器（图 4.2）　连续搅拌罐式反应器只使用于固定化酶的催化反应，它的设计简单，操作简便，反应条件容易调节控制，底物与固定化酶接触较好，传质阻力较小，反应器的利用率较高，是一种常用的固定化酶反应器。

连续搅拌罐式反应器在操作时，通常将固定化酶置于反应器内，底物连续地从进口加入，同时，以一定的速度使反应液从出口流出。一般需要在反应器的出口处装上筛网或其它过滤介质，以截留固定化酶，从而避免固定化酶的流失；也可以将固定化酶装在固定于搅拌轴上的多孔容器中，或直接将酶固定于罐壁、挡板或搅拌轴上。连续搅拌罐式反应器在使用时要注意控制搅拌速度，以免由于强烈搅拌所产生的剪切力使固定化酶的结构受到破坏。

4.1.2　填充床式反应器

填充床式反应器也是一种用于固定化酶进行催化反应的反应器，如图 4.3 所示。填充床式反应器的设备简单，操作方便，单位体积反应床中固定化酶的密度大，可以提高酶催化的反应速度，在工业生产中已经获得普遍的应用。

在实际应用过程中，通常是将固定化酶固定堆叠在填充床式反应器中，底物按照一定的方向和速度流过装填有固定化酶的反应床层，通过底物的流动来实现物质的传递和混合，并经酶催化后生成相应的产物。值得注意的是，填充床底层的固定化酶颗粒所承受的压力较大，容易引起固定化酶颗粒的变形或破碎，在实践上可以在反应器中间加入托板分隔床层来减少底层固定化酶颗粒所承受的压力。

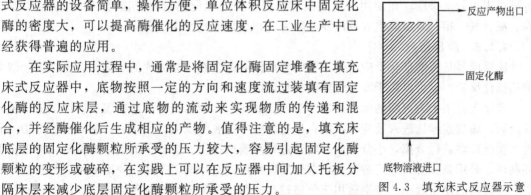

图 4.3　填充床式反应器示意

4.1.3 流化床反应器

流化床式反应器也是一种用于固定化酶进行连续催化反应的反应器，如图4.4所示。流化床式反应器具有混合均匀，传质和传热效果好，温度和pH调节控制比较容易，不易堵塞，对黏度较大的反应也可以进行催化反应等特点。

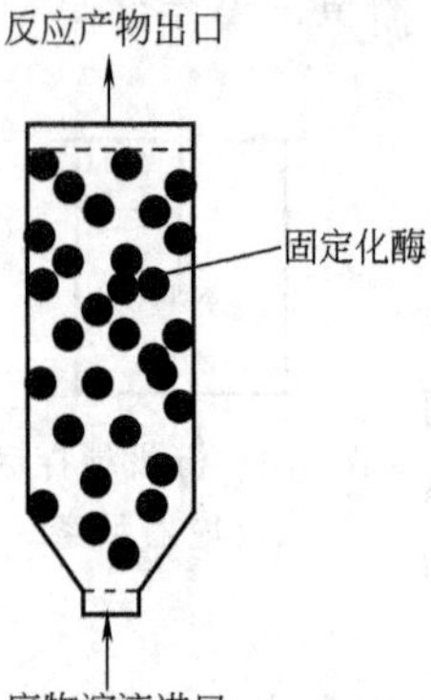

流化床式反应器用于酶催化反应时，固定化酶颗粒是置于反应器内的，底物以一定的速度连续地由下而上流过反应器，同时连续地排出反应液，而反应器内固定化酶颗粒则是不断地在悬浮翻动状态下进行催化反应。

流化床式反应器在操作时，要注意控制好底物和反应液的流动速度，流动速度过低时，难于保持固定化酶颗粒的悬浮翻动状态；而流动速度过高时，则催化反应不完全，甚至会使固定化酶的结构受到损坏。为了保证一定的流动速度，并使催化反应更为完全，必要时，流出的反应液可以部分循环进入反应器。此外，由于固定化酶不断处于悬浮翻动状态，流体流动产生的剪切力以及固定化酶的碰撞会使固定化酶颗粒受到破坏，流化床式反应器所采用的固定化酶颗粒不应过大，同时应具有较高的强度。

图4.4　流化床式反应器示意

4.1.4 鼓泡式反应器

鼓泡式反应器是利用从反应器底部通入的气体产生的大量气泡，在上升过程中起到提供反应底物和混合两种作用的一类反应器，也是一种无搅拌装置的反应器，如图4.5所示。鼓泡式反应器的结构简单，操作容易，剪切力小，物质与热量的传递效率高，是有气体参与的酶催化反应中常用的一种反应器。

鼓泡式反应器操作时，气体和底物是从底部进入反应器的，通常气体需要通过分布器进行分布，以使气体产生小气泡分散均匀；有时气体可以采用切线方向进入，以改变流体流动方向和流动状态，有利于物质和热量的传递和酶的催化反应。

鼓泡式反应器既可以用于游离酶的催化反应，也可以用于固定化酶的催化反应；既可以用于连续反应，也可以用于分批反应。在使用鼓泡式反应器进行固定化酶的催化反应时，反应系统中存在固、液、气三相，所以鼓泡式反应器又称为三相流化床式反应器。

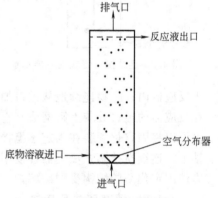

图4.5　鼓泡式反应器示意

4.1.5 膜反应器

膜反应器是将酶催化反应与半透膜的分离作用组合在一起而成的反应器，可以用于游离酶的催化反应，也可以用于固定化酶的催化反应。

膜反应器用于游离酶的催化反应时的装置如图4.6所示。游离酶在膜反应器中进行催化反应时，底物连续地进入反应器，酶在反应容器中与底物反应，反应后，酶与反应产物一起进入膜分离器进行分离，小分子的产物透过超滤膜而排出，大分子的酶则被截留，可以再循环利用。采用膜反应器进行游离酶的催化反应集反应与分离于一体，一则酶可以回收循环利用，提高酶的使用效率，特别适用于价格较高的酶；二则反应产物可以连续地排出，对于产

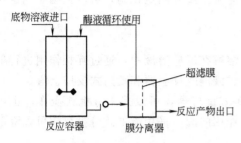

图 4.6　游离酶膜反应器示意

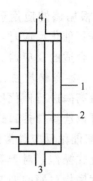

图 4.7　中空纤维反应器示意
1—外壳；2—中空纤维；3—底
物进口；4—反应产物出口

物对催化活性有抑制作用的酶就可以降低甚至消除产物引起的抑制作用，显著提高酶催化反应的速度。

　　用于固定化酶催化反应的膜反应器是将酶固定在具有一定孔径的多孔薄膜中而制成的一种生物反应器。膜反应器可以制成平板型、螺旋型、管型、中空纤维型、转盘型等多种类型。常见的是中空纤维反应器，如图 4.7。

　　中空纤维反应器是由外壳和数以千计的醋酸纤维等高分子聚合物制成的中空纤维组成，中空纤维的壁上分布着许多孔径均匀的微孔，可以截留大分子物质而允许小分子物质通过。在中空纤维反应器中，酶被固定在外壳与中空纤维的外壁之间，底物和空气在中空纤维管内流动，底物透过中空纤维的微孔与酶分子接触进行催化反应，小分子的反应产物再透过中空纤维微孔进入中空纤维管内，随着反应液流出反应器，收集流出液就可以从中分离得到反应产物。

　　需要指出的是，膜反应器经过较长时间使用以后，酶和其它杂质会很容易地吸附在膜上，造成膜的透过性降低，不但造成酶的
损失，而且还会影响分离速度和效率。

4.1.6　喷射式反应器

　　喷射式反应器是利用高压蒸汽的喷射
作用实现底物与酶的混合，从而进行高温
短时催化反应的一种反应器，如图 4.8。喷
射式反应器的结构简单，体积小，混合均

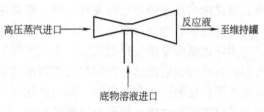

图 4.8　喷射式反应器示意

匀，由于温度高，催化反应速度快，催化效率高，可在短时间内完成催化反应。

　　喷射式反应器适用于游离酶的连续催化反应，已在高温淀粉酶的淀粉液化反应中获得广泛应用。

4.2　酶反应器的选择

　　从以上的叙述中可知，酶反应器的类型多种多样，不同的反应器有不同的特点，在实际应用时，应该根据酶、底物和产物的特性以及操作条件、操作要求的不同而进行选择。通常在选择酶反应器时，主要是从酶的应用形式、酶的反应动力学性质、底物和产物的理化性质等几个方面进行考虑，同时选择使用的反应器应当尽可能具有结构简单、操作方便、易于维护和清洗、可以适用于多种酶的催化反应、制造成本和运行成本较低等特点。

4.2.1 根据酶的应用形式选择反应器

采用酶进行催化反应时，酶的应用形式主要有游离酶和固定化酶，可以根据酶的这两种应用形式选择合适的反应器。

4.2.1.1 游离酶反应器的选择

在应用游离酶进行催化反应时，酶与底物均溶解在反应溶液中，通过互相作用进行催化反应，此时可以选择搅拌罐式反应器、膜反应器、鼓泡式反应器和喷射式反应器等。

① 游离酶催化反应最常用的反应器是搅拌罐式反应器，可以采用分批式操作，也可以采用流加分批式操作，对于具有高浓度底物抑制作用的酶，采用流加式分批反应可以降低或者消除高浓度底物对酶的抑制作用。

② 对于有气体参与的酶催化反应，通常采用鼓泡式反应器。例如，葡萄糖氧化酶催化葡萄糖与氧反应，生成葡萄糖酸和双氧水，采用鼓泡式反应器从底部通入含氧气体，不断供给反应所需的氧，同时起到搅拌作用，使酶与底物混合均匀，提高反应效率；另一方面还可以通过气流带走生成的过氧化氢，以降低或者消除产物对酶的反馈抑制作用。

③ 对于某些价格较高的酶，由于游离酶与反应产物混在一起，为了使酶能够回收而循环使用，可以采用游离酶膜反应器。游离酶膜反应器不仅可以将反应液中的酶回收加以循环使用，以提高酶的使用效率而降低生产成本；而且还可以及时分离出反应产物，以降低或者消除产物对酶的反馈抑制作用，提高酶催化反应速度。

④ 对于一些耐高温的酶，如高温淀粉酶等，可以采用喷射式反应器，进行连续式的高温短时反应。

4.2.1.2 固定化酶反应器的选择

固定化酶具有稳定性好、可以反复或连续使用的特点，在应用固定化酶进行催化反应时可以选择搅拌罐式反应器、填充床式反应器、鼓泡式反应器、流化床式反应器或膜反应器等。在选择固定化酶反应器时，应根据固定化酶的形状、颗粒大小和稳定性的不同而进行。

对于常用的颗粒状固定化酶，可以采用搅拌罐式反应器、填充床式反应器、鼓泡式反应器、流化床式反应器等进行催化反应。但要注意的是，采用搅拌罐式反应器时要注意搅拌桨旋转产生的剪切力会对固定化酶颗粒产生损伤甚至破坏；采用填充床式反应器时，填充床底层的固定化酶颗粒所受到的压力较大，容易引起固定化酶颗粒的变形、破碎，所以对于容易变形或破碎的固定化酶要控制好反应器的高度，也可以在反应器中加多孔托板等进行分隔，以减少固定化酶所承受的压力；采用流化床式反应器时应使固定化酶的颗粒不能太大，密度要与反应液的密度相当并具有较高的强度。当催化过程需要气体参与时，则以采用鼓泡式反应器为宜。

对于平板状、直管状、螺旋状的固定化酶，通常采用膜反应器进行催化反应，可以发挥较好的作用。

4.2.2 根据酶反应动力学性质选择反应器

酶催化反应动力学是研究酶催化反应速度及其影响因素的重要基础，也是酶反应条件的确定及其控制的理论依据，同样，对酶反应器的选择也有重要影响。

酶催化反应动力学对酶反应器选择的影响主要需考虑酶与底物的混合程度、底物浓度对酶催化反应速度的影响、反应产物对酶的反馈抑制作用以及酶催化作用的温度条件等因素。

4.2.2.1 酶与底物的混合程度

在反应器内，酶要进行催化反应，首先必须与底物结合，然后才能进行催化，而要使酶能够与底物结合，就要保证酶分子与底物分子能够有效碰撞，为此，需要保证酶与底物在反应系统中混合均匀。在各类酶反应器中，搅拌罐式反应器、流化床式反应器均具有较好的混合效果，而填充床式反应器的混合效果较差。当采用膜反应器时，可以采用辅助搅拌或其它方法来提高混合效果。

4.2.2.2 底物浓度对酶反应速度的影响

底物浓度的高低对酶反应速度有显著影响，在通常情况下，酶反应速度是随底物浓度的增加而升高的，所以在酶催化反应过程中维持较高的底物浓度对反应是有益的。但也应该注意到，有些酶的催化反应，当底物浓度过高时，底物会对酶产生抑制作用，此时，也需要根据底物浓度对酶反应速度的影响来选择酶反应器。

对于具有高浓度底物抑制作用的游离酶，可以采用游离酶膜反应器进行催化反应；而对于具有高浓度底物抑制作用的固定化酶，则可以采用连续搅拌罐式反应器、填充床式反应器、流化床式反应器、膜反应器等进行连续催化反应，但需要控制底物浓度在一定的范围，以避免高浓度底物的抑制作用。

4.2.2.3 反应产物对酶的反馈抑制作用

对于反应产物对酶有反馈抑制作用的酶催化反应，当产物达到一定浓度之后，由于反馈作用会使反应速度明显降低。对这种情况，最好的方法是选择膜反应器，可以利用膜反应器集反应与分离于一体，能够及时地将小分子产物进行分离，可明显降低甚至消除小分子产物引起的反馈抑制作用。而对于具有产物反馈抑制作用的固定化酶，也可以采用填充床式反应器，在这种反应器内，反应液基本上是以层流方式流过反应器，混合程度较低，产物浓度按照梯度分布，靠近底物进口部分产物浓度较低，产物的反馈抑制作用就较弱，只有在靠近反应液出口处，产物浓度较高时才会引起较强的产物反馈抑制作用。

4.2.2.4 酶催化作用的温度条件

对于可以耐受100℃以上高温的酶催化反应来说，最好是选择采用喷射式反应器，利用高压蒸汽喷射实现酶与底物快速混合和反应，可明显缩短反应时间，显著提高催化效率。

4.2.3 根据底物酶反应动力学性质选择反应器

在酶催化过程中，底物和产物的理化性质会直接影响到酶催化反应的速度，底物和产物的分子量、溶解性、黏度等性质都会对酶反应器的选择产生重要的影响。此时，除了考虑选择的反应器应当能够适用于多种酶的催化反应、能满足酶催化反应所需的各种条件和条件的调节控制、结构简单、操作简便、制造成本和运行成本较低等因素之外，还需要考虑：

① 当酶催化反应的底物或产物的分子量较大时，由于底物或产物难于透过超滤膜的膜孔，所以一般不采用膜反应器；

② 当底物或者产物的溶解度较低、黏度较高时，应当选择搅拌罐式反应器或者流化床式反应器，而不采用填充床式反应器和膜反应器，以免造成反应器阻塞；

③ 当有气体底物参与反应时，通常选用鼓泡式反应器；

④ 需要小分子物质作为辅酶参与的酶催化反应，通常不采用膜反应器，以免辅酶的流失而影响催化反应的进行。

4.3 酶反应器的设计

进行酶反应器设计的目的是能够获得最能适应酶催化反应过程的酶反应器，使酶催化反应过程的生产成本最低、产品的质量和产量最高。一般来讲，酶反应器的设计包括了酶反应器类型的选择、反应器制造材料的选择、热量衡算和物料衡算等环节。

（1）酶反应器类型的确定　酶反应器设计的第一步就是要根据酶、底物和产物的性质，按照上一节所讨论的选择原则，选择并确定酶反应器的类型。

（2）酶反应器制造材料的确定　鉴于酶催化反应具有条件温和，一般都是在常温、常压、接近中性 pH 的环境中进行催化反应的特点，酶反应器对制造材料的要求比较低，一般采用不锈钢或玻璃等材料即可，可根据投资的大小来选择合适的材料。

（3）热量衡算　由于酶催化反应一般是在 30～70℃ 的常温下进行，所以热量衡算并不复杂，可采用化工原理中的相关方法来进行，主要是根据热水的温度和使用量计算来进行热量衡算的。同样，酶反应器的温度调节控制也较为简单，通常采用一定温度的热水通过夹套（或列管）加热或冷却方式进行。对于采用喷射式反应器来说，可根据所使用的水蒸气的热焓和用量来进行计算。

（4）物料衡算　物料衡算是酶反应器设计的重要任务，主要包括酶催化反应动力学参数的确定、底物用量、反应液总体积、酶用量、反应器数量等的计算等几个方法的内容。

① 酶催化反应动力学参数的确定　酶催化反应动力学参数是反应器设计的主要依据之一，在反应器设计之前就应当根据酶反应动力学特性，确定反应所需的底物浓度、酶浓度、最适温度、最适 pH、激活剂浓度等参数。由于催化反应的最适温度和最适 pH 是由所选用的酶的特性所决定，所以主要需要确定的是合适的底物浓度和酶浓度。

底物浓度对酶催化反应速度有很大的影响，通常当底物浓度比较低时，酶催化反应的反应速度是随底物浓度的增加而增大的，而当底物浓度达到一定值后，反应速度即达到了最大值，即使再增加底物浓度，反应速度也不会再有提高。所以，对于大多数酶催化反应过程来说，底物浓度不是越高越好，而是需要确定一个适宜的底物浓度。同样，酶浓度对催化反应速度的影响也很大，通常情况下，随着酶浓度的增加，反应速度会随之加快，但也并不是酶浓度越高，反应速度就越快。况且随着酶浓度的增大，酶的用量也会增加，过高的酶浓度不仅对提高反应速度没有任何好处，还会造成很大的浪费，从而增加了生产成本，也需要确定一个适宜的酶浓度。适宜的底物浓度、酶浓度的确定往往需要大量的实验来完成，因此，可以根据相关的实验研究来确定适宜的底物浓度、酶浓度，以保证酶催化过程得以顺利进行。

② 底物用量的计算　可以根据产品的产量要求、产物转化率和收率来计算所需的底物用量。

在底物用量的计算过程中，产品的产量是进行物料衡算的基础，通常是以年产量来表示，记为 P。对于分批式反应器，一般需根据每年的实际生产时间转换为日产量，记为 P_d，然后进行计算；而对于连续式反应器，一般需要换算成每小时的产物量，记为 P_h，再进行衡算。一般的生产过程均按每年生产 300 天进行计算，即：

$$P(\text{kg/年}) = P_d(\text{kg/天}) \times 300 = P_h(\text{kg/h}) \times 300 \times 24$$

a. 产物转化率是指底物转化为产物的比率，记为 $Y_{P/S}$，即：

$$Y_{P/S} = \frac{m_P}{m_S}$$

式中，m_P 为催化过程生成的产物量，kg；m_S 为过程中投入的底物量，kg。

当催化反应的副产物可以忽略不计时，产物转化率可以用反应前后底物浓度的变化与反应前底物浓度的比率来表示，即：

$$Y_{P/S} = \frac{\Delta[S]}{[S]_0} = \frac{[S]_0 - [S]_t}{[S]_0}$$

式中，$\Delta[S]$ 为反应前后底物浓度的变化，kg/m^3；$[S]_0$ 为反应前的底物浓度，kg/m^3；

$[S]_t$ 为反应后的底物浓度，kg/m^3。

产物转化率的高低直接关系到生产成本的高低，与反应条件、反应器的性能和操作工艺等有关，因此，在设计酶反应器时，需要充分考虑如何能尽量提高产物的转化率。

b. 产物收率是指经过分离得到的产物量与反应生成的产物量之间的比值，记为 (R)，即：

$$R = \frac{经过分离得到的产物量}{反应生成的产物量}$$

产物收率的高低与生产成本关系非常密切，主要决定于分离纯化技术及其工艺条件，是进行反应器设计计算过程中的一个重要参数。

根据设计要求的产物产量、产物转化率和产物收率，可以按照下式计算出反应过程所需要的底物用量，即：

$$m_S = \frac{m_P}{Y_{P/S} \cdot R}$$

式中，m_S 为所需的底物用量，kg；m_P 为产物的产量，kg；$Y_{P/S}$ 为产物转化率；R 为产物收率。

在计算时，需要注意产物产量的单位，通常分批反应器采用日产量 (P_d)，则计算得到的是每天需要的底物用量 (S_d)；而对于连续式反应器，一般采用时产量 (P_h)，则计算得到的是每小时所需的底物用量 (S_h)。如果计算时采用的是年产量，则计算得到的是全年所需的底物用量。

③ 反应液总体积的计算 根据所需底物的用量和底物浓度，就可以计算得到反应液的总体积，即：

$$V_t = \frac{m_S}{[S]}$$

式中，V_t 为反应液总体积，m^3；m_S 为底物用量，kg；$[S]$ 为反应前的底物浓度，kg/m^3。

对于分批反应器，反应液的总体积一般是以每天的反应液总体积 (V_d) 来表示；而对于连续式反应器，则以每小时获得的反应液总体积 (V_h) 表示。

④ 酶用量的计算 根据催化反应所需的酶浓度和反应液体积就可以计算出所需的酶用量，所需的酶用量为所需的酶浓度与反应液体积的乘积，即：

$$E = [E] \cdot V_t$$

式中，E 为所需的酶用量，U；$[E]$ 为酶浓度，U/m^3；V_t 为反应液体积，m^3。

⑤ 反应器数量的计算 在酶反应器的设计过程中，待选定了酶反应器类型，并通过计算得到反应液总体积后，就可以根据生产规模、生产条件等确定反应器的有效体积和反应器的数量。

一般来说，在反应器设计过程中，一般不应采用单一足够大的反应器，而是采用根据规模和条件选用两个以上的反应器较为合适，如何选择合适数量的反应器就要求确定反应器的有效体积，并进而确定所需反应器的数量。

反应器的有效体积是指酶在反应器中进行催化反应时，单个反应器可以容纳反应液的最大体积。一般来说，反应器的有效体积为反应器总体积的 $70\% \sim 80\%$。

a. 对于分批式反应器，可以根据每天的反应液总体积、单个反应器的有效体积和底物在反应器内的停留时间，计算出所需的反应器数量。计算公式如下：

$$N = \frac{V_d}{V_0} \cdot \frac{t}{24}$$

式中，N 为过程所需的反应器数量，个；V_d 为每天的反应液总体积，m^3/d；V_0 为单个反应器的有效体积，m^3；t 为底物在反应器中的停留时间，h；24 指每天 24h。

b. 对于连续式反应器，可以根据每小时的反应液体积、反应器的有效体积和底物在反应器内的停留时间，计算出所需反应器的数量。计算公式为：

$$N = \frac{V_h \cdot t}{V_0}$$

式中，N 为过程所需的反应器数量，个；V_h 为每小时的反应液总体积，m^3/h；V_0 为单个反应器的有效体积，m^3；t 为底物在反应器中的停留时间，h。

c. 对于连续式反应器，还可以根据反应器的生产强度来计算出反应器的数量。反应器的生产强度是指反应器单位时间、单位体积反应液所生产的产物量，可以用单位时间获得的产物产量与反应器的有效体积的比值表示，也可以用单位时间获得的反应液体积、产物浓度和反应器的有效体积计算得到。以小时为单位进行计算的公式为：

$$Q_P = \frac{P_h}{V_0} = \frac{V_h \cdot [P]}{V_0}$$

式中，Q_P 为反应器的生产强度，$kg/(m^3 \cdot h)$；P_h 为每小时的产物量，kg/h；V_0 为单个反应器的有效体积，m^3；V_h 为每小时的反应液体积，m^3/h；[P] 为反应液中的产物浓度，kg/m^3。

连续式反应器的数量与反应器的生产强度之间可用下式表示：

$$N = \frac{Q_P \cdot t}{[P]}$$

式中，N 为过程所需的反应器数量，个；[P] 为反应液中的产物浓度，kg/m^3；t 为底物在反应器中的停留时间，h。

4.4 酶反应器的放大

通常一个生物反应过程的开发，包括了三个不同规模的阶段：①利用实验室规模的反应器进行工艺试验；②在中间规模的反应器中试验（中试），确定最佳的操作条件；③在大型生产设备中投入生产。由此可见，一个酶催化反应过程从实验室到工业生产的开发过程中，不可避免会遇到酶反应器放大的问题。对于一个酶反应过程，在不同大小的反应器中进行的酶催化反应虽然相同，但在质量、热量和动量的传递上却会有明显的差别，从而导致在不同的反应器中反应速度有差别。欲使整个酶反应器处于最优条件下进行操作，就必须反应器始终都处于最优环境之下，不然就达不到整体的优化。酶反应器的放大，就是要使大型酶反应器的性能与小型反应器接近，从而使大型反应器的生产效率与小型反应器相似。酶反应器的放大方法从目前的情况来看，主要有经验放大法、因次分析法、时间常数法、数学模拟法等。

4.4.1 经验放大法

经验放大法是依据对已有酶反应器的操作经验所建立起来的一些规律而进行放大的方法。应该说这些规律的建立多半是定性的，只有一些简单的、粗糙的定量概念。具体的经验放大原则主要有：

4.4.1.1 几何相似放大

该法是按反应器的各个部件的几何尺寸比例进行放大。在几何相似放大中，放大倍数实际上就是反应器体积的增加倍数，即：

$$\frac{H_1}{D_1} = \frac{H_2}{D_2} = A = 常数$$

$$\frac{V_2}{V_1} = \left(\frac{D_2}{D_1}\right)^3 = m$$

$$\frac{H_1}{H_2} = m^{1/3} \ 和 \ \frac{D_1}{D_2} = m^{1/3}$$

式中，H 表示反应器的高度，m；D 表示反应器的内径，m；V 表示反应器的体积，m^3；下标 1 表示模型反应器；下标 2 表示放大的反应器；A，m 表示放大倍数。

按几何相似放大法，当反应器的体积放大 10 倍时，反应器的高度和直径均放大 $10^{1/3}$ 倍。

4.4.1.2 以单位体积液体中搅拌功率相同放大

对于需要进行搅拌的酶反应器来说，以单位体积液体所分配到的搅拌功率相同这一准则进行反应器的放大，是一般化学反应器的放大准则，即：

$$\frac{P}{V_L} = 常数$$

对于不通气的搅拌罐式酶反应器，由于：

$$P \propto N^3 \cdot D_i^5, \ V_L \propto D_i^3$$

因此：

$$\frac{P}{V_L} \propto N^3 \cdot D_i^2$$

所以：

$$N_2 = N_1 \left(\frac{D_1}{D_2}\right)^{2/3}$$

$$P_2 = P_1 \left(\frac{D_2}{D_1}\right)^3$$

式中，P 表示搅拌功率，W；D 表示反应器的内径，m；V_L 表示发酵液的体积，m^3；下标 1 表示模型反应器；下标 2 表示放大的反应器。

4.4.1.3 搅拌器叶尖速度相同的准则

也有以搅拌器的叶尖速度相等作为准则进行放大。当大小反应器中搅拌器的叶尖速度相等时，$N_1 D_1 = N_2 D_2$，因此：

$$\frac{N_2}{N_1} = \frac{D_1}{D_2}$$

4.4.1.4 混合时间相同的准则

混合时间是指在反应器中加入物料到它们被混合均匀时所需的时间。在小反应器中，比较容易混合均匀，而在大反应器中，则较为困难。

通过因次分析，得到以下关系：

$$t_M (N D_i^2)^{2/3} g^{1/6} D_i^{1/2} H_L^{1/2} D_i^{3/2}$$

对于几何相似的反应器，$t_{M1} = t_{M2}$ 时，从上式可以得出：

$$\frac{N_2}{N_1} = \left(\frac{D_2}{D_1}\right)^{1/4}$$

4.4.2 其它放大

除了上述介绍的一些放大方法之外，实践上还有因次分析法、时间常数法、数学模拟法等。

4.4.2.1 因次分析法

因次分析法也称相似模拟法，它是根据相似原理，以保持无因次准数相等的原则进行放大。该法是根据对过程的了解，确定影响过程的因素，用因次分析方法求得相似准数，根据相似理论的第一定律（各系统互相相似，则同一相似准数的数值相等的原理），若能保证放大前与放大后的无因次数群相同，则有可能保证放大前与放大后的某些特性相同。

迄今为止，因次分析法已成功地应用于各种物理过程，但对有生化反应参与的反应器的放大则存在一定的困难。这是因为在放大过程中，要同时保证放大前后几何相似、流体力学相似、传热相似和反应相似实际上几乎是不可能的，保证所有无因次数群完全相等也是不现实的，并且还会得出极不合理的结果。

在生物反应器的放大过程中，由于同时涉及微生物的生长、传质、传热和剪切等因素，需要维持的相似条件较多，要使其同时得到满足是不可能的，因此用一次分析法一般难以解决生物反应器的放大问题。为此常需要根据已有的知识和经验进行判断，以确定何者更为重要并同时也能兼顾其它的条件。

4.4.2.2 时间常数

时间常数是指某一变量与其变化速度之比。常用的时间常数有反应时间、扩散时间、混合时间、停留时间、传质时间、传热时间和溶氧临界时间等。时间常数法可以利用这些时间常数进行比较判断，用于找出过程放大的主要矛盾并据此来进行反应器的放大。

4.4.2.3 数学模拟法

数学模拟法是根据有关的原理和必要的实验结果，对实际的过程用数学方程的形式加以描述，然后用计算机进行模拟研究、设计和放大。该法的数学模型根据建立方法不同可分为由过程机理推导而得的"机理模型"、由经验数据归纳而得的"经验模型"和介于二者之间的"混合模型"。

机理模型是从分析过程的机理出发而建立起来的严谨的、系统的数学方程式。此模型建立的基础是必须对过程要有深刻而透彻的了解。

经验模型是一种以小型实验、中间试验或生产装置上实测的数据为基础而建立的数学模型。

混合模型是通过理论分析，确定各参数之间的函数关系的形式，再通过实验数据来确定此函数式中各参数的数值，也就是把机理模型和经验模型相结合而得到的一种模型。

图 4.9 为数学模拟放大法用于过程开发的示意图。

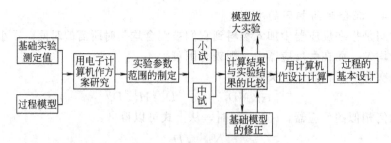

图 4.9 数学模拟放大法示意

由于数学模拟放大法是以过程参数间的定量关系式为基础的，因而消除了因次分析法中的盲目性和矛盾性，能比较有把握地进行高倍数的放大，具有明显的优越性，而且模型越精确,可放大的倍数也就越大。由于模型的精确程度又是建立在大量的基础研究工作之上,所以实际上应用的有效例子还不多见,但可以预见它是一个很有前途的生物反应器的放大方法。

4.5 酶反应器的操作

在酶的催化反应过程中,要充分发挥酶的催化功能,除了前面提到的高质量酶的选择、适宜的酶应用形式的选择、合适的酶反应器类型的确定和酶反应器设计以外,还需要确定适宜的酶反应器操作条件并根据变化的情况进行调节控制。

酶反应器的操作条件主要包括温度、pH、底物浓度、酶浓度、反应液的混合与流动等,需要根据具体的情况确定及调控这些条件。

(1) 反应温度的确定与调节控制　酶催化反应受到温度的显著影响,对于特定的酶反应都存在一个最适温度,温度过低,反应速度较慢,而温度过高却会引起酶的变性失活。因此,在酶反应器的操作过程中,需要根据特定酶的动力学特性,确定酶催化反应的最适温度,将温度控制在适宜的温度范围内,并根据温度的变化情况及时予以调节。

一般可以在酶反应器中安装夹套或列管等换热装置,通过热交换使反应器内温度恒定在一定的范围内。如果采用的是蒸汽喷射式反应器,则可通过控制水蒸气的压力来达到控制温度的目的。

(2) pH的确定与调节控制　pH对酶催化反应的影响非常大,特定的酶催化反应也都存在一个最适pH,pH过高或过低都会使反应速度减慢,极端的pH甚至还会导致酶的失活。因此,在酶催化反应过程中,要根据酶的动力学特性确定酶催化反应的最适pH,并将反应液的pH维持在适宜的pH范围内,以保证催化反应的顺利进行。

采用分批式反应器进行酶催化反应时,通常在加入酶之前,先用稀酸或稀碱将底物溶液调节到最适pH,然后再将酶加入到反应液中进行催化反应。而对于在连续式反应器中进行的酶催化反应,一般是将调节好pH的底物溶液(必要时可用缓冲溶液)连续加入到反应器中。

值得注意的是,有些酶催化反应前后的pH变化不大,反应过程中不需进行pH的调节和控制;而有些酶催化反应中的底物或者产物是一种酸或碱,反应前后pH的变化较大,必须在反应过程中进行必要的调节。pH的调节通常采用稀酸或稀碱进行,必要时可以采用缓冲溶液来维持反应液的pH。

(3) 底物浓度的确定与调节控制　底物浓度是决定酶催化作用的主要因素。通常,在底物浓度较低的情况下,酶催化反应速度与底物浓度成正比,反应速度随着底物浓度的增加而升高,直到底物浓度达到一定的数值时,反应速度的上升不再与底物浓度成正比,而是逐步趋向平衡。所以,从应用的角度来看,底物浓度不是越高越好,而是要确定一个适宜的浓度,一般底物浓度应为$5 \sim 10 K_m$。

对于分批式反应器而言,通常是首先将一定浓度的底物加入到反应器中,调节好pH后,将温度调节到适宜的温度,然后加进适量的酶进行催化反应。为了防止高浓度底物引起的抑制作用,可以采用逐步流加底物的方法控制底物浓度,即先将一部分底物和酶加到反应器中进行反应,反应一定时间后,底物浓度逐步下降,再连续或分次地将一定浓度的底物添加到反应器进行反应,待反应结束后,将反应液一次性全部取出。通过这种流加分批操作方式,可使反应体系中底物浓度保持在较低的水平,从而避免或减少高浓度底物的抑制作用,提高酶催化反应的速度。

（4）酶浓度的确定与调节控制　　酶催化反应动力学研究已经表明，在底物浓度足够高的条件下，酶催化反应速度与酶浓度成正比，提高酶浓度，可以有效提高酶催化反应的速度。但在实际应用过程中，酶浓度的提高必然会增加相应的费用和生产成本，所以酶的浓度也不能很高，特别是对于那些价格高的酶，还需要综合考虑反应速度和成本之间的关系，确定一个适宜的酶浓度。

对于连续式反应器来说，在酶的使用过程中，特别是连续使用时间较长以后，必然会有一部分的酶失活，需要进行酶的更换或补充，以保持酶的浓度。

（5）混合程度的确定与调节　　当酶进行催化反应时，必须保证酶与底物的混合均匀，使酶分子与底物分子能够进行有效的碰撞，进而互相结合进行催化反应。对于不同类型的反应器而言，混合的方式是不同的，对混合的调节也就随之有了区别。

通常，在搅拌罐式反应器和游离酶膜反应器中，都设计和安装了搅拌装置，通过适当的搅拌而实现混合的均匀。首先需要在实验的基础上确定适宜的搅拌速度，并根据情况的变化进行搅拌速度的调节。搅拌速度过慢会影响混合的均匀性；搅拌速度过快，则产生的剪切力会破坏酶的结构，尤其会使固定化酶的结构遭到破坏，甚至破碎，而影响到催化反应的进行。

在连续式反应器中，底物连续地进入反应器中，通过溶液的流动来实现酶与底物的混合，并发生催化反应。为了使催化反应高效进行，在操作过程中必须确定适宜的流动速度和流动状态，并根据变化的情况进行适当的调节和控制。

在流化床式反应器的操作过程中，需要控制好流体的流速和流动状态，以保证均匀的混合，提高酶催化反应的效率。通常，过慢的流速会使固定化酶颗粒不能很好地漂浮翻动，甚至会沉积在反应器的底部，从而影响酶与底物的均匀接触和催化反应的顺利进行；而过快的流速或混乱的流动状态则会使得固定化酶颗粒在反应器中激烈翻动、碰撞，从而使固定化酶的结构受到破坏，甚至使酶脱落、流失。流体在流化床式反应器中的流动速度和流动状态可以通过调节进液口的流体流速和流量以及进液管的方向和排布等方法予以调节。

填充床式反应器中，底物是按照一定的方向以恒定的速度流过固定化酶层，其流动速度决定酶与底物的接触时间和反应进行的程度。在反应器的直径和高度确定的情况下，流速越慢，酶与底物的接触时间就越长，反应也就越完全，但是此时的生产效率就越低；相反，流速越快，酶与底物的接触时间就越短，反应也就越不完全。为此，必须选择适宜的流速。在理想的操作情况下，填充床式反应器的任何一个横截面上的流动速度都是相同的，在同一个横截面上底物浓度和产物浓度也是一致的，这时的反应器又称为活塞流反应器。

由于膜反应器在进行酶催化反应的同时，小分子的产物透过膜进行分离，可以降低或消除产物引起的反馈抑制作用，但与此同时，却容易产生诸如浓差极化等效应使膜孔阻塞。为了克服这一缺陷，除了可以适当的速度进行搅拌之外，还可以通过控制流动速度和流动状态，使反应物质混合均匀，提高催化反应的效率。

（6）保持酶反应器的操作稳定性　　在酶反应器的操作过程中，应该尽量保持操作的稳定性，以避免反应条件的激烈波动。如在搅拌罐式反应器中，应保持搅拌速度的稳定；在连续式反应器中，应尽量保持流速的稳定，并保持流进的底物浓度和流出的产物浓度的稳定。此外，反应温度、pH 等也应尽量保持稳定，以使反应器在恒定的条件下进行运转，保证酶催化反应能高效进行。

（7）防止反应器中酶的变性失活　在酶反应器的操作过程中，引起酶变性失活的因素有很多，应当特别注意防止酶的变性失活。引起酶的变性失活的因素主要有温度、pH、重金属离子以及剪切力等。一般而言，酶反应器的操作温度不宜过高，通常在等于或略低于酶催化最适温度的条件下进行；为了在操作过程中严格将 pH 控制在酶催化反应的适宜范围内，需要防止局部过酸或过碱的情况；此外，在有必要的情况下，可以添加适量的金属螯合剂以除去重金属离子对酶的危害；防止过高的搅拌和流体的流动速度，以避免对固定化酶的破坏；添加合适的保护剂，以提高酶的稳定性，进而防止反应器中酶的变性失活。

5 酶的分子修饰和改造

酶作为生物催化剂，其高效性和专一性是其它催化剂所无法比拟的，并已经被应用到疾病的诊断和治疗、食品和化学品的生产以及环境保护和监测等各领域。但是酶作为蛋白质，其异体蛋白的抗原性、受蛋白水解酶水解和抑制作用、在体内半衰期短、热稳定性差、不能在靶部位有效聚集以及 pH 稳定性差等缺点严重影响酶的应用范围和效果，甚至根本就无法使用。如工业用酶常常由于酶蛋白抗酸、碱和有机溶剂变性和热稳定性差，容易受产物和抑制剂的抑制，工业反应要求的 pH 和温度不在酶反应的最适 pH 和最适温度范围内，底物不溶于水或酶的 pK 值高等缺陷，严重限制了酶制剂在工业中的应用范围。如何提高酶的稳定性、解除酶的抗原性，并根据需要相应改变酶学性质，以扩大酶的应用范围的研究已经越来越引起人们的重视。而从分子水平改造酶是一种重要的手段，通过对酶分子进行改造能够有效弥补天然酶的缺陷，并赋予它们某些新的机能和优良特性。

通过各种方法可使酶分子结构发生某些改变，从而改变酶的某些特性和功能的技术过程，称为酶分子的修饰。由于酶是由各种氨基酸通过肽键连接而成的高分子化合物，具有完整的化学结构和空间结构。酶的结构决定了酶的性质和功能。只要使酶的结构发生某些精细的改变，就有可能使酶的某些特性和功能随之改变。酶分子经过修饰后，可以显著提高酶的使用范围和应用价值。故此，酶分子修饰已成为酶工程中具有重要意义和应用前景的领域。尤其是 20 世纪 80 年代以来，随着蛋白质工程的兴起与发展，已把酶分子修饰与基因工程技术结合在一起，通过基因定位突变技术，可把酶分子修饰后的信息贮存在 DNA 中，经过基因克隆和表达，就可通过生物合成方法不断获得具有新的特性和功能的酶，使酶分子修饰展现出更广阔的前景。

5.1 酶的化学修饰

酶的化学修饰是对酶进行分子修饰的一种重要方法。事实证明，只要选择合适的化学修饰剂和修饰条件，在保持酶活性的基础上，能够在较大范围内改变酶的性质，提高酶对热、酸、碱和有机溶剂的耐性，改变酶的底物专一性和最适 pH 等酶学性质。例如，化学修饰可以有效提高医用酶的稳定性，延长其在体内半衰期，抑制免疫球蛋白的产生以降低免疫原性和抗原性。此外，化学修饰酶还可以创造酶的新的催化性能。

5.1.1 酶的化学修饰的基本原理

大量研究表明，酶分子表面外形的不规则、各原子间极性和电荷的不同、各氨基酸残基间相互作用等使酶分子结构的局部形成了一种包含了酶活性部位的微环境。不管这种微环境是极性的还是非极性的，都直接影响到酶活性部位氨基酸残基的电离状态，并为活性部位发挥催化作用提供合适的条件。但天然酶分子中的这种微环境可以通过人为的方法进行适当的改造，通过对酶分子的侧链基团、酶分子的功能基团等进行化学修饰或改造，就可以获得结构或性能更合理的修饰酶。酶经过化学修饰后，除了能减少由于内部平衡力被破坏而引起的酶分子伸展打开外，还可能会在酶分子的表面形成一层"缓冲外壳"，在一定程度上抵御外界环境的电荷、极性等变化对酶分子的影响，进而维持酶活性部位微环境的相对稳定，使酶分子能在更广泛的条件下发挥作用。

化学修饰的方法已经成为研究酶分子的结构与功能的一种重要的技术手段。酶的化学修饰所用的方法和手段很多，但基本原则都是充分利用化学修饰剂所具有的各类化学基团的特性，或直接或间接地经过一定的活化过程与酶分子中的某种氨基酸残基（通常选择非酶活必需基团）产生化学反应，从而对酶分子的结构进行改造。

在酶的化学修饰过程中需要涉及被修饰酶、修饰剂的性质以及修饰反应条件的选择。一般在开始设计酶化学修饰反应时对被修饰酶的活性部位、稳定条件、侧链基团性质等应尽可能全面掌握。在此基础上选择合适的化学修饰剂进行化学修饰。在选择化学修饰剂时，除了需要考虑修饰剂的种类、修饰剂上的反应基团的数目和位置以及修饰剂上反应基团的活化方法和条件以外，还需要考虑修饰剂的分子量等其它可能会影响修饰反应的因素。值得注意的是，酶的修饰反应一般总是尽可能在酶稳定的条件下进行，需要尽可能少破坏酶活性功能的必需基团，以提高酶和修饰剂的结合率和酶活回收率。

5.1.2 酶的化学修饰方法学

在进行酶的化学修饰时首先遇到的问题是如何选择合适的修饰剂和修饰条件，只有确定了合适的修饰剂和条件才可能提高修饰反应的专一性，并获得满意的修饰结果。从方法学上讲，在研究酶的化学修饰过程中，首先要根据修饰反应的专一性选择合适的化学修饰剂，然后建立适当的方法对修饰反应进程进行追踪，并获得一系列有关修饰反应的基础数据，通过对数据进行分析，进而确定修饰部位和修饰程度，提出对修饰结果的合理解释。主要包括：

5.1.2.1 修饰反应专一性的控制

（1）修饰剂的选择　修饰剂的选择在很大程度上要依据修饰目的而定，不同的修饰目的对修饰剂也有不同的要求。例如，对氨基的修饰可有几种情况：修饰所有氨基，而不修饰其它基团；仅修饰 α-氨基；修饰暴露的或反应性高的氨基以及修饰具有催化活性的氨基等。修饰的部位和程度一般可用选择适当的试剂和反应条件来控制。一般来说，选择修饰剂时需要考虑下面的一些问题：修饰反应要完成到什么程度；对个别氨基酸残基是否专一；在反应条件下，修饰反应有没有限度；修饰后蛋白质的构象是否基本保持不变；是否需要分离修饰后的衍生物；反应是否需要可逆；是否适合于建立快速、方便的分析方法等。用于修饰酶活性部位的氨基酸残基的试剂应具备以下一些特征：选择性地与一个氨基酸残基反应；反应在酶蛋白不变性的条件下进行；标记的残基在肽中稳定，很易通过降解分离出来，进行鉴定；反应的程度能用简单的技术测定。当然，不是单独一种试剂就能满足所有这些条件。一种试剂可能在某一方面比其它试剂优越，而在另一方面则较差。因此，必须根据具体的目的和特定的酶来决定修饰剂的选择。

（2）反应条件的选择　酶与修饰剂作用所要求的反应条件，除允许修饰能顺利进行外，还必须满足如下要求：一是不造成蛋白质的不可逆变性；二是有利于专一性修饰酶蛋白。为此，反应条件应尽可能在保证酶结构中特定空间构象不变或少变的情况下进行。通常酶的化学修饰反应条件主要包括体系中酶与修饰剂的分子比例、反应体系（包括溶剂性质、盐浓度以及 pH 等）、反应温度和时间等。一般来说，修饰反应条件随酶的性质、修饰剂的种类、修饰反应的类型等的不同而不同，一个合适的修饰反应需要由大量的实验来予以确定。

（3）反应的专一性　在酶的化学修饰研究中，反应的专一性非常重要。若修饰剂专一性较差，除控制反应条件外，还可利用酶分子中某些基团的特殊性、选择不同的反应 pH、某些产物的不稳定性、亲和标记、差别标记、蛋白质状态的差异等途径来实现修饰的专一性。

5.1.2.2 修饰程度和修饰部位的测定

（1）分析方法　测定修饰基团和测定修饰程度的最简单、最实用的方法是光谱法，它不仅可以利用光吸收的变化来追踪修饰过程，而且还能很容易计算出修饰速度。

（2）化学修饰数据的分析　化学修饰中，可以测定许多实验参数，这些参数是与修饰残基的数目及其对蛋白质生物活性的影响相关联的。主要通过化学修饰的时间进程分析来确定必需基团的性质和数目。常常可以通过蛋白质某些酶学参数（活性、变构配体的调节作用等）变化的监测修饰过程，并根据获得的时间进程曲线，可以了解修饰残基的性质和数目、修饰残基与蛋白质生物活性之间的关系等。长期以来，人们没有找到生物活力与必需基团之间的定量关系，也就无法从实验数据中确定必需基团的性质和数目。1961 年 Ray 等提出用比较一级反应动力学常数的方法来确定必需基团的性质和数目，但此法的局限性很大。1962 年邹承鲁提出更具普遍应用意义的统计学方法，建立了所谓邹氏作图法。用此法可在不同修饰条件下，确定酶分子中必需基团的数目和性质。邹氏方法的建立为蛋白质修饰研究由定性描述转入定量研究提供了理论依据和计算方法。

5.1.2.3 化学修饰结果的解释

除用旋光色散、圆二色性等方法分析修饰酶在溶液中的构象是否发生了显著变化外，还必须进一步证明，修饰作用是否发生在活性部位上。如果修饰发生在活性部位或必需基团上，则酶活性的丧失与修饰程度之间一定能够形成某种化学计量关系，而且底物（或已确定是与活性部位结合的抑制剂）必然能降低修饰蛋白的失活程度，而与活性部位不能结合的分子则没有这种影响。当采用可逆保护试剂时，修饰失活的蛋白质随保护基的去除可重新恢复活力，而且活力恢复程度应与保护基去除量成一定比例关系。修饰剂也可能修饰远离活性部位的氨基酸，结果使蛋白质构象发生改变，扰乱了活性部位的精巧结构，从而造成蛋白质活力丧失。

5.2　酶蛋白分子侧链的修饰

酶分子侧链基团的修饰是通过选择性的试剂或亲和标记试剂与酶分子侧链上特定的功能团发生化学反应而实现的。由于酶蛋白分子的侧链上有各种不同的活泼功能基，这些活泼的官能团能与一些化学修饰剂发生反应，从而达到对酶蛋白分子进行化学修饰的目的。酶分子侧链基团化学修饰的一个非常重要的作用是用来探测酶分子中活性部位的结构。理想状态下，修饰剂只是有选择地与某一特定的残基发生反应，很少或几乎不引起酶分子的构象变化，在此基础上，通过从该基团的修饰对酶分子生物活性所造成的影响分析，就可以推测出被修饰的残基在酶分子中的功能。

根据化学修饰剂与酶蛋白分子中的官能团之间反应的性质不同，酶蛋白分子的修饰反应主要可以分为酰化反应、烷基化反应、氧化和还原反应、芳香环取代反应等类型。在构成酶蛋白的 20 种常见的氨基酸中，只有具有极性的氨基酸残基的侧链基团才能够进行化学修饰。通常，酶蛋白分子侧链上的功能基主要有：氨基、羧基、巯基、咪唑基、酚基、吲哚基、胍基、甲硫基等。

5.2.1　羧基的化学修饰

羧基的化学修饰主要涉及酶分子中的谷氨酸和天冬氨酸残基，修饰产物一般为含酯类或酰胺类的修饰酶，由于羧基在水溶液中的化学性质，使得利用羧基进行修饰的方法非常有限，如图 5.1 所示为几种修饰剂与羧基的反应。其中的（1）为水溶性的碳二亚胺类特定修饰酶分子中的羧基，已成为应用最普遍的标准方法，它在比较温和的条件下就可以进行。在一定条件下，也可以与丝氨酸、半胱氨酸和酪氨酸反应。此外，羧基也能与硼氟化三甲烊盐（2）和甲醇-HCl（3）反应生成甲酯，从而实现对含羧基残基的酶蛋白进行修饰。

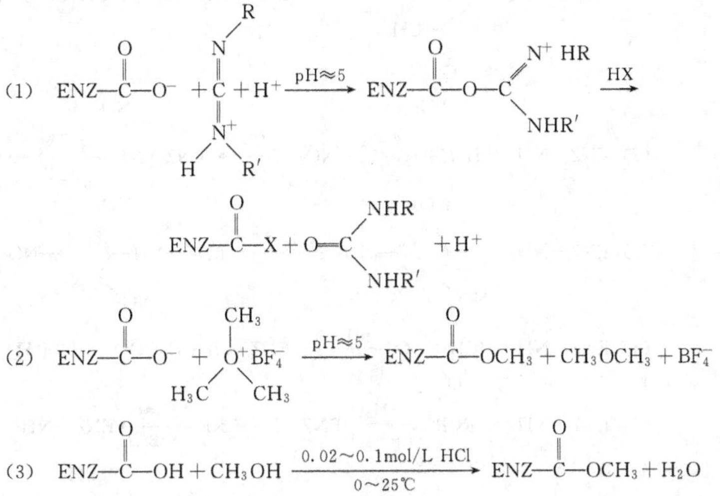

$$(1)\quad ENZ{-}\underset{\underset{}{O}}{\overset{\overset{O}{\|}}{C}}{-}O^- + \underset{\underset{\underset{R'}{|}}{\overset{+}{N}H}}{\overset{\overset{R}{|}}{\underset{}{N}}}C{+}H^+ \xrightarrow{pH\approx5} ENZ{-}\overset{\overset{O}{\|}}{C}{-}O{-}\underset{NHR'}{\overset{N^+HR}{C}} \xrightarrow{HX}$$

$$ENZ{-}\overset{\overset{O}{\|}}{C}{-}X + O{=}\underset{NHR'}{\overset{NHR}{C}} + H^+$$

$$(2)\quad ENZ{-}\overset{\overset{O}{\|}}{C}{-}O^- + \underset{H_3C}{\overset{CH_3}{O^+}}\overset{CH_3}{}BF_4^- \xrightarrow{pH\approx5} ENZ{-}\overset{\overset{O}{\|}}{C}{-}OCH_3 + CH_3OCH_3 + BF_4^-$$

$$(3)\quad ENZ{-}\overset{\overset{O}{\|}}{C}{-}OH + CH_3OH \xrightarrow[0\sim25℃]{0.02\sim0.1mol/L\ HCl} ENZ{-}\overset{\overset{O}{\|}}{C}{-}OCH_3 + H_2O$$

图 5.1 羧基的化学修饰

（1）通过水溶性碳二亚胺进行酯化反应，式中 R、R′为烷基，HX 为卤素、一级或二级胺；ENZ 表示酶；
（2）硼氟化三甲烊盐；（3）用甲醇-HCl 的酯化反应

利用 1-乙基-3-(3-二甲氨正丙基）碳化二亚胺与抗冻糖肽 8 的末端羧基之间的反应对该肽进行化学修饰，结果表明，经过修饰后抗冻糖肽 8 仍然具有 90％的活性，说明抗冻糖肽 8 上的羧基为活性非必需基团。而利用硼氟化三甲烊盐在一定条件下对胃蛋白酶中的侧链基团进行修饰，修饰过程使酶的活性完全消失，表明胃蛋白酶中的羧基是维持酶活性的必需基团。

5.2.2　氨基的化学修饰

以非质子化形式存在的赖氨酸的 ε-NH₂ 是酶分子中亲核反应活性很高的基团，因此容易被选择性修饰，可供利用的修饰剂也很多，如乙酸酐、2,4,6-三硝基苯磺酸（TNBS）、2,4-二硝基氟苯（DNFB）（或称 sanger 试剂）、碘乙酸（IAA）、卤代乙酸、芳基卤、芳香族磺酸、丹磺酰氯（DNS）等。如图 5.2 所示为几种常用的氨基修饰剂与酶分子中氨基的反应。

氨基的烷基化目前已成为一种重要的赖氨酸修饰方法，氨基烷基化的修饰剂主要包括了卤代乙酸、芳基卤和芳香族磺酸。同时在硼氢化钠、硼氢化氰或硼氨等氢供体存在下酶分子中的氨基也能与醛或酮发生还原烷基化反应，通常将后一过程称为还原性烷基化，还原性烷基化反应过程中所使用的羰基化合物取代基的大小对修饰结果有很大影响。例如，在硼氢化钠的存在下，用不同的羰基试剂进行卵类黏蛋白、溶菌酶、卵转铁蛋白的赖氨酸残基还原性烷基化修饰，修饰程度为 40％～100％，其中丙酮、环戊酮、环己酮和苯甲醛为单取代，而丁酮有 20％～50％的双取代，甲醛则几乎 100％为双取代。经过修饰的卵类黏蛋白、溶菌酶、卵转铁蛋白的甲基化和异丙基化的修饰衍生物仍然具有水溶性和几乎全部的生物活性。

氰酸盐使氨基甲氨酰化形成非常稳定的衍生物，也是一种常用的修饰赖氨酸残基的手段，该方法优点是氰酸根离子小，容易接近要修饰的基团。磷酸吡哆醛（PLP）是一种非常专一的赖氨酸修饰剂，它与赖氨酸残基反应，形成席夫碱后再用硼氢化钠还原，还原的 PLP 衍生物在 325nm 处有最大吸收，可用于定量分析。在蛋白质序列分析中氨基的化学修饰非常重要。用于多肽链 N 末端残基测定的化学修饰方法最常用的有 2,4-二硝基氟苯（DNFB）

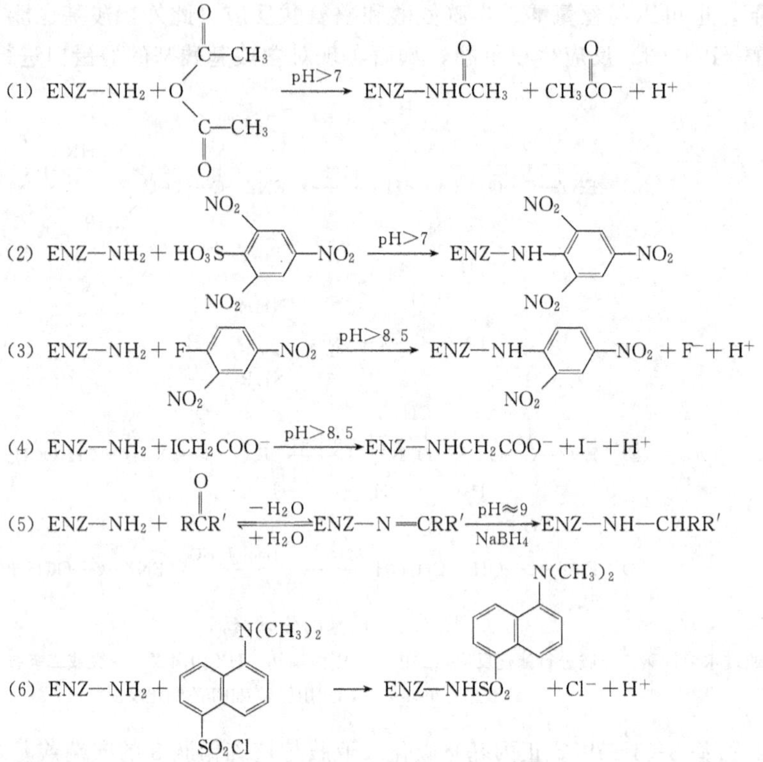

图 5.2 氨基的化学修饰

(1) 乙酸酐；(2) 2,4,6-三硝基苯磺酸（TNBS）；(3) 2,4-二硝基氟苯（DNFB）；
(4) 碘乙酸（IAA）；(5) 还原烷基化试剂；(6) 丹磺酰氯（DNS）
其中三硝基苯磺酸（TNBS）是非常有效的一种氨基修饰剂，它与
赖氨酸残基反应，在 420nm 和 367nm 能够产生特定的光吸收

法，丹磺酰氯（DNS）法，苯异硫氰酸酯（PITC）法。

5.2.3 胍基的化学修饰

具有两个邻位羰基的化合物，如丁二酮、1,2-环己二酮和苯乙二醛是修饰精氨酸残基的重要试剂，因为它们在中性或弱碱条件下能与精氨酸残基反应（图 5.3）。精氨酸残基在结合带有阴离子底物的酶的活性部位中起着重要作用。还有一些在温和条件下具有光吸收性质的精氨酸残基修饰剂，如 4-羟基-3-硝基苯乙二醛和对硝基苯乙二醛。

5.2.4 巯基的化学修饰

巯基在维持亚基间的相互作用和酶催化过程中起着重要作用，因此开发了许多修饰巯基的特异性修饰剂，如图 5.4。巯基具有很强的亲核性，在含半胱氨酸的酶分子中是最容易反应的侧链基团。

烷基化试剂是一种重要的巯基修饰剂，修饰产物相当稳定，易于分析。目前已开发出许多基于碘乙酸的荧光试剂。

马来酰亚胺或马来酸酐类修饰剂能与巯基形成对酸稳定的衍生物。N-乙基马来酰亚胺是一种反应专一性很强的巯基修饰剂，反应产物在 300nm 处有最大吸收。

有机汞试剂（如对氯汞苯甲酸）对巯基专一性最强，修饰产物在 250nm 处有最大吸收。

5,5′-二硫-2-硝基苯甲酸（DTNB）（Ellman 试剂）也是最常用的巯基修饰剂，它与巯基反应形成二硫键，释放出一个 2-硝基-5-硫苯甲酸阴离子，此阴离子在 412nm 处有最大吸收，

110

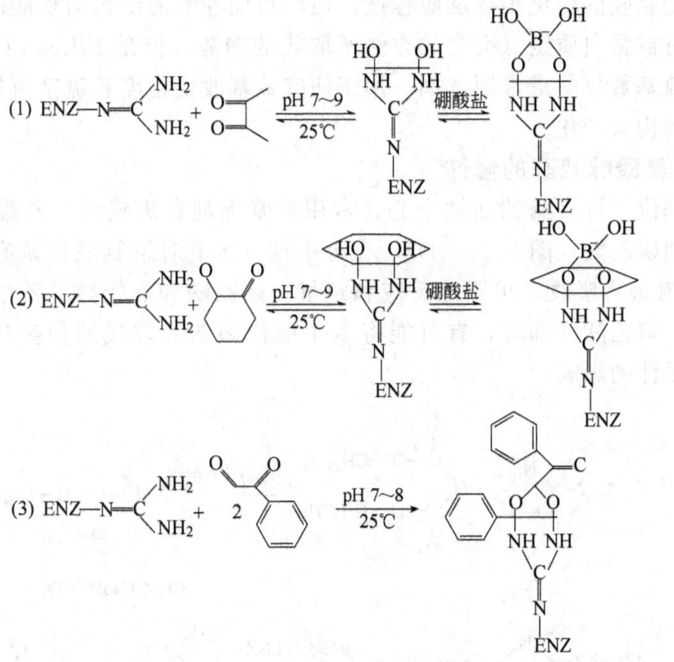

图 5.3　胍基的化学修饰

(1) 丁二酮（在硼酸盐存在下）；(2) 1,2-环己二酮（在硼酸盐存在下）；(3) 苯乙二醛

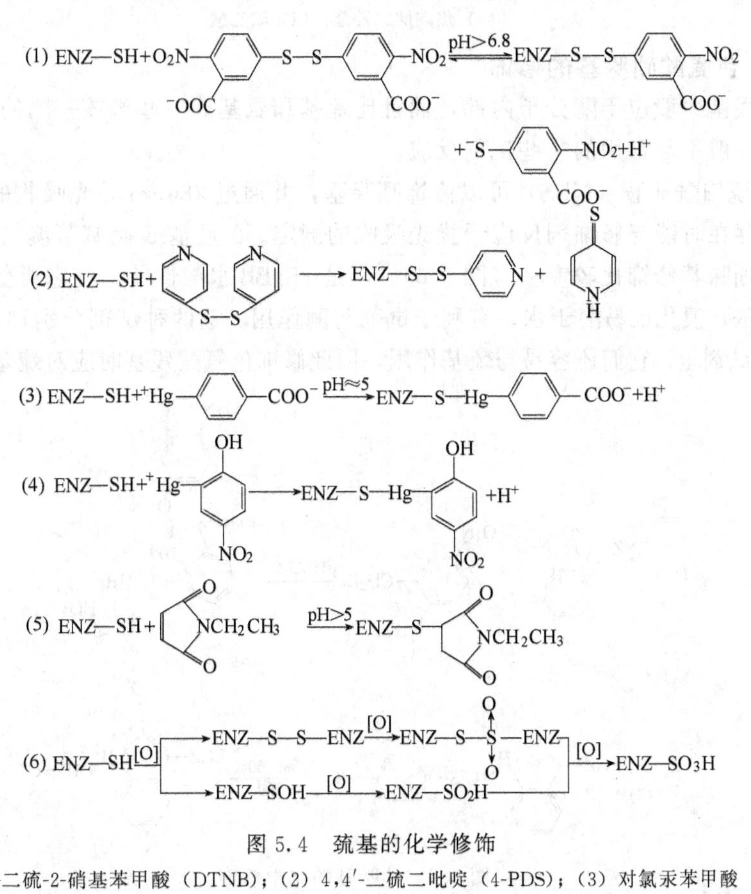

图 5.4　巯基的化学修饰

(1) 5,5′-二硫-2-硝基苯甲酸（DTNB）；(2) 4,4′-二硫二吡啶（4-PDS）；(3) 对氯汞苯甲酸（PMB）；

(4) 2-氯汞-4-硝基苯酚（MNP）；(5) N-乙基马来酰亚胺（NEM）；(6) 过氧化氢氧化

因此能够通过光吸收的变化跟踪反应程度。虽然目前在酶的结构与功能研究中半胱氨酸的侧链的化学修饰有被蛋白质定点突变的方法所取代的趋势，但是 Ellman 试剂仍然是当前定量分析酶分子中巯基数目的最常用试剂，用于研究巯基改变程度和巯基所处环境，最近它还用于研究蛋白质的构象变化。

5.2.5 组氨酸咪唑基的修饰

组氨酸残基位于许多酶的活性中心，常用的修饰剂有焦碳酸二乙酯（DPC，diethylpyrocarbonate）和碘乙酸（图 5.5）。DPC 在近中性 pH 下对组氨酸残基有较好的专一性，产物在 240nm 处有最大吸收，可跟踪反应和定量。碘乙酸和焦碳酸二乙酯都能修饰咪唑环上的两个氮原子，碘乙酸修饰时，有可能将 N-1 取代和 N-3 取代的衍生物分开，观察修饰不同氮原子对酶活性的影响。

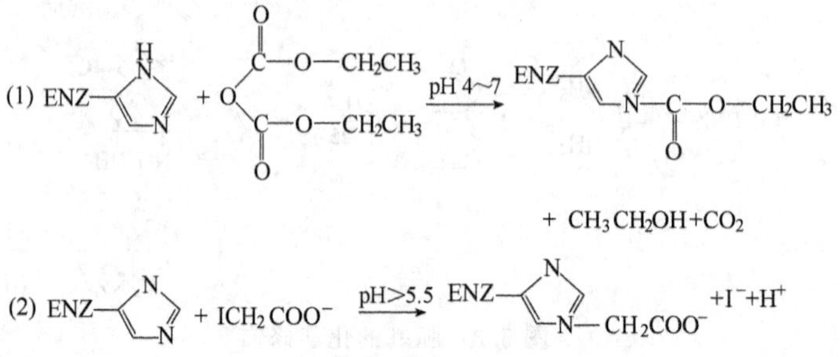

图 5.5　组氨酸咪唑基的化学修饰
(1) 焦碳酸二乙酯；(2) 碘乙酸

5.2.6 色氨酸吲哚基的修饰

色氨酸残基一般位于酶分子内部，而且比巯基和氨基等一些亲核基团的反应性差，所以色氨酸残基一般不与常用的一些试剂反应。

N-溴代琥珀酰亚胺（NBS）可以修饰吲哚基，并通过 280nm 处光吸收的减少跟踪反应，但是酪氨酸存在时能与修饰剂反应干扰光吸收的测定。2-羟基-5-硝基苄溴（HNBB）和 4-硝基苯硫氯对吲哚基修饰比较专一（图 5.6）。但是 HNBB 水溶性差，与它类似的二甲基-(2-羟基-5-硝基苄基) 溴化锍易溶于水，有利于试剂与酶作用。这两种试剂分别称为 Koshland 试剂和 Koshland 试剂Ⅱ，它们还容易与巯基作用，因此修饰色氨酸残基时应对巯基进行保护。

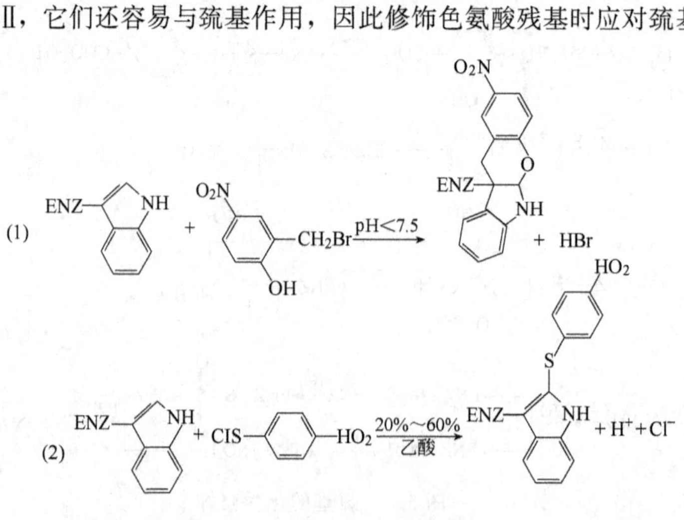

图 5.6　吲哚基的化学修饰
(1) 2-羟基-5-硝基苄溴（HNBB）或 Koshland 试剂；(2) 4-硝基苯硫氯

5.2.7 酪氨酸残基和脂肪族羟基的修饰

酪氨酸残基的修饰包括酚羟基的修饰和芳香环上的取代修饰。苏氨酸和丝氨酸残基的羟基一般都可以被修饰酚羟基的修饰剂修饰，但是反应条件比修饰酚羟基严格些，生成的产物也比酚羟基修饰形成的产物更稳定（图 5.7）。

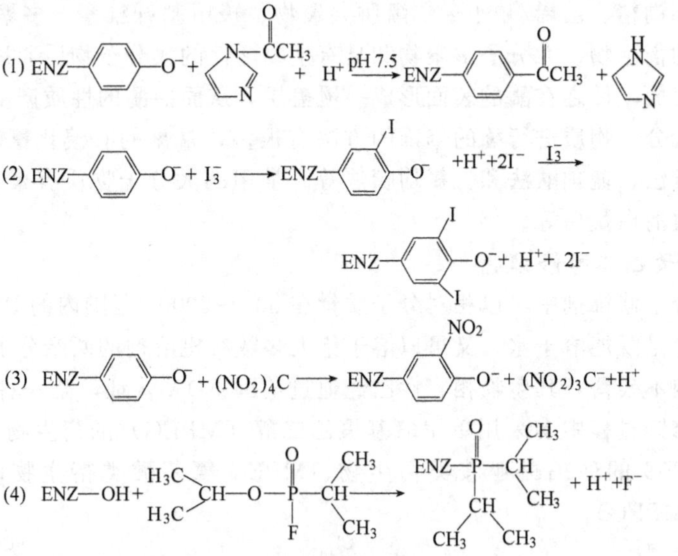

图 5.7 酚基和羟基的化学修饰

（1）N-乙酰咪唑；（2）碘化反应；（3）四硝基甲烷（TNM）；（4）二异丙基氟磷酸（DFP）

四硝基甲烷（TNM）在温和条件下可高度专一性地硝化酪氨酸酚基，生成可电离的发色基团 3-硝基酪氨酸，它在酸水解条件下稳定，可用于氨基酸定量分析。

苏氨酸和丝氨酸残基的专一性化学修饰相对比较少。丝氨酸参与酶活性部位的例子是丝氨酸蛋白水解酶。酶中的丝氨酸残基对酰化剂（如二异丙基氟磷酸酯）具有高度反应性。苯甲基磺酰氟（PMSF）也能与此酶的丝氨酸残基作用，在硒化氢存在下，能将活性丝氨酸转变为硒代半胱氨酸，从而把丝氨酸蛋白水解酶变成了谷胱甘肽过氧化物酶。

5.2.8 甲硫氨酸甲硫基的修饰

虽然甲硫氨酸残基极性较弱，在温和条件下，很难选择性修饰。但是由于硫醚的硫原子具有亲核性，所以可用过氧化氢、过甲酸等氧化成甲硫氨酸亚砜。用碘乙酰胺等卤化烷基酰胺使甲硫氨酸烷基化（图 5.8）。

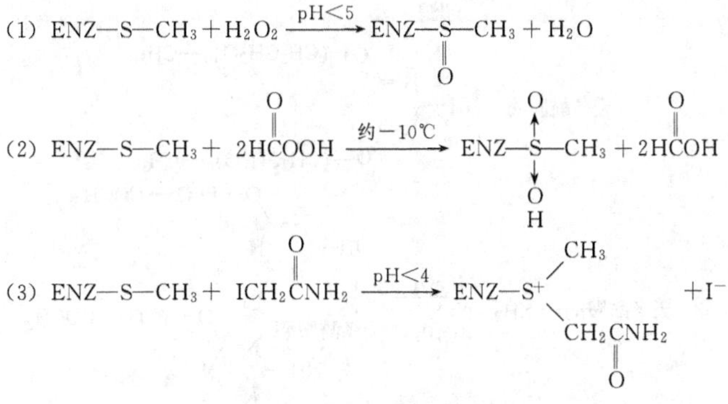

图 5.8 甲硫基的化学修饰

（1）过氧化氢；（2）过甲酸；（3）碘乙酰胺

5.3 酶的表面化学修饰

5.3.1 有机大分子对酶的化学修饰

通常采用如聚乙二醇（PEG）、聚乙烯吡咯烷酮（PVP）、聚丙烯酸（PAA）、聚氨基酸、葡聚糖、环糊精、乙烯/顺丁烯二酰肼共聚物、羧甲基纤维素、多聚唾液酸、肝素等可溶性的糖或糖的衍生物、大分子多聚物和具有生物活性的大分子物质通过共价键将大分子连接到酶分子的表面，使之在酶的表面形成一覆盖层，从而使酶的性质产生改变，以满足人们的需要。采用大分子物质进行酶的修饰的方法有很多，常见的有溴化氰法、高碘酸氧化法、戊二醛法、叠氮法、琥珀酸法和三氯均嗪法等。常用的大分子物质有聚乙二醇、右旋糖酐、糖肽、肝素、血清白蛋白等。

5.3.1.1 聚乙二醇修饰酶

在各种大分子修饰剂中，以相对分子质量在 500~20000 范围内的 PEG 类修饰剂应用最广。其原因是它是既能溶于水，又可以溶于绝大多数有机溶剂的两亲分子，且没有免疫原性和毒性，在体内不残留，其生物相容性已经通过美国 FDA 认证，是一种优良的修饰剂。但在实际的化学修饰过程中多采用单甲氧基聚乙二醇（MPEG）的衍生物，如 MPEG 均三嗪类衍生物、MPEG 的琥珀酰亚胺类衍生物、MPEG 氨基酸类衍生物以及蜂巢形 MPEG（comb-shaped MPEG）。

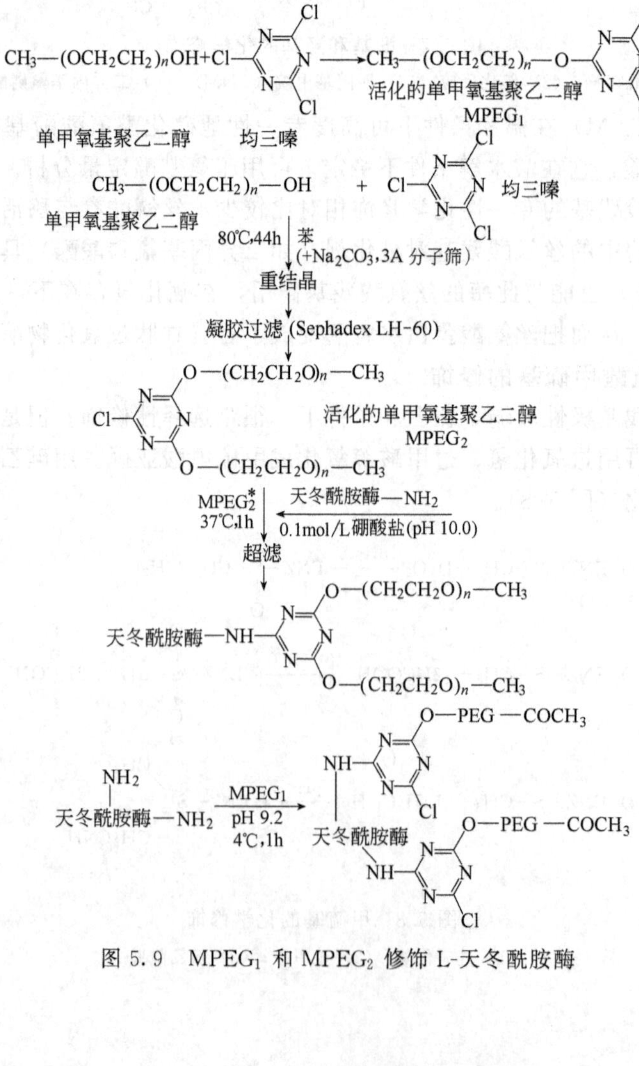

图 5.9　MPEG$_1$ 和 MPEG$_2$ 修饰 L-天冬酰胺酶

（1）MPEG 均三嗪类衍生物　MPEG 均三嗪类衍生物包括 MPEG$_1$ 和 MPEG$_2$。均三嗪环上的氯原子很活泼，容易与 MPEG 的羟基发生反应，通过控制不同反应条件，可以分别制得取代度不同的 MPEG 均嗪类衍生物：活化的 MPEG$_1$ 和 MPEG$_2$。由于在被均三嗪活化的修饰剂 MPEG$_1$ 和 MPEG$_2$ 中引入了活泼的氯原子，就很容易与酶分子中的氨基产生反应，从而实现了酶的修饰。图 5.9 为采用 MPEG$_1$ 和 MPEG$_2$ 修饰 L-天冬酰胺酶的过程。因为 MPEG$_1$ 在一个均三嗪环上只接上了一个 MPEG 分子，而 MPEG$_2$ 在一个均三嗪环上却连接了两个 MPEG 分子，因此在氨基修饰程度相同的情况下，MPEG$_2$ 修饰酶所引进的 MPEG 分子数将是 MPEG$_1$ 的两倍，当然从某种程度上讲，MPEG$_2$ 的修饰效果也要好于 MPEG$_1$。图 5.10 为天然酶和 MPEG$_1$、MPEG$_2$ 修饰酶的免疫沉淀比较，可见修饰酶的免疫性获得了很大的降低，其中采用 MPEG$_2$ 修饰酶的免疫性基本消失。

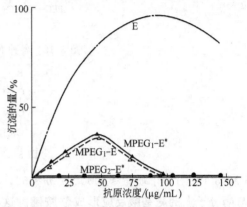

图 5.10　天然酶和修饰酶的免疫沉淀曲线
MPEG$_1$-E、MPEG$_2$-E 表示 MPEG$_1$、MPEG$_2$ 修饰酶；
E* 表示有底物保护的修饰酶；E 表示天然酶

（2）MPEG 的琥珀酰亚胺类衍生物（图 5.11）　常用二溴代琥珀酸作为 MPEG 的活化剂，在温和的碱性条件下进行反应，制备出 MPEG 琥珀酰亚胺琥珀酸酯（SS-MPEG）、MPEG 琥珀酰亚胺琥珀酰胺（SSA-MPEG）、MPEG 琥珀酰亚胺碳酸酯（SC-MPEG）等 MPEG 的琥珀酰亚胺类衍生物，再用这些 MPEG 的琥珀酰亚胺类衍生物在 pH 7～10 范围内与酶分子上的氨基产生交联反应，对酶进行修饰，获得修饰酶。

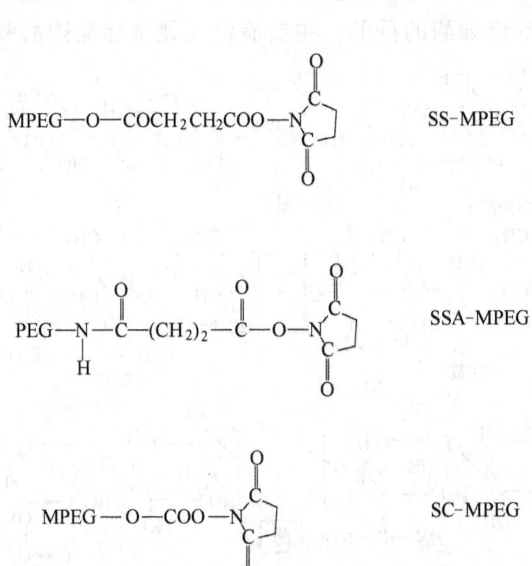

MPEG—O—COCH$_2$CH$_2$COO—N　　　SS-MPEG

PEG—N—C—(CH$_2$)$_2$—C—O—N　　　SSA-MPEG
　　　H

MPEG—O—COO—N　　　SC-MPEG

图 5.11　各种 MPEG 的琥珀酰亚胺类衍生物

（3）MPEG 氨基酸类衍生物（图 5.12）　MPEG 与亮氨酸的 α-氨基或赖氨酸上的 α-氨基和 ε-氨基反应，制备出的 MPEG 的氨基酸类衍生物可以通过 N-羟基琥珀酰亚胺活化。

（4）蜂巢形 MPEG（comb-shaped MPEG）（图 5.13）　聚乙二醇与马来酸酐形成的共聚物（PM）具有多个反应位点，呈现蜂巢形结构。已制备出两种活化的 PM 共聚物：活化

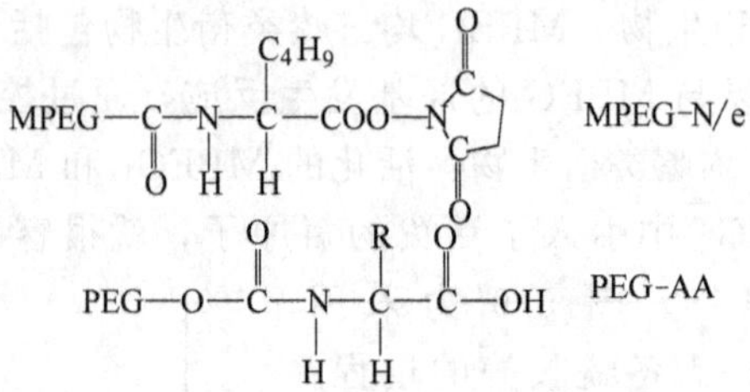

图 5.12　各种 MPEG 的氨基酸类衍生物

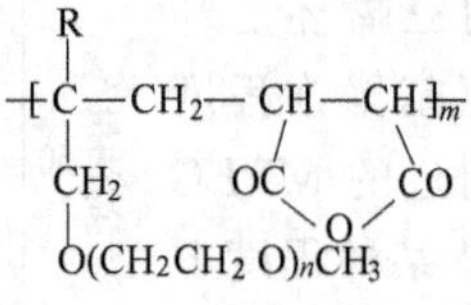

图 5.13　蜂巢形 MPEG

PM13（相对分子质量≈100000；$m≈50$，$n≈40$，R＝CH$_3$）。修饰剂分子中的马来酸酐直接与酶分子上的氨基酸反应形成酰胺键。这些蜂巢形修饰剂将酶分子表面覆盖上一个阴离子基团。

（5）其它 PEG 衍生物　PEG 胺类衍生物可以修饰羧基化合物，还可以作为合成其它修饰剂的中间体。异双功能 PEG 也可以用来修饰除了氨基以外的其它基团。

5.3.1.2　右旋糖酐及右旋糖酐硫酸酯修饰酶

右旋糖酐是由多个 α-葡萄糖通过 α-1,6-糖苷键形成的多糖，具有较好的水溶性和生物相溶性，可以用作代血浆。右旋糖酐硫酸酯是右旋糖酐分子结构中的羟基与硫酸结合而形成的酯。右旋糖酐及右旋糖酐硫酸酯分子中多糖链上的双羟基结构经过活化后可以与酶分子上的自由氨基结合，从而达到修饰酶的目的。主要有溴化氰法和高碘酸氧化法两种修饰方法。

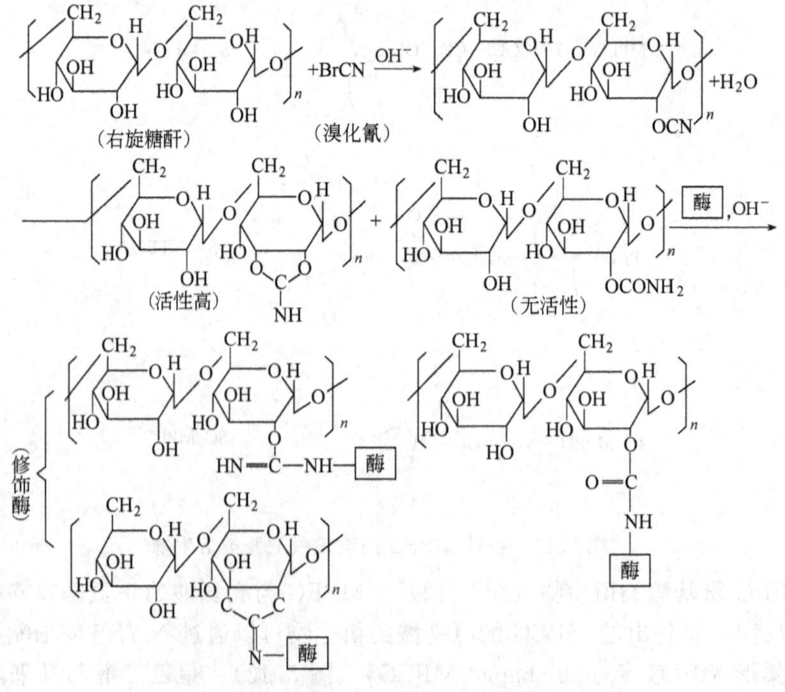

图 5.14　右旋糖酐溴化氰法修饰酶的反应过程

（1）溴化氰法　利用右旋糖酐溴化氰法对酶进行修饰时，首先是使多糖链上的邻双羟基在溴化氰的作用下活化，然后在碱性条件下与酶分子上的氨基进行反应，通过共价键相互结合来修饰酶。图 5.14 为右旋糖酐溴化氰法修饰酶的反应过程。

通过大量的研究工作，目前人们已经知道，利用右旋糖酐溴化氰法修饰酶时，右旋糖酐的活化是最为关键的一步，并且摸索出了合适的活化反应条件，能得到含有较多的活性基团，且能保持水可溶性的活化右旋糖酐。

（2）高碘酸氧化法　高碘酸能通过氧化右旋糖酐或右旋糖酐硫酸酯中多糖的邻双羟基结构而将葡萄糖环打开，形成高活性的醛基进一步与酶分子上的自由氨基反应，从而使右旋糖酐或右旋糖酐硫酸酯与酶通过共价键结合，实现对酶的修饰。右旋糖酐或右旋糖酐硫酸酯的高碘酸氧化法修饰酶的反应过程如图 5.15。

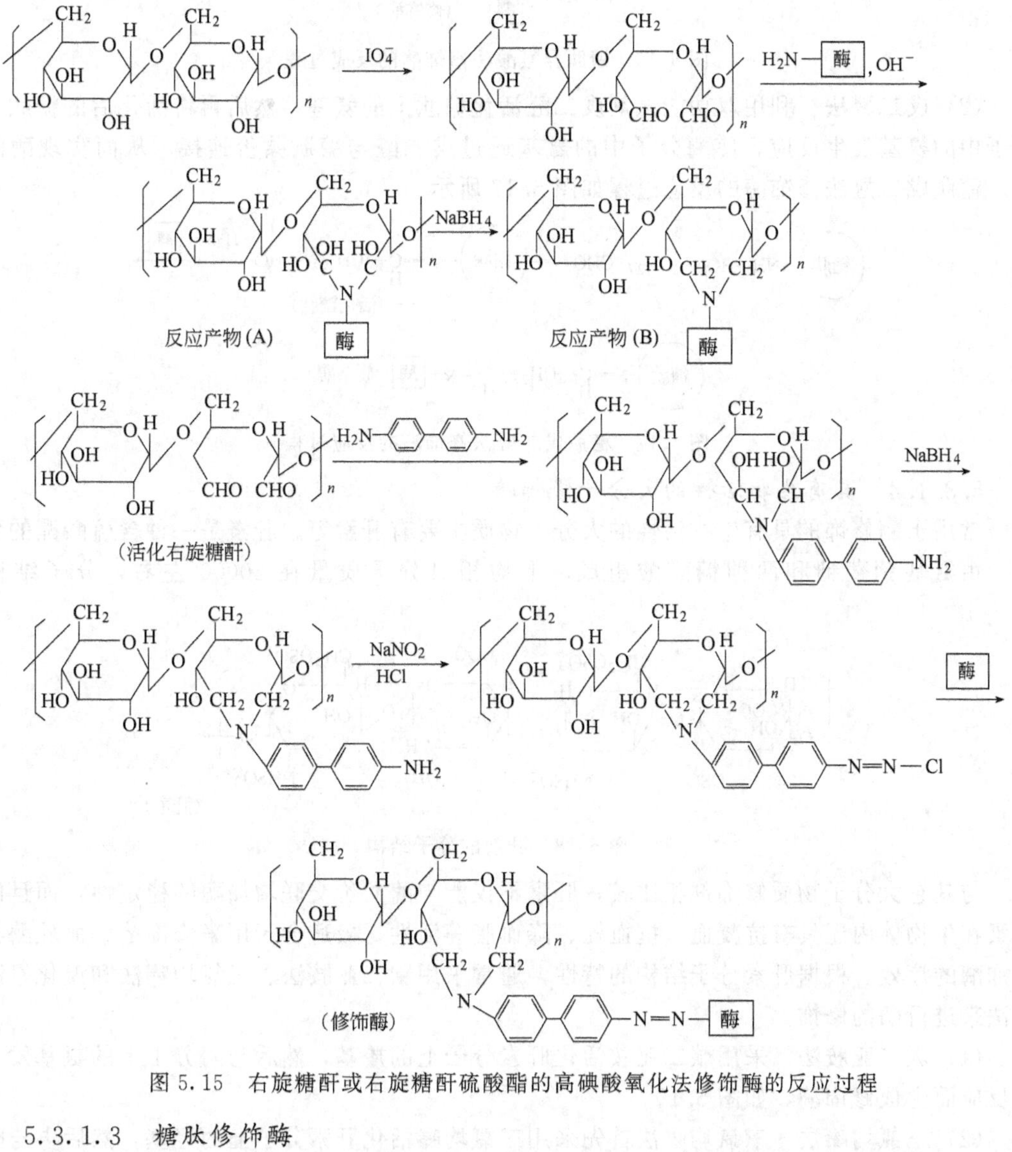

图 5.15　右旋糖酐或右旋糖酐硫酸酯的高碘酸氧化法修饰酶的反应过程

5.3.1.3　糖肽修饰酶

糖肽一般是通过纤维蛋白酶或蛋白水解酶降解人纤维蛋白或 γ-球蛋白而得。由于糖肽结构上含有氨基，这些氨基经合适的方法活化后能与酶分子中的氨基发生反应而通过共价键相互结合，进而实现对酶的修饰。常用的糖肽修饰酶的方法有异氰酸法、戊二醛法等。

（1）异氰酸法　在低温条件下可用 2,3-异氰酸甲苯对糖肽进行活化，经过活化后的糖肽再在碱性条件下与酶进行交联反应，通过共价键相互结合而实现对酶的有效修饰。糖肽异氰酸法修饰酶的反应过程如图 5.16 所示。

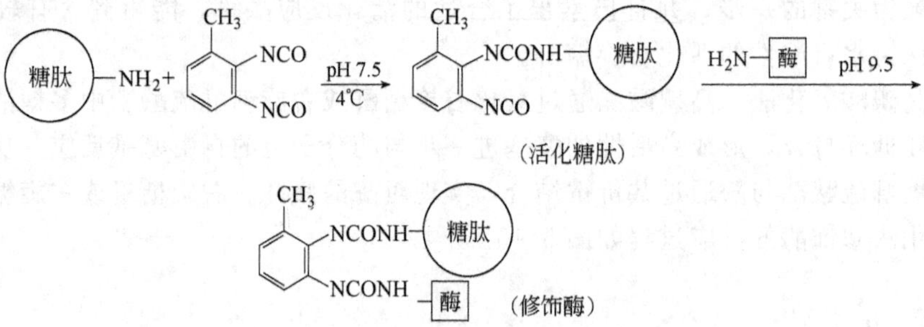

图 5.16　糖肽异氰酸法修饰酶的反应过程

（2）戊二醛法　利用双功能试剂戊二醛活化糖肽上的氨基，然后再将活化后的糖肽与酶分子中的氨基发生反应，使酶分子中的氨基通过戊二醛与糖肽共价连接，从而实现酶的修饰。糖肽戊二醛法修饰酶的反应过程如图 5.17 所示。

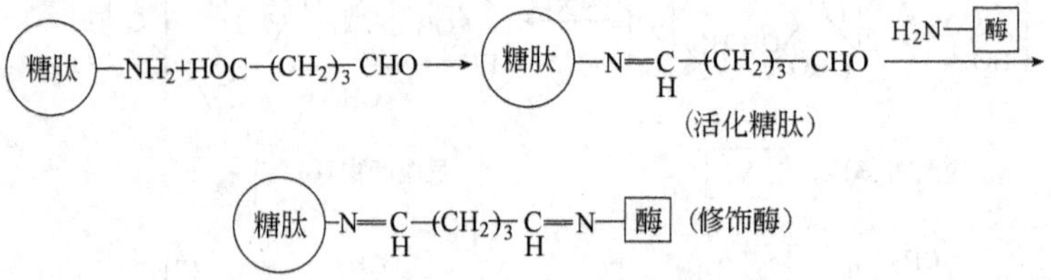

图 5.17　糖肽戊二醛法修饰酶的反应过程

5.3.1.4　具有生物活性的大分子修饰酶

常用于酶修饰的具有生物活性的大分子物质主要有肝素等。肝素是一种含硫酸酯的黏多糖，由氨基葡萄糖和两种糖醛酸组成，平均相对分子质量在 20000 左右，分子结构如图 5.18。

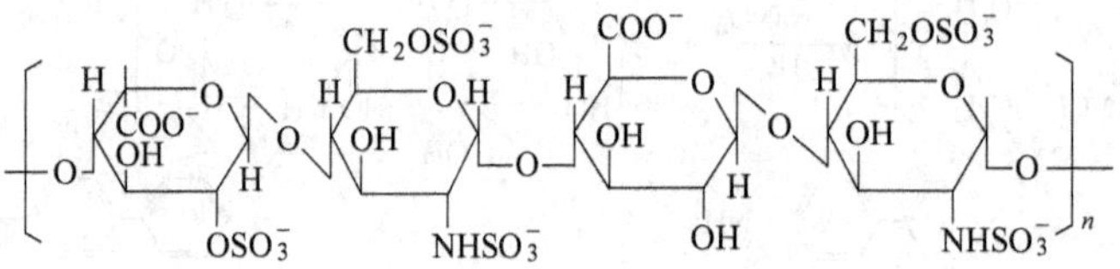

图 5.18　肝素的分子结构

与其它大分子物质修饰剂相比较，肝素不仅能与酶共价交联增加酶的稳定性，而且由于肝素在生物体内还具有抗凝血、抗血栓、降血脂等活性，极适合于用来修饰溶解血栓酶类而增加酶的疗效。根据肝素分子结构的特性，通常采用羰二亚胺法、三氯均嗪法和溴化氰法等方法来进行酶的修饰。

（1）羰二亚胺法　采用羰二亚胺活化肝素分子上的羧基，然后与酶分子上的氨基发生交联反应而生成修饰酶，如图 5.19。

（2）三氯均嗪法　三氯均嗪法首先采用三氯均嗪活化肝素分子上的羟基，然后再与酶分子上的氨基发生反应而生成修饰酶，从而实现了酶的修饰。三氯均嗪法的反应过程如图 5.20。

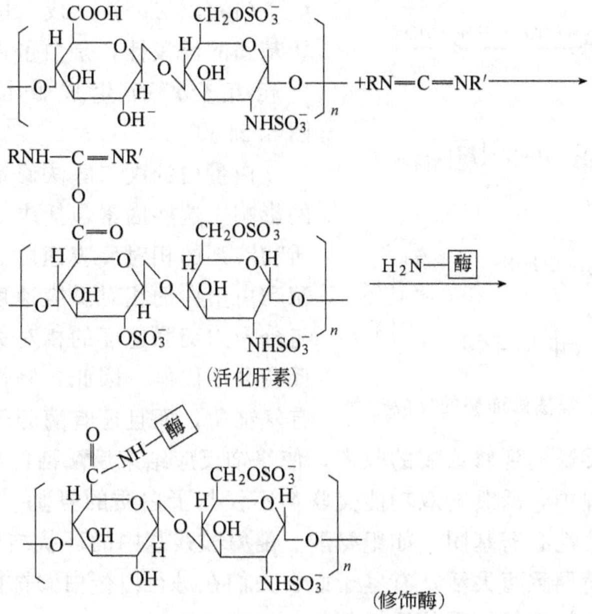

图 5.19　利用肝素羰二亚胺法修饰酶的反应过程

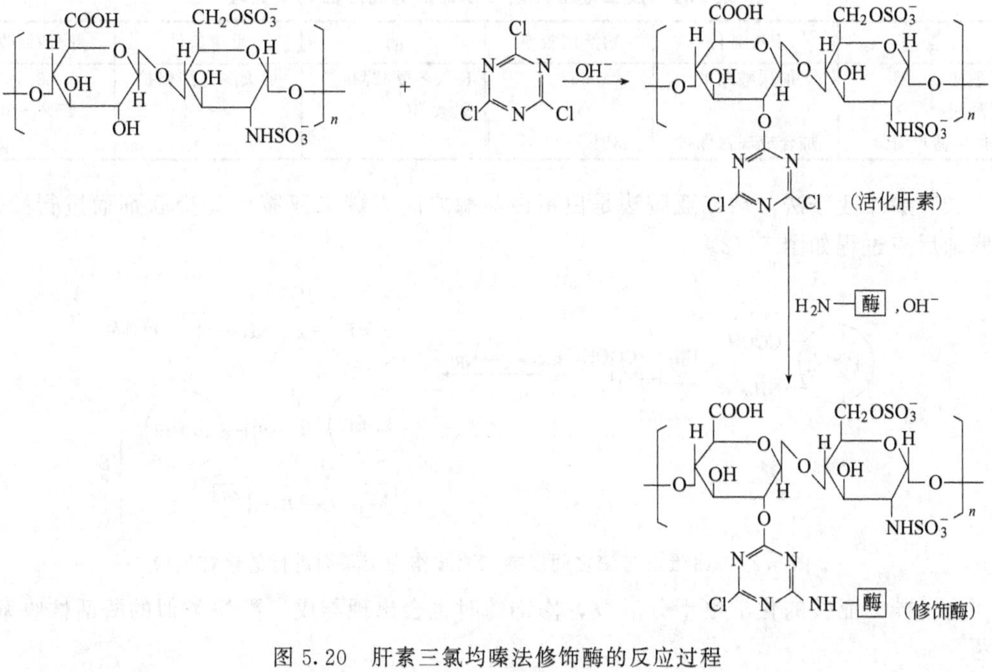

图 5.20　肝素三氯均嗪法修饰酶的反应过程

（3）溴化氰法　溴化氰法是利用溴化氰活化肝素分子上的邻双羟基，然后和酶分子上的氨基反应生成修饰酶。方法类同于右旋糖酐溴化氰活化修饰法。

5.3.1.5　蛋白质或其它大分子物质修饰酶

血浆蛋白质是血浆中的天然组分，由于血浆蛋白质具有较大的分子量，在改进酶的性质上效果明显，被认为是具有较大优越性和前途的一类修饰剂，其中人血清白蛋白是目前研究较多的一种重要的酶修饰剂。利用人血清白蛋白进行酶修饰的方法有戊二醛法、羰二亚胺法、活性酯法等。

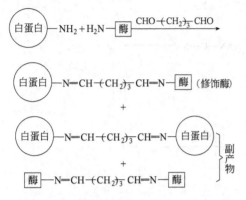

图 5.21 白蛋白戊二醛法修饰酶的反应过程

（1）戊二醛法　戊二醛法是利用戊二醛双功能基团的活泼性，是白蛋白和酶分子上的氨基产生相互交联而生成修饰酶，其反应过程如图 5.21。

白蛋白的戊二醛法修饰过程要受到多种因素的影响，这些因素包括戊二醛双功能基团与蛋白质和溶剂的相对反应速度、戊二醛双功能基团与酶和白蛋白的相对反应速度、分子间的交联速度与分子内交联速度的相对关系以及白蛋白与酶的反应分子比例。因此，修饰反应的反应产物不仅有修饰酶，而且还有酶分子间和白蛋白之间相互交联的副产物，直接影响到修饰酶的收率，使修饰反应结束后酶活的损失较大。主要原因可能是在修饰反应过程中，活泼的双功能交联剂不仅与蛋白质的氨基、羧基反应生成修饰酶，而且还可能与酶的活性必需基团，如组氨酸、酪氨酸残基中的环状结构和半胱氨酸残基中的巯基等发生反应从而导致酶失活。有鉴于此，人们在进行白蛋白修饰酶时常在反应体系中加入一些酶的专一性底物来保护酶的活性部位，如表 5.1。

表 5.1　戊二醛法白蛋白修饰酶的酶活回收率比较

酶	反应条件	酶活回收率	酶	反应条件	酶活回收率
尿酸酶	加尿酸保护	66%	L-天冬酰胺酶	加天冬氨酸保护	60%
尿酸酶	—	4%	尿激酶	—	45%～50%
α-葡萄糖苷酶	加合成底物保护	35%～60%			

（2）羰二亚胺法　羰二亚胺法是白蛋白与酶之间以羰二亚胺作为交联剂而进行酶修饰，其修饰反应过程如图 5.22。

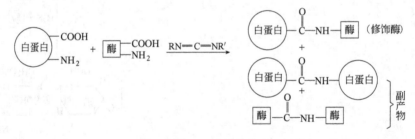

图 5.22　白蛋白与酶之间以羰二亚胺作为交联剂进行的修饰反应

由于羰二亚胺的化学也十分活泼，修饰酶时也会出现与戊二醛法类似的酶活性收率低的问题。

（3）活性酯法　活性酯法白蛋白修饰酶是在多肽合成的原理上逐步发展起来的，主要由白蛋白琥珀酰化、活性酯形成和修饰酶三个过程组成，其主要的特点是反应条件温和，从而避免了活泼的双功能交联试剂直接与酶接触所可能引起的酶失活，减少了修饰反应中副反应的发生，提高了修饰酶的活性收率。有报道认为，用活性酯法以白蛋白修饰尿激酶时，在不用底物对酶的活性部位进行保护的情况下，酶活的回收率也可高达 90% 以上，结合率在 80% 以上。活性酯法白蛋白修饰酶的反应过程如图 5.23。

活性酯法白蛋白修饰酶的反应主要由白蛋白琥珀酰化、活性酯形成和修饰酶等三个反应组成。在白蛋白琥珀酰化反应中，通过白蛋白和琥珀酸酐的相互作用，使白蛋白分子表面的

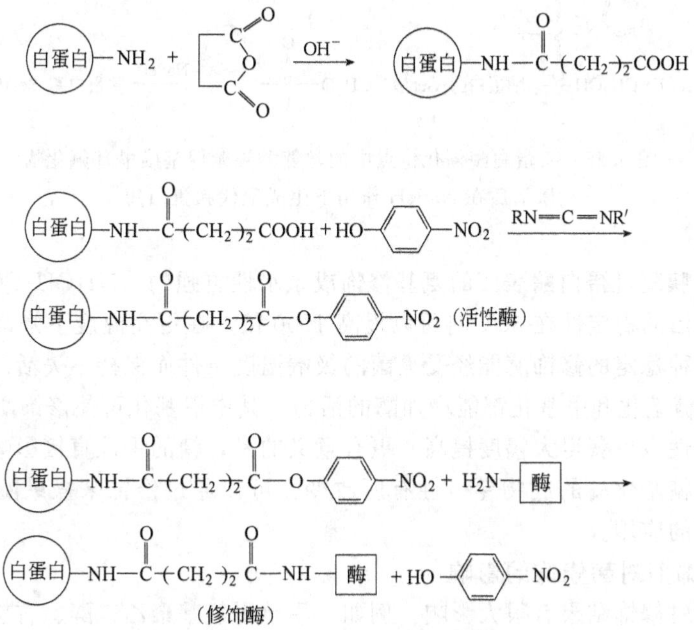

图 5.23 活性酯法白蛋白修饰酶的过程

氨基琥珀酰化，为下一步活性酯反应提供大量的反应必需基团——羧基，并防止了在活性酯反应时白蛋白产生的自身交联。白蛋白琥珀酰化后的琥珀酰化白蛋白在羰二亚胺的作用下与对硝基苯酚形成了活性酯，在除去小分子的活泼交联剂后，就可以用获得的白蛋白活性酯与酶进行共价交联，实现对酶的修饰。由于白蛋白活性酯的反应活泼性，使酶与白蛋白之间形成了良好的交联，同时以小分子的交联剂作为酶与白蛋白之间的连接单元，起到了"手臂"的作用，可防止白蛋白形成对酶活的空间障碍，从而可得到高的酶活回收率。

5.3.2 小分子物质对酶的化学修饰

在众多的酶修饰方法中，利用小分子化合物对酶的活性部位或活性部位之外的侧链基团进行化学修饰以改变酶学性质的方法也已经被广泛使用。常用于酶修饰的小分子化合物主要有氨基葡萄糖、醋酸酐、硬脂酸、邻苯二酸酐、醋酸-N-丁二酯亚胺酯、辛二酸-二-N-羟基丁二酰亚胺酯等。例如，利用 D-葡萄糖胺与未糖基化的核糖核酸酶 A 进行化学偶联，就可以得到单糖基化修饰酶和双糖基化修饰酶（图 5.24）。研究结果表明，经过修饰的单糖基化核糖核酸酶 A 活力比天然酶降低 80%，但是热稳定性大大提高。

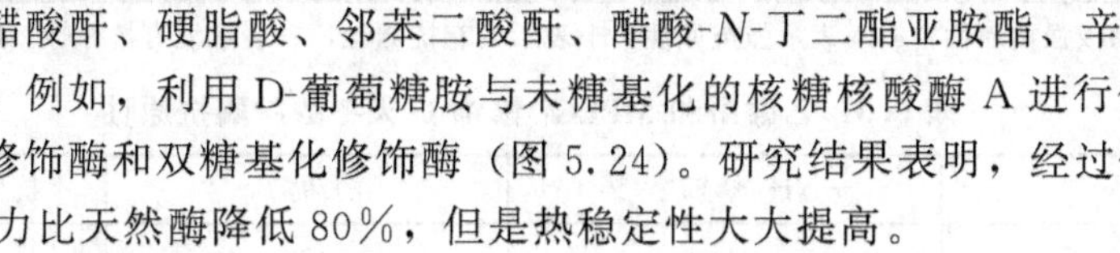

图 5.24 通过糖基化作用使未糖基化的核糖核酸酶 A
与 D-葡萄糖胺的化学偶联来修饰酶

又例如，氧化还原酶中的谷胱甘肽过氧化物酶极不稳定，但由于该酶的重要作用使人们对它很感兴趣。通过使用化学修饰的方法，用不稳定的氧化型硒原子取代胰蛋白酶中 195 位丝氨酸 γ 位的氧原子，将胰蛋白酶转变为硒代胰蛋白酶（图 5.25），结果硒代胰蛋白酶失去了还原酶的活性，而表现出较强的谷胱甘肽过氧化物酶的活性，可催化谷胱甘肽的氧化还原

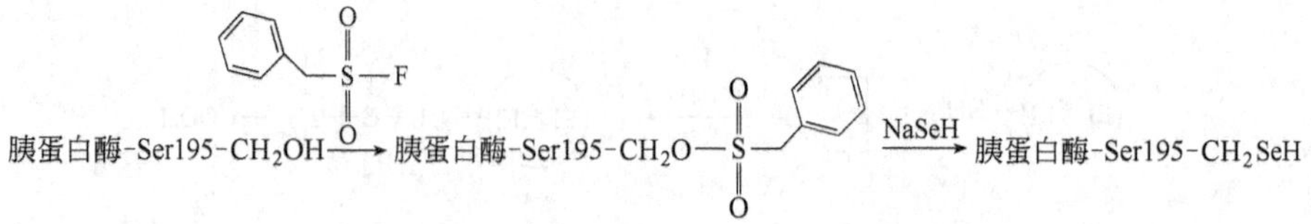

$$\text{胰蛋白酶-Ser195-CH}_2\text{OH} \longrightarrow \text{胰蛋白酶-Ser195-CH}_2\text{O—S} \xrightarrow{\text{NaSeH}} \text{胰蛋白酶-Ser195-CH}_2\text{SeH}$$

图 5.25　胰蛋白酶催化位点中的丝氨酸被苯甲基磺酰基氟化物
激活后在 NaSeH 作用下生成硒代胰蛋白酶

反应。

此外，将 α-胰凝乳蛋白酶表面的氨基修饰成亲水性更强的—NHCH₂COOH 后，修饰酶抵抗不可逆热失活的稳定性在 60℃时可以提高 1000 倍，在更高温度下修饰酶的稳定化效应将更强，而且这种稳定的修饰酶能经受灭菌的极端温度条件而保持不失活。马肝醇脱氢酶的Lys 的乙基化、糖基化和甲基化都能增加酶的活力。其中甲基化可使修饰酶的活力增加到最大，同时酶稳定性也可获得大幅度提高。更有意义的是，糖的手性直接影响到修饰后的糖基化酶的性质，使糖基化酶的底物专一性有所改变，可以通过修饰来操纵酶的底物专一性能力，以获得广泛的应用。

5.3.3　修饰剂对酶修饰的影响

修饰剂性质对修饰结果有很大影响。例如，用单甲氧基聚乙二醇、右旋糖酐、磺化右旋糖酐、肝素及小分子乙酸酐对治疗白血病的 L-天冬酰胺酶进行了化学修饰，结果如表 5.2、表 5.3。

表 5.2　右旋糖酐修饰 L-天冬酰胺酶的抗原性

样品	—NH₂ 修饰率/%	酶活/%	抗原-抗体结合能力							
			2^0	2^1	2^2	2^3	2^4	2^5	2^6	2^7
天然酶	0	100	+++	+++	+++	++	++	++	++	++
右旋糖酐 T40 修饰酶	69.8±0.28	21.3±0.26	+++	++	++	++	++	++	+	+
右旋糖酐 T70 修饰酶	32.0±0.60	80.0±0.39	++	++	++	+		+		
	47.5±0.75	49.0±0.40	+++	++	++	+	+	—	—	
	70.3±0.33	37.9±0.36	++	++	+	+	—	—	—	

注：+++表示极强抗原性，++表示强抗原性，+表示具有抗原性，—表示没有抗原性。

表 5.3　乙酸酐和 MPEG₁ 修饰 L-天冬酰胺酶抗原性

样　品	—NH₂ 修饰率/%	酶活/%	抗原-抗体结合能力/%
天然酶	0	100	100
乙酰修饰酶	29.1±0.71	15.1±0.40	80.2±2.30
MPEG₁(5000)修饰酶（Ⅰ）	56.0±0.90	25.0±0.30	68.5±2.41
MPEG₁(5000)修饰酶（Ⅱ）	71.7±0.65	17.2±0.43	26.6±1.51

结果表明，不同修饰剂都可在不同程度上降低天然酶的抗原性，但是用不同分子量的右旋糖酐修饰酶时，酶的抗原性的降低程度和酶活性的减少均与右旋糖酐的分子量有关。小分子乙酸酐修饰酶与大分子 MPEG 修饰酶相比，在降低抗原性和保持修饰酶活力方面，小分子修饰剂远不如大分子修饰剂。其原因可能是抗原决定簇有关的氨基虽然被修饰，但是由于修饰剂分子小，遮盖作用差，抗原决定簇未被有效地破坏。此外，反应 pH、温度以及酶与修饰剂的物质的量之比也影响修饰程度和修饰酶的性质。

采取底物保护酶活性部位的措施可以有效地减少修饰过程中酶活力的损失。表 5.4 为 L-天冬酰胺酶在有底物保护和无底物保护条件下利用乙酸酐修饰时修饰酶的抗原性比较。通过比较两种修饰酶的残余活力、氨基修饰程度及抗原-抗体结合能力，可以看出两种修饰酶在氨基修饰程度和抗原-抗体结合能力相差无几的情况下，底物保护下修饰酶的活力却是无底物保护时修饰酶的 3 倍。

表 5.4　乙酸酐修饰底物保护酶的抗原性

样　　　品	乙酸酐/酶 物质的量之比	反应体积/mL	—NH₂ 修饰率/%	酶活/%	抗原-抗体结 合能力/%
天然酶			0	100	100
无底物保护的修饰酶	6059/1	1	29.1±0.71	15.1±0.4	80.2±2.30
底物保护的修饰酶	6059/1	1	26±0.47	43.0±0.38	86.2±1.18

此外，L-天冬酰胺酶在有底物保护和无底物保护的条件下用 MPEG₁ 和 MPEG₂ 修饰时也可得到类似的结果。由表 5.5 可见，底物保护下的 MPEG₁ 修饰酶和 MPEG₂ 修饰酶均比无底物保护下的修饰酶活力要高。其中，当 MPEG₂ 修饰酶在有底物保护和无底物保护下氨基修饰分别达到 51 个和 52 个时，修饰酶的抗原性都完全解除，但是酶活力前者却是后者的 3 倍。

表 5.5　乙酸酐和 MPEG 修饰底物保护酶的抗原性

样　　　品		—NH₂ 修饰数	酶活/%	抗原-抗体结合能力/%
天然酶		0	100	100
天底物保护的修饰酶	MPEG₁-E	66±0.59	16.4±0.37	26.9±0.86
	MPEG₂-E	52±0.68	11±0.45	0
底物保护的修饰酶	MPEG₁-E	64±0.51	51±0.41	27.8±1.0
	MPEG₂-E	51±0.61	30±0.35	0

从表 5.4 及表 5.5 还可以看出无底物保护的乙酸酐修饰酶和 MPEG 修饰酶，虽然抗原性有所降低，但是酶活力损失严重。其原因可能是酶分子中的氨基与酶的活性部位有关。在修饰参与抗原决定簇的氨基同时，无选择地修饰了酶活性部位的氨基，导致酶失活；也可能是修饰了参与维持酶活性部位天然构象的有关氨基，导致酶失活。采用底物保护酶活性部位的方法，可以使与活性相关的氨基不被修饰，而有效地修饰与抗原决定簇有关的氨基，以此达到降低或解除抗原性的同时尽可能保持酶活力的目的。

5.4　酶蛋白分子的亲和修饰

酶蛋白分子的亲和修饰是基于酶和底物的亲和性，修饰剂不仅具有对被作用基团的专一性，而且具有对被作用部位的专一性，也将这类修饰剂称为位点专一性抑制剂，即修饰剂作用于被作用部位的某一基团，而不与被作用部位以外的同类基团发生作用。一般它们都具有与底物相类似的结构，对酶活性部位具有高度的亲和性，能对活性部位的氨基酸残基进行共价标记。因此，也将这类专一性化学修饰称为亲和标记或专一性的不可逆抑制。

5.4.1　亲和标记

虽然已开发出许多不同氨基酸残基侧链基团的特定修饰剂并用于酶的化学修饰中，但是这些试剂即使对某一基团的反应是专一的，也仍然有多个同类残基可与之反应，因此对某个特定残基的选择性修饰比较困难。为了解决这个问题，人们开发出了用于酶修饰的亲和标记试剂。

对用于亲和标记的亲和试剂作为底物类似物有多方面的要求，一般应符合如下条件：①在使酶不可逆失活以前，亲和试剂要与酶形成可逆复合物；②亲和试剂的修饰程度是有限的；③没有反应性的竞争性配体的存在应减弱亲和试剂的反应速度；④亲和试剂体积不能太大，否则会产生空间障碍；⑤修饰产物应当稳定，便于表征和定量。

亲和试剂可以专一性地标记于酶的活性部位上，使酶不可逆失活，因此也称为专一性的不可逆抑制。这种不可逆抑制又可分为 K_s 型不可逆抑制和 K_{cat} 型不可逆抑制。K_s 型抑制剂是根据底物的结构设计的，它不仅具有与底物结构相似的结合基团，同时还具有能与活性部位氨基酸残基的侧链基团反应的活性基团，因此也可以与酶的活性部位发生特异性结合，并且能够对活性部位侧链基团进行修饰而导致酶的不可逆失活，如图 5.26。K_{cat} 型抑制剂专一性很高，因为这类抑制剂是根据酶催化过程设计的，它不仅具有酶的底物性质而且还有一个潜在的反应基团在酶催化下活化后会不可逆地抑制酶的活性部位，所以 K_{cat} 型抑制剂也称为"自杀性抑制剂"。自杀性抑制剂可以用来作为治疗某些疾病的有效药物。

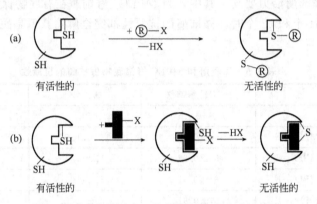

图 5.26　酶的基团专一性修饰与位点专一性修饰

(a) 基团专一性修饰；(b) 位点专一性修饰-亲和标记

5.4.2　外生亲和试剂与光亲和标记

亲和试剂一般可分为内生亲和试剂和外生亲和试剂。内生亲和试剂指的是指试剂本身的某些部分可通过化学方法转化为所需要的反应基团，而对试剂的结构没有大的扰动。外生亲和试剂是通过一定的方式将反应性基团加入到试剂中去。例如，将卤代烷基衍生物连接到腺嘌呤上（图 5.27）；氟磺酰苯酰基连接到腺嘌呤核苷酸上（图 5.28）。

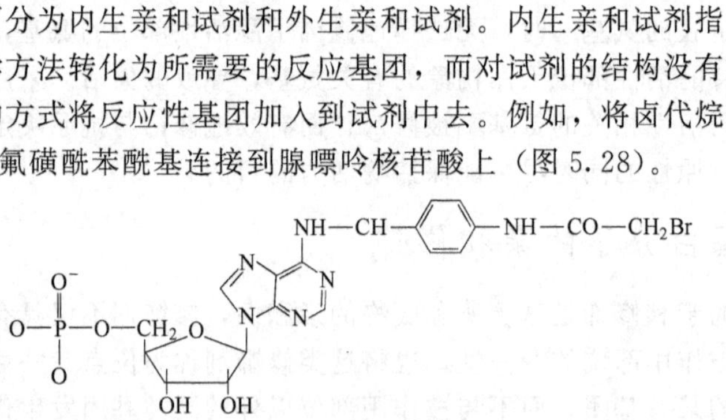

图 5.27　N-6-对溴乙酰胺-苄基-ADP 的结构

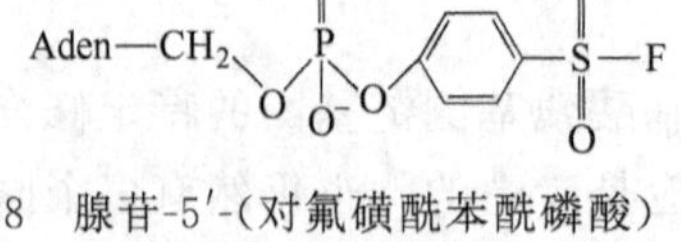

图 5.28　腺苷-5′-(对氟磺酰苯酰磷酸) 的结构

Aden—腺苷

光亲和试剂是一类特殊的外生亲和试剂，它在结构上除了有一般亲和试剂的特点外，还具有一个光反应基团。这种试剂先与酶活性部位在暗条件下发生特异性结合，然后被光照激活后，产生一个非常活泼的功能基团，能与它们附近几乎所有基团反应，形成一个共价的标记物（图5.29）。

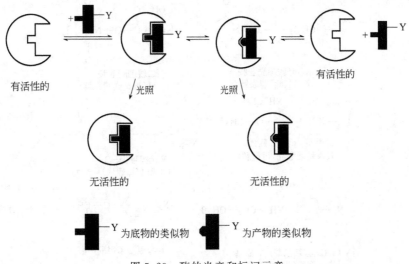

图 5.29　酶的光亲和标记示意

5.5　酶的化学交联

酶的化学交联是一类重要的化学修饰方法。所谓的交联剂是指具有两个反应活性部位的双功能基团的化学试剂，它可以在相隔较近的两个氨基酸残基之间，或酶与其它分子之间发生交联反应。交联剂可以分为同型双功能试剂、异型双功能试剂和可被光活化试剂三种类型，每种类型的交联剂又分为可裂解型和不可裂解型等。同型双功能交联剂两端具有相同的活性反应基团，可与氨基反应的双亚氨酯是一个典型的同型双功能交联剂。例如，N-羟琥珀酰亚胺酯、二硝基氟苯等同型双功能试剂都对氨基有专一性，但是戊二醛除与氨基反应外还能与羟基反应。异型双功能交联剂的一端与可以与氨基作用，另一端一般可以与巯基发生作用，但是碳二亚胺的第二个反应基团是羧基。可被光活化的高交联剂一端与酶反应后，经光照，另一端产生一个活性反应基团碳烯或氮烯，具有高反应性但是不具有专一性。

目前可供选择的交联剂种类繁多，不同的交联剂其长度、氨基酸专一性、交联速度和交联效率都不相同。图5.30列出了一些最常用的交联剂。

可裂解型交联剂能将两条多肽链交联后，再用二硫苏糖醇等还原试剂切断交联的化学键，这可用于多肽链的研究。不可裂解型的化学交联，可用于固定化酶或修饰酶改善酶的生物化学性质和免疫学性质。

使用双功能基团试剂如戊二醛、PEG等可将酶蛋白分子之间、亚基之间或分子内不同肽链部分间进行共价交联，使酶分子活性结构得以加固，提高其稳定性，增加了酶的使用价值。最先使用的是利用戊二醛进行酶交联的研究（图5.31），之后，人们在研究中获得了合适的交联酶晶体，并证实了可以利用交联酶晶体技术大幅度提高酶的生物活性和热稳定性。此外，还发现交联酶晶体在有机溶剂和水溶液中的稳定性大大增加，其中交联酶晶体在有机溶剂中的催化活性和稳定性的研究得到了人们的广泛关注。

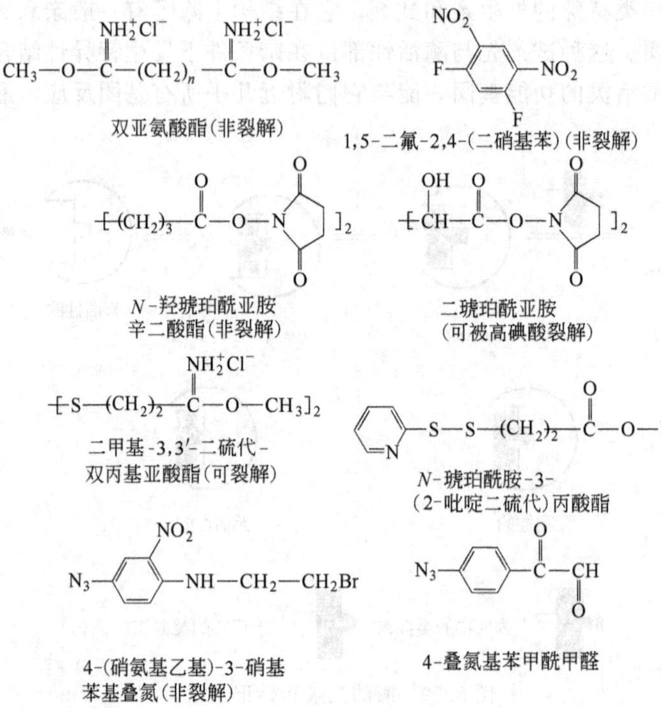

双亚氨酸酯(非裂解)

1,5-二氟-2,4-(二硝基苯)(非裂解)

N-羟琥珀酰亚胺
辛二酸酯(非裂解)

二琥珀酰亚胺
(可被高碘酸裂解)

二甲基-3,3′-二硫代-
双丙基亚酸酯(可裂解)

N-琥珀酰胺-3-
(2-吡啶二硫代)丙酸酯

4-(硝氨基乙基)-3-硝基
苯基叠氮(非裂解)

4-叠氮基苯甲酰甲醛

图 5.30　某些常用交联剂的结构

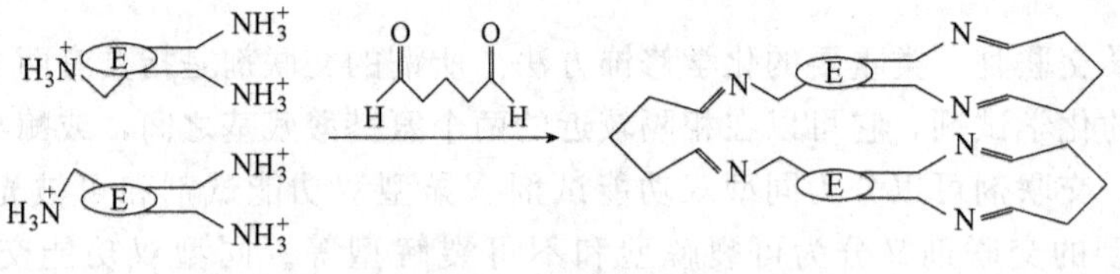

图 5.31　交联酶晶体的制备反应

通常，交联酶晶体的制备主要包括两步：①酶晶体的形成；②在保持酶活性和酶晶体的晶格不被破坏的条件下进行化学交联。多功能交联试剂除了传统的戊二醛外，还包括一些新近开发成功的化合物。例如，糖基化作用与交联技术联合应用于青霉素 G 酰化酶，利用葡聚糖二乙醛将青霉素 G 酰化酶进行交联，使其在 55℃下的半衰期提高 9 倍，而 v_{max} 保持不变。研究者分析使交联青霉素 G 酰化酶的稳定性提高的主要原因是交联反应增强了葡聚糖的羟基与酶分子亲水基团间的相互作用。此外，如丝氨酸蛋白酶、胰蛋白酶等也可以通过交联修饰由常温酶变为嗜热酶，其最适温度可从 45℃提高到 76℃，而其解链温度也可升高 22℃。

此外，通过酶表面的酸性或碱性残基将酶共价连接到惰性载体上的固定化酶技术也可有效地提高酶的稳定性等酶学性质。

5.6　修饰酶的性质及特点

迄今为止，已有 100 多种蛋白质（其中许多是酶）被修饰后在很多领域中显出许多优良特性：稳定性提高，体内半衰期延长，免疫原性和毒性降低或消除，膜渗透性提高，在体内的生物分布与代谢行为和药用酶的疗效得以改善，在有机溶剂中的溶解度和耐有机溶剂变性的能力提高等。通常经过修饰后酶的酶学性质会发生很大的变化，例如，大肠杆菌 L-天冬酰胺酶作为治疗淋巴性白血病、恶性淋巴肿瘤的酶制剂已在国外应用于临床，并且是治疗急性淋巴性白血病治疗指数最高的药物。但由于它来源于微生物，对人而言是一种外源性蛋白，有较强的免疫原性，临床上常见进行性免疫反应和全身性过敏反应，而限制了其临床应用。利用聚乙二醇修饰后的天冬酰胺酶不仅可降低或消除酶的抗原性，而且可以提高酶的抗蛋白水解的能力，延长酶在体内半衰期，提高药效。美国 FDA 正式批准的用于治疗急性淋巴细胞白血病的培门冬酶（Pegaspargase，商品名为 Oncaspar）即为 L-天冬酰胺酶的聚乙二醇螯合物，该产品已于 1994 年首先在美国上市。又如，作为酶缺损症治疗剂的葡萄糖醛酸苷酶、葡萄糖苷酶、半乳糖苷酶、腺苷脱氨酶经 PEG 修饰后，延长了它们在血液中的停留时间，提高了抗蛋白酶水解的能力，抗原性和免疫原性都有不同程度的减少或消失。在众多的酶学性质中，尤其以酶的热稳定性、体内半衰期、最适 pH 和抗原性等的变化最为显著。

（1）修饰酶的热稳定性 从热力学的角度来看，酶分子的天然构象为熵值小的高度有序状态，应该说是极不稳定的，但由于酶分子结构中的内部基团之间的相互作用以及基团与外相水溶液间的相互作用在很大程度上能产生补偿性的熵值，从而使整个酶分子结构的熵值处于一种相对平衡的状态，进而使天然酶紧密有序的构象得以维持。但是，当酶所处的环境发生改变，如温度升高后，这种平衡状态就被打破，使天然酶紧密有序的构象发生改变，导致酶发生热失活。已经知道，酶的热失活过程相当复杂，但人们通过大量的研究工作普遍认为主要原因是酶分子内各基团之间的相互作用在受热情况下发生了显著的变化，原先赖以维持天然构象的平衡受到破坏，于是酶分子的天然构象就向热力学上熵增高的方向变化，也就是从熵值较低的紧密有序状态向趋于随机的松散状态变化，折叠结构打开，最终导致了酶催化功能的丧失。基于这一观点，人们自然会想到，如果采用合适的方法增加酶的构象就能增加酶的热稳定性。

酶的化学修饰正是基于上述观点，从增加天然构象的稳定性着手来提高酶的热稳定性，从而减少酶的热失活。众多的化学修饰剂中存在多个活性反应基团，常常可以与酶形成多点交联，通过酶与修饰剂的交联可使酶的天然构象产生"刚性"，不容易伸展打开，并同时减少了酶分子内部基团的热振动，相对固定了酶分子的构象，从而增加了酶的热稳定性。表5.6 比较了天然酶和修饰酶的热稳定性。

表 5.6 天然酶和修饰酶的热稳定性比较

酶	修 饰 剂	天 然 酶		修 饰 酶	
		温度/时间	残留酶活/%	温度/时间	残留酶活/%
腺苷脱氨酶	右旋糖酐	37℃/100min	80	37℃/100min	100
α-淀粉酶	右旋糖酐	65℃/2.5min	50	65℃/63min	50
β-淀粉酶	右旋糖酐	60℃/5min	50	60℃/175min	50
胰蛋白酶	右旋糖酐	100℃/30min	46	100℃/30min	64
过氧化氢酶	右旋糖酐	50℃/10min	40	50℃/10min	90
溶菌酶	右旋糖酐	100℃/30min	20	100℃/30min	99
α-糜蛋白酶	右旋糖酐	37℃/6h	0	37℃/6h	70
β-葡萄糖苷酶	右旋糖酐	60℃/40min	41	60℃/40min	82
尿酸酶	人血清白蛋白	37℃/48h	50	37℃/48h	95
α-葡萄糖苷酶	人血清白蛋白	55℃/3min	50	55℃/60min	50
L-天冬酰胺酶	人血清白蛋白	37℃/4h	50	37℃/40h	50
尿激酶	人血清白蛋白	65℃/5h	25	65℃/5h	85
尿激酶	聚丙烯酰胺-丙烯酸	37℃/2d	50	37℃/2d	100
糜蛋白酶	肝素	37℃/6h	0	37℃/24h	80
L-天冬酰胺酶	聚乳酸	60℃/10min	19	60℃/10min	63
葡萄糖氧化酶	聚乙烯酸	50℃/4h	52	50℃/4h	77
谷氨酰胺酶-天冬酰胺酶	糖肽	45℃/10min		45℃/10min	增加
糜蛋白酶	聚 N-乙烯吡咯烷酮	75℃/117h	61	75℃/117h	100
L-天冬酰胺酶	聚丙氨酸	50℃/7min	50	50℃/22min	50

（2）体内半衰期　经过化学修饰后很多酶的抗蛋白水解酶、抗抑制剂和抗失活因子的能力以及对热稳定性都有增加和提高，也就相应提高了酶在生物体内的半衰期，这一点对提高药用酶的疗效至关重要。表5.7比较了天然酶与修饰酶在生物体内的半衰期。

表 5.7　天然酶与修饰酶在生物体内半衰期的比较

酶	修 饰 剂	半衰期或酶活残留率/时间	
		天然酶	修饰酶
羧肽酶 C	右旋糖酐	3.5h	17h
精氨酸酶	右旋糖酐	1.4h	12h
α-淀粉酶	右旋糖酐	16%/2h	75%/2h
谷氨酰胺酶-天冬酰胺酶	糖肽	1h	8.2h
L-天冬酰胺酶	聚丙氨酸	3h	21h
尿酸酶	白蛋白	4h	20h
α-葡萄糖苷酶	白蛋白	10min	3h
超氧化物歧化酶	白蛋白	6min	4h
尿激酶	白蛋白	20min	90min
氨基己糖苷酶 A	PVP	5min	35min
精氨酸酶	PEG	1h	12h
腺苷脱氨酶	PEG	30min	28h
L-天冬酰胺酶	PEG	2h	24h
过氧化氢酶	PEG	0%/6h	10%/8h
尿酸酶	PEG	18%/3h	65%/3h

（3）修饰酶的抗原性　由于酶分子结构上除了有蛋白水解酶的作用位点（蛋白水解酶"切点"）外，还有一些可以组成抗原决定簇的氨基酸残基，当酶作为异源蛋白进入机体后就会诱发产生抗体，产生抗体与抗原之间的反应，这一反应不但能使酶失活，而且还会对机体造成严重的伤害，甚至会危及生命。有抗原性的天然酶可以通过化学修饰使酶分子中的一些组成抗原决定簇的基团与修饰剂之间通过共价键相互结合，从而破坏了酶分子中抗原决定簇的结构，进而使天然酶的抗原性降低，甚至完全消除。大分子的修饰剂还有可能起到"遮盖"天然酶上的抗原决定簇以阻碍抗原与抗体之间的结合反应。表5.8为通过化学修饰后修饰酶的抗原性变化。

表 5.8　通过化学修饰后修饰酶的抗原性变化

酶	修 饰 剂	修饰酶的抗原性变化
胰蛋白酶	PEG	消除
	聚 DL-丙氨酸	降低
过氧化氢酶	PEG	消除
精氨酸酶	PEG	消除
腺苷脱氨酶	PEG	消除
尿酸酶	PEG	消除
	白蛋白	消除
谷氨酰胺酶-天冬酰胺酶	PEG	消除
超氧化物歧化酶	PEG	消除
	白蛋白	消除
L-天冬酰胺酶	PEG	消除
	白蛋白	消除
	聚 DL-丙氨酸	降低
α-葡萄糖苷酶	白蛋白	消除
尿酸氧化酶	PEG	消除
核糖核酸酶	聚 DL-丙氨酸	降低
链激酶	PEG	消除

但是，并不是所有的修饰剂都能在对酶进行修饰后就消除或降低天然酶的抗原性，有些修饰剂在降低和消除天然酶的抗原性上并没有作用。例如，包括右旋糖酐在内的多糖类物质就不容易消除或降低天然酶的抗原性。目前比较公认的可消除或降低天然酶抗原性的修饰剂主要有 PEG 和人血清白蛋白。

(4) 最适 pH　部分酶经过化学修饰后，其催化的最适 pH 会发生变化，修饰酶的最适 pH 与天然酶的最适 pH 相比往往不同，且有些酶的最适 pH 会有一定的范围，更适合于酶的应用，尤其是在生理或临床应用上有较大的意义。表 5.9 为天然酶与修饰酶的最适 pH 的比较。

表 5.9　天然酶与修饰酶的最适 pH 的比较

酶	修 饰 剂	最适 pH	
		天然酶	修饰酶
尿酸酶（猪肝）	白蛋白	10.5	7.4~8.5
糜蛋白酶	肝素	8.0	9.0
吲哚-3-链烷羟化酶	聚丙烯酸	3.5	5.0~5.5
尿酸酶	PEG	8.2	9
产朊假丝酵母尿酸酶	PEG	8.2	8.8

例如，来源于猪肝的天然尿酸酶的最适 pH 为 10.5，在 pH 为 7.4 的生理环境中酶活损失达 90%~95%，不适合直接应用；如果用白蛋白进行修饰后，修饰酶的最适 pH 范围扩大，在 pH 为 7.4 时仍有 60% 的酶活得以保留，与天然尿酸酶比较，修饰酶就更有利于在生理条件的机体内发挥作用。再如，天然的吲哚-3-链烷羟化酶经过修饰后，修饰酶的最适 pH 从 3.5 变到 5.5，在 pH 为 7 时，修饰酶的酶活比天然酶要增加 5 倍，相应地修饰酶在生理环境下的抗肿瘤效果就要比天然酶大得多。

(5) 酶学性质的变化　应该说天然酶经过修饰后，绝大多数酶的最大反应速度 v_{max} 没有变化，但有些酶被修饰后，其米氏常数 K_m 会增大，如表 5.10。

表 5.10　天然酶与修饰酶的 K_m 的对比

酶	修 饰 剂	$K_m/(mol/L)$	
		天然酶	修饰酶
苯丙氨酸解氨酶	PEG	6×10^{-5}	1.2×10^{-4}
尿酸酶（猪肝）	PEG	2×10^{-5}	7×10^{-5}
产朊假丝酵母尿酸酶	PEG	5×10^{-5}	5.6×10^{-5}
L-天冬酰胺酶	白蛋白	4×10^{-5}	6.5×10^{-5}
	聚丙氨酸		不变
尿酸酶	白蛋白	3.5×10^{-5}	8×10^{-5}
腺苷脱氨酶	右旋糖酐	3×10^{-5}	7×10^{-5}
吲哚-3-链烷羟化酶	聚丙烯酸	2.4×10^{-6}	7×10^{-6}
	聚顺丁烯二酸	2.4×10^{-6}	3.4×10^{-6}
尿酸氧化酶（猪肝）	PEG	2×10^{-5}	6.9×10^{-5}
产朊假丝酵母尿酸氧化酶	PEG	5×10^{-5}	5.6×10^{-5}
精氨酸酶	PEG	6×10^{-3}	1.2×10^{-2}
谷氨酰胺酶-天冬酰胺酶	糖肽		不变
胰蛋白酶	右旋糖酐		不变

一般认为可能是天然酶经过大分子修饰剂交联修饰后，大分子修饰剂产生的空间障碍影响了底物对酶的接近和有效结合。尽管如此，人们同时认为修饰酶抵抗各种失活因子的能力增强和体内半衰期的延长能够弥补 K_m 增加带来的缺陷，而不影响修饰酶的应用价值。

5.7 酶的生物法改造

对酶分子的生物学设计与改造方法是基于基因工程、蛋白质工程和计算机技术等的迅猛发展和渗透的结果，基于生物学改造技术人类可以按照自己的意愿和需要改造酶分子，甚至设计出自然界中原来并不存在的全新的酶分子。近年来，随着易错 PCR、DNA shuffling 和高突变菌株等技术的应用，在对目的基因表型有高效检测筛选系统的条件下，建立了酶分子的定向进化策略，尽管不清楚酶分子的结构，仍能获得具有预期特性的新酶，基本上实现了酶分子的人为快速进化。通过定点突变技术成功改造了大量的酶分子，获得了比天然酶活力更高、稳定性更好的工业用酶。基于这些基因工程技术的出现与发展，基因工程被首先应用于酶学领域的研究。利用基因工程的原理，在实验室中模拟几十亿年来发生在自然界中的漫长的进化过程，由此建立了酶分子的定向进化方法，用于构建新的非天然酶或改造天然酶分子。

5.7.1 酶分子定向进化的基本原理

酶分子定向进化是从一个或多个已经存在的亲本酶（天然的或者人为获得的）出发经过基因的突变和重组，构建一个人工突变酶库，通过筛选最终获得预先期望的具有某些特性的进化酶。以对单一酶分子基因进行定向进化为例，来说明酶分子定向进化的基本实验路线。在待进化酶基因的 PCR 扩增反应中，利用 Taq DNA 多聚酶不具有 $3'{\rightarrow}5'$ 校对功能，并控制突变库的大小使其与特定的筛选容量相适合，选择适当条件以较低的比率向目的基因中随机引入突变，进行正向突变间的随机组合以构建突变库，凭借定向的选择（或筛选）方法，选出所需性质的优化酶，从而排除其它突变体（见图 5.32）。也就是说，定向进化的基本规则是"获取你所筛选的突变体"。简言之，酶分子的定向进化技术就是人为地创造特殊的进化

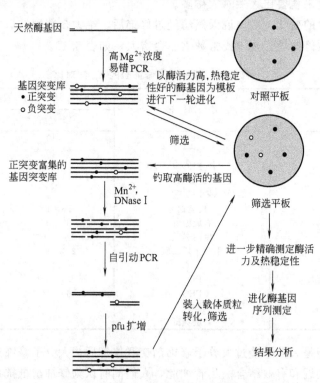

图 5.32 酶分子的体外定向进化原理

条件，模拟自然进化机制，在体外对基因进行随机突变，从一个或多个已经存在的亲本酶（天然的或者人为获得的）出发，经过基因的突变和重组，构建一个人工突变酶库，通过一定的筛选或选择方法最终获得预先期望的具有某些特性的进化酶。与自然进化相比，酶分子的定向进化过程完全是在人为控制下进行的，使酶分子朝向人们期望的特定目标进化。该技术的突出优点是不需要了解酶的空间结构和催化机制，适宜于任何蛋白质分子的生物改造。

诸多的研究表明，在目前对酶分子认识还不成熟的情况下，通过 DNA 水平上的适当修饰来改变酶的氨基酸顺序，进而改变酶的性能，有可能在重组生物中产生新的酶类，并获得比天然酶活力更高、稳定性和催化性能更好的进化酶，以满足研究和应用的需要。

5.7.2 酶分子定向进化的基本策略

目前已经成功开发出来的定向进化方法和策略主要有：以易错 PCR 技术为代表的无性进化，以 DNA 改组为代表的有性进化，基因家族之间的同源重组，外显子改组，杂合酶等。这些策略的出发侧重点不同，它们之间在思想上和实验手段上有重叠之处，也可以同时应用，相互补充，完成对酶分子的定向进化。

5.7.2.1 易错 PCR 技术为代表的无性进化

无性突变是向单一酶分子基因内随机引入突变，制造突变酶库以便筛选。主要的手段包括易错 PCR、盒式诱变、随机/定位诱变等，其中易错 PCR 技术以其操作方便以及对引入突变的频率可控性等特点最为主要。

易错 PCR 是在采用 Taq 酶进行 PCR 扩增目的基因时，通过调整反应条件，例如提高镁离子浓度，加入锰离子，改变体系中四种 dNTP 的浓度等，改变 Taq 酶的突变频率，从而向目的基因中以一定的频率随机引入突变，构建突变库，然后选择或筛选需要的突变体。其中关键之处在于突变率需仔细调控，突变率不应太高也不能太低，理论上每个靶基因导入的取代残基的适宜个数在 1.5～5 之间。通常，经一次突变的基因很难获得满意的结果。由此发展出连续易错 PCR 策略，即将一次 PCR 扩增得到的有用突变基因作为下一次 PCR 扩增的模板，连续反复地进行随机诱变，使每一次获得的小突变累积而产生重要的有益突变。

5.7.2.2 DNA 改组为代表的有性进化

在酶分子无性进化策略中，一个具有正向突变的基因在下一轮易错 PCR 过程中继续引入的突变是随机的，而这些后引入的突变仍然是正向突变的概率是很小的。因此，人们开发出 DNA 改组等基因重组策略，将已经获得的存在于不同基因中的正突变结合在一起形成新的突变基因库，其基本操作过程是：从正突变基因库中分离出来的 DNA 片段用 DNase Ⅰ 随机切割，得到的随机片段经过不加引物的多次 PCR 循环，在 PCR 循环过程中，随机片段之间互为模板和引物进行扩增，直到获得全长的基因，这导致来自不同基因的片段之间的重组（见图 5.33）。该策略将亲本基因群中的优势突变尽可能地组合在一起，最终是酶分子某一性质的进一步进化，或者是两个或更多的已优化性质的结合。所以在理论和实践上，它都优于连续易错 PCR 等无性进化策略。

5.7.2.3 基因家族之间的同源重组

以单一的酶分子基因进行定向进化时，基因的多样化起源于 PCR 等反应中的随机突变，但由于突变大多是有害的或者是中性的，采用这种过程集中有利突变的速度比较慢。如果从自然界中存在的基因家族出发，利用它们之间的同源顺序进行 DNA 改组实现同源重组。由于每一个天然酶的基因都经过千百万年的进化，并且基因之间存在比较显著的差异，所以获得的突变重组基因库中既体现了基因的多样化，又最大限度地排除了那些不需要的突变。这种策略拓宽了酶分子突变库中的序列空间，但由于限制了有害突变的掺入，所以没有增加突

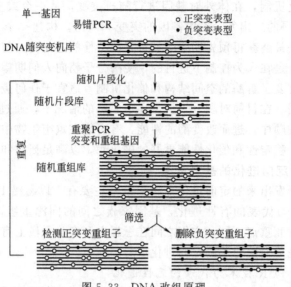

图 5.33　DNA 改组原理

变库的大小和筛选难度，从而保证了对很大的序列空间中有希望的区域进行快速定位。

5.7.2.4　外显子改组

真核基因中，编码序列被内含子间隔分开，转录后内含子被剪切，仅剩下编码序列（外显子）。在许多基因中，一个外显子编码一个折叠结构域，因此内含子间的重组，可使独立的外显子组装成编码新蛋白质的基因，此过程就是所谓的外显子改组，可导致蛋白质的快速进化。有许多实例可支持蛋白质进化的外显子改组假说。当前，关于外显子在蛋白质进化中的作用有两种看法：外显子改组理论的"原生内含子"假说认为当前所有的蛋白质都经过外显子改组；而"后生内含子"假说认为外显子改组仅出现在真核细胞中，以提高这些生物基因的韧性。但是两种假说都承认外显子改组是蛋白质进化的重要机制。因此，人为模拟此自然进化过程，定向进化酶分子将是获得新酶的颇具吸引力的途径。

5.7.2.5　杂合酶

到目前为止杂合酶还没有一个统一而准确的定义，通常可以将其定义为：杂合酶是把来自不同酶分子中的结构单元或是整个酶分子进行组合或交换，以产生具有所需性质的优化酶杂合体。天然蛋白质功能的进化有一部分是通过结构域或亚结构域的重组来实现的，例如底物结合结构域、调节结构域、催化结构域这些相互独立的结构域之间的重组。这不但可以进化某种功能，还可以创造出新的功能，因为一些催化位点位于不同的折叠单位相互作用的界面上。杂合酶应用的主要方面：改变酶的非催化特性；创造具有新活性的酶；研究酶的结构与功能之间的关系等。

有许多途径可以产生杂合酶，如 DNA 改组、不同分子间交换功能域，甚至整个分子融合。杂合酶可用于改变酶学或非酶学性质，可作为了解酶结构/功能关系以及相关酶的结构特征的有力工具。特别是可扩大天然酶的潜在应用，甚至可以产生催化自然界不存在的反应的新酶分子。在进化过程中，把来自不同酶分子的（亚）结构域进行重组成为一个新的单一结构域，或者把来自不同酶的本身没有活性的模块重组起来，同时在一个进化体系中筛选，就可能获得比亲本功能具有更高效率的，或者衍生出新功能的子代重组体。

杂合酶技术是将 DNA 水平上的突变筛选与蛋白质水平上的酶学研究相结合的一门综合技术。它将传统酶学活性筛选法同简便的 DNA 重组技术有机地结合起来。这一技术的引入，使酶工程的研究摒弃了烦琐的蛋白质序列研究和繁重的菌种选育这一传统做法，为加快构建新酶和改进生物工艺过程开创了一条新路。同样，DNA与蛋白质研究技术的突破也必将推动杂合酶技术的发展。随着新克隆的基因序列不断增多和基因组序列信息日新月异，提供了越来越多的同工酶信息，使人们能够更正确地预测可作为分子筛选引物的保守序列和用这些引物对培养和未经培养的微生物进行筛选。从筛选的角度看，发展趋势是从活性筛选向分子筛选转移。基因数据库和其它生物信息工具的利用将越来越频繁。然而，任何筛选工作的最终关键仍将是开发具有特异性的分析方法。如果这些系统能够完成，它们将成为人工进化研究的非常有力的工具，为杂合酶的设计和构建开辟新的道路。

5.7.3 酶分子定向进化的应用和展望

定向进化技术已经被广泛应用于各种酶分子的改造，使其朝向人们期望的性质进化，获得了许多满意的结果。目前，已建立了一些酶（或蛋白质）的体外定向进化的有效方法，对酶性质进行改造，主要用于提高酶分子的催化活性、提高酶分子稳定性的定向进化、适应人工环境中提高酶活性或稳定性的进化、提高底物的专一性和增加对新底物催化活力的进化、对映体选择性的定向进化、变换催化反应专一性等几个方面，已经有很多成功的事例。如表5.11所示。

表 5.11　酶的体外定向进化应用事例

酶	性 质	突 变 方 法
枯草杆菌蛋白酶 E	有机相活性/稳定性	易错 PCR
β-内酰胺酶	总活力/底物专一性	DNA 改组
枯草杆菌蛋白酶 BPN′	稳定性	盒式诱变
对硝基苯酯酶	底物专一性/有机相活性	易错 PCR/DNA 改组
胸腺嘧啶核苷激酶	底物专一性	盒式诱变
β-半乳糖苷酶	底物专一性	DNA 改组
绿色荧光蛋白	荧光	DNA 改组
核酶	底物专一性	易错 PCR/DNA 改组
天冬氨酸酶	活性与稳定性	随机/定位诱变
药物和疫苗	活性/专一性/最佳表达	DNA 改组

大量的研究结果已经表明，酶分子定向进化策略是非常有效的、更接近于自然进化过程的一种蛋白质工程研究新策略，与自然进化更加接近，有效地解决了对于酶这样的大分子物质。其天文数字级别的突变库与有限的筛选容量之间存在的矛盾，适宜于包括酶在内的任何蛋白质分子的改造，大大地拓宽了蛋白质工程学的研究和应用范围。特别是它能够解决合理设计所不能解决的问题，使人们能较快、较多地了解蛋白质结构与功能之间的关系，为指导应用（如药物设计等）奠定理论基础。不仅能使酶进化出非天然特性，还能定向进化某一代谢途径；不仅能进化出具有单一优良特性的酶，还可能使已分别优化的酶的两个或多个特性叠加，产生具有多项优化功能的酶，进而发展和丰富酶类资源。

6 核酶与脱氧核酶

从人类认识到酶的存在开始直至 20 世纪 80 年代初，人们一直认为酶的化学本质是蛋白质。然而美国科罗拉多大学博尔分校的 Thomas Cech 和耶鲁大学的 Sidney Altman 均发现具有生物催化功能的 RNA，这说明某些 RNA 具有酶活性。

1981 年 Thomas Cech 等在研究 rRNA 前体加工成熟时就发现四膜虫的 26S rRNA 前体中含有插入序列（IVS），在 rRNA 前体成熟过程中，IVS 通过剪接反应被除去，并证实这一剪接反应不需要任何蛋白质的参与，是四膜虫的基因内区自行拼接的。与此同时，耶鲁大学的 Sidney Altman 等在从事 RNase P 的研究中也发现了这一现象，RNase P 是细菌和高等生物细胞里都有的一种 tRNA 加工酶，它能在特定的位点上切开 tRNA 前体。早在 1978 年 Sidney Altman 等就从纯化的 RNase P 中分离出了一种蛋白质和一种 RNA（M_1 RNA），早期的实验结果是蛋白质和 M_1 RNA 单独存在时均不具备 RNase P 活性，而只有当将两者混合后才可恢复 RNase P 活性。1983 年，就在 Thomas Cech 等发现 RNA 能自行拼接后的两年后，Sidney Altman 等就证明：在较高的 Mg^{2+} 浓度下，RNase P 中的 RNA（M_1 RNA）具有催化 tRNA 前体成熟的功能，而其蛋白质组分却不具备此种催化功能。但根据当时催化剂不仅能加快反应速度，而且在反应前后催化剂本身不发生改变的准确定义，在 Thomas Cech 等发现四膜虫 26S rRNA 前体 IVS 的自身拼接后，科学家们还排斥它作为生物催化剂的资格，认为那是一种自体催化反应，拼接后的成熟 rRNA 与前体不同，尚不能被看成是严格意义上的催化剂。Sidney Altman 等的发现就从实验上消除了这一异议，原因是 RNase P 所催化的反应是一种异体分子间的反应，而该反应正是在 RNA 的催化下完成的。此后，1984 年《Science》发表的题为《First True RNA Catalyst Found》的报道标志着 RNA 催化剂的正式诞生。Thomas Cech 等把这类具有催化裂解活性的 RNA 分子取名为 Ribozyme，我国 1994 年科学出版社出版的《英汉分子生物学与生物工程词汇》中将其译为核酶。

自 Cech 等发现第一个核酶以来，不断有新的核酶被发现。现在已经知道具有催化活性的 RNA 分子广泛存在于从低等生物到高等生物的细胞中，参与细胞内多种 RNA 前体的加工和成熟等重要的生物学过程，涉及基因正确表达的重要步骤，具有催化活性的 RNA（核酶）功能的正确行使在基因表达中起着十分重要的作用。随着对核酶功能研究的不断深入，越来越多地发现核酶的催化功能并不仅局限于简单的裂解活性，它还能催化 RNA 分子间的转核苷酰反应（核苷酸转移酶活性）、水解反应（RNA 限制性内切酶活性）、连接反应（RNA 聚合酶活性）等多种酶活性。当然，核酶的催化作用底物也不仅仅局限于 RNA 分子，还可以催化糖类等多种底物，例如，兔肌直链淀粉异构酶中的 RNA 能以淀粉作为催化底物，催化分枝反应；从耐热细菌中得到的核酶经酚抽提、蛋白酶 K／十二烷基磺酸钠处理后，仍然具有催化甲酰蛋氨酸转移的活性。此外，近年来相关的研究还直接证实了在蛋白质生物合成中起重要作用的肽基转移酶的活性是由其中的 RNA 催化的，也有实验研究证实核酶能催化水解氨基酸与 tRNA 连接的酯键，这些均表明氨基酸也可以作为核酶的底物。核酶具有氨基酸酯酶和肽基转移酶等活性，而这些反应均与蛋白质生物合成有关。由此可见，具有催化功能的核酶在翻译过程和核糖体功能中起着十分重要的作用。

核酶由于具有许多优点而受到重视，例如用于治疗的核酶注射入体内不会产生免疫原性，对具有切割活力的核酶可以更加自由地设计其切割 RNA 的位点。分子进化工程的诞生，使核酶的研究迅速发展，人工进化出自然界中不存在的多种功能的核酶（包括单链 DNA 酶），这些研究成果在理论和实际应用中都有着巨大的意义。

核酶按其大小不同，大致可以分为两类：①大分子核酶，如 RNase P、Ⅰ组内含子和Ⅱ组内含子，其分子大小为几百到几千个核苷酸；②小分子核酶，如锤头形核酶、发夹形核酶、丁型肝炎病毒核酶等，其大小一般为 35～155 个核苷酸。而根据核酶的催化反应不同，可以将核酶分成两大类：①剪切形核酶，这类核酶催化的是自身或者异体 RNA 的切割，相当于核酸内切酶，主要包括锤头形核酶、发夹形核酶、丁型肝炎病毒（HDV）核酶以及有蛋白质参与协助完成催化的 RNase P；②剪接型核酶，这类核酶主要包括Ⅰ组内含子和Ⅱ组内含子，实现 mRNA 前体自我拼接，具有核酸内切酶和连接酶两种活性。

6.1 核酶的催化类型

经过多年的研究，人们已经发现了几十种核酶，按反应类别可分为催化分子内反应和催化分子间反应两大类。而催化分子内反应的核酶又可分为自我剪接型核酶和自我剪切型核酶。

6.1.1 Ⅰ型内含子的自我剪接

Cech 等在研究工作中发现，转录产物（RNA 前体）很不稳定，在没有任何蛋白质或酶存在的情况下，可自动切除 423nt 的内含子片段（IVS），并产生成熟的 rRNA 分子。例如 L-19 IVS 就具有多种蛋白酶的催化功能，rRNA 前体的自我剪接机制中的一系列反应都是由 IVS 的特殊结构引起的，如图 6.1、图 6.2 所示。

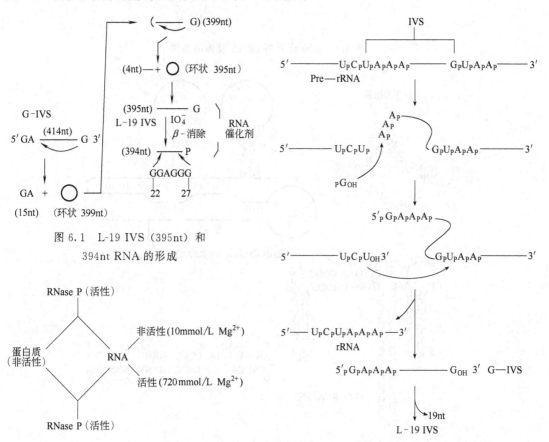

图 6.1　L-19 IVS（395nt）和 394nt RNA 的形成

图 6.3　RNase P 的组成

图 6.2　四膜虫 rRNA 前体自我剪接反应

6.1.2 异体催化剪切型

RNase P 是一个常见的酶，1978 年 Altman 等证明了该酶是由 RNA 和蛋白质两部分组成（图 6.3），具有来自前体 tRNA 的 5′端引导序列，能有效地切割小 RNA 底物。

原则上，只要具有 CCA 的反义 RNA 并能结合到靶 RNA，任何 RNA 都可以作为 RNase P 的底物。RNase P 是一种 5′端内切酶，负责 tRNA 前体 5′端的成熟，对切点左侧寡

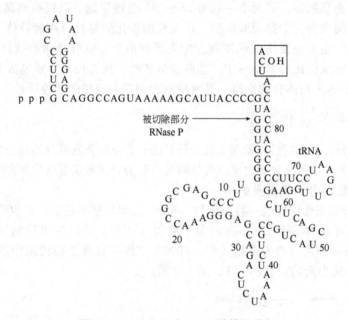

图 6.4 RNase P 对 tRNA 前体的剪切

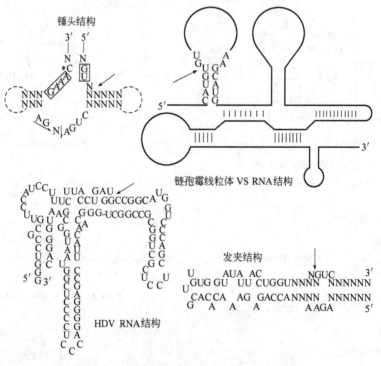

图 6.5 几种能进行自我剪切的 RNA 结构

136

聚核苷酸顺序和长度无严格要求，产物带 3′-OH 及 5′-磷酸末端。图 6.4 为 RNase P 对 tRNA前体的剪切。

6.1.3 自体催化剪切型

自我剪切与自我剪接不同，自我剪接包括了剪切和连接等两个步骤。已知能进行自我剪切的 RNA 分子有多个，如丁型肝炎病毒 RNA、链孢霉线粒体 RNA 等。图 6.5 为几种自我剪切的 RNA 结构，其中箭头指出处为自我剪切部位。

6.2 天然核酶

到目前为止，在自然界中发现的核酶根据其催化的反应可以分成两大类：①剪切型核酶，这类核酶催化自身或者异体 RNA 的切割，相当于核酸内切酶，主要包括锤头形核酶、发夹形核酶、丁型肝炎病毒（HDV）核酶、有蛋白质参与协助完成催化的 RNase P；②剪接型核酶，这类核酶主要包括组Ⅰ内含子和组Ⅱ内含子，实现 mRNA 前体自我拼接，具有核酸内切酶和连接酶两种活性。

6.2.1 锤头形核酶

R. Symons 等在比较了一些植物类病毒、抗病毒和卫星病毒 RNA 自身剪切规律后提出锤头状二级结构模型。它是由 13 个保守核苷酸残基和 3 个螺旋结构域构成的（后来 Koizumi 等证明只需要 11 个特定保守核苷酸）（图 6.6）。Symons 等认为，只要具备锤头状二级结构和 13 个保守核苷酸，剪切反应就会在锤头结构的右上方 GUX 序列的 3′端自动发生。无论是天然的还是人工合成的锤头结构都由两部分构成：催化结构域（R）和底物结合结构域（S）。

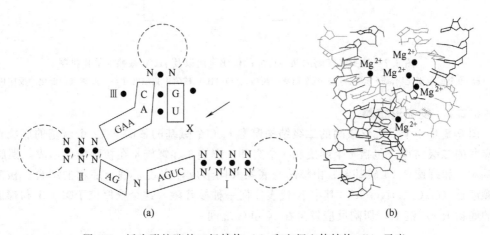

(a)　　　　　　　　　　(b)

图 6.6　锤头形核酶的二级结构（a）和空间立体结构（b）示意

（a）锤头形核酶的二级结构：N，N′代表任意核苷酸；X 可以是 A、U 或者 C，但不能是 G；Ⅰ、Ⅱ和Ⅲ是锤头结构中的双螺旋区；箭头指向切割位点

（b）锤头形核酶的立体结构模型，白色链是核酶，灰色链是底物 RNA 分子，在磷酸骨架上结合有镁离子

William B. Lott 等提出了锤头形核酶催化反应的两种可能的化学机制："单金属氢氧化物离子模型"（one-metal-hydroxide-ion）机制［图 6.7（a）］；"双金属离子模型"［图 6.7（b）］。图 6.7（a）中金属氢氧化物作为广义碱从 2′-羟基获得一个质子，这个被活化了的 2′-羟基作为亲核基团攻击切割位点的磷酸。图 6.7（b）中位点 A 的金属离子作为 Lewis 酸接收 2′-羟基的电子，这极化并减弱了 O—H 键，使 2′-羟基中的质子更容易离去。位点 B 的金

属离子也作为 Lewis 酸接收 5′-羟基的电子，极化并减弱了 O—P 键，使 O 成为更容易离去的基团。HDV 中的核酶显示了与以上不同的催化机制 [图 6.7 (c)]，胞嘧啶（C76）充当一般碱，咪唑环上的 N 吸引 2′-羟基上的质子，活化了羟基上的 O，这个 O 亲核攻击相邻的核酸骨架上的 P，经过过渡态形成磷酸内酯键，而原来核酸骨架的磷酸酯键断裂。目前的研究还没有证据显示包括金属离子在内的其它活性基团如何发挥作用。

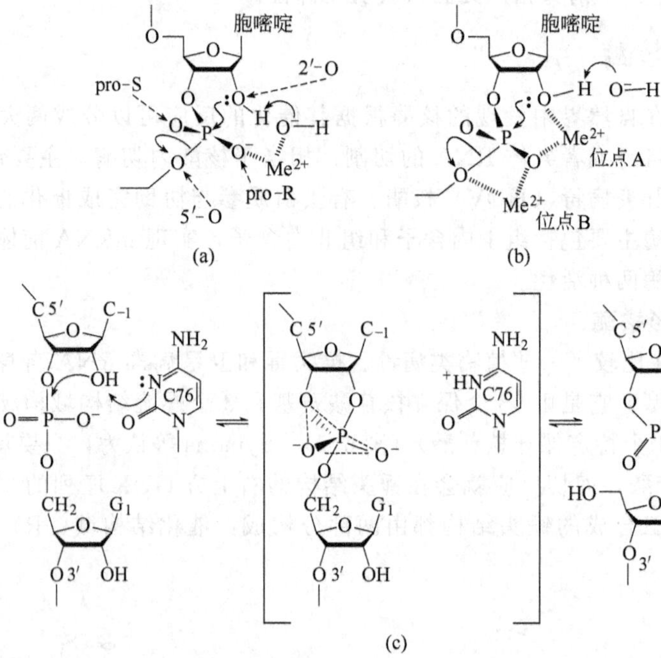

图 6.7　锤头形核酶的两种可能的催化机制以及 HDV 核酶的催化机制

（a）单金属氢氧化物离子模型；（b）双金属离子模型；（c）HDV 核酶中胞嘧啶充当一般碱进行催化的反应机理

6.2.2　发夹形核酶

图 6.8 是一个发夹形核酶的二级结构模型。50 个碱基的核酶和 14 个碱基的底物形成了发夹状的二级结构，包括 4 个螺旋和 5 个突环。螺旋 3 和螺旋 4 在核酶内部形成，螺旋 1（6 碱基对）和螺旋 2（4 碱基对）由核酶与底物共同形成，实现了酶与底物的结合。核酶的识别顺序是（G/C/U）NGUC，其中 N 代表任何一种核苷酸，这个顺序位于螺旋 1 和螺旋 2 之间的底物 RNA 链上，切割反应发生在 N 和 G 之间。

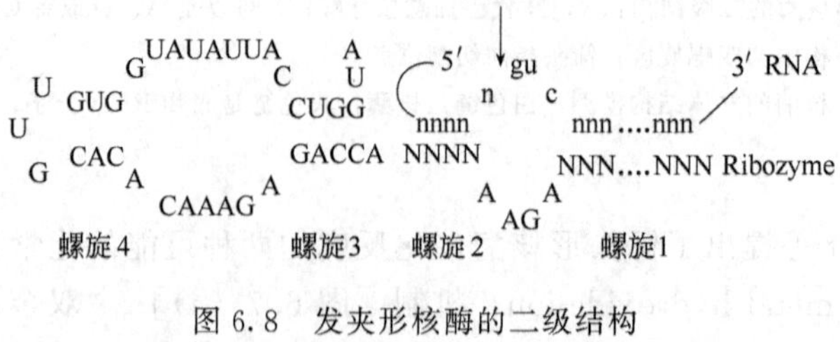

图 6.8　发夹形核酶的二级结构

以上两种核酶以及 HDV RNA，链孢霉线粒体 RNA 等切割底物 RNA 后的产物都是 3′端的 2′-3′环磷酸键及新 5′-羟基。

6.2.3 蛋白质-RNA 复合酶

蛋白质-RNA 复合酶（RNase P）主要催化 tRNA 前体成熟过程，例如 S. Altman 和 N. Pace 两个研究组合作发现的大肠杆菌 tRNA5′成熟酶。这个酶由蛋白质和 M_1 RNA 两个组分构成，其中蛋白质的分子质量为 20kDa，M_1 RNA 含有 377 个核苷酸。M_1 RNA 单独具有全酶活性，蛋白质只是维护 M_1 RNA 的构象。实验证明，来自不同原核细胞 RNase P 中的 M_1 RNA 具有相似的三维结构。与前面几种剪切型核酶不同的是，RNase P 催化得到的产物的 3′端是羟基，5′端是磷酸。

RNase P 核酶包括两种类型：被称为 EndoP 的带有内部指导顺序的环状置换 *E. coli*

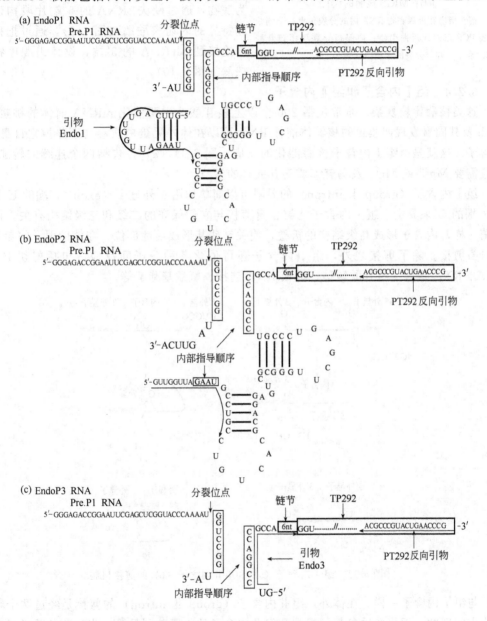

图 6.9　根据 RNase P 核酶设计特异顺序 EndoP 核酶

箭头指出在外源底物 RNA 内的分裂位点；下划线代表 PCR 正向或反向引物位置；

EndoP3 RNA 是理论上的核酶，实验并未证实

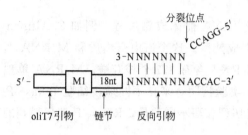

图 6.10　根据 RNase P 核酶，特异
顺序 MIGS 核酶的设计

箭头指出在外源底物 RNA 内的分裂位点；下划线
代表 PCR 正向或反向引物；内部指导顺序用核苷酸
（N）表示，并与分裂的靶顺序互补

RNase P RNA；以及被称为 M_1GSRNA 的指导顺序共价系在 RNase P RNA $3'$ 端的 *E. coli* RNase P RNA。*E. coli* RNase P RNA 中的 M_1GSRNA 主要根据其结构识别目标，这样就可以在不需要目标 mRNA 的特异顺序的情况下，设计核酶以破坏其它分子。M_1GSRNA 是消除染色体移位后肿瘤发生的理想工具。

E. coli RNase P 是以顺式分裂前提 tRNA 为底物，通过缺失 tRNA 的 $5'$ 端片段构建了顺序特异的内切核酸酶（图 6.9），通过把指导顺序连接到 M_1RNA 的 $3'$ 端，设计出顺序特异的核酶（图 6.10）。

6.2.4　组 I 内含子和组 II 内含子

这类核酶比较复杂，通常包括 200 个以上核苷酸，主要催化 mRNA 前体的拼接反应。Cech 及其同事发现四膜虫的核糖体前体 RNA 可以在体外无蛋白质参与下除掉它自身 413nt 内含子。这就是由组 I 内含子核酶催化的反应 [图 6.11 (a)]，包括两个连续的转酯反应，并且需要 Mg^{2+} 或 Mn^{2+} 及鸟苷（或鸟苷酸）的参与。

组 I 内含子（group I intron）的界限可以简单地用 $5'$ 外显子（exon）$3'$ 端的 U 和内含子 $3'$ 端的 G 来界定。组 I 内含子能够自身剪接与它们保守的二级和三级结构有关。像蛋白质酶一样，内含子形成高级结构的折叠，使关键残基形成活性部位，在辅助因子的参与下实现自身剪接。除了剪接之外，组 I 内含子还可催化各种分子间反应，包括剪切 RNA 和 DNA、RNA 聚合、核苷酰转移、模板 RNA 连接、氨酰基酯解等。

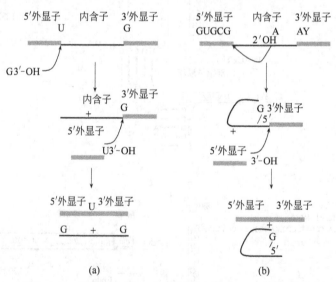

图 6.11　组 I 内含子 (a) 和组 II 内含子 (b) 的剪接机制

与组 I 内含子一样，在体外，组 II 内含子（group II intron）的剪接是经过两个转酯化反应来实现的，无蛋白质参与。组 I 和组 II 内含子的主要差别是第一步反应的化学机制。在组 I 内含子中，外部的鸟苷的 $3'$-羟基作为进攻基团，而在组 II 内含子中是内部腺苷的 $2'$-羟基起作用 [图 6.11 (b)]。这个反应的结果形成一个带突环的内含子——$3'$ 外显子分子，其

中第一个核苷酸经由 $2',5'$-磷酸二酯键与内含子的 A 相连。在第二步反应中，$5'$外显子的 $3'$-羟基进攻内含子-$3'$外显子连接点，结果是两个外显子相连，并释放出带有突环的内含子。

6.3 脱氧核酶

人们一般认为 DNA 是一种很不活泼的分子，在生物体内通常以双链形式存在，仅适合编码和携带遗传信息。但单链 DNA 是否可以像 RNA 一样通过自身卷曲形成不同的三维结构而行使特定的功能呢？答案是肯定的，在一些特殊条件下，以单链形式存在的 DNA 分子在理论上应该可能出现与人工合成的脱氧核酶相似的结构，但遗憾的是迄今为止尚未发现天然存在的脱氧核酶。目前报道的脱氧核酶都是通过体外选择、筛选得到的。1994 年，Breaker 等利用体外选择技术首次发现了切割 RNA 的 DNA 分子，并将其命名为脱氧核酶，之后也被人称为催化 DNA。此后，脱氧核酶由于其具有结构稳定（生理条件下 DNA 比 RNA 稳定 10^6 倍，DNA 的磷酸二酯键比蛋白质的肽键抗水解能力要高 100 倍）、成本低廉、易于合成和修饰等特点，很快成为了人们研究的关注点。通常脱氧核酶的分子较小，与蛋白质酶相比分子的多样性也较差。已有研究表明，脱氧核酶都是单链 DNA 分子通过自身卷曲、折叠形成的三维结构，在某些特殊的辅助因子作用下与底物结合并发挥催化功能。到目前为止，人们通过体外选择的方法已相继获得具有切割 RNA 或 DNA 的水解酶功能、连接酶功能、多核苷酸激酶和过氧化物酶功能以及催化卟啉环金属螯合的脱氧核酶。

6.3.1 10-23 脱氧核酶

这类脱氧核酶是目前筛选到的最多的核酶，因为切割 RNA 分子而可以应用于基因治疗中，阻断体内有害 mRNA 的表达。其中具有代表性和实用价值的是 Joyce 等发现的切割 RNA 的 10-23 脱氧核酶（图 6.12）。

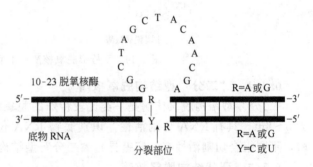

图 6.12　10-23 脱氧核酶二级结构

10-23 脱氧核酶相当于一种序列特异性限制性内切核酸酶，可以分成两个结构域：催化结构域和底物结合结构域。催化结构域也称活性中心，是由 15 个核苷酸组成，第 8 个碱基可以是 T、C 或 A，其中以 T 的活性最高，其余序列则高度保守。活性中心两端各为 7～8 个脱氧核苷酸组成的臂构成了底物结合结构域，可通过碱基互补与底物 RNA 特异性结合，其序列可以根据靶 RNA 的改变而灵活变动。10-23 脱氧核酶的靶部位是 $5'\cdots R\downarrow Y\cdots 3'$（R 为 A 或 G，Y 为 U 或 C）之间的磷酸二酯键，其中 R 不形成碱基配对，Y 则必须与脱氧核酶形成碱基配对。相对而言，$5'\cdots A\downarrow U\cdots 3'$ 和 $5'\cdots G\downarrow U\cdots 3'$ 比较容易被切开。在最佳反应条件下，10-23 脱氧核酶催化速率常数（k_{cat}）大于 $10\,min^{-1}$，k_{cat}/K_m 值为 $10^4\,L/(mol\cdot min)$。10-23 脱氧核酶分子小，催化效率和底物专一性高，靶序列可以多样化设计，因此除了医疗外，还有许多其它的应用价值。

另一种切割 RNA 分子的脱氧核酶与 10-23 脱氧核酶的作用机制不同。Terry L. Sheppard 等筛选到一个具有 N-糖苷酶活性的脱氧核酶，这个酶可以水解（反应速率提高 10^6 倍）特定位置上脱氧鸟苷的 N-糖苷键，实现去嘌呤作用，在这个位置上剪切 DNA 分子。

6.3.2 8-17 脱氧核酶

8-17 脱氧核酶的结构如图 6.13。这种结构类似锤头核酶且具有 RNA 切割活性的脱氧核酶的活性中心为 8-17 型，包含一个常为 3 个碱基对的茎-环结构和一个 4～5nt 的非配对区。

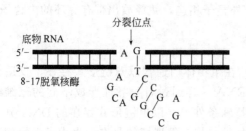

图 6.13 8-17 脱氧核酶的结构

茎至少应为 2 个 G-C 对，茎环 5′-AGC-3′ 高度保守，非配对区一般为 5′-WCGR-3′ 或 5′-WCGAA-3′（W＝A 或 T，R＝A 或 G），切割位点是 5′-A↓G-3′，A 不与脱氧核苷酸配对，G 则必须与脱氧核苷酸配对。

6.3.3 手枪形脱氧核酶

手枪形脱氧核酶包括了 I 型和 II 型两种二级结构呈手枪状并具有自切割功能 DNA 分子，如图 6.14。其中 I 型为 69nt 单链 DNA 分子，分子内形成 3 个碱基配对区，其自身切割活性依赖于 Cu^{2+} 和抗坏血酸盐，采用氧化机制自身切割；II 型为 46nt 单链 DNA 分子，分子内有 2 个碱基配对区，其自身切割活性只依赖于 Cu^{2+}。II 类脱氧核酶呈简单的二级结构，与氧化 DNA 分裂相反，切割 DNA 采取的是直接水解机制。手枪形脱氧核酶的自身切割位点在第 14nt 处，其 3′端约 27 个碱基对自身切割活性的发挥至关重要。

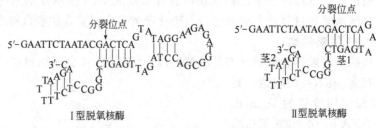

I型脱氧核酶 II型脱氧核酶

图 6.14 手枪形脱氧核酶（I 型、II 型）的结构

6.3.4 "二分"型结构脱氧核酶

"二分"型结构脱氧核酶是一类比较特殊的脱氧核酶，其活性中心为 20nt，底物结合区为 5～8nt，具有 RNA 切割活性，识别底物 RNA 位点为 A↑ANNN（N 为任何一种核苷酸，不同组合切割活性有一定差异）。"二分"型结构脱氧核酶的通用结构如图 6.15。

6.3.5 环状结构脱氧核酶

以 β-内酰胺酶 mRNA 为靶位点，设计并合成 10-23 结构脱氧核酶，将其克隆到噬菌体

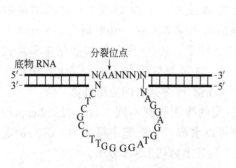

图 6.15 "二分"型结构脱氧核酶的通用结构示意

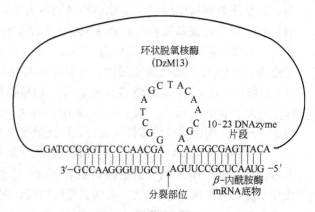

图 6.16 DzM13 环状脱氧核酶的结构

M13mp18 质粒中，通过噬菌体表达系统产生含有脱氧核酶片段的单链环状 DNA 分子，如图 6.16 所示为 DzM13 环状脱氧核酶的结构。

研究表明，在 10-23 结构脱氧核酶分子引入环状结构后，不仅提高了其稳定性和在生物体内的遗传性，而且在一定的条件下具有特异性切割 RNA-DNA 嵌合底物的功能。

6.4 核酶或脱氧核酶的应用

鉴于核酶所具有的优点，自发现以来就受到相当的重视，作为一个抑制基因表达的有力工具，在很多方面具有很大的潜在应用价值。

核酶（脱氧核酶）最主要的应用在医疗领域中。基因治疗的主要策略可以分为：①向体内导入外源基因取代体内有缺陷的基因发挥作用；②对致病基因进行抑制。与这些方法相比，利用 RNA 切割型核酶或者脱氧核酶通过识别特定位点而抑制目标基因表达的基因治疗方案在抑制效率和专一性上有独特的优势。

自从发现能够自身切割和连接的组 I 内含子以来，对催化型核酸的深入研究极大地拓宽了这种非蛋白质类催化分子在医疗上的应用。利用具有切割 RNA 活性的核酶来进行基因治疗，阻止有害基因的表达主要得益于锤头形核酶和发夹形核酶，因为这两种类型的核酶的催化结构域很小，既可以作为转基因表达产物，也可以直接以人工合成的寡核苷酸形式在体内转运。对医疗应用来说最主要的还是那些具有切割特定 RNA 顺序，从而可以在体内抑制某些有害基因的核酶，原理见图 6.17。

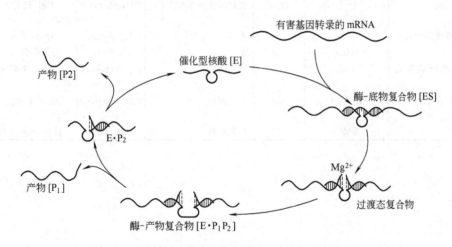

图 6.17　利用核酶或脱氧核酶抑制有害基因的基本原理

除了以上这种基于消除不利基因活性的基因治疗外，具有切割和连接活性的组 I 内含子还可以对发生有害突变的基因进行基因矫正。通过对核酶或脱氧核酶进行多种的人为化学修饰可以大大增强它们在体内的稳定性，甚至可以与传统药物的稳定性相比。表 6.1、表 6.2 列举了一些核酶和脱氧核酶的研究和应用情况。

表 6.1　药用核酶的研究和应用情况

公　司	核酶的作用对象	研究阶段
Alza	Anti-ras ribozymes	临床前期
American Cyanamid	B 细胞白血病-淋巴瘤	临床前期
Columbia University	人免疫缺陷病毒 I	I，II 期临床

公　司	核酶的作用对象	研 究 阶 段
Gene Shears	人免疫缺陷病毒Ⅰ	Ⅰ,Ⅱ期临床
	乙肝病毒,丙肝病毒	临床前期
Innovir	乙肝病毒,丙肝病毒	临床前期
Osaka University	丙肝病毒	临床前期
Ribozyme Pharmaceuticals Inc.	人免疫缺陷病毒Ⅰ	Ⅰ,Ⅱ期临床
	血管生成因子	临床前期
Tokyo University	丙肝病毒	临床前期
University of Pittsburgh	神经胶质瘤	临床前期
City of Hope	人免疫缺陷病毒Ⅰ	Ⅰ,Ⅱ期临床

表 6.2　脱氧核酶抑制有害基因表达的研究情况

作用目标	实验用细胞	臂型	修饰	运输载体	效　果
人乳头瘤病毒 E6	3T3 细胞系	8/8	$3'$-$3'$翻转	DOTAP	抑制了 60%的 E6 RNA
癌基因 *c-myc*	SMC	7/7-9/9	$3'$-$3'$翻转	DOTAP	抑制 80%细胞的增殖
酪氨酸激酶癌基因 BCR-ABL	BV173	8/8-15/15	$2'$-氧甲基帽	Lipofectin	出现细胞凋亡
BCR-ABL-荧光素酶	HeLa(transient)	8/8-15/15	$2'$-氧甲基帽	Lipofectin	抑制了 99%荧光素酶表达
BCR-ABL	K562	12/6	硫代磷酸基 2-碱基帽	Cytofectin	抑制 40%蛋白表达,50%细胞增殖
BCR-ABL	CD34+CML-骨髓细胞	12/6	硫代磷酸基 2-碱基帽	Cytofectin	抑制 53%～80%蛋白表达
人免疫缺陷病毒Ⅰ	HeLa	7/7	无	Lipofectin	50%抑制
CCR5	HeLa	7/7	无	Lipofectin	50%融合
人免疫缺陷病毒Ⅰ *env*	U87	7/7	无	Lipofectamine	抑制 77%～81%病毒组装
亨廷顿氏遗传病基因 *huntingtin*	HEK-293	8/8	$3'$-$3'$翻转	Lipofectamine	减少了 85% Huntingtin 蛋白
NGFI-A	SMC	9/9	$3'$-$3'$翻转	SuperFect	增殖下降为 75%

7 抗 体 酶

Panling 提出的酶催化的过渡态结构理论认为酶是通过某种方式与高能、短寿命的过渡态结合而起催化作用的，在这个处于反应底物和产物之间的过渡态构型中，在某些键形成时，另一些键却在断裂。同时，Panling 还指出酶与抗体之间的根本不同在于前者选择性地结合一个化学反应的过渡态，而抗体则是结合一个基态分子。之后，Jencks 进一步发展了 Panling 理论，认为在结构和电荷排列两方面，酶分子与它催化反应的过渡态呈互补，即酶分子充当化学反应的模板，使底物分子转变成为新的构型，即过渡态；并根据 Panling 的化学反应过渡态理论预言，如果能找到针对某个反应过渡态的抗体，将其加入到该反应体系中，就可观察到这个抗体对相应化学反应的催化效应，也即如果抗体能够结合过渡态的话，理论上就能获得催化性能。而机体的免疫系统可以产生 $10^8 \sim 10^{10}$ 个不同的抗体分子，抗体分子的多样性赋予它几乎无限的识别能力，抗体的这种识别能力使其能结合几乎任何天然的或合成的分子，能否利用免疫系统的这一特性将抗体开发成适合特定用途的酶，是科学家梦寐以求的目标。

长期以来，由于对酶作用机理了解不足及实验技术的限制，抗体酶研究受到限制。1975 年单克隆抗体制备技术的出现为抗体酶制备技术的开发铺平了道路，但直到 1986 年抗体酶的研究才取得了突破性的进展。当年，美国 Lerner 和 Schultz 领导的研究小组首次同时报道了成功制备出具有催化能力的单克隆抗体——催化抗体，并指出催化抗体是抗体的高度选择性和酶的高效催化能力巧妙结合的产物，本质上是一类具有催化活力的免疫球蛋白，在其可变区赋予了酶的属性，并以 Abzyme 命名发现的具有酶催化活性的抗体，中文将其译为抗体酶。

抗体酶的发现不仅提供了研究生物催化过程的新途径，而且能为生物学、化学和医学提供具有高度特异性的人工生物催化剂，并可以根据需要使人们获得具有某些不能被酶催化或较难催化的化学反应催化剂。抗体酶的出现，意味着有可能出现简单有效的方法，从而人们可凭主观愿望来设计蛋白质。这一发现是利用生物学与化学成果在分子水平上交叉渗透研究的产物。由于抗体酶对于多学科展示了较高的理论和实用价值，已引起科学界广泛的关注。

7.1 抗体的结构

抗体的结构如图 7.1 和图 7.2 所示。

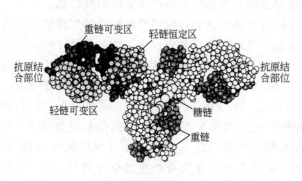

图 7.1 抗体的原子模型

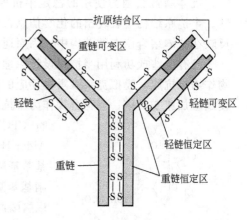

图 7.2 抗体的结构示意

7.2 抗体酶的设计

在对抗体酶的研究过程中，人们发现抗体对过渡态类似物的亲和结合接近于其与真正过渡态的亲和结合，进一步证实了应用过渡态类似物诱导抗体酶产生的理论假设，也使对高效抗体酶的寻找简化为对与过渡态类似物半抗原具有高度互补结合活性的抗体的寻找。应用不同的过渡态类似物诱导产生具有高度催化选择性的抗体酶已经成为最具前景的研究内容之一，设计合适的过渡态类似物已经成为诱导产生催化活性抗体的关键。早期的抗体酶研究是基于酶催化原理，通过半抗原和其产生的抗体的合理设计，使它们在结构和电荷上实现互补。这一设计过程涉及半抗原的设计、抗体的产生方法和活性抗体的有效筛选等几个方面，以此为基础已经产生了多种具有良好催化活性的抗体酶。此外，近些年来还有通过工程抗体催化的方法，利用化学修饰、点突变以及基因重组等技术可以将催化活性直接引入抗体结合位点或改善其活性，从效果来看，这一方法也已经取得了一定的成功。

7.2.1 以过渡态类似物免疫为基础的抗体酶设计

传统的产生催化抗体的路线是用过渡态类似物免疫获得可以与反应过渡态互补的抗体结合口袋，在设计上主要是利用静电催化、亲电和亲核催化、酸碱催化、邻近效应、应变、功能基团催化等酶催化作用的基本原理实现对过渡态的稳定作用，并通过降低反应的熵以及在抗原结合部位有目的地引入功能基团或辅助因子结合位点，实现抗体和抗原在结构和电荷上的互补结合。这种设计主要是基于对反应历程和酶催化机理的研究，并通过设计模拟过渡态的半抗原来实现。

以过渡态类似物免疫为基础的抗体酶设计的重点在于半抗原的选择和设计，而化学反应的过渡态因半衰期很短而难以分离得到。设计和合成良好的过渡态类似物涉及所研究反应的构象、立体化学和电荷性质等多个方面，其重点在于那些能够把过渡态和基态区分开来的性质，如可以通过在过渡态类似物的适当位置中插入不同的元素或带电基团来模拟反应过程中的杂化状态和电荷情况的改变。对于每一个新反应，要求通过半抗原的设计将产生抗体催化剂的可能性优化到最大程度。同时，由于最好的过渡态类似物和真实过渡态之间的细微差别都可能会造成抗体酶较低的催化效率，所以必须了解半抗原设计方案能否以及如何实现与免疫球蛋白结合口袋的互补。此外，利用基于催化机理研究基础上的酶抑制剂作为半抗原设计的模板，通过与反应性免疫方法相结合，也可以寻找具有催化活性的抗体酶。

抗体酶常会因为使用的稳定半抗原不能完美模拟过渡态结构而不能获得理想的催化活性。半抗原结构中表现出的化学信息，包括在过渡态类似物模拟方面的缺失，都可以准确地反映在抗体结合位点的结构中，因而通过改善过渡态类似物可以产生更好的抗体酶。

已有一些成功利用半抗原设计原理设计的抗体酶。例如，应用严谨构象的二羧酸类化合物作为半抗原，模拟克莱森重排反应的过渡态，免疫产生了具有催化活性的抗体 1F7，可以使反应加速 200 倍；以化合物作为半抗原产生的抗体 1E9（图 7.3）可以催化二氧基四氯噻吩（TCTD）和 N-乙基顺丁烯二酰亚胺（NEM）的 Diels-Alder 环加成反应，生成终产物 N-乙基-四氯酞亚胺；以对硝基苯基膦酸酯类化合物作为半抗原产生的催化抗体 48G7 对硝基苯基羧酸酯的水解反应，使反应速度增加数个数量级；以膦酰胺类化合物为半抗原免疫产生的催化抗体 43C9 可以催化酰胺类化合物的水解，这也是迄今为止最有效的水解抗

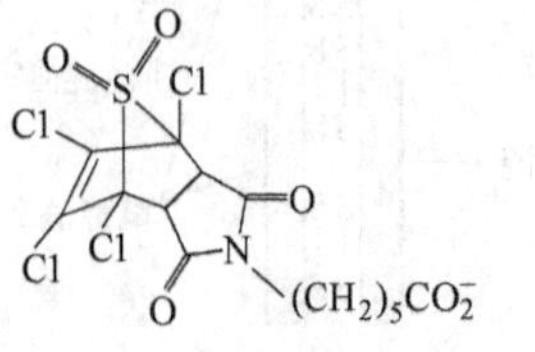

图 7.3　抗体 1E9 的半抗原结构

体之一。

7.2.2 工程抗体催化

除以过渡态为基础的抗体酶设计外,工程抗体催化在产生和提高抗体酶的活性方面也起着越来越重要的作用,已经成为抗体酶设计的重要方法。主要有:

(1) 通过定点突变引入催化活性 采用蛋白质工程技术将催化活性引入非催化抗体,从与底物具有特异性结合的抗体开始进行定点突变,改变结合区的某个氨基酸以改善催化活性。利用该方法已经成功地产生了具有较好催化活性的抗体,其中一个典型的例子是将 RNA 结合抗体 Jel 103 进行改造获得了核糖核酸酶催化抗体。

(2) 通过定点突变改善抗体酶的活性 利用蛋白质工程技术改变抗体结构中的氨基酸残基的方法也可以改善以过渡态类似物作为半抗原产生的抗体酶活性。一般来说,通过对抗体酶作用机理和结构的研究以及与酶的催化作用进行比较,可以有针对性地改变抗体结合区的某个或多个氨基酸残基以提高活性较差的抗体酶的催化能力。有研究已经表明,可以使抗体酶的活性提高几个数量级。目前,定点突变法在研究抗体酶的作用机理以及影响抗体催化活性等方面已经成为一种常规的方法,广泛地用于抗体酶的研究中。例如,将 Diels-Alder 环化酶抗体进行突变可以获得突变的抗体酶,其催化活性可以提高几个数量级。

(3) 随机突变与体外筛选方法相结合产生抗体酶 除了应用定点突变的方法引入或改善抗体酶的活性之外,也可以通过随机突变与合适的体外筛选方法相结合的办法产生具有催化活性的抗体酶。该方法主要是以与底物结合的抗体或合适的过渡态类似物产生的抗体为起点,通过对抗体结合区中氨基酸残基的随机突变,从而产生一系列的结合抗体,再利用合适的筛选方法从中获得具有较高活性的抗体酶。

(4) 细胞内抗体酶 将胞内抗体技术和抗体的催化活性相结合,产生了抗体酶中一个有趣的研究领域,即改变抗体酶,使其适应于细胞内表达产生胞内抗体酶。近年来,已经成功地将功能性的抗体片段表达于细胞的内部,获得胞内抗体酶。

7.3 抗体酶的筛选和选择

设计筛选抗体酶的方法既要考虑获得的抗体的数量,也要考虑到其催化的反应类型和活性。最初用于筛选抗体酶的方法是以测定抗体对过渡态类似物结合的能力为基础,它是基于具有较强的过渡态类似物结合能力并使过渡态稳定的抗体具有较高的催化能力的假设。一直以来,由于该法可以相对简单地用免疫分析技术测定抗体与半抗原的结合力,使之成为了筛选抗体酶的一种常用的基本方法,但以此方法筛选出的具有高亲和力的抗体需要通过进一步检测与其相关底物孵育时产物的形成情况来鉴定活性,尽管测定结合的亲和力可以快捷、自动、高效地完成,但对催化活性的鉴定却是非常难以进行的。也就是说,通过测定抗体对过渡态类似物结合能力来筛选抗体酶的方法有一定的局限。理想的筛选方法应以直接对催化活性的筛选方法为基础进行,这样可以直接获得高催化活性的抗体酶。目前,已经有多种方法可以应用于抗体酶的筛选,主要有:

(1) 利用可产生荧光产物的底物进行筛选 根据抗体催化的反应类型,设计经催化后可产生荧光产物的底物,利用该底物与抗体孵育,使用光谱学方法监测荧光产物的形成,通过测定荧光产物的多少检测抗体的催化活性,从而筛选出具有催化活性的抗体酶。

通过利用可产生荧光产物的底物进行直接筛选,可以使培养杂交瘤的数目迅速降低,并且可在多种条件下筛选出更多的抗体酶。

(2) 利用化学发光底物进行筛选 利用化学发光底物进行酶活性测定的方法因其高灵敏

性、低背景干扰和易操作而日益受到欢迎。近年来也已经发展了多种底物体系,可以在特定的酶的修饰作用下产生发光产物,而且还可以根据需要对酶活性进行改变,成为一系列具有广泛活性的化学发光底物。在一些情况下,还可以通过在底物分子中引入荧光素增加化学反应的敏感性,从而增加筛选的灵敏性。

(3) 利用竞争性免疫分析进行筛选　竞争性免疫分析的原理如图 7.4 所示。在此方法中,抗产物抗体通过第二抗体被捕获在固相表面,反应底物与催化抗体在溶液中自由孵育,而生成的产物与固定于微板上的抗产物抗体结合,并用酶标产物与自由产物竞争结合微板上的抗产物抗体结合位点,通过洗板后与酶的产色底物反应来测定结合在微板上的酶活性,测得固定的酶活性与产物的浓度密切相关,通过用已知浓度的产物进行曲线校正就可以准确测定待测反应中产物的浓度。此外,还可通过在不同时间除去样品和获取产物进行定量分析进行催化反应的动力学分析。

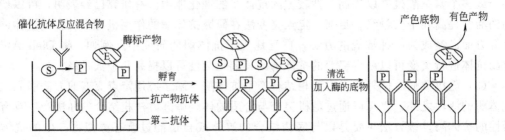

图 7.4　竞争性免疫分析的原理示意

利用竞争性免疫分析方法可以通过用抗产物抗体检测与抗体酶反应后形成的产物来测定抗体的催化活性。为了达到测定抗体酶的催化活性的目的,一般可将底物连接于载体蛋白并固定在微板的表面,做法与传统的 ELISA 分析方法相似,以二抗-酶偶联物检测形成的产物-抗体复合物。

(4) 通过共价诱捕方法进行筛选　噬菌体展示抗体库的出现可以迅速产生多达 10^{10} 数量级的抗体库,要求发展通过亲和选择鉴定催化剂的新方法。简单地说,噬菌体展示技术中与病毒衣壳蛋白融合的抗体片段以功能形式呈现在噬菌体颗粒的表面,可以通过亲和选择直接检测它们的结合活性,获得具有理想结合特异性的抗体。

因为噬菌体展示库产生的抗体库非常之大,要将噬菌体库中的每一成员都用于催化活性的筛选存在很大的难度,在实践上,抗体库首先需要经过一个选择过程,并将呈现阳性的选择物进一步与噬菌体复制相联系,采用多轮的生物淘洗获得富集的具高亲和力的噬菌体抗体。将这一淘洗过程与噬菌体颗粒的催化活性结合起来,依据具有催化活性的噬菌体抗体能引起噬菌体和固定的选择剂之间的相互作用,就可以通过共价诱捕选择有催化活性的抗体酶。

对以传统方法从杂交瘤来源的抗体中简单筛选获得的抗体和用共价诱捕方法选择到的抗体酶的活性进行比较研究发现,用传统方法筛选到的最好抗体只能使反应速度加速 100 倍,而以共价诱捕选择方法获得的一株抗体可使反应加速 10^4 倍以上。这一结果表明,直接针对催化活性的选择方法能够成功地获得比根据结合活性筛选的方法获得的抗体具有更高催化活性的抗体酶。

用共价诱捕选择方法已经在较高催化活性的抗体酶的筛选中获得成功。同时,当用传统方法不能成功筛选活性抗体时,也可以考虑使用此方法,而该法的关键是对共价诱捕剂的设计。

（5）通过选择性感染噬菌体进行筛选 选择性感染噬菌体是利用不具有感染能力的 GⅢ
蛋白 N 末端域缺失型噬菌体作为抗体库载
体，将抗原与噬菌体缺失的 GⅢ蛋白 N 末
端域融合，可以与抗原发生抗原结合反应
的噬菌体抗体因为具有了缺失的 GⅢ蛋白
N 末端域而重新获得感染力，通过这一方
法可选择与半抗原结合的抗体。以此原理
为基础就可以建立起将噬菌体感染力恢复
与抗体催化活性直接联系的抗体选择方
法，如图 7.5。

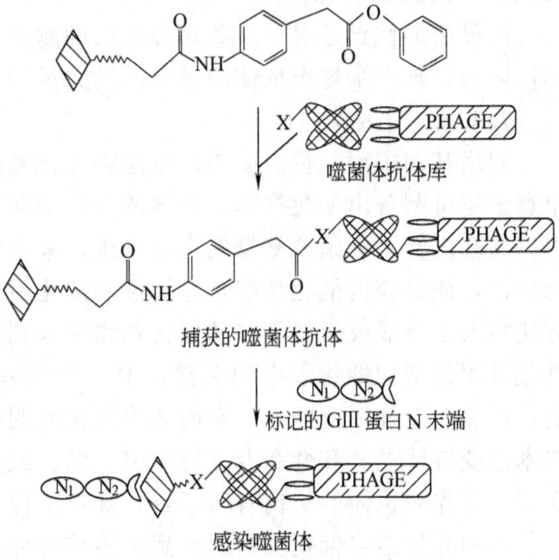

该方法是以经抗体催化后可与抗体共
价结合并具有 GⅢ蛋白结合的标记基团的
双功能化合物作为选择底物，含催化抗体
的失去感染力的噬菌体催化该化合物水解
并与之结合，然后通过该化合物末端与
GⅢ蛋白结合而使感染力恢复。例如，利
用已经鉴定的两个苯酯水解抗体对该法进
行的研究发现，以共价机理水解苯酯的抗
体 PCP21H3-非感染噬菌体的感染力可以得到有效恢复，而不以共价机理催化的抗体
PCP2H6-噬菌体的感染力不能恢复，说明了此方法具有较好的选择性。此外，该法具有很
高的选出效率，富集因子可达 10^4 以上，因而有可能在今后成为从较大的抗体库筛选抗体酶
的有效方法。

图 7.5　用标记的诱捕剂恢复噬菌体感
染力选择亲核抗体酶过程

7.4　抗体酶的制备方法

制备抗体酶的方法很多，主要有拷贝法、引入法、诱导法等，这里将着重介绍下列几种
方法：

7.4.1　拷贝法

拷贝法是首先将已知酶作为抗原免疫动物，获得抗酶的抗体，再以该抗酶的抗体免疫动
物进行单克隆化，以获得单克隆的抗抗体，用合适的方法对抗抗体进行筛选，就可得到具有
已知酶活性的抗体酶，其操作步骤如图 7.6。

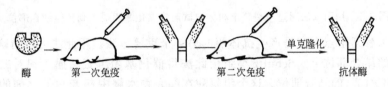

酶　　　第一次免疫　　　　　第二次免疫　　　　单克隆化　　　抗体酶

图 7.6　拷贝法制备抗体酶过程示意

采用拷贝法 Lerner 等根据金属肽酶的研究成果，以磷酸酯为碳酸酯的过渡态类似物，
合成了一个含有吡啶甲酸的磷酸酯化合物作为半抗原，得到一株单克隆抗体 6D4，用来催化
不含吡啶甲酸的相应的碳酸酯水解反应，使反应加速近 1000 倍。Schultz 小组认为对硝基苯
磷酰胆碱是相应羧酸二酯水解反应的过渡态类似物，用此类似物作半抗原诱导产生单克隆抗

体，经过筛选，找到一株 MOPC167，它使该水解反应速度加快 12000 倍。研究的结果表明，这些抗体酶具有酶的一般特性，其催化动力学行为满足米氏方程，并具有底物特异性及 pH 依赖性等酶反应的特征。

拷贝法的优点是对于某些来源紧张的酶来说可以用生产单克隆抗体的方法大量生产相应的抗体酶；缺点是这类抗体酶需要通过大量的筛选才可获得，具有一定的盲目性。

7.4.2 引入法

利用基因工程、蛋白质工程方法将催化基团引入到已有底物结合能力的抗体的抗原结合位点上也可制备出催化抗体。具体的方法是通过人工合成出能表达催化抗体的基因，然后将编码的基因转入细菌或酵母的表达系统，采用定点突变技术将特定的氨基酸残基引入抗原结合部位，使其获得催化功能，经筛选和纯化后制备出催化酶。也可以采用选择性化学修饰的方法将人工合成或天然存在的催化基团引入到抗体的抗原结合部位。将抗体的结合部位引入催化基团是增加催化效率的关键，引入功能基团的方法一般有两种：①利用部位选择性试剂，用类似亲和标记的方法定向地将催化基团引入抗体；②用 DNA 重组技术和蛋白质工程技术改变抗体的亲和性和专一性，引入酸、碱催化基团或亲核体。使用这类方法的另一关键在于要事先对抗体的结构有所了解，确定工程化抗体的目标。

亲和标记是将催化基团引入到抗体结合部位的有效方法。一般先用可裂解亲和试剂与抗体作用，然后再用二硫苏糖醇（DTT）处理，则在抗体结合部位附近引入巯基，用此巯基作为锚可以很方便地引入其它化学功能基，如咪唑等（见图 7.7）。已用此法制备了含有活性部位巯基和咪唑基的具有水解活力的抗体酶。特别重要的是，此法不需了解反应的过渡态及反应的详细机理，而且可以引入天然和非天然的辅因子。

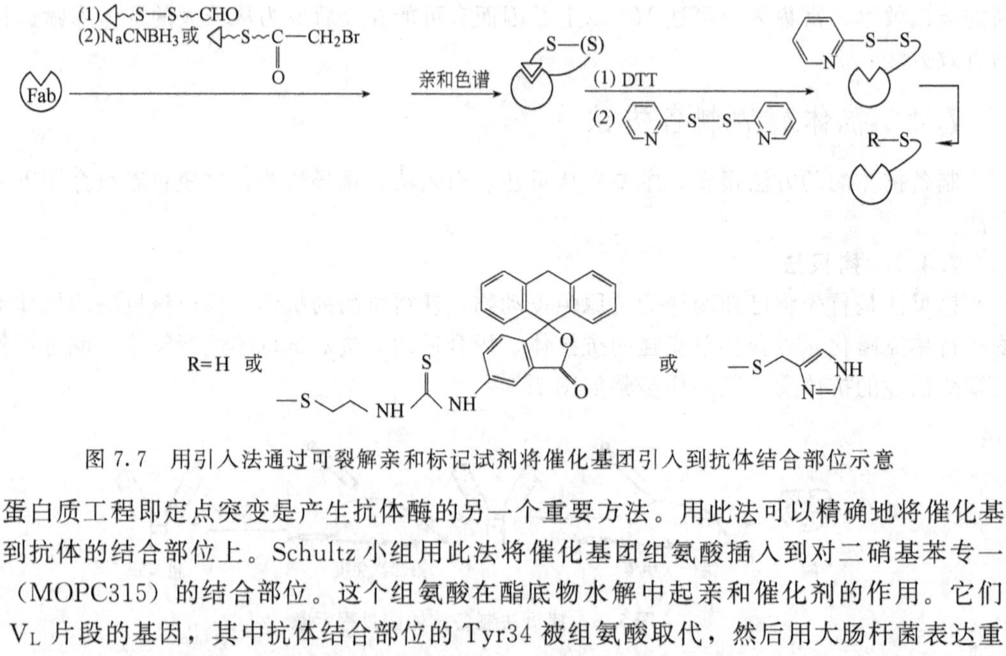

图 7.7 用引入法通过可裂解亲和标记试剂将催化基团引入到抗体结合部位示意

蛋白质工程即定点突变是产生抗体酶的另一个重要方法。用此法可以精确地将催化基团引入到抗体的结合部位上。Schultz 小组用此法将催化基团组氨酸插入到对二硝基苯专一的抗体（MOPC315）的结合部位。这个组氨酸在酯底物水解中起亲和催化剂的作用。它们合成了 V_L 片段的基因，其中抗体结合部位的 Tyr34 被组氨酸取代，然后用大肠杆菌表达重组的 V_L，再将 V_L 链与天然的 V_H 链组合在一起，则得到具有显著酯解活力的抗体酶，与 pH 6.8 时 4-甲基咪唑的催化速度相比，加速反应 9×10^4 倍。

7.4.3 诱导法

用设计好的半抗原，通过间隔链与载体蛋白（如牛血清白蛋白等）偶联制成抗原，然后采用标准的单克隆技术制备、分离、筛选抗体酶，如图7.8。

图 7.8　诱导法制备抗体酶的过程

实际上利用过渡态类似物制备抗体酶的过渡态是很不稳定的，且一般反应的过渡态还只是一种理论推测，并未在结构上予以阐明，因此，该法采用的半抗原过渡态类似物也只能根据推测而设计。

7.4.4　抗体与半抗原互补法

抗体与其配体的相互作用是相当精确的，抗体常含有与配体功能互补的特殊功能基。已经发现，带正电的配体常能诱导出结合部位带负电残基的配体，反之亦然。抗体与半抗原之间的电荷互补对抗体所具有的高亲和力以及选择性识别能力起着关键作用。Shokat 等利用抗体与半抗原之间的电荷互补性，制备了针对带正电半抗原的抗体（见图7.9），结果在抗体结合部位上产生带负电的羧基，可作为一般碱基催化 β-消除反应。他们采用合成的季铵化合物 H1 作半抗原，获得 6 株抗体，其中有 4 株具有催化活性，其中一个抗体 43D4-3D3 可使反应速度增加 10^5 倍。

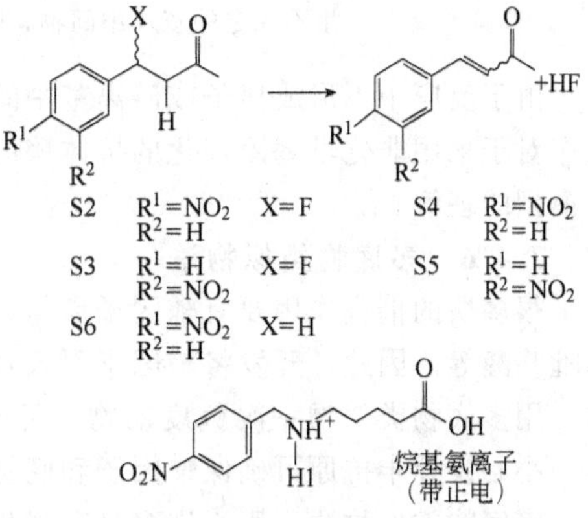

利用抗体-半抗原互补性是产生抗体酶的一般方法，可适合各类不同的反应，如缩合、异构化和水解反应等。如果通过半抗原的最优化设计使带正电荷的半抗原正确地模仿过渡态的几何结构及所有的反应键，而且半抗原和产物

图 7.9　抗体催化的 β-消除反应
H1 为类似 β-氟酮底物的半抗原，含有一个带正电的烷基氨离子

及底物之间都没有相似之处，那就有可能产生高活力抗体酶，甚至达到天然酶的活力水平。抗体催化的下一个目标是在抗原结合部位诱导出两个催化基团（两个酸、一酸一碱或两个碱），进一步增加反应速度。

7.4.5　熵阱法

另一种设计半抗原的方法是利用抗体结合能克服反应熵垒。抗体结合能被用来冻结转动和翻转自由度，这种自由度的限制是形成活化复合物所必需的。用抗体作为熵阱非常成功的例子是抗体催化的 Diels-Alder 反应。Diels-Alder 环加成反应是众多形成 C—C 键反应中的一种，是需要经过高度有序及熵不利的过渡态的反应。此反应是由二烯和烯烃产生环己烯，这在有机合成中很重要，但在自然界却没有相应的酶催化此反应。此反应的过渡态是具有高能构象的环状物，含有一个高度有序排列的轨道环。反应中化学键的断裂和生成同时进行，因此常可观察到不利的活化熵。因为过渡态和产物很相似，易引起产物抑制而降低转化速度。因此，在设计半抗原时，不仅利用邻近效应，还要消除产物抑制，才能诱导出催化这一双分子反应的抗体。Hilvert 等成功地解决了这个问题。它们用稳定的三环状半抗原诱导的抗体可催化起始加合物的生成，然后立即排出 SO_2，产生次级二氢苯邻二甲酰亚胺，抗体对该产物的束缚很弱，因而显著加速反应（见图 7.10）。这个例子说明，抗体酶不仅可以催化天然酶不能催化的反应，而且通过半抗原设计还能解决产物抑制问题。

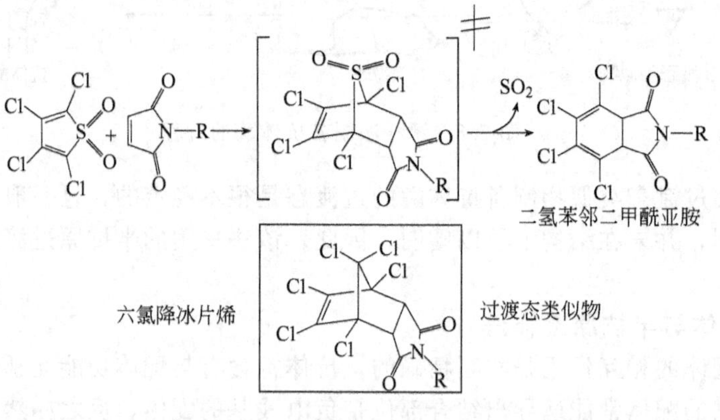

二氢苯邻二甲酰亚胺

六氯降冰片烯　　　　　　　过渡态类似物

图 7.10　四氯噻吩二氧化物与 N-烷基马来酰亚胺的 Diels-Alder 环加成反应
产生不稳定的双环中间物，随后消除 SO_2，得到二氢苯邻二甲酰亚胺

由于反应中不形成离子或游离基中间体，反应不需要酸、碱等催化基团催化，所以这项工作对于采用非化学基团催化的抗体酶的发展有重要意义，它加深了人们对酶作用机理中熵阱模型的理解。

7.4.6　多底物类似物法

很多酶的催化作用要有辅因子参与，这些辅因子包括金属离子、血红素、硫胺素、黄素和吡哆醛等。因此，开发将辅因子引入到抗体结合部位的方法无疑会扩大抗体催化作用的范围。用多底物类似物一次免疫动物，可产生既有辅因子结合部位，又有底物结合部位的抗体。小心设计半抗原可确保辅因子和底物的功能部分的正确配置。

多底物类似物法还用于许多具有氧化还原活性的辅因子，如黄素、刃天青和依赖吡哆醛的反应。

7.4.7　抗体库法

抗体库技术即用基因克隆技术将全套抗体重链和轻链可变区基因克隆出来，重组到原核表达载体，通过大肠杆菌直接表达有功能的抗体分子片段，从中筛选特异性的可变区基因。

Huse 等首次报道了组合抗体库，用逆转录-PCR 技术从淋巴细胞克隆出抗体轻链基因 repertoire 和重链 Fd 段基因 repertoire，将二者分别组建到表达载体 Lc2 和 Hc2 中，得到的轻链基因和 Fd 段基因随机重组于一个表达载体中，形成组合抗体库。所得到的抗体库经体外包装后感染大肠杆菌，铺板培养，每一个感染了噬菌体颗粒的大肠杆菌细胞由于噬菌体的增殖而裂解，所释放的噬菌体再感染周围的大肠杆菌细胞，在培养皿细菌生长层内产生噬菌斑，同时表达的 Fab 片段也释放于噬菌斑内，将噬菌斑转印到硝酸纤维素膜上，可以用标记有过氧化物酶的抗原筛选到产生特异性抗体的克隆，得到其 Fab 段的基因。这个方法较细胞融合杂交瘤技术制备单抗有明显的优越性：①省去了细胞融合步骤，省时省力，可避免因杂交瘤不稳定而要反复亚克隆的烦琐程序；②扩大了筛选容量，用杂交瘤技术一般筛选能力在上千个克隆以内，而抗体库可筛选 10^6 以上个克隆；③用此技术可直接克隆到抗体的基因，既克服了杂交瘤分泌抗体不稳定而丢失的弱点，又便于进一步构建各种基因工程抗体；

④用此法得到的抗体可以在原核系统表达，降低了制备成本；⑤构建抗体库时，轻链和重链可变区基因在体外随机组合，可产生体内不存在的轻重链配对，有可能得到新的特异性抗体。Gibbs 等由分泌单抗 NPN43C9 的杂交瘤出发，通过反转录 PCR 技术制得了单链抗体。单链 Fv 的优点是：分子质量小，只有 2.6kDa，便于结构分析，同时提高了穿透组织的能力；此外，单链 Fv 大大降低了抗体的免疫原性，减小了治疗中的副作用；更重要的是，单链 Fv 可在 *E.coli* 中表达，为催化抗体的大规模应用奠定了基础。

后来发展的噬菌体抗体库技术为抗体酶的制备提供了更好的方法。Chen 等用烷基磷酰胺作半抗原免疫小鼠后，从中筛选出 22 个能同抗原结合的克隆，纯化后发现其中的 3 个克隆有催化活性，表征了其中的一个克隆，发现其动力学行为符合米氏动力学（$K_m = 115 \mu mol/L$，$k_{cat} = 0.25 min^{-1}$）。这是第一个从抗体库中筛选出来的催化抗体。

虽然用噬菌体抗体库技术可有效筛选具有亲和力的抗体，但仅靠亲和特性筛选抗体酶还有困难。这是因为具有亲和力的抗体并不都有催化活性，实际上，具有催化活性的抗体只占结合抗体中的少数。为了减少筛选工作量，能否从抗体库中直接筛选出具有催化活性的抗体？经过努力，将酶的催化机制引入抗体库筛选中的直接筛选法应运而生。

7.5　抗体酶催化的反应

大量的研究已经表明，抗体酶的催化专一性相当于或超过了一般酶的专一性，有的抗体酶的催化速度也可以达到酶的催化水平，但抗体酶的催化效率还普遍低于天然酶。自从抗体酶制备成功以来，迄今已成功地开发出天然酶所催化的六种酶促反应和数十种常规反应的抗体酶。这些反应包括酯和酰胺键的水解反应、酰胺形成、光诱导裂解和聚合、酯交换、内酯化、Claisen 重排反应、金属螯合、环氧化反应、氧化还原反应、化学上不利的环化反应、肽键形成反应、脱羧反应、过氧化反应、周环反应等。

（1）酰基转移反应　目前已经成功制备出酰基转移抗体酶。氨基酸在掺入肽链之前必须进行活化以获得额外能量，这一活化过程就是酰基转移反应，也称为氨酰基化反应。例如 Jacolson 等设计了一个中性磷酸二酯作为反应过渡态的稳定类似物，制备出单克隆抗体，此单克隆抗体可以催化带丙氨酸的胸腺嘧啶的氨酰基化反应，如图 7.11。通过研究发现，该催化抗体催化反应的速度要比无催化反应的速度提高了 10^8 倍。

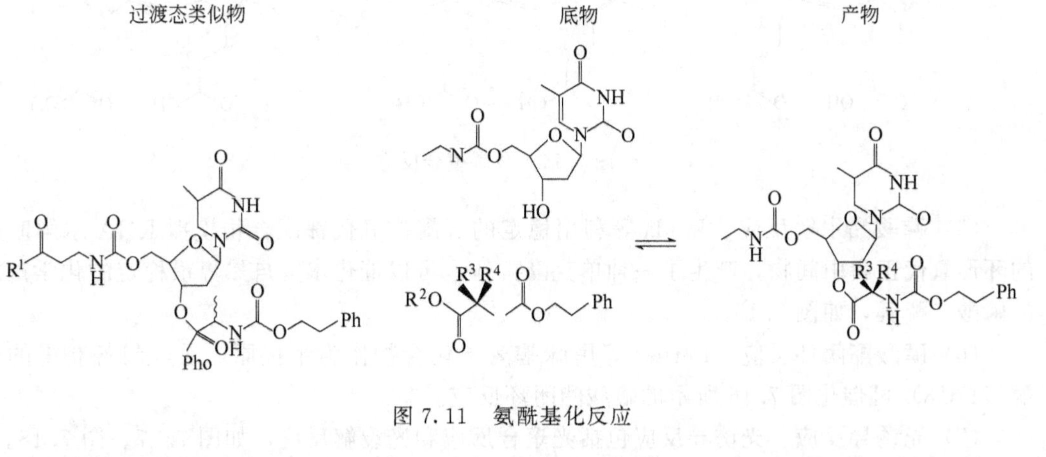

图 7.11　氨酰基化反应

（2）重排反应　Claisen 重排是有机化合物异构化的一种重要形式。Hilvert 等利用一个椅式构象的氧氮杂双环化合物来模拟分枝酸生成预苯酸的 Claisen 重排反应的过渡态结构，催化了 C—C 键的生成，反应速度加快了 $10^3 \sim 10^4$ 倍，如图 7.12。

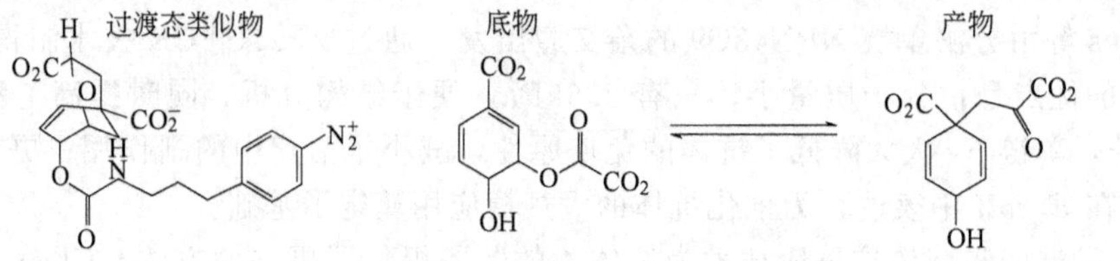

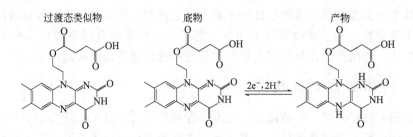

图 7.12 Claisen 重排反应

（3）氧化还原反应 抗体酶可以使一些热力学上原来无法进行的氧化还原反应得以进行，如图 7.13。

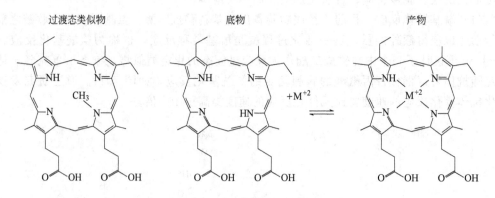

图 7.13 氧化还原反应

（4）金属螯合反应 Schultz 等用 G-甲基-卟啉诱导产生的抗体可催化 Cu^{2+}、Zn^{2+}、Co^{2+}、Mn^{2+} 等金属离子与平面状卟啉发生螯合反应，如图 7.14。

图 7.14 金属螯合反应

（5）磷酸酯水解反应 Janda 等利用稳定的五配位氧代铼配合物模拟 RNA 水解时形成的环形氧代正膦中间物，产生了一种单克隆抗体，可以催化水解自然界最稳定的化学键之一的磷酸二酯键，如图 7.15。

（6）磺酸酯闭环反应 Lerner 等用脒基离子化合物作为半抗原，通过制备获得的抗体酶（17G8）可催化图 7.16 所示的磺酸酯闭环反应。

（7）光诱导反应 光诱导反应包括光聚合反应和光裂解反应，如图 7.17、图 7.18。

（8）其它反应 抗体酶还可以催化异构化反应、重排反应、质子转移反应、去溶剂化立体选择性催化、醛缩和逆醛缩反应等。

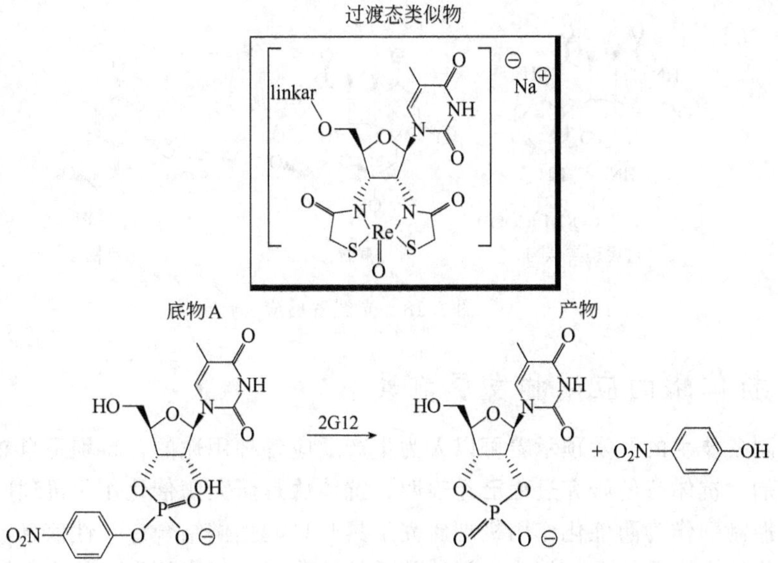

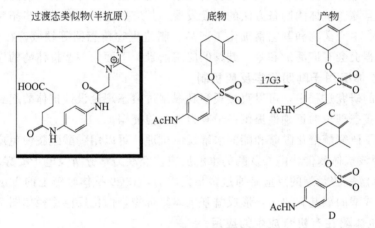

过渡态类似物

图 7.15 磷酸酯水解反应

过渡态类似物(半抗原)　　　底物　　　产物

图 7.16 磺酸酯闭环反应

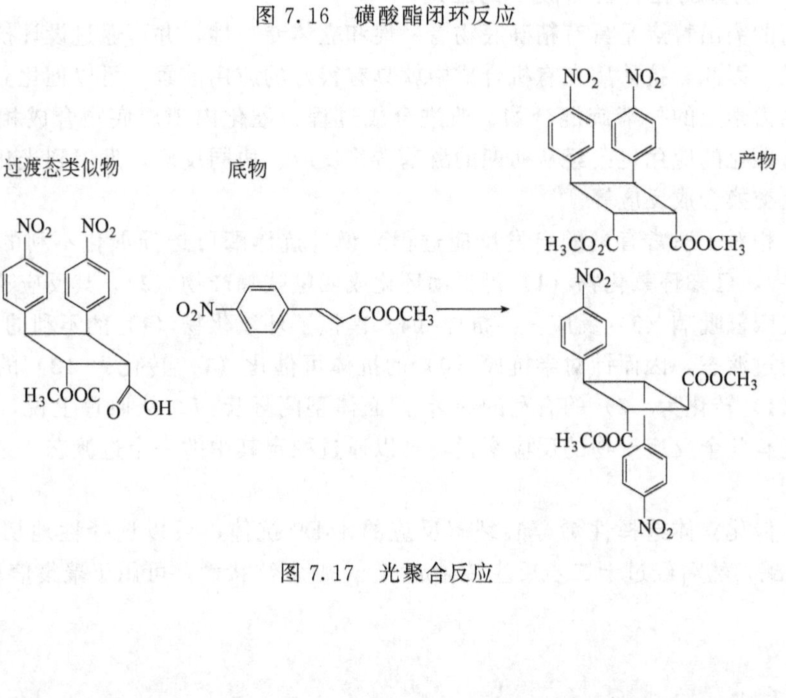

过渡态类似物　　　底物　　　产物

图 7.17 光聚合反应

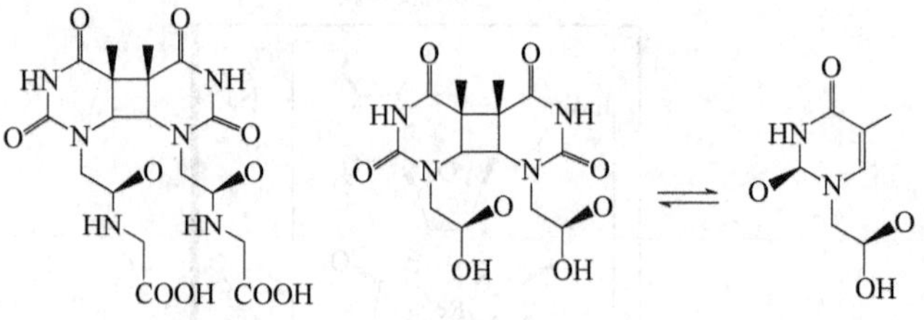

过渡态类似物　　　　底物　　　　产物

图 7.18　光裂解反应

7.6　抗体酶的应用和发展前景

抗体酶制备技术的开发预示着可以人为生产适应各种用途的，特别是自然界不存在的高效生物催化剂。抗体酶的研究过程已经表明，抗体酶是研究酶催化作用机理的有力工具，克服了利用酶抑制剂作为酶催化作用机理研究工具时只能提供结合专一性信息，而不能给出结合后发生催化反应以及结合与催化之间的关系的缺陷，可以直接为酶催化作用的过渡态理论的正确性提供一个有力的依据，具有重要的理论研究价值。此外，抗体酶的应用前景也非常令人鼓舞，而且随着抗体酶制备方法的不断发展，其应用范围也在进一步拓展，可用于疾病的诊断和治疗、生产药物和其它精细化工产品、制造生物传感器等领域，在生物学、医学、化学和生物工程上会有广泛的和令人鼓舞的应用前景。下面为一些抗体酶的应用实例：

7.6.1　抗体酶用于阐明化学反应机制

在抗体酶的研究过程中，可以直接观察到根据过渡态理论设计抗体酶起到的作用，为酶催化作用的过渡态理论的正确性提供一个有力的实验证据。

例如，为了研究酶催化酰胺和酯的水解反应机理，可以用磷酸酰胺使免疫小鼠产生的抗体 43C9，再用该抗体酶催化酰胺及酯的水解反应。经动力学分析及电子喷雾质谱分析证明，43C9 催化的水解酰胺及酯的反应是通过多步完成的，43C9 抗体轻链上的 His L91 的咪唑基亲核进攻酰胺或酯的羰基碳原子，形成酰基抗体复合物，催化反应途径如图 7.19 所示。

7.6.2　抗体酶在有机合成中的应用

抗体酶的突出特点是具有精确底物专一性和立体专一性，并可通过设计抗体酶来弥补天然酶的不足。因此，抗体酶在有机合成中就具有很好的应用前景，可以催化立体专一性的反应、拆分动力学上的外消旋混合物、改进合成过程、催化内消旋底物合成相同手性的产物等。抗体酶催化的应用也已经从初期的酰基转移反应、协同反应，发展到光化学反应、氧化还原反应及交换合成反应等。

例如，相对于通常有利的自发反应过程来说，抗体酶可选择催化不利的反应过程（图7.20）。图中，已知环氧化物（**1**）可自动环化成四氢呋喃产物（**2**），其反应速度大大快于不利的环化成四氢吡喃（**3**）反应。半抗原（**4**）模拟了环氧化物（**1**）的不利的 6-内-四面体型闭环反应的过渡态，因而针对半抗原（**4**）的抗体可催化（**1**）转化为（**3**）的不利反应，完全避免了（**1**）转化为（**2**）的有利的 5-外-四面体型闭环反应。从原理上说，对于动力学控制下的可能有几个反应产物的反应来说，可以通过稳定其中的一个过渡态，来显著改变反应产物的比例。

又如，催化立体选择性烯醇醚裂解反应的 14D9 抗体，可以选择性地切割 2-烯醇醚为 (S)-α-甲基酮，然后经过十二步反应转化成（－）-α-多纹状素，可用于聚集信息素（－）-α-多

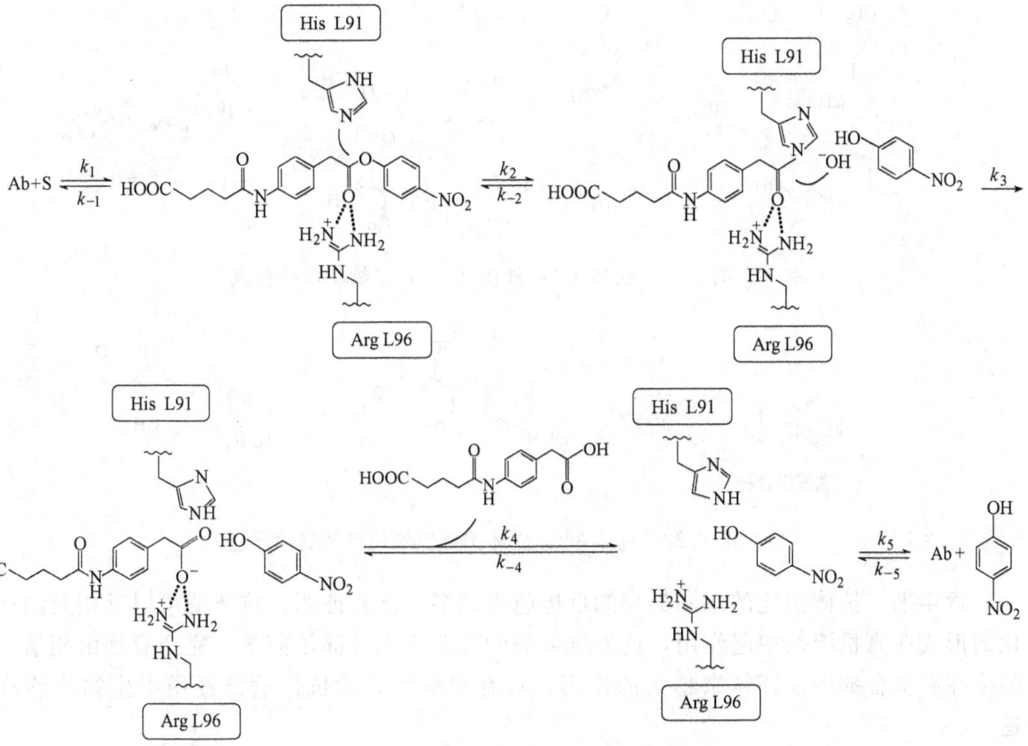

图 7.19　抗体酶 43C9 的催化反应机制

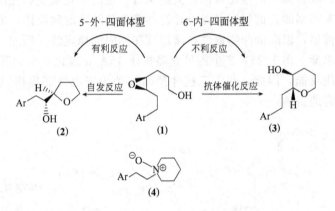

图 7.20　用过渡态模拟物（**4**）作半抗原，所得抗体可催化羟过氧化物（**1**）环化成四氢
吡喃（**3**）的不利闭环反应，而不发生（**1**）→（**2**）的有利闭环反应

纹状素的合成，如图 7.21。

　　此外，醛缩酶抗体 38C2 具有广泛的底物特异性和与天然醛缩酶相似的催化能力，可
以催化如图 7.22 所示的醛缩反应或逆醛缩反应。目前，由于该抗体酶具有高效的催化活
性，已经用于多种天然产物合成中间体的制备反应中，如抗肿瘤药物合成过程中的关键
中间体。

　　此外，该抗体酶还可以立体选择性地通过 Robinson 成环反应催化一系列甾醇类化合物
的关键中间体（S）-（＋）-Wieland-Miescher 酮的形成；还可催化经两步合成 1-脱氧-L-木酮
糖过程中将羟基酮加于醛的醛缩反应。

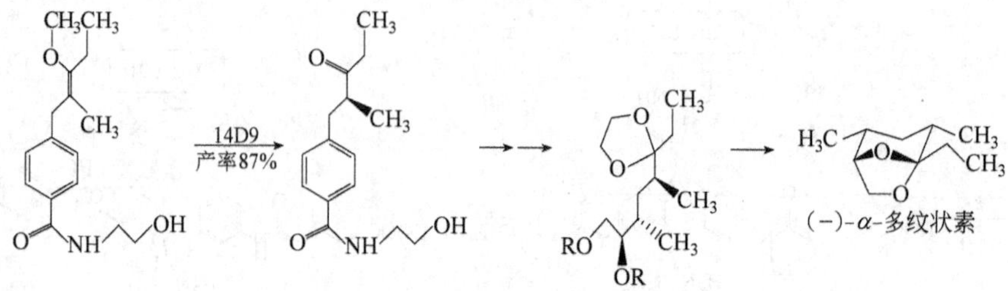

图 7.21　抗体 14D9 催化（−)-α-多纹状素的合成

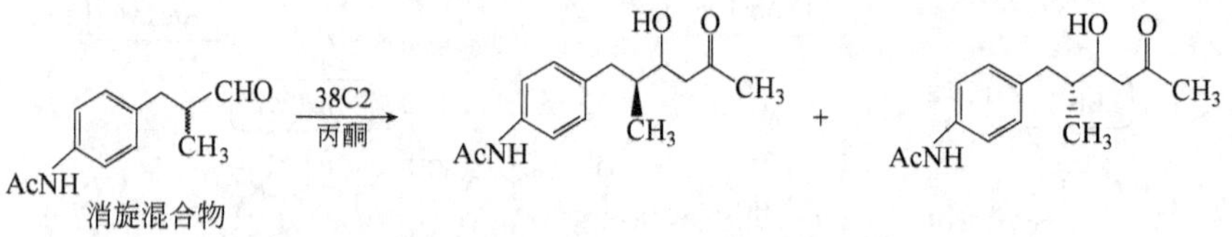

图 7.22　抗体 38C2 立体选择性催化多种醛缩反应

近年来，抗体催化的不同类型的反应越来越多。已经证明，抗体酶可以反相胶团和固定化的形式在有机溶剂中起作用，这为抗体酶的商业应用开辟了前景。完全有理由相信，抗体酶会在有机合成中发挥越来越大的作用。具有酯解活力的抗体酶已经用于生物传感器的制造上。

7.6.3　抗体在疾病治疗过程中的应用

抗体酶具有的既能标记抗原靶目标，又能执行一定的催化功能的性质使抗体酶在体内的应用实际上是没有限制的。例如，可以设计抗体酶杀死特殊的病原体，也可用抗体酶活化处于靶部位的药物前体，以降低药物毒性，增加其在体内的稳定性。例如，用可卡因降解的过渡态类似物磷酸单酯（图 7.23）产生的单克隆抗体 15A10 催化可卡因降解，水解后的可卡因片段失去了刺激功能，因此，用人工抗体酶的被动免疫也许能提供阻断可卡因上瘾的治疗，从而达到戒毒的目的。

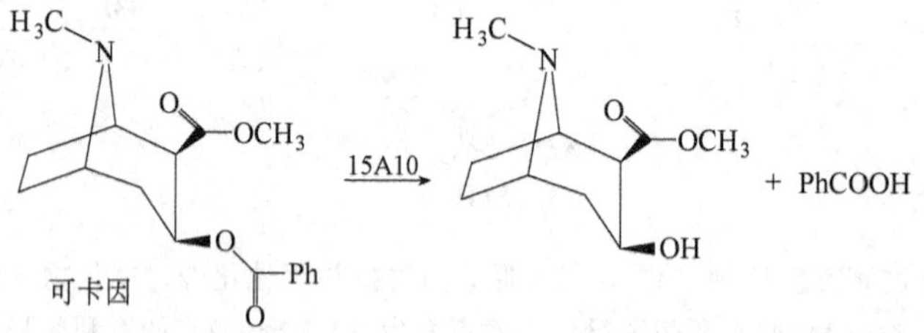

图 7.23　可卡因苯甲酸酯的水解

又如，用半抗原 3（图 7.24）诱导产生的抗体酶能水解 5-氟脱氧尿嘧啶（5FdU）的前体化合物 1，使其转变为化合物 2，即 5FdU。而 5FdU 是一种抗癌药，在体内可以转变成 5-氟脱氧尿苷酸（5FdUMP），5FdUMP 是胸苷酸合成酶的抑制剂，能抑制 DNA 的合成。5FdU 不但抑制肿瘤细胞的 DNA 合成，对正常细胞的 DNA 合成也同样抑制，所以毒性很大，然而 5FdU 的前体化合物 1 却是无毒的。因此，当静脉给药时，只有当化合物一遇到此抗体酶时，才能释放出有毒的 5FdU，杀死该部位的细胞。

由此设想，如果将此抗体酶与肿瘤专一性抗体偶联成双特异性抗体，则有希望开发成为

图 7.24　抗体催化 5FdU 前体 **1** 转化为 5FdU（化合物 **2**）
3 为产生抗体酶的半抗原

特异性抗癌药物。这种双特异性抗体可以避免癌症化学疗法中化疗药物缺乏专一性而导致的高毒性、半寿期短以及到达肿瘤细胞的化疗药物浓度低等缺点。

还有一个例子也值得介绍，抗体酶 EA11-D7 可以催化前药 4-[N,N-双(2-氯乙基)氨基苯基-N-(1S)-(1,3-二羧基)丙基]氨甲酸酯水解产生相应的氮芥类细胞毒剂，如图 7.25。

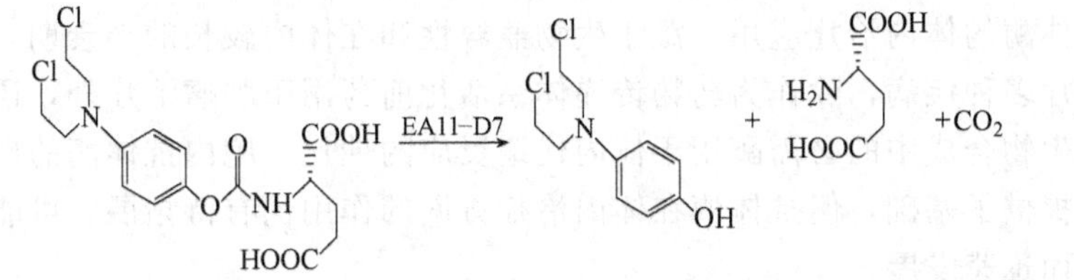

图 7.25　抗体酶 EA11-D7 对氮芥类前药的活化

但是，尽管抗体酶的研究和应用已经取得了很大的进展，但离实际或规模应用还存在不小的差距，主要原因是人们对抗体酶的认识还很肤浅，还有很多问题亟待解决，归纳起来大致有以下几方面的问题：

（1）催化效率　抗体酶是不对称合成的理想催化剂，其催化反应的范围十分广泛，而且还在不断拓展。但也应看到抗体酶在应用过程中的局限性，至今只有少数的抗体酶已经获得实际应用，而综合考虑抗体酶的来源、费用、可靠性和催化效率等因素后，绝大多数的抗体酶还远未达到实用阶段。其中催化效率是抗体酶能否实现实用的关键因素，因为它直接关系到反应时间是否合理、反应的收率是否可以被人们接受。从目前的情况来看，与酶的催化速度相比较，大部分抗体酶的反应速度要低 2~3 个数量级，因此，如何提高抗体酶的催化效率是扩大抗体酶应用范围过程中需要解决的一个重要问题。

（2）抗体酶的筛选　尽管目前人们已用 PCR 和噬菌体技术构件的庞大的 Fab 蛋白组合库，并绕过动物免疫，可直接从库中筛选出有用的抗体，从而大大促进了抗体酶的生产，但面对巨大的免疫系统资源，目前的筛选方法只能筛选出其中的一小部分抗体。目前的筛选方法一般是通过对半抗原结合力的大小进行筛选，而不是通过催化活性的大小来进行，此时的问题是，与半抗原的亲和力最大的抗体却不一定是最好的抗体酶。如在制备含硒抗体酶时，筛选出半抗原亲和力小的抗体，其谷胱甘肽过氧化物酶活力却比半抗原亲和力大的抗体要高得多。因此，如何直接利用催化活性筛选抗体酶就越来越成为抗体酶研究和发展过程的一大挑战。

（3）抗体酶的专一性　从经济观点出发，与酶催化一样，抗体酶的高度专一性在一些情况下却是一个明显的缺陷，因为在这些情况下，人们不得不需要不同的抗体酶来催化每一个底物或每一个反应，因此，开发能催化多种底物的抗体酶显然是应用研究所追求的一个重要目标。

此外，还有诸如底物抑制、催化基团的最适装配等问题也都是在抗体酶研究和发展中所面临的。由于抗体酶是抗体与酶的结合，抗体酶的进一步发展在很大程度上要依赖于抗体与酶的结构以及酶催化作用机制的深入研究。尽管如此，依赖于抗体酶本身的特点和对抗体酶催化效率的不断优化，抗体酶的研究和应用将具有更为广泛的应用前景，未来对抗体酶的研究和应用将重点集中在以下几个方面：

（1）通过定制催化活性实现对特定化学反应的催化　通过对某一化学反应机理的研究，设计合理的反应过渡态类似物作为半抗原，可以诱导产生对该反应具有催化活性的抗体。根据此原理定制的抗体酶具有重要的意义，可以用这些定制出来的抗体酶催化那些用现有的方法难以加速的反应或不存在天然酶催化的反应。

（2）实现对化学反应的选择性催化　利用抗体酶的立体或区域选择性实现对化学反应的选择性催化，使因存在竞争性反应途径而无法进行的反应得以完成，并得到满意的反应产物，使抗体酶在有机合成等领域内发挥重要的作用。

（3）抗体酶的体内治疗应用　源于生物兼容性和在体内较长的半衰期，抗体酶可能可以用于体内治疗多种疾病，除作为药物传递体系活化前药用于肿瘤治疗外，还可以替代氨基酸和嘧啶体内生物合成中的必需酶用于体内代谢反应的催化。胞内抗体酶的出现也为抗体酶用于体内代谢提供了基础，但抗体酶在体内治疗方面的作用仍有待拓展，可能会随着抗体治疗应用的发展而迅速发展。

（4）抗体酶催化活性优化策略研究　尽管某些抗体酶的催化活性已经难以提高，但大部分的抗体酶仍可以通过一定的方法实现催化活性的优化，这些方法包括了抗体酶制备方法的改进、提高已存在的抗体酶活性等多种。具体地说，有以催化机理基础上的酶抑制剂作为半抗原的更合理的半抗原设计，采用杂合免疫等改进的免疫方法，直接采用有效的筛选和选择方法，定点突变和化学修饰等工程化方法。通过上述这些方法的研究，可以提高抗体的催化效率，降低催化同样反应的抗体酶用量，进而降低抗体酶的应用成本。

（5）抗体酶产生库的研究　近年来，已经出现诸如核糖体展示、mRNA-蛋白融合、用矿物油对蛋白生物合成体系进行人工分析等技术，使用这些技术可以比噬菌体展示技术产生更大的抗体库，这些方法可能最终会取代噬菌体展示技术用于抗体酶的生产。

（6）抗体酶生产技术的研究　因为抗体本身的生产成本较高，抗体酶的大规模生产一直受到限制，有必要对现有生产技术进行完善，或创建一些新的技术使抗体酶的许多应用能在商业上成为可能。

8 模 拟 酶

模拟酶又称人工合成酶或酶模型，是一类利用有机化学方法合成的比天然酶简单的非蛋白质分子。由于天然酶的种类繁多，模拟的途径、方法、原理和目的不同，对模拟酶至今没有一个公认的定义。一般说来，是指根据酶的作用原理，用人工方法合成的具有活性中心和催化作用的非蛋白质结构的化合物。人工酶或模拟酶一般具有结构简单、高效、高适应性、高选择性和高稳定性等特点，在结构上与天然酶相比要简单得多，通常具有两个特殊部位：一个是底物结合位点；一个是催化位点。相比而言，构建底物结合位点比较容易，而构建催化位点则比较困难，在实践上，通常是将两个位点分开设计，但是已经发现，如果人工合成酶有一个反应过渡态的结合位点，那么该位点也就常常会同时具有结合位点和催化位点的功能。因此，构建模拟酶时，一般都要以高分子化合物、高分子聚合物或配位结合了金属的高分子聚合物为母体，并在适宜的部位引入相应的疏水基，作为一个能容纳底物、适于和底物结合空穴，同时在合适的位置引入有催化功能的催化基团。由于模拟酶不含氨基酸，其稳定性与 pH 稳定性都大大优于天然酶。

近 30 年来，由于蛋白质结晶学，X 射线衍射技术及光谱技术的发展，人们对许多酶的结构有了较深入的了解，对酶的结构及其作用机理能在分子水平上作出解释。动力学方法的发展以及对酶的活性中心、酶抑制剂复合物和催化反应过渡态等结构的描述促进了酶作用机制的研究进展，为人工模拟酶的发展注入了新的活力。最简单的模拟酶无疑是利用现有的酶或蛋白质为母体，并在此基础上再引入相应的催化基团，但这类模拟酶在某种意义上更被看作是酶的修饰。也可以参照酶的活性结构合成一些简单的小肽作为模拟酶，但更多的模拟酶则是以合成高分子聚合物为母体。迄今，酶的人工模拟已有很多成功的例子，其中研究较多的是环糊精和利用分子印迹技术制备的模拟酶。

8.1 模拟酶的分类

根据 Kirby 分类法，模拟酶可分为：①单纯酶模型（enzyme-based mimics），即以化学方法通过天然酶活性的模拟来重建和改造酶活性；②机理酶模型（mechanism-based mimics），即通过对酶作用机制诸如识别、结合和过渡态稳定化的认识，来指导酶模型的设计和合成；③单纯合成的酶样化合物（synzyme），即一些化学合成的具有酶样催化活性的简单分子。

Kirby 分类法基本上属于合成酶的范畴。按照模拟酶的属性，模拟酶可分为：①主客体酶模型，包括环糊精、冠醚、穴醚、杂环大环化合物和卟啉类等；②胶束酶模型；③肽酶；④抗体酶；⑤分子印迹酶模型；⑥半合成酶等。近年来又出现了杂化酶和进化酶。对酶的模拟已不是仅限于化学手段，基因工程、蛋白质工程等分子生物学手段正在发挥越来越大的作用。化学和分子生物学方法的结合使酶模拟更加成熟起来。

8.1.1 主客体酶模型

8.1.1.1 环糊精酶模型

环糊精（cyclodextrin，简称 CD）是由多个 D-葡萄糖以 α-1,4-糖苷键结合而成的一类环状低聚糖（图 8.1）。根据葡萄糖单元的数量不同可分为 α-环糊精（6 个），β-环糊精（7 个）

及 γ-环糊精（8个）三种，它们均是略呈锥形的圆筒，其伯羟基和仲羟基分别位于圆筒较小和较大开口端。这样，CD 分子外侧是亲水的，其羟基可与多种客体形成氢键，其内侧是 C-3、C-5 上的氢原子和糖苷氧原子组成的空腔，具有疏水性，因而能包结多种客体分子，很类似酶对底物的识别。作为人工酶模型的主体分子虽有若干种，但迄今被广泛采用且较为优越的当属环糊精。

利用环糊精为酶模型已对多种酶的催化作用进行了模拟。在水解酶、核糖核酸酶、转氨酶、氧化还原酶、碳酸酐酶、硫胺素酶和羟醛缩合酶等方面都取得了很大的进展。

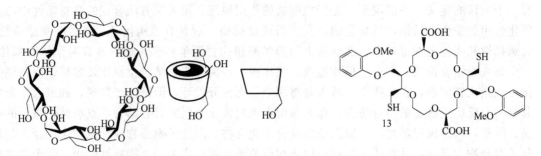

图 8.1　环糊精结构示意　　　　　　　　图 8.2　带巯基的仿酶模型

8.1.1.2　合成的主客体酶模型

主客体化学和超分子化学的迅速发展极大地促进了人们对酶催化的认识，同时也为构建新的模拟酶创造了条件。除天然存在的宿主酶模型（如环糊精）外，人们合成了冠醚、穴醚、环番、环芳烃等大环化合物用来构筑酶模型。目前，科学家们已经获得了很多较成功的人工模拟酶。如图 8.2 为带巯基的仿酶模型。

8.1.2　胶束模拟酶

在模拟生物体系的研究中，胶束模拟酶是近年来比较活跃的领域之一。它不仅涉及简单的胶束体系，而且对功能化胶束、混合胶束、聚合物胶束等体系也进行了深入的研究。胶束在水溶液中提供了疏水微环境，可以对底物束缚，类似于酶的结合部位。如果将催化基团如咪唑、硫醇、羟基和一些辅酶共价或非共价地连接或吸附在胶束上，就有可能提供"活性中心"部位，使胶束成为具有酶活性或部分酶活性的胶束模拟酶。

8.1.2.1　模拟水解酶的胶束酶模型

组氨酸的咪唑基常常是水解酶的活性中心必需的催化基团。如将表面活性剂分子连接上组氨酸残基或咪唑基团，就有可能形成模拟水解酶的胶束。N-十四酰基组氨酸所形成的胶束催化对硝基苯酚乙酸酯的水解，其催化效率比不能形成胶束的 N-乙酰基组氨酸高 3300 倍。如果在含咪唑基的胶束中加入带羟基的表面活性剂 N,N-二甲基-N-(2-羟乙基) 十八烷基氨溴化物，让它们共同催化对硝基苯酚乙酸酯（PNPA）的水解，则发现这个酰基咪唑中间体形成后又分解，酰基从咪唑基上又转移到羟基上，其催化过程与 α-胰凝乳蛋白酶水解一些底物很相似。

最近，人们将表面活性剂利用化学反应偶联在一起，制备出单分子胶束酶模型，见图 8.3，这种酶模型比一般胶束酶优越，它既具备酶的疏水特性，同时又可以使催化基团引入疏水空腔，其催化效率提高了 10^5 倍。

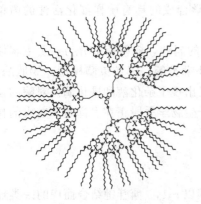

图 8.3　单分子胶束酶模型

8.1.2.2　辅酶的胶束酶模型

阳离子胶束不但能活化催化基团，也能活化辅酶的功能团。将疏水性维生素 B_6 长链衍生物与阳离子胶束混合形成的泡囊体系中，在 Cu^{2+} 存在下可将酮酸转化为氨基酸，有效地模拟了以维生素 B_6 为辅酶的转氨基作用，氨基酸的收率达 52%。

8.1.2.3　金属胶束酶模型

金属胶束是指带疏水链的金属配合物单独或与其它表面活性剂共同形成的胶束体系，其作用是模拟金属酶的活性中心结构和疏水性的微环境。该体系的研究目前已取得引人注目的成绩，特别是在模拟羧肽酶 A、碱性磷酸酯酶、氧化酶、转氨酶等方面取得了很大成功。胶束能够提供类似酶的疏水微环境。将金属酶的简单模型引入胶束体系，利用金属离子的特殊作用催化水解反应，而胶束所具有的疏水性微环境则对底物起包结作用。

Tonellato 等以 α-吡啶甲酸对硝基苯酚酯（PNPP）为底物，研究了不同表面活性剂配体在 Cu^{2+} 或 Zn^{2+} 存在时催化 PNPP 水解的性能。发现 Cu^{2+}、Zn^{2+} 的存在可使 PNPP 的水解速度显著增大，当 Cu^{2+} 与相应的表面活性剂形成 1：1 配合物时，水解反应速度达到最大。

8.1.3　肽酶

肽酶（pepzyme）就是模拟天然酶活性部位而人工合成的具有催化活性的多肽，这是多肽合成的一大热点。

Johnsson 等为克服苯丙氨酸工业合成的关键步骤草酰乙酸脱羧反应中所用酶需金属辅酶的不便，想探寻与此不同反应机理的不需金属辅酶的脱羧酶。基于胺催化脱羧的六大特征和 α-螺旋在催化活性中的重要性的认识，以烯胺机理设计出两个多肽。结果发现，其催化效率比丁胺高 3～4 个数量级，但比天然酶活性低得多。

Atassi 和 Manshouri 利用化学和晶体图像数据所提供的主要活性部位残基的序列位置和分隔距离，采用"表面刺激"合成法将构成酶活性部位位置相邻的残基以适当的空间位置和取向通过肽键相连，而分隔距离则用无侧链取代的甘氨酸或半胱氨酸调节，模拟酶活性部位残基的空间位置和构象，用合成的两个 29 肽 ChPepz 和 TrPepz 分别模拟了 α-胰凝乳蛋白酶和胰蛋白酶的活性部位。结果显示，二者水解蛋白的活性分别与其模拟的酶相同，对于苯甲酰酪氨酸乙酯的水解，ChPepz 比 α-胰凝乳蛋白酶的活性稍小，而 TrPepz 则无活性；对于对甲苯磺酰精氨酸甲酯的水解，TrPepz 比胰蛋白酶的活性稍小，而 ChPepz 则无催化活性。

8.1.4　半合成酶

半合成酶的出现，是近年来模拟酶领域中的又一突出进展。它是以天然蛋白或酶为母体，用化学或生物学方法引进适当的活性部位或催化基团，或改变其结构从而形成一种新的"人工酶"。

通过选择性修饰氨基酸侧链，将一种氨基酸侧链化学转化为另一种新的氨基酸侧链称为化学诱变法。Bender 等首次成功地将枯草杆菌蛋白酶活性部位的丝氨酸（Ser）残基，经苯甲基磺酰氟特异性活化后，再用巯基化合物取代，将丝氨酸转化为半胱氨酸。虽然产生的巯基化枯草杆菌蛋白酶对肽或酯没有水解活力，但能水解高度活化的底物，如硝基苯酯等。

另外，人们将血红蛋白和白蛋白修饰后产生了酶活性，而将细胞色素 C 水解后产生了微过氧化物活性。

利用半合成酶方法不但可以制造新酶，还可获得关于蛋白质结构和催化活性间关系的详细信息，为构建高效人工酶打基础。

8.2 印迹酶

模拟生物分子的分子识别和功能是当今最富挑战的课题之一。而在分子水平上模拟酶对底物的识别与催化功能已引起各国科学工作者的广泛关注。自然界中，分子识别在生物体如酶、受体和抗体的生物活性方面发挥着重要作用，这种高选择性来源于与底物相匹配的结合部位的存在。

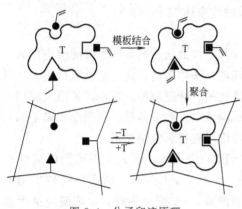

图 8.4　分子印迹原理

为获得这样的结合部位，科学家们应用环状小分子或冠状化合物如冠醚、环番、环糊精、环芳烃等来模拟生物体系。以一种分子充当模板，周围用聚合物交联，当除去模板分子后，此聚合物就留下了与模板分子相匹配的空穴。如果构建合适，这种聚合物就像"锁"一样对钥匙具有选择性识别作用。通常将该技术称为分子印迹技术。到了 20 世纪 70～80 年代，分子印迹技术获得了很大的突破，成功地制备出分子印迹聚合物。之后，经过二三十年的努力，分子印迹技术趋于成熟，并在分离提纯、免疫分析、生物传感器，特别是人工模拟酶方面显示出广泛的应用前景。

8.2.1　分子印迹原理

分子印迹实际上是指制备对某一化合物具有选择性的聚合物的过程。通常将这一化合物称为印迹分子或者模板分子。分子印迹技术包括如下内容：①选定印迹分子和功能单体，使二者发生互补反应；②在印迹分子-单体复合物周围发生聚合反应；③用抽提法从聚合物中除掉印迹分子。通过这样处理，形成的聚合物内保留有与印迹分子的形状、大小完全一样的空穴（见图 8.4），也就是说印迹的聚合物能维持相对于模板分子的互补性，因此，该聚合物就能以高选择性重新结合模板分子。

分子印迹也叫主客聚合作用或模板聚合作用，实践上制备选择性聚合物并不难，仅涉及简单的众所周知的实验技术，其具体步骤如图 8.5 所示，制得的聚合物就简称为印迹分子。

如果用一种纯对映体作为印迹分子，就能产生有效手性拆分外消旋物的印迹聚合物，此时，该印迹空穴具有不对称结构，而这种不对称是由于被固定的聚合物链的不对称构象所产生的。一般来说，聚合物空穴对印迹分子的选择性结合作用来源于空穴中起结合作用的官能团的排列以及空穴的形状，关键的反应性官能团的排列在空穴特异性结合中起决定性作用，

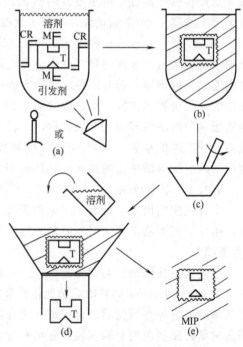

图 8.5　制备选择性聚合物的过程
(a) 在印迹分子和交联剂存在下通过光和热启动集合作用；(b) 形成聚合物；(c) 研磨聚合物；(d) 抽提印迹分子；(e) 得到选择性聚合物 MIP
M—单体；CR—交联剂；T—印迹分子（模板分子）

而空穴的形状在某种程度上却是次要因素。

8.2.1.1 模板分子与单体相互作用类型

模板分子与单体相互作用类型主要有两种：一是模板分子与单体通过共价可逆结合；二是单体与印迹分子之间的最初反应是非共价的。

可逆共价结合可得到能拆分糖的外消旋混合物的聚合物（图8.6）。由于该聚合物可以

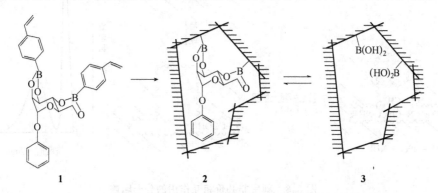

1 **2** **3**

图8.6 可逆共价结合可得到能拆分糖的外消旋混合物的聚合物

苯基-α-D-甘露吡喃糖苷作印迹分子，与单体乙烯基苯基硼酸发生作用，形成共价复合物（**1**）；（**1**）与EDMA共聚后形成印迹聚合物（**2**）；除掉印迹分子后得（**3**），它能可逆地选择性地结合模板分子

可逆地选择性地结合印迹分子，所以可拆分这个糖的外消旋混合物（图8.7），而且选择性很高。用类似的方法还能从外消旋混合物中拆分游离糖的对映体。由于拆分外消旋物本是酶的功能，所以印迹聚合物实际上也就模拟了酶的功能。

非共价法的优点是可以使用不同单体的"合剂"，扩大了分子印迹的使用范围。包括离子的、氢键的、疏水的和电荷转移的等的相互作用可使方法简化，可用简单的抽提法除去模板分子，不必使用任何剧烈条件。印迹分子单体间的非共价结合法，大大促进了分子印迹技术的发展。用模板分子的氨基与单体羧基之间的非共价相互作用制造的聚合物可用来根据底物选择性和对映体选择性分离氨基酸衍生物（见图8.8）。

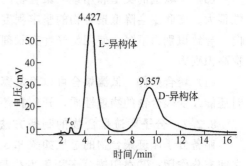

图8.7 用图8.6制备的印迹聚合物色谱分离模板分子的外消旋混合物

分子印迹技术的成功应用之一就是能从合成的聚合物出发，构建人工酶模型。

8.2.1.2 影响印迹分子选择性识别的因素

印迹分子的选择性识别可用分离因子 α 来表示，它是D型和L型对映体在溶液和聚合物之间的分配系数的比值，大小一般在1.20以上。α 值越大，选择性越强。影响印迹分子选择性识别的因素很多，主要有：

（1）底物结构和互补性 底物必须与模板分子的结构、大小相似，否则影响分辨力。不仅要求聚合物中存在与原来印迹分子在大小和形状上互补的部位（孔穴），更重要的是这些部位内的功能基团要排列正确，要有适当取向。

（2）聚合物与模板分子间作用力 聚合物与模板分子间的作用力强弱是影响识别力的重要因素。若能在二者间产生多种相互作用力，如离子键、氢键等，而且键的数目又多，则会大大改善聚合物的识别能力。

165

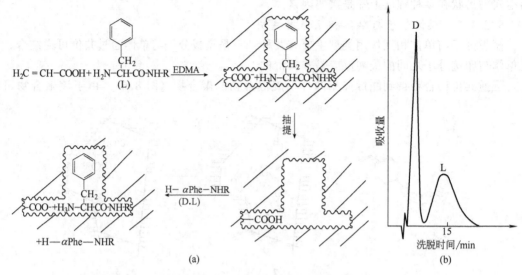

图 8.8 利用非共价相互作用的分子印迹

(a) L-苯丙氨酸酰苯胺（R＝C₆H₅）和丙烯酸之间的离子或其它相互作用决定"印迹部位"的形状、
大小和性质，与 EDMA 交联并抽提模板分子后，该聚合物对 L-苯丙氨酸酰苯胺有选择性；

(b) 在此聚合物色谱柱上拆分外消旋的 D,L-苯丙氨酸酰苯胺

（3）交联剂的类型和用量 聚合物的对映体选择性对聚合所用交联剂的类型和用量依赖性很大。交联少会降低聚合物的坚牢程度，难于限定负责选择性部位的形状和其中的基团取向，导致识别力下降。使用旋光性交联剂，则可能造成与模板分子有附加的手性相互作用，提高识别力。

（4）聚合条件 低温聚合可以稳定模板分子和单体间的复合物，容许印迹热敏分子；同时还能改变聚合物的物理性质，开创制备较高分辨力聚合物的可能性。

8.2.2 分子印迹聚合物的制备方法

制备分子印迹聚合物的过程如图 8.5 所示，一般包括：①选定印迹分子和单体，让它们之间充分作用；②在印迹分子周围发生聚合反应；③将印迹分子从聚合物中抽提出去。于是，此聚合物就产生了恰似印迹分子的空间，并对印迹分子产生识别能力。

制备分子印迹聚合物的聚合方法与一般聚合方法相同。但在设计分子印迹聚合体系时，首先需要考虑的是选择与印迹分子尽可能有特异结合的单体，然后才是选择适当的交联剂和溶剂。可用于分子印迹的分子很广泛，如药物、氨基酸、碳水化合物、核酸、激素、辅酶等。应用最广泛的聚合单体是羧酸类，如丙烯酸、甲基丙烯酸、乙烯基苯甲酸、磺酸类以及杂环弱碱类（如乙烯基吡啶、乙烯基咪唑）。其中最常用的体系为聚丙烯酸和聚丙烯酰胺体系分子。由于印迹聚合物要求的交联度很高（70%～90%），因此交联剂的种类受到限制，一般在预聚溶液中交联剂的溶解性减少了对交联剂的选择。最初，人们用二乙烯基苯作为交联剂，但后来发现丙烯酸类交联剂能制备出更高特异性的聚合物。在肽类分子印迹中三官能或四官能交联剂（如季戊四醇三丙烯酸酯和季戊四醇四丙烯酸酯）也已用于聚合体系中。

溶剂在分子印迹制备中发挥着重要作用，聚合时，溶剂控制着非共价键结合的强度，同时也影响聚合物的形态。一般来说，溶剂的极性越大，产生的识别效果就越弱，因此最好选择低介电常数的溶剂，比如甲苯和二氯甲烷等。另外，聚合物印迹空穴的形态学也受溶剂的影响。溶剂使聚合物溶胀，从而导致结合部位三维结构的变化，产生弱的结合。通常，识别

所用溶剂最好与聚合用溶剂一致，以避免发生溶胀问题。

分子印迹聚合物的形态有聚合物块、珠、薄膜、表面印迹以及在固定容器内的就地聚合等。目前最常规的工艺是制备整块聚合物，然后粉碎过筛，获得不同粒径的颗粒。应用乳液聚合、悬浮聚合和分散聚合可获得粒径均一的颗粒，可用于色谱和模拟酶。浇铸膜等聚合物薄膜可用于制造传感器。

按印迹分子与聚合单体的结合方式，可分为如下两种分子印迹方法：

① 预组织法　此方法中，印迹分子预先共价联结到单体上，待聚合后共价键可逆打开，去除印迹分子，此法中结合部位的官能团预先与印迹分子定向排列。

② 自组织方法　印迹分子与功能单体之间预先自组织排列，以非共价键形式形成多点相互作用，聚合后这种作用保存下来。

预组织分子印迹法中印迹分子与单体间可产生可逆共价结合，因此又称为可逆共价结合法。例如，印迹分子苯基-α-D-甘露吡喃糖苷的羟基与乙烯基苯基硼酸可形成可逆共价结合。在大量交联剂的存在下，经自由基聚合就产生了具有大量内表面积的微孔聚合物，用酸水解则可除去印迹分子。该印迹聚合物由于对 D 型糖苷具有选择性识别能力，在适当的溶剂中，此聚合空腔只与 D 型对映体建立平衡并与之结合，从而产生拆分糖苷对映体的能力（图8.9）。但是，应该指出，尽管这种分子印迹制备方法是最先被采用的，但由于携带适当结合基团的聚合单体数量有限，此法的应用范围受到很大限制。

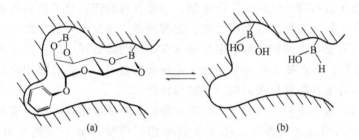

图 8.9　预组织分子印迹中印迹分子与聚合物的结合方式

与可逆共价结合法相比，基于非共价相互作用的自组织分子印迹法则优越得多，而且在聚合中可使用不同的单体共聚。印迹分子可通过非共价作用（如离子键、氢键、疏水作用和电荷转移等）与聚合物结合。例如以苯丙氨酸衍生物为印迹分子、甲基丙烯酸为聚合单体时，所制备的印迹聚合物，其结合部位可通过离子键、氢键和疏水作用与印迹分子结合。此印迹聚合物对印迹分子具有相当高的选择性（图8.10）。

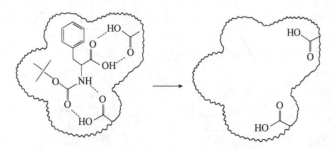

图 8.10　自组织分子印迹中印迹分子与聚合物的结合方式

三维结构的印迹分子不能分离生物大分子，特别是蛋白质，因为大分子不能自由出入印迹分子的空隙。而用二维表面印迹可解决这个问题（图8.11）。

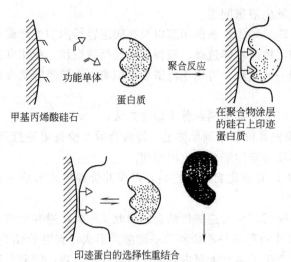

功能单体

甲基丙烯酸硅石

蛋白质

聚合反应

在聚合物涂层的硅石上印迹蛋白质

印迹蛋白的选择性重结合

图 8.11　蛋白质表面印迹在聚合物涂层的硅石上

8.2.3　分子印迹酶

目前，人们已经利用分子印迹技术制备出了人工模拟酶，通过分子印迹技术可以产生类似于酶的活性中心的空腔，对底物产生有效的结合作用，同时在结合部位的空腔内诱导产生催化基团，并与底物定向排列。产生底物结合部位并使催化基团与底物定向排列是获得高效人工模拟酶至关重要的两个方面。一般，与天然酶类似，催化反应也遵循 Michaelis-Menten 动力学，其催化活性依赖于 k_{cat}/K_m，其中 k_{cat} 是催化反应速率常数，而 K_m 则代表了结合常数，可用于描述底物与酶的亲和性。在人工模拟酶研究领域，分子印迹面临的最大的挑战之一是如何利用此技术来模拟复杂的酶活性部位，尽量使其与天然酶相似。通过分子印迹技术人们可以模拟并深入了解复杂的酶体系。

但要想制备出具有酶活性的分子印迹酶，选择合适的印迹分子是相当重要的。目前，所选择的印迹分子主要有底物、底物类似物、酶抑制剂、过渡态类似物以及产物等。

（1）印迹底物及其类似物　酶的催化是从对底物的结合开始的，产生对底物的识别可促进催化。研究表明，以产物为印迹分子的印迹聚合物表现出最高的酶催化效率，而以反应物为印迹分子的印迹聚合物催化相同的反应时却较低。

将催化基团定位在印迹空腔的合适位置对印迹酶发挥催化效率相当重要，可以通过相反电荷等的相互作用引入互补基团。基于非共价相互作用的分子印迹也可用来产生催化聚合物。

值得指出的是，构建人工酶时，酶的辅因子也是一个重要的因素。

（2）印迹过渡态类似物　用过渡态类似物作模板分子制备的印迹聚合物也能结合反应过渡态，降低反应活化能，从而加速反应，如图 8.12。而这种速度加快可被过渡态类似物专一性抑制，从而证明所得到的速度加强完全是由分子印迹提供的专一结合部位引起的。然而，由于并未研究如何将亲核基团置于适当位置，所以速度加快程度不是很高也就不足为奇。

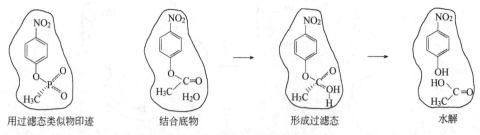

用过滤态类似物印迹　　　结合底物　　　形成过滤态　　　水解

图 8.12　针对过渡态类似物对硝基苯甲基磷酸酯制备的印迹聚合物能加速酯水解成相应的羧酸

人们借鉴抗体酶印迹过渡态类似物的成功经验，试图用印迹过渡态类似物产生印迹聚合物的方法模拟酶的行为。与过渡态类似物法制备抗体酶的原理相同，若用过渡态类似物作为印迹分子，则所得的聚合物应具有相应的催化活性，只不过以人工合成的聚合物代替了抗体。如图 8.13 以羧酸酯水解的过渡态类似物——磷酸酯作为印迹分子制备出的印迹酶，其催化水解乙酸对硝基苯酯的活性比未用印迹分子的相应聚合物高出 60％。

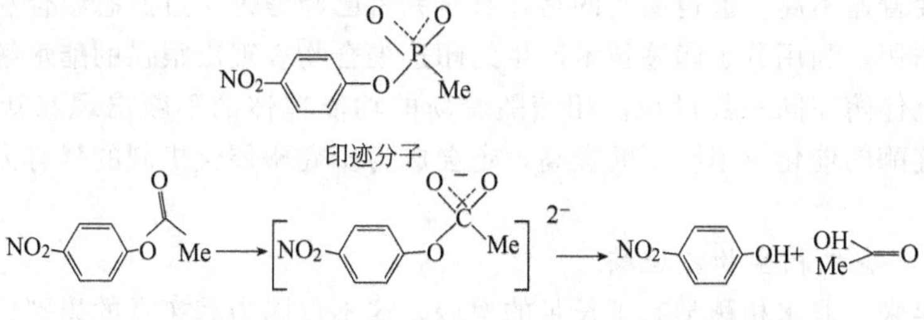

印迹分子

图 8.13　用于酯水解反应的印迹分子

图 8.14 是利用分子印迹技术印迹过渡态类似物，产生了具有手性酯水解能力的又一印迹酶。

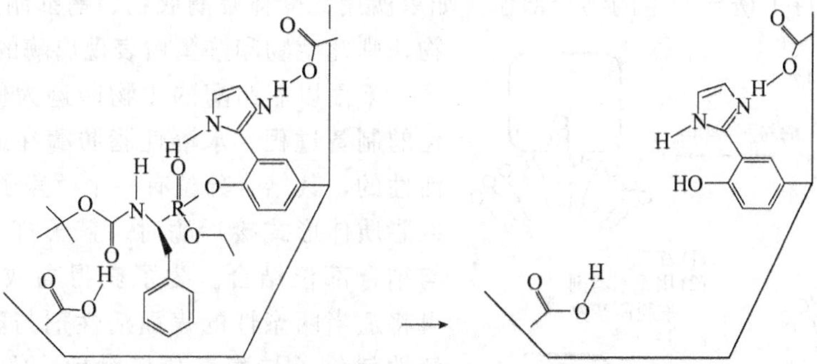

图 8.14　分子印迹过渡态类似物制备印迹酶

该印迹聚合物模拟酶表现出对映体选择性水解能力，其对映体水解催化常数比 k_D/k_L 为 1.9。但同非印迹的聚合物相比，催化效率只提高了 2.5 倍，同含咪唑的溶液相比，催化效率也只提高了 10 倍。

（3）表面印迹过渡态类似物　分子印迹聚合物微胶可以克服由于印迹聚合物扩散慢而引起的慢催化动力学问题，人们试图利用表面印迹技术使载体表面印迹产生模拟酶的结合部位。如图 8.15 所示是将胰蛋白酶水解反应的过渡态类似物，与长链烃经酰化制备成类似于表面活性剂的分子，并以此为模板与表面活性剂、硅氧烷、微胶粒混合在水/油型乳液中，过渡态类似物作为表面活性剂的亲水头在水相界面与硅氧烷、

图 8.15　表面印迹过渡态类似物产生印迹酶

硅胶微粒通过氢键和疏水作用充分结合，待硅氧烷聚合后，印迹分子就定位在微胶表面。去除表面活性剂，在硅胶微粒表面就形成了与过渡态互补的微孔。实验研究表明，印迹酶具有酰胺水解活性。

利用分子印迹产生的聚合物印迹酶都不同程度地加速了相应反应速率。但是，无论是印迹底物类似物还是过渡态类似物都不能充分提高催化效率。同其它方法制备的模拟酶（如抗体酶制备技术）相比催化效率很低。尽管人们采用很多手段，如将催化基团引入印迹空腔，

但用高聚物制备的印迹酶其催化效率普遍不高。可能的原因是，分子印迹聚合物一般是高交联聚合物，其刚性大且缺乏酶的柔性。另外，用于聚合的单体种类较少，使得模板与空腔周围基团形成次级链的作用力减少，也就是说模板聚合物对反应底物的识别能力受到限制，因而导致酶活性普遍不高。值得高兴的是，有研究者已经考虑了过渡态结合和定向引入催化基团对催化的作用，利用分子印迹技术产生的印迹聚合物表现出很强的酯水解活性，其催化效率与相应的抗体酶在同一数量级。相信随着新的功能单体的不断出现和新的印迹技术的发展，分子印迹酶的催化效率会不断提高，定会成为研究酶催化机制的强有力工具，并最终获得实用酶。

8.2.3.1 有机相生物印迹酶

二十余年来，非水相酶学有了长足的发展，这不仅因为其拓宽的识别优势，更主要的是因为酶在非水环境中表现出特殊特征，如构象刚性、增加的热稳定性及改变的底物特异性。一个特别令人感兴趣的研究热点是在水相介质中受体诱导的非酶蛋白或酶产生"记忆"效应。如果将水相中受体诱导的蛋白质或其它生物大分子冻干，然后将其置于非水介质中，则其构象刚性保持了诱导产生的结合部位。如果所用的受体是酶底物、酶抑制剂或过渡态类似物，则此生物印迹蛋白表现出酶的性质。

下面以脂肪酶的生物印迹为例介绍有机相催化的制备过程。水溶性脂肪酶在通常状况下是非活性的，其结合部位有一个"盖子"，当底物脂肪以脂质体形式接近酶时，盖子打开，脂肪的一端与结合部位结合。为了获得高效非水相脂肪酶，可将适当两亲性的表面活性剂与酶印迹，待表面活性剂分子与酶充分接触后，将酶复合物冻干，用非水溶剂洗去表面活性剂后，脂肪酶的活性中心的"盖子"被去除，形成了活性中心开启的活性酶（图 8.16）。选择不同结构的两亲性表面活性剂诱导产生的非水相脂肪酶，其结合部位构象

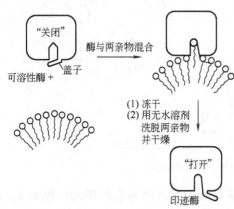

图 8.16 非水相生物印迹酶制备示意

发生了新的变化，它更适合相应的底物，催化效率比非印迹的酶提高了两个数量级。

显然，生物印迹可以改变酶结合部位的特异性。由于特异性是酶高效性的基础，因此可以说生物印迹技术能够改变酶的活性部位，从而改造酶。例如，Dordick 等利用生物印迹方法改造枯草杆菌蛋白酶，并成功地制备出活性较高的核苷酸酰基化酶，其催化效率比非印迹的酶提高了 50 倍。

8.2.3.2 水相生物印迹酶

在有机相中，生物印迹蛋白质由于保持了对模板分子的结合构象而对相应的底物产生了酶活性，那么这种构象能否在水相中得以保持，从而产生相应的酶活力呢？大量的研究已经表明，采用交联剂完全可以固定模板分子的构象，在水相中也可产生高效催化的生物印迹酶。利用这种方法已成功地模拟了许多酶，如酯水解酶、HF 水解酶、葡萄糖异构酶等。有的甚至达到了天然酶的催化效率。

（1）酯水解生物印迹酶　选择吲哚丙酸为印迹分子，印迹牛胰核糖核酸酶，待起始蛋白质在部分变性条件下与吲哚丙酸充分作用后，用戊二醛交联固定印迹蛋白质的构象，经透析去除印迹分子后就制得了具有酶水解能力的生物印迹酶。通过研究，人们已经知道，该印迹酶的最适 pH、底物饱和特性以及产物抑制等均与天然酶类似，但却具有较宽的底物特异

性。它对含芳环的氨基酸酯如色氨酸乙酯、苯醛-L-精氨酸乙酯、酪氨酸乙酯等均表现出相当好的水解活性，而对非芳香氨基酸乙酯，如甘氨酸乙酯、赖氨酸乙酯等则表现出较低的催化活性。吲哚环诱导的芳香疏水结合部位对结合芳香基团的底物起到关键作用。

（2）HF水解生物印迹酶　氟水解酶是一类重要的酶，可催化含氟化合物的水解反应而使含氟有机磷和磺酸类化合物解毒。这类酶最常见的底物包括二异丙基氟磷酸（DFP）、对甲苯基磺酰氟（PMSF）等。有研究者以不同的底物类似物为印迹分子印迹核糖核酸酶，获得了具有高活力的氟水解酶，其催化DFP的活性比相应的抗体酶高10倍，甚至超过了某些天然酶的活力水平（表8.1）。

表 8.1　天然 DFP 水解酶、抗体酶、生物印迹酶催化效率比较

酶的类型	k_{cat}/min^{-1}	k_{uncat}/min^{-1}	k_{cat}/k_{uncat}
印迹酶	110.0	5.0×10^{-3}	2.2×10^{4}
抗体酶	2.70×10^{-2}	2.8×10^{-5}	960
天然酶（Hog kidney）	15.50	5×10^{-3}	3100
天然酶（Squid nerve）	585	5×10^{-3}	1.17×10^{5}

尽管已制备出高活性的氟水解酶，但产生酶活性的机制、结构与酶活性的关系还不清楚，尚待进一步研究。

（3）具有谷胱甘肽过氧化物酶活性的生物印迹酶　谷胱甘肽过氧化物酶（GPX）是在哺乳动物体内发现的第一个含硒酶，它以谷胱甘肽（GSH）为还原剂分解体内的氢过氧化物，因而可防止细胞膜和其它生物组织免受过氧化物损伤，对此酶的人工模拟具有重要的药用价值。

GPX的酶活性中心具有GSH特异性结合部位，即GSH是此酶的特异性底物，而氢过氧化物则是非专一性底物。对GPX的人工模拟研究表明产生GSH特异性结合部位，并在此部位引入催化基团硒代半胱氨酸是对此酶模拟的关键。罗贵民等应用单克隆抗体制备技术，以GSH修饰物为半抗原已制备出具有GSH特异性结合部位的含硒抗体酶，其催化活性已达天然酶水平。借鉴含硒抗体酶成功经验，他们又用生物印迹法产生GSH结合部位，再把结合部位的丝氨酸经化学诱变转化为催化基团硒代半胱氨酸，产生了具有GPX活性的含硒生物印迹酶。

8.3　环糊精模拟酶

环糊精具有独特的包络能力，可包络多种有机和无机分子，可作为酶的模型，模拟 α-胰凝乳蛋白酶、核糖核酸酶、转氨酶及氧化还原酶等多种天然酶。

8.3.1　环糊精的结构

环糊精是由多个 D-（+）-葡萄糖残基通过 α-1,4-糖苷键连接而成的、分子形状有如轮胎的环状分子，如图8.17。

从图可以看出，环糊精分子具有一个非极性的穴洞，各种醇羟基都位于穴洞外面上边缘，使外缘具有亲水性或极性，而穴洞内壁则为氢原子和糖苷键氢原子，具有疏水性或非极性。由于环糊精的结构，分子大小合适的某些化合物就能被环糊精穴洞包埋，获得配合物，而较大分子的化合物就不能被全部包埋在穴洞内，只能是一部分包埋在穴洞内，另一部分却在穴洞之外。

常用的环糊精的聚合度分别为 6、7 或 8，依次可成为 α-环糊精、β-环糊精及 γ-环糊精，其分子结构如图8.18所示。

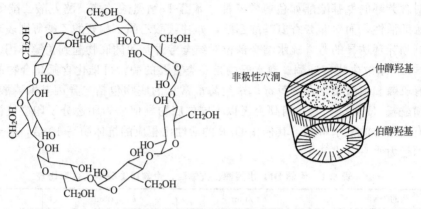

图 8.17　环糊精分子的穴洞

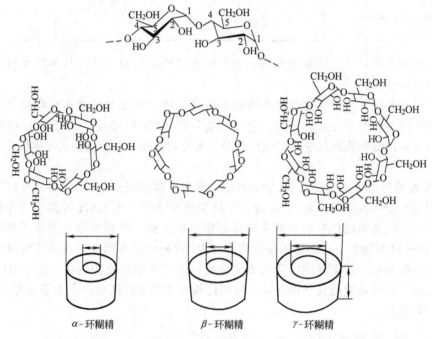

α-环糊精　　　β-环糊精　　　γ-环糊精

图 8.18　环糊精的分子结构

尽管上述三种环糊精的结构相似，但性质却存在一定差别，相关的性质列于表 8.2。

表 8.2　各种环糊精的性质与比较

项　目	α-环糊精	β-环糊精	γ-环糊精
葡萄糖单位数	6	7	8
相对分子质量	972	1135	1297
结晶形状（由水结晶）	六角片	单斜晶	方片或长方柱
结晶水分/%	10.2	13.2~14.5	8.13~17.7
比旋光度（$[\alpha]_D^{25}$ 水）	+150.5±0.5	+162.0±0.5	+177.4±0.5
溶解度(g/100mL 水,25℃)	14.5	1.85	23.2
穴洞			
内径/m	$(5 \sim 6) \times 10^{-10}$	$(7 \sim 8) \times 10^{-10}$	$(9 \sim 10) \times 10^{-10}$
高度/m	$(7.9 \pm 0.1) \times 10^{-10}$	$(7.9 \pm 0.1) \times 10^{-10}$	$(7.9 \pm 0.1) \times 10^{-10}$
体积/m³	174×10^{-10}	262×10^{-10}	472×10^{-10}
摩尔体积/(mL/mol)	104	157	256
单位质量体积/(mL/g)	0.1	0.14	0.20
外边直径/m	$(14.6 \pm 0.4) \times 10^{-10}$	$(15.4 \pm 0.4) \times 10^{-10}$	$(17.8 \pm 0.4) \times 10^{-10}$

三种环糊精均为白色结晶粉末，在水中有一定的溶解度，其中以 β-环糊精的水溶解度最低，易于在溶液中结晶，从而实现纯化。环糊精没有尾端基团，化学性质与酶反应性质与开链糊精有根本性的差别。

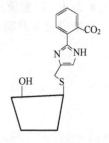

图 8.19　α-胰凝乳蛋白酶
的模拟酶

8.3.2　α-胰凝乳蛋白酶的模拟

在 β-环糊精其侧链接上一些基团，合成出了如图 8.19 的模拟酶。利用 β-环糊精作为酶的结合部位，使羧基、咪唑基以及环糊精自身的羟基共同构成了催化中心，由此实现了 α-胰凝乳蛋白酶的全模拟。模拟酶与天然酶的活性比较见表 8.3。

表 8.3　天然和模拟 α-胰凝乳蛋白酶催化酯水解时的活性比较

酶	底　　物	pH	$K_{cat}/(\times 10^{-2} s^{-1})$	$K_m/(\times 10^{-5} mol/L)$
天然 α-胰凝乳蛋白酶	乙酸-p-硝基苯酯	8.0	1.1	4.0
模拟 α-胰凝乳蛋白酶	乙酸-m-叔丁基苯酯	10.7	2.8	13.3

从表 8.3 可以看出，天然酶与模拟酶的催化能力相近，但模拟酶的反应速度要比天然酶快。

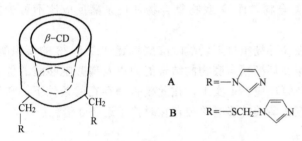

图 8.20　修饰环糊精模拟核糖核酸酶

8.3.3　核糖核酸酶的模拟

核糖核酸酶能催化 RNA 中磷酸二酯键的水解断裂。以 β-环糊精为基础，引入其它的化学基团可以合成出如图 8.20 的两种修饰环糊精模拟酶 A 和 B，这两种修饰环糊精能够催化磷酸二酯的水解。

当环状磷酸二酯在碱性条件下水解时，可同时产生产物 C 和 D，而在模拟酶 A 的催化下水解反应只生成 C，在模拟酶 B 的催化下水解反应只生成 D，如图 8.21。

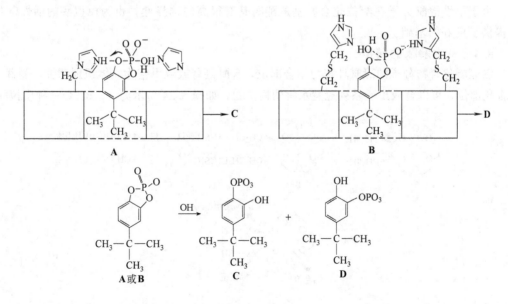

图 8.21　修饰环糊精模拟核糖核酸酶催化的水解反应

8.3.4 转氨酶的模拟

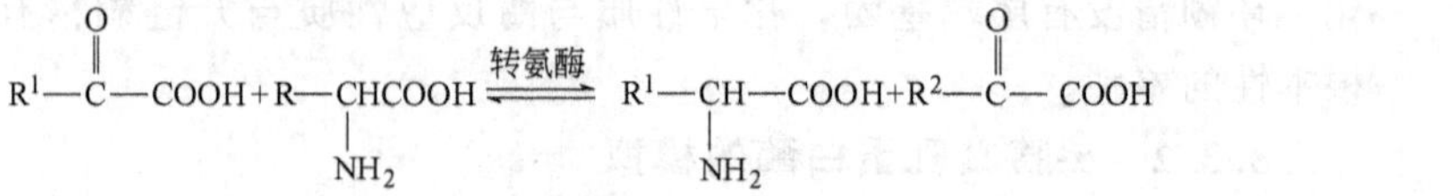

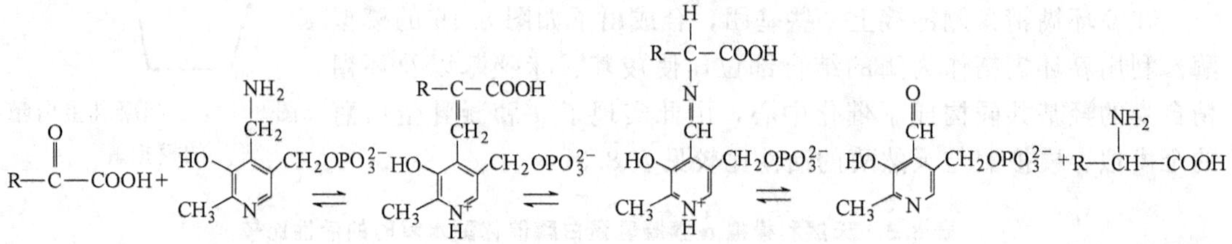

α-酮酸　　磷酸吡哆胺　　亚胺Ⅰ　　亚胺Ⅱ　　磷酸吡哆醛　　α-氨基酸

图 8.22　转氨反应机理

磷酸吡哆醛及磷酸吡哆胺是转氨酶的辅酶，研究表明，在没有酶存在的条件下，磷酸吡哆醛及磷酸吡哆胺也能实现如图 8.22 的转氨作用，但反应速度极慢，且反应没有任何选择性，其原因是辅酶本身没有与底物结合的部位，不能与底物形成酶-底物复合物，而酶-底物复合物往往是酶反应比不可少的环节。

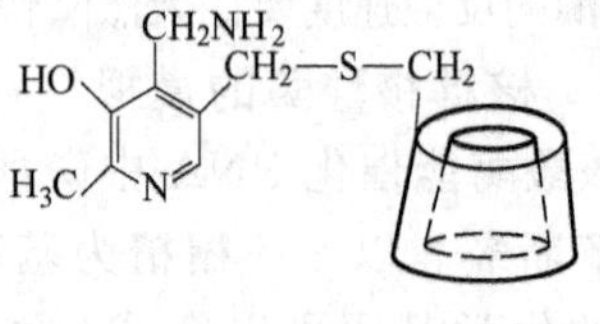

图 8.23　由 β-环糊精接上磷酸吡哆醛构建的模拟转氨酶

如果在 β-环糊精接上磷酸吡哆醛构建如图 8.23 的模拟酶，就可以利用 β-环糊精与底物的结合能力以及磷酸吡哆醛的催化能力实现转氨反应。事实上，在此模拟酶存在的条件下，转氨反应的速度比磷酸吡哆醛单独存在时快了近 200 倍。

8.4 冠醚化合物的模拟酶

冠醚具有和金属离子、铵离子以及有机伯铵离子形成稳定的配合物的独特性质，通过巧妙的设计，可将一些具有催化活性的基团连接到冠醚分子上，就能很好地模拟酶的催化作用。由于手性冠醚分子在配位化合氨基酸酯时具有很高的选择性，也为模拟酶的活性部位设计提供了良好的基础。

8.4.1 水解酶的模拟

以冠醚化合物分子的冠醚环作为结合部位，含醚侧臂或亚甲基为立体识别部位，侧臂末端为催化部位，可以合成出一系列冠醚水解酶模拟物，如图 8.24 所示为 **A**、**B**、**C** 三种模拟酶。

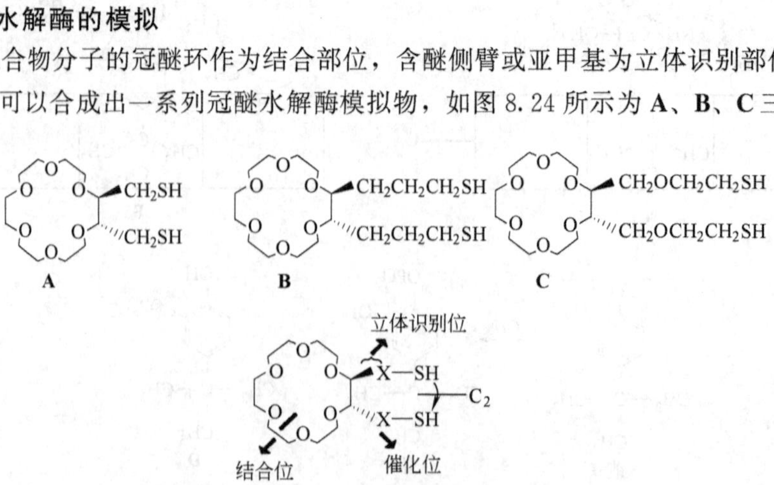

图 8.24　冠醚水解酶模拟物

这些冠醚模拟酶可有效模拟水解酶的催化能力，表 8.4 为氨基酸-对硝基苯酯释放对硝基苯酚的速率常数。

表 8.4　氨基酸-对硝基苯酯释放对硝基苯酚的速率常数/$\times 10^{-3} s^{-1}$

酯	冠　醚					
	无	18-冠-6	18-冠-6＋BuSH	**A**	**B**	**C**
$Br^-\ H_3\overset{+}{N}CH_2COOC_6H_4-NO_2$	3	0.9	1	1700	50	2500
$Br^-\ H_3\overset{+}{N}CH_2COO_6H_4-NO_2$ 下接CH_3	5	5	4	6	4	37
$Br^-\ H_3\overset{+}{N}(CH_2)_2COOC_6H_4-NO_2$	<0.1	<0.05	<0.05	<0.4	7	2
$Br^-\ H_3\overset{+}{N}(CH_2)_3COOC_6H_4-NO_2$	310	1	0.9	6	42	41
$Br^-\ H_3\overset{+}{N}(CH_2)_3COOC_6H_4-NO_2$	<0.05	<0.05	<0.05	<0.05	<0.05	<0.05

表 8.4 表明，在冠醚模拟酶 **A**、**B**、**C** 存在时，各种氨基酸的盐与冠醚环结合使在—SH 附近底物有较高的浓度，可使反应速度加快。

8.4.2　肽合成酶的模拟

如图 8.25、图 8.26 的冠醚化合物都可模拟肽合成酶，催化相关的反应。

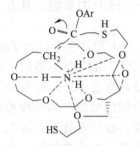

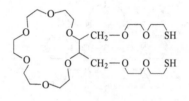

图 8.25　模拟肽合成酶的含巯基冠醚化合物　　　图 8.26　模拟肽合成酶的冠醚化合物

8.5　超氧化物歧化酶的模拟

超氧化物歧化酶（简称 SOD）是一种催化超氧负离子进行氧化还原反应，生成氧和双氧水的氧化还原酶，其催化活性与金属离子有关。可用合成方法将小分子化合物与 Cu^{2+}、Mn^{3+} 或 Fe^{3+} 配位，制成模拟 SOD，用于研究金属离子催化 O_2^- 歧化为 O_2 与 H_2O_2 的作用机理，并可能作为药物应用于临床。

X 射线单晶结构分析表明，Cu,Zn-SOD 的活性部位包括一个咪唑桥联的 Cu(Ⅱ)、Zn(Ⅱ)结构，Cu(Ⅱ) 与 1 个水分子和 4 来自组氨酸残基（His-44、His-46、His-61 和 His-118）的咪唑氮配位，呈现三角双锥畸变的四方锥构型，其中一个咪唑基（His-61）的氮原子与 Zn(Ⅱ) 桥联，另外两个咪唑的氮原子（His-69、His-78）和一个天冬氨酸（Asp-81）配位，呈现畸变四面体构型构型，如图 8.27。Cu(Ⅱ) 是氧化还原中心，Zn(Ⅱ) 只起着稳定蛋白质构象的作用。

8.5.1　Cu,Zn-SOD 活性中心的模拟

如图 8.28 的咪唑桥联的 Cu(Ⅱ)、Zn(Ⅱ) 配合物 〔(tren)Cu(im)Zn(tren)〕(ClO$_4$)$_3$・CH$_3$OH 的晶体结构与 Cu,Zn-SOD 活性中心具有一定的相似型，可以模拟 Cu,Zn-SOD 活性中心。

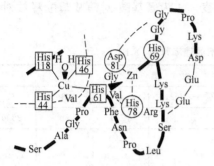

图 8.27 Cu,Zn-SOD 的活性中心结构

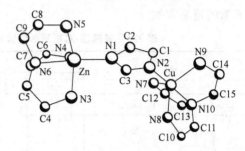

图 8.28 Cu,Zn-SOD 模拟物 [(tren)Cu(im)
Zn(tren)](ClO₄)₃·CH₃OH 的晶体结构

tren—三(2-氨乙基胺);im—咪唑基

从图 8.28 可以看出,[(tren)Cu(im)Zn(tren)](ClO₄)₃·CH₃OH 的结构特征是咪唑桥联的 Cu(Ⅱ) 和 Zn(Ⅱ),此点与天然 SOD 活性中心类似,其 Cu(Ⅱ)-Zn(Ⅱ) 间距离为 0.584nm,与 SOD 中的 0.63nm 相近。Cu(Ⅱ) 的配位数和配位环境也与天然酶基本相同,Cu(Ⅱ) 为畸变的三角双锥构型。

8.5.2 SOD 的功能模拟

图 8.29 的模拟物具有清除活性氧的功能,可以模拟 SOD 的功能,具有一定的应用前景。

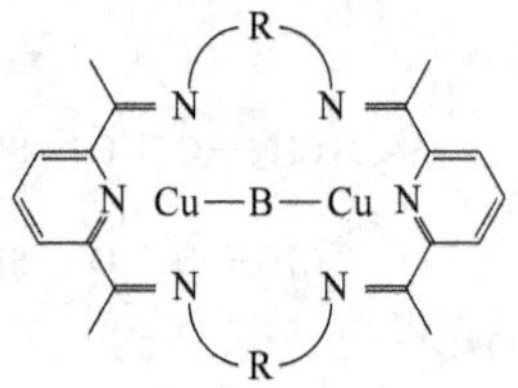

尽管到现在为止,人们已经合成出了众多 SOD 模拟物,有的结构与 SOD 活性中心类似,有的只具有 SOD 活性,而有的兼而有之,为天然 SOD 的作用机理研究提供了很多有价值的材料。多数模拟物在体内的稳定性和活性都下降,如何设计并合成具有精确活性中心结构、热力学稳定且动力学惰性、具有实用价值的模拟物将仍是今后需要解决的关键问题。

图 8.29 具有清除活性氧功能的模拟物

8.6 模拟酶研究进展

由于对酶的结构及其作用机制取得了重大进展,对许多酶的结构及其作用机理都能在分子水平上得到解释,大大促进了人工模拟酶的发展。人工模拟酶这一研究领域已引起各国科学家的极大关注。世界上许多发达国家（如美、德、日、英、法等）都把模拟酶作为重点课题列入未来的研究计划,我国也将对模拟酶的研究列入国家自然科学基金重点资助的高技术、新概念、新构思探索性课题。近年来,人们以酶结构知识、酶动力学研究为基础,采用多种新型技术如抗体酶制备技术,在分子水平上模拟酶对底物的结合催化,取得了许多重要成果。人工模拟酶的实践证明,利用环糊精、大环化合物、抗体、印迹蛋白等为基质已制备出大量的人工酶,部分人工酶的催化效率及选择性已能与天然酶相媲美。但也应该看到,大多数人工酶的催化活性并不高,这主要是由于目前尚缺乏系统的、定量的理论为指导。另外的原因是,大多数人工酶模型过于简单,缺乏对催化因素的全面考虑。

近年来,生物印迹技术的出现为分子印迹酶的发展注入了新的活力,运用分子印迹技术对酶的人工模拟已成功地制备出具有酶水解、转氨、脱羧、酯合成、氧化还原等活性的分子印迹酶。虽然用分子印迹法制备的聚合物印迹酶其催化效率同天然酶相比普遍不高,但它们却具有明显的优点:制备过程简单,易操作;印迹分子的选择范围广,不像抗体酶的半抗原设计主要依赖于反应过渡态；具有明显的耐热、耐酸碱和稳定性好等优点。随着分子印迹技术的不断发展，新型聚合单体的不断出现，会创造出更高催化效率的分子印迹酶。生物印迹酶与分子印迹酶的发展，为人工酶的发展开辟了又一新的研究方向，这一新技术与酶的作用机制、酶的结构知识、酶动力学联系起来，会创造出高效率的人工酶。

人工模拟酶的研究处于化学、生物学等领域的交叉点，属交叉学科。化学家利用酶模型来了解一些分子的复合物在生命过程中的作用，并研究如何将这些仿生体系，应用于有机合成，这就是近年来开展的微环境与分子识别的研究。对于高效率、有选择性进行的生化反应——生命现象的探索是充满魅力的课题，而开发具有酶功能的人工模拟酶，是化学领域的主要课题之一。仿生化学就是从分子水平模拟生物体的反应和酶功能等生物功能的边缘学科，是生物学和化学相互渗透的学科。对生物体反应的模拟就是模仿其机理，进而开发出比自然界更优秀的催化体系。主客体酶模型、胶束酶模型、肽酶、分子印迹酶和半合成酶就是这一研究的重要成员，已取得长足进展。目前，对酶的模拟已不是仅限于化学手段，基因工程、蛋白质工程等分子生物学手段正在发挥越来越大的作用。化学和分子生物学以及其它学科的结合使酶模拟更加成熟起来。随着酶学理论的发展，人们对酶学机制的进一步认识，以及新技术、新思维的不断涌现，理想的人工酶将会不断产生。

总之，综合运用化学、分子生物学和遗传学知识会大大加强人工催化剂设计方法的威力和可用性，从而产生医药、工业上有用的高效催化剂。显然，只要在分子工程这个令人激动的前沿领域里持续工作，就会越来越接近这样的目标：能为任何一种化学转化设计类酶催化剂。

9 非水介质中的酶催化反应

传统的观念认为，包括酶在内的生物催化剂都是在水环境中催化水溶性底物转化为相应的产物，而在非水介质中，有机溶剂容易引起酶蛋白的变性而失去催化活性。受此观念的禁锢，长期以来，酶催化反应的研究和应用均是在水溶液中进行，取得了很大的成就，但同时也应该看到，水溶液中的酶催化在诸多方面已逐渐显现出不足和局限，限制了酶催化在更广范围内得到应用。

20 世纪 80 年代起，Klibanov 等就开展了有机介质中酶催化反应的研究，并成功地实现了猪胰脂肪酶在 99％有机溶剂中催化三丁酸甘油酯与醇之间的转酯反应，并证实了酶在 100℃高温下，不仅能够在有机溶剂中保持稳定，而且酶还显示出很高的催化转酯活性，在仅含微量水的有机介质中成功地酶促合成了酯、肽、手性醇等许多有机化合物。此后，非水介质中的酶催化反应研究也就活跃起来，大量的研究表明包括酯酶、脂肪酶、蛋白酶、纤维素酶、淀粉酶、过氧化物酶、过氧化氢酶、醇脱氢酶、胆固醇氧化酶、多酚氧化酶、多细胞色素氧化酶和醛缩酶十几种酶在适宜的有机溶剂中具有与水溶液中可比的催化活性。

多年来大量的研究已经表明，酶在非水介质中的催化反应具有在许多常规水溶液中所没有的新特征和优势：①可进行水不溶或水溶性差化合物的催化转化，大大拓展了酶催化作用的底物和生成产物的范围；②改变了催化反应的平衡点，使在水溶液中不能或很难发生的反应向期望的方向得以顺利进行，如在水溶液中催化水解反应的酶在非水介质中可有效催化合成反应的进行；③使酶对包括区域专一性和对映体专一性在内的底物专一性大为提高，使对酶催化作用的选择性的调控有可能实现；④大大提高了一些酶的热稳定性；⑤由于酶不溶于大多数的有机溶剂，使催化后酶易于回收和重复利用；⑥可有效减少或防止由水引起的副反应的产生；⑦可避免杂水溶液中进行长期反应时微生物引起的污染；⑧可方便地利用对水分敏感的底物进行相关的反应；⑨当使用挥发性溶剂作为介质时，可使反应后的分离过程能耗降低。目前，用于酶催化的非水介质主要包括：①含微量水的有机溶剂；②与水混溶的有机溶剂和水形成的均一体系；③水与有机溶剂形成的两相或多相体系；④胶束与反胶束体系；⑤超临界流体；⑥气相。

非水介质中酶催化的优势使其受到广泛重视，发展很快，迄今已经初步建立起了非水酶学的理论体系，并在多肽、酯类物质、功能高分子的合成，甾体转化，手性药物的拆分等方面取得了显著成果。从大量的文献报道来看，非水介质中的酶催化的研究主要集中在三个方面：①非水介质中酶学基本理论研究，包括了影响非水介质中酶催化的主要因素以及非水介质中酶学性质；②通过对酶在非水介质中结构与功能的研究，阐明非水介质中酶的催化机制，建立和完善非水酶学的基本理论；③利用基本理论来指导非水介质中酶催化反应的研究和应用。

9.1 非水介质反应体系

所有的酶催化反应都要在一定的反应体系中进行，在特定的反应体系中，酶分子与底物可以在一定条件下相互作用，实现将底物转化为产物的目的。因此，反应体系的组成对酶的催化活性、稳定性、底物和产物的溶解度及其分布状态、反应速度等都有显著的直接影响。通常，酶催化反应体系包括了水溶液反应体系、有机介质反应体系、气相介质反应体系、超临界流体介质反应体系等多种，在这些反应体系中，除水溶液反应体系外，其它的反应体系统称为非水介质反应体系。在众多非水介质反应体系中，以有机介质反应体系的研究最多，应用也最广泛。常见的有机介质反应体系主要包括了微水有机介质体系、与水溶性有机溶剂组成的均一体系、与水不不溶性有机溶剂组成的两相或多相体系、胶束体系和反胶束体系等。

（1）微水有机介质体系 微水有机介质体系是由有机溶剂和微量的水组成的反应体系，也是有机介质酶催化中应用最为广泛的一种反应体系。有机溶剂中的微量水的一部分为酶分子的结合水，另一部分则分配于有机溶剂中。其中酶分子的结合水对维持酶分子的空间构象和催化活性至关重要。由于酶不能溶解于疏水的有机溶剂，所以酶都是以冻干粉或固定化酶的形式悬浮于有机介质之中，在悬浮状态下进行催化反应。

（2）与水溶性有机溶剂组成的均一体系 这种均一体系是由水和极性较大的有机溶剂互相混溶组成的反应体系，体系中水和有机溶剂的含量均较大。酶和底物是以溶解状态存在于体系之中，由于极性大的有机溶剂对一般酶的催化活性影响较大，所以能在这类反应体系中进行催化反应的酶较少。但由于近年来发现，辣根过氧化物酶可以在此均一体系中催化酚类或芳香胺类底物进行聚合生成聚酚或聚胺类物质，而聚酚或聚胺类物质在环保黏合剂、导电聚合物和发光聚合物等功能材料的研究和开发等方面的应用引起了人们的极大兴趣，在与水溶性有机溶剂组成的均一体系中的酶反应也受到了人们的关注。

（3）与水不溶性有机溶剂组成的两相或多相体系 这种反应体系是由水和疏水性较强的有机溶剂组成的两相或多相反应体系。游离酶、亲水性底物或产物溶解于水相，而疏水性底物或产物则溶解于有机溶剂相中。如果采用固定化酶，则以悬浮形式存在于两相的界面，催化反应就通常发生在两相的界面。一般这种体系仅适用于底物和产物或其中的一种是疏水化合物的酶催化反应。其中，最常用的是两相体系。该体系在应用时，有机溶剂的选择至关重要，一般需要选用的有机溶剂能满足不引起酶变性失活、底物和产物在两相之间具有最佳分配、能减少抑制作用、酶能有较佳的催化活性以达到最大的反应速度等要求。最佳溶剂的选择是一个非常复杂的问题。

（4）胶束和反胶束体系 当水和有机溶剂同时存在于反应体系时，加入表面活性剂后，两性的表面活性剂会形成球状或椭球状的胶束，其大小与蛋白质分子在同一数量级上。当体系中水浓度高于有机溶剂时，形成胶束的表面活性剂的极性端朝向胶束的外侧，而非极性端则朝向胶束的中心，有机溶剂就被包在胶束的内部，此时的胶束就称为正相胶束或简称为胶束；当体系中水浓度低于有机溶剂时，形成胶束的表面活性剂的极性端朝向胶束的中部，而非极性端则朝向胶束的外侧，水就被包在胶束的内部，此时的胶束就称为反相胶束或简称为反胶束。如图 9.1 是由表面活性剂 CTAB 和己烷构成的胶束和反胶束。

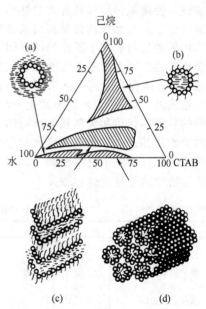

图 9.1　CTAB-己烷-水体系的相图和胶束、反胶束

（a）胶束；（b）反胶束；（c）、（d）中间相

反胶束与生物膜有相似之处，适用于处于生物膜表面或与膜结合的酶的结构、催化特性和动力学性质的研究。

一般而言，在不同的非水介质中进行酶催化时所表现出的催化行为是有区别的，如表 9.1。

表 9.1　不同反应体系中酶的一些催化行为比较

参数	微水有机介质体系	水-有机溶剂两相体系	反胶束体系	参数	微水有机介质体系	水-有机溶剂两相体系	反胶束体系
酶活力	低	低	高	产物回收	容易	一般	难
酶负载量	高	高	低	酶重复使用	可能	难	难
产率	低	低	高	连续操作	可能	可能	难

9.2　酶在非水介质中的性质

酶能在非水介质中发挥催化作用的主要原因是酶在有机介质中能够保持完整的结构和活性中心的空间构象。然而，酶在有机介质中起催化作用时，由于有机溶剂的极性与水有很大差别，对酶的表面结构、活性中心的结合部位和底物性质都会产生一定的影响，从而影响酶的热稳定性、底物特异性、立体选择性、区域选择性和化学键选择性等酶学性质，进而显示出与水溶液中不同的催化特性。

9.2.1　热稳定性

许多酶在非水介质中的热稳定性和储存稳定性比相同酶在水溶液中更好，而且这种热稳定性和储存稳定性的提高是难以用化学交联、固定化甚至是蛋白质工程的手段所能达到的。这种稳定性还与介质中的水含量有关。例如，猪胰脂肪酶在有机溶剂中 100℃时的半衰期可达数小时，而在水中 100℃几乎马上失活，1％的水浓度会使猪胰脂肪酶的稳定性降低到与水溶液中相同的水平。又如，胰凝乳蛋白酶在无水辛烷中 20℃放置 6 个月后酶活力没有降低，而在同样温度下酶在水溶液中的半衰期仅有几天。

非水介质中酶的热稳定提高的原因是多方面的，其中主要的原因可以归结为酶结构刚性的增强和水含量有限等两方面。通常，水溶液中的酶分子在结构上可形成亲水区和疏水区，亲水区位于酶分子的表面，与水相接触，溶液中的水分子与酶分子中的功能团之间就会形成氢键，使酶蛋白形成具有柔韧性的"开放"型空间结构，而当酶分子处于非水介质中时，酶蛋白分子的疏水区就会暴露出来使酶分子的折叠受到一定程度的破坏，带电基团之间的相互作用使酶蛋白形成了活性的"封闭"构象，酶分子结构的刚性就得以增强，对受热而引起折叠松散的抗性也就随之而增强，从而表现出热稳定性的提高。此外，在酶分子的不可逆变性过程中，水是一个必要的参与者，在水溶液中随着温度的升高，酶分子首先表现出折叠及螺旋结构的"松散"，之后再发生一种或多种变性反应，如引起的酶分子中天冬酰胺、谷氨酰胺的脱氨基作用和天冬氨酸肽键的水解、二硫键的破坏、半胱氨酸的氧化及脯氨酸和甘氨酸的异构化等。而在无水或仅含微量水的非水介质中，由于缺少了足够的水分子参与，上述这些变性反应受到了有效抑制，从而大大提高了酶的热稳定性。表 9.2 为一些酶在有机介质与水溶液中的热稳定性比较。

表 9.2　一些酶在有机介质和水溶液中的热稳定性比较

酶	条件	热稳定性	酶	条件	热稳定性
猪胰脂肪酶	三丁酸甘油酯 水，pH 7.0	$t_{1/2} < 26h$ $t_{1/2} < 2min$	F_1-ATP 酶	甲苯，70℃ 水，70℃	$t_{1/2} > 24h$ $t_{1/2} < 10min$
酵母脂肪酶	三丁酸甘油酯/庚醇 水，pH 7.0	$t_{1/2} = 1.5h$ $t_{1/2} < 2min$	Hind Ⅲ 脂蛋白脂肪酶	正庚烷，55℃，30d 甲苯，90℃，400 h	活性没有降低 剩余活性 40％
胰凝乳蛋白酶	正辛烷，100℃ 水，pH 8.0，55℃	$t_{1/2} = 80min$ $t_{1/2} = 15min$	β-葡萄糖苷酶 酪氨酸酶	2-丙醇，50℃，30h 氯仿，50℃	剩余活性 80％ $t_{1/2} = 90min$
枯草杆菌蛋白酶	正辛烷，110℃	$t_{1/2} = 80min$		水，50℃	$t_{1/2} = 10min$
溶菌酶	环己烷 110℃ 水	$t_{1/2} = 140min$ $t_{1/2} = 10min$	酸性磷酸酯酶	正十六烷，80℃ 水，70℃	$t_{1/2} = 8.0min$ $t_{1/2} = 1.0min$
核糖核酸酶	壬烷，110℃，6h 水，pH 8.0，90℃	剩 95％活性 $t_{1/2} < 10min$	细胞色素氧化酶	甲苯，0.3％水 甲苯，1.3％水	$t_{1/2} = 4.0h$ $t_{1/2} = 1.7min$
醇脱氢酶	正庚烷，55℃	$t_{1/2} > 50$ 天			

图 9.2、图 9.3 分别为干猪胰脂肪酶在 100℃时的失活曲线、湿酶和干酶在不同含水量的庚烷/三丁酸甘油酯溶液中的半衰期。

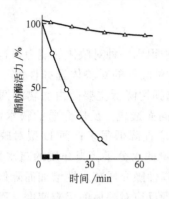

图 9.2   干猪胰脂肪酶在 100℃时的失活曲线
■ pH 8.0 0.1 mol/L 磷酸缓冲液；
○含 0.8％水和 2 mol/L 庚醇的三丁酸甘油酯；
△含 0.015％水和 2 mol/L 庚醇的三丁酸甘油酯

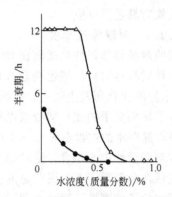

图 9.3   湿酶和干酶在不同含水量的 2mol/L 庚烷/三丁酸甘油酯溶液中的半衰期（100℃）
●湿酶；△干酶

从图 9.2、图 9.3 中可以看出，在非水介质中水的含量对酶的稳定性有极大的影响，随着系统中水含量的增加，酶的稳定性明显降低，并存在一临界水浓度，当水含量超过临界值时，酶的稳定性就急剧下降。此外，处于溶剂中的酶预先达到的状态对其在介质中的稳定性也有显著的影响。当酶预先被处理成为"湿态"时，由于水的存在就会使酶分子构成有柔韧性的"开放"构象，降低了酶分子结构的刚性，与"干态"酶相比，在非水介质中更易于受到破坏，从而产生热变性失活。通常认为在极性溶剂中酶的稳定性较差，因此，非水介质中酶催化反应的溶剂大部分被限制于相对非极性的溶剂中进行，因为非极性溶剂一方面有利于提高酶的稳定性，另一方面，在非极性溶剂中酶分子易于保持其活性构象而表现出较高的催化活性。

9.2.2   底物专一性

同水溶液中的酶催化一样，酶在非水介质中对底物的化学结构和立体结构均有严格的选择性。例如，青霉脂肪酶在正己烷中催化 2-辛醇与不同链长的脂肪酸进行酯化反应时，对短链脂肪酸具有较强的特异性，这与它在水溶液中催化甘油三酯水解反应时的脂肪酸特异性是相同的。但是，由于酶与底物的结合能取决于酶与底物复合物的结合能和酶、底物及溶剂相互作用的能差，在有机介质中，酶与底物的结合受到溶剂的影响而发生了某些变化，致使酶的底物专一性发生了改变。如胰凝乳蛋白酶等蛋白酶催化 N-乙酰-L-丝氨酸乙酯和 N-乙酰-L-苯丙氨酸乙酯的水解反应时，由于苯丙氨酸的疏水性比丝氨酸强，所以，酶在水溶液中催化苯丙氨酸酯水解的速度比在同等条件下催化丝氨酸酯水解的速度高 5×10^4 倍；而在辛烷介质中，酶催化丝氨酸酯的速度却比催化苯丙氨酸酯水解的速度快 20 倍。造成酶的底物专一性改变的主要原因是，由于在水溶液中底物与酶分子活性中心的结合主要是依靠疏水作用，所以疏水性较强的底物容易与活性中心部位结合，催化反应的速度就高；而在非水介质中，有机溶剂与底物之间的疏水作用比底物与酶之间的疏水作用更强。此时，底物与酶之间的疏水作用已不再那么重要，结果使疏水性较强的底物容易受有机溶剂的作用，反而影响了底物与酶分子活性中心的结合。

值得指出的是，不同的有机溶剂具有不同的极性，因此，在不同的有机溶剂中酶的底物专一性也是不同的，有机溶剂改变时，酶的底物专一性也会发生改变。一般来说，在极性较强的有机溶剂中，疏水性较强的底物容易进行反应，而在极性较弱的有机溶剂中，疏水性较弱的底物容易进行反应。

9.2.3　对映体选择性

酶的对映体选择性是指酶在对称的外消旋化合物中识别一种对映体的能力，这种选择性是由两种对映体的自由能差别造成的。非水介质中酶对底物的对映体选择性由于介质的亲（疏）水性的变化而发生改变。有机溶剂中酶的立体选择性降低主要是由底物的两种对映体把水分子从酶分子的疏水结合位点置换出来的能力不同而造成。反应介质的疏水性增大时，L 型底物置换水的过程在热力学上变得不利，使其反应性降低很多；而 D 型对映体以不同的方式与酶活性中心结合，这种结合方式只置换出少量的水分子，当介质的疏水性增加时，其反应活性降低得不多，因此总的结果是酶的立体选择性随介质疏水性增加而降低。任何降低酶蛋白分子的刚性、减小空间障碍的手段都会提高慢反应对映体的反应速度，而酶蛋白分子的刚性主要是由于静电相互作用及分子内氢键的存在，因此在低介电常数的溶剂中催化的选择性要高于高介电常数的溶剂中催化的选择性。此外，溶剂的几何形状也影响酶的对映体选择性。如一些脂肪酶和蛋白酶在（R）-香芹酮及（S）-香芹酮中也表现出不同的立体选择性。

酶的立体选择性与反应介质之间存在着一定的关系，一般来说，酶在水溶液中的对映体选择性较强，而在疏水性较强的有机溶剂中，酶的对映体选择性较差。例如，蛋白酶在水溶液中只对含有 L-氨基酸的蛋白质有水解作用，生成 L-氨基酸；而在有机溶剂中，某些蛋白酶却可以利用 D-氨基酸作为催化底物合成由 D-氨基酸组成的多肽。

9.2.4　区域选择性

酶在非水介质中进行催化时具有区域选择性，即酶能够选择性地优先催化底物分子中某一区域的基团进行反应。例如，猪胰脂肪酶在无水吡啶中可催化各种脂肪酸（C_2、C_4、C_8、C_{12}）的三氯乙酯与单糖的酯交换反应，实现了葡萄糖 1 位羟基的选择性酰化。当然不同来源的脂肪酶催化上述反应时，选择性酰化羟基的位置不同。因此，选择合适的酶，能够实现糖类、二元醇和类固醇的选择性酰化，制备具有特殊生理活性的糖酯和类固醇酯。

9.2.5　化学键选择性

酶在有机介质中进行催化的另一个显著特点是具有化学键选择性。化学键选择性是指当同一个底物分子中有 2 种以上的化学键都可以与其进行反应时，酶对其中的一种化学键可以优先进行催化反应。一般而言，化学键选择性与酶的来源和有机溶剂的种类有关。例如，用脂肪酶催化 6-氨基-1-己醇的酰化反应时，底物分子中的氨基和羟基都可能被酰化，分别生成肽键和酯键。当用来源于黑曲霉的脂肪酶进行催化时，羟基的酰化占绝对优势；而采用来源于毛霉的脂肪酶进行催化时，则优先使氨基酰化。同样，在不同的有机介质中，化学键选择性也不同，反应介质对某些氨基醇的丁酰化的化学键选择性（O-酰化与 N-酰化）有很大影响。例如，酶催化的酰化反应在叔丁醇中和在 1,2-二氯乙烷中的酰化程度不同。

9.2.6　pH 记忆

在水溶液中，pH 是影响酶催化反应的重要因素，因为在水溶液中，pH 决定了酶分子活性中心基团的解离状态和底物分子的解离状态，从而影响到酶与底物的结合和催化反应。而在有机介质中，并不存在质子获得和丢失的条件，那么，在有机介质中 pH 是如何影响催化反应呢？大量的研究结果发现，在有机介质酶催化反应中，酶所处的 pH 环境与酶在冻干或吸附到载体之前所使用的缓冲液 pH 相同，而酶的催化反应速度与其冻干或吸附到载体之前缓冲溶液的 pH 密切相关，非水介质中的酶能够"记忆"冻干或吸附到载体之前所处缓冲液中的 pH，反应的最适 pH 接近于水溶液中的最适 pH。也就是说，在有机溶剂中不存在发生质子化或去质子化的条件时，将酶分子从水溶液转移到有机溶剂中，酶能保持原有的离子化状态，此时的环境因素也不能改变酶分子的这种状态，或者说酶在缓冲液中所处的 pH 状态仍被保持在有机溶剂中，这种现象称为"pH 记忆"，即酶的离子化基团在缓冲液中所获得的离子化状态可以在非水介质中得以保持。利用酶的"pH 记忆"特性可以通过控制缓冲溶液 pH 的方法，有效地控制非水介质中酶催化的最适 pH。

需要指出的是，在含非水介质酶催化系统中，系统的宏观 pH 及酶分子必需水层内的微观 pH 是无法直接进行测定的，同时要完全控制反应介质的 pH 似乎是不可能的，但微水环境中的 pH 确实存在，而且对非水介质中酶催化时的酶活性和选择性均有显著影响。值得注意的是，也有些研究发现非水介质中酶的最适 pH 与水溶液中相差较大。应该说，非水介质中酶活性不仅和冻干或吸附在载体上之前的缓冲液 pH 密切相关，而且还与缓冲液的种类和离子强度有关，同时还依赖溶剂的种类、水含量。可以采用含有微量水的非水介质中疏水性的酸或碱与它们相应的盐所组成的混合物作为有机相缓冲液，这些疏水性的酸、碱或相应的盐能够以中性和离子对形式充分溶于非水介质，而不能进入水或其它极性溶液。这两种存在形式的比例控制着有机相中酶的解离状态，使酶完全"忘记"干燥前它所处的水溶液的 pH，即干燥前缓冲液的 pH 对微水有机溶剂中的酶活性几乎没有什么影响。采用有机相缓冲液时，酶分子的 pH 印记特性将不再起作用，也就是说，酶在冷冻干燥或吸附在载体上之前的缓冲液的 pH 对在有机介质中的催化活性就没有什么影响，而主要是受到有机相缓冲液的影响。

9.3 非水介质反应体系中有机溶剂对酶催化反应的影响

有机溶剂对酶催化活力的影响是非水酶学所要阐明的一个重要因素，溶剂不但直接或间接地影响酶的活力和稳定性，而且也能够改变酶的特异性（包括底物特异性、立体选择性、前手性选择性等）。通常有机溶剂通过与水、酶、底物和产物的相互作用来影响酶的这些性质。

9.3.1 有机溶剂对酶的结合水的影响

在非水介质酶催化研究中，存在着一种共识：在非水或低水环境中，只要酶蛋白分子的"必需水"水化层不被剥除，酶就可以有效发挥其催化作用。通过对在多种有机溶剂中水对酶催化活性影响的研究和分析，发现有机溶剂是通过与酶蛋白分子周围的水分子层而不是酶分子本身发生作用的。一些亲水性相对较强的极性有机溶剂，特别是与水互溶的有机溶剂却能够夺取酶蛋白表面的"必需水"，扰乱酶分子的天然构象的形成，从而导致酶的失活。而有机溶剂的这种夺取"必需水"的能力与有机溶剂的性质密切相关，通常以溶剂的极性系数 $\lg P$ 表示有机溶剂极性的强弱（P 是指溶剂在辛烷与水两相中的分配系数），有机介质中酶失水的情况与溶剂的 $\lg P$ 的关系最为相关。含微量水的非水介质酶催化体系中，有机溶剂对酶分子中的水的扰动能力与有机溶剂的极性有密切关系。$\lg P \leqslant 2$ 的极性溶剂会强烈地扰动或扭曲酶蛋白分子与水之间的相互作用，不仅对酶蛋白的高级结构会产生影响，而且还会影响到诸如 α-螺旋、β-折叠等一些二级结构，从而使酶变性失活。$2 < \lg P \leqslant 4$ 的溶剂具有较弱的水扰动能力，会对酶的催化活性产生一定影响，但影响的程度与酶的特性和体系的性质有关，无法直接进行预测。而 $\lg P \geqslant 4$ 的非极性溶剂通常不会扰动酶的"必需水"层，因而有利于酶发挥其催化活性。

9.3.2 有机溶剂对酶结构的影响

传统的水溶液酶学研究中，水溶液中酶分子的存在形式主要有游离态酶和固定化酶两种。而在非水介质中，酶不能直接溶解于溶剂之中，此时，酶的存在状态可有多种形式，主要可分为固态酶和可溶解酶两大类。固态酶包括了冻干的酶粉、固定化酶和结晶酶等，以固体形式存在于有机溶剂中。可溶解酶主要包括了水溶性大分子共价修饰酶和非共价修饰的高分子-酶复合物、表面活性剂-酶复合物以及微乳液中的酶等，可以分子的方式存在于非水介质当中。尽管酶在有机溶剂中整体结构以及活性中心的结构都保持完整，但是酶分子本身的动态结构及表面结构却发生了不可忽视的变化。同时，由于酶分子与溶剂的直接接触，蛋白质分子的表面结构将有所变化。更值得注意的是，虽然酶分子的骨架结构没有改变，但一些侧链却发生了显著的重排。

已有很多研究的结果表明，酶分子活性中心的改变不是导致不同介质中酶活性变化的主要原因，而酶分子结构的动态变化却很有可能是主要因素。在含微量水的有机介质中时，与蛋白质分子形成分子间氢键的水分子极少，蛋白质分子内氢键起主导作用，导致蛋白质结构变得更为"刚硬"，活动的自由度变小，限制了疏水环境下的蛋白质构象向热力学稳定状态转化，从而能维持着和水溶液中同样的结构与构象。

酶的活性中心是酶发挥催化功能的主要部位，任何对活性中心的微扰都将导致酶的催化活性的改变。溶剂对酶的活性中心的影响主要是通过减少整个活性中心的数量。虽然这可以用来解释为什么在有机溶剂中酶活力要低于水中的酶活力，但目前仍不清楚酶活力的丧失是否是由于蛋白质分子的运动性降低造成的。溶剂对酶分子活性中心影响的另一种方式是与底物竞争酶的活性中心结合位点，当溶剂是非极性时，这种影响会更明显，而且溶剂分子能渗透入酶的活性中心，降低活性中心的极性，从而增加酶与底物的静电斥力，因而降低了底物的结合能力。

9.3.3 有机溶剂对底物和产物的影响

有机溶剂能直接或间接地与底物和产物相互作用，影响酶的活力。有机溶剂能改变酶分子"必需水"层中底物或产物的浓度，而底物必须渗入"必需水"层，产物必须移出此水层，才能使反应进行下去。有机溶剂对底物和产物的影响主要体现在底物和产物的溶剂化上，这种溶剂化作用会直接影响到反应的动力学和热力学平衡。在选择有机溶剂的过程中，应该考虑到有机溶剂与底物、产物性质的匹配问题。应该说，有机溶剂对酶催化反应的影响是一个综合而复杂的过程，其中包括溶剂对水-酶相互作用的扰动和扭曲、与固定化酶微环境之间的匹配以及对底物和产物的溶剂与扩散等因素。

在进行有机溶剂的选择和优化时，需要考虑一些特殊的操作因素，如：①当底物具有中等极性时，利用 $\lg P$ 为 2~4 的中等极性溶剂作为反应介质可达到较高的反应速率，但在中等极性的溶剂中，酶却比较容易失活；②在近于无水反应介质中，用 D_2O 代替 H_2O 对于酶的构象的稳定非常有利；③利用可以紧密结合水的载体对酶进行固定化，可以避免有机溶剂对酶结合水层的扰动，此时利用 $\lg P < 4$ 的溶剂同样可以获得较高的酶活和酶稳定性。

9.3.4 有机溶剂对酶选择性的影响

应该说有机溶剂对酶选择性的影响是非常大的，由于有机溶剂的存在使酶蛋白分子的刚性得以增强，使之具有水溶液中所不可比拟的优越性、良好的对映体选择性或区域选择性。已经有多种模型可以用于解释有机溶剂性质对酶选择性的影响，这些模型包括活性中心水分子置换模型、立体选择性模型和非立体选择性模型等，但到目前为止，所有这些模型都是在针对特定的酶、底物和体系的研究过程中建立起来的，尚不足以总结出普遍适用的规律。

尽管对有机溶剂如何影响酶选择性的规律和机制并不十分清楚，但是通过改变有机溶剂可以调节酶的活性和选择性、改变酶的动力学特性和稳定性等酶学性质则已经是比较清楚的了。当然，在进行有机溶剂的选择时还应该注意：①溶剂对底物和产物的溶解性要好，能促进底物和产物的扩散，防止由于产物在酶分子周围的积累，而影响酶的催化反应；②溶剂对反应必须是惰性的，不参与酶的催化反应；③溶剂的毒性、成本以及产物从溶剂中分离、纯化等问题。

从现在的条件和研究结果来看，利用酶在不同有机溶剂中的 X 射线结晶学和计算机模拟相结合的方法对有机溶剂与酶的选择性之间的关系进行探讨也许是实现具有普遍意义的酶选择性的预测和控制的重要途径。

在有机溶剂中酶的催化活性和选择性与反应系统的水含量、有机溶剂的性质、酶的使用形式（包括固定化酶、游离酶、化学修饰酶、酶粉干燥前所在缓冲液的 pH 和离子强度）等因素密切相关。控制和改变这些因素，可以提高有机溶剂中的酶活性，调节酶的选择性。

9.4　水对非水介质中酶催化的影响

现有的研究成果已经证明，酶只有在一定量水的存在下，才能进行催化反应，无论是在水溶液或是在有机介质中进行酶的催化反应，水都是不可缺少的条件之一。特别是在有机介质中的酶催化反应，水含量的多少对酶的空间构象、催化活性、稳定性、催化反应的速度、底物和产物的溶解度等都有密切关系。

9.4.1　必需水

酶分子只有在空间构象完整的状态下才具有催化功能。在无水的条件下，酶的空间构象被破坏，酶将变性失活。在有机介质中，酶分子需要一层水化层以维持其完整的空间构象。一般将维持酶分子完整空间构象所必需的最低水含量称为必需水。必需水是酶在非水介质中进行催化反应所必需的，它会直接影响酶的催化活性和选择性，通过必需水的调控，可以调节有机介质中酶催化反应中酶的催化活性和选择性。例如，在脂肪酶催化拆分外消旋 2-辛醇的反应中，当溶剂、酶等其它因素相对不变的条件下，可以用系统含水量衡量水对酶活性的影响，反应系统只有在最适含水量时，酶才有最高的活力和良好的选择性。由于必需水是维持酶分子结构中氢键、盐键等所必需的，而氢键、盐键等又是酶空间结构的主要稳定因素，酶分子一旦失去必需水，就必将使其空间构象破坏而失去催化功能。需要注意的是，必需水与酶分子的结构与性质有密切关系，不同的酶所要求的必需水的量差别很大。

有机介质反应体系中含有的水主要有两类：一类是与酶分子紧密结合的结合水；另一类是溶解于有机溶剂的游离水，可以认为，在有机介质反应体系中，结合水是影响酶催化活性的关键因素。由于体系中的水含量要受到多种因素影响，利用水活度更能准确描述有机介质反应体系中水与酶催化活性之间的关系。所谓水活度是指反应体系中水的逸度与纯水逸度之间的比值，也可以用反应体系中水的蒸气压与相同条件下纯水的蒸气压之比来表示，记为 a_w。与反应系统中的水含量值相比，利用水活度作为衡量水的含量有多个优点：可直接反映出酶分子的结合水，与体系中的其它因素无关；对于涉及多相的反应体系，当体系处于平衡状态时，各相的水活度相等；相对比较容易测定。在一般情况下，最适水含量随着溶剂极性的增加而增加，而最佳水活度与溶剂的极性大小没有关系。

可以通过以下方式来控制反应体系的水活度：①用一个饱和盐水溶液分别预平衡底物溶液和酶制剂；②向反应体系中直接加一种水合盐；③向每一溶剂中加入不同量的水（表9.3）。

表 9.3　水合盐对在不同温度下可维持的水活度

温度	$Na_2SO_4 \cdot 1H_2O/Na_2HPO_4$	$Na_2HPO_4 \cdot 12H_2O/$ $Na_2HPO_4 \cdot 7H_2O$	$Na_2HPO_4 \cdot 7H_2O/$ $Na_2HPO_4 \cdot 2H_2O$	$Na_2HPO_4 \cdot 2H_2O/$ Na_2HPO_4
20℃	0.76	0.74	0.57	0.15
30℃	0.83	0.85	0.65	
40℃			0.73	

9.4.2　水对酶催化反应速度的影响

有机介质中水的含量对酶催化反应速度有显著影响。多年来的研究使人们在非水介质酶催化反应中存在了一个共识，即微量的水对酶有效发挥催化作用是必需的，因为水间接或直接地参与了酶天然构象中包括氢键、静电作用、疏水相互作用和范德华力在内的所有非共价相互作用。无水条件下，酶分子的带电基团和极性基团之间通过相互作用形成一种非活性的"封闭"结构，水的加入可削弱这种相互作用，使非活性的"封闭"结构"疏松"，从而酶分子的柔韧性增加，并通过非共价作用力来维持酶的催化活性构象，即水充当了酶结构的"润滑剂"。荧光各相异性方法研究结果证实了随酶分子水化程度的增加，其柔韧性也增加，酶活力也就相应地随之提高，此外，电子顺磁共振自旋探针技术也同样得出了水是酶分子的"润滑剂"的结论。当然，在非水介质中酶的水化作用是不完全的，水化程度低的酶常具有较高的结构刚性，酶分子内部流动性的降低被认为是其稳定性增加的原因。然而，也许正是由于结构上柔韧性的降低使得酶在有机介质中的催化活力要比在水溶液中低。

一般认为酶蛋白分子的水化过程可以分为四个步骤：①酶蛋白分子的离子化基团水化过程，在此过程中，水与酶蛋白分子表面的带电基团结合；②酶蛋白分子中的极性部分水簇的生长过程，即水与酶蛋白分子表面极性基团结合；③水吸附到酶蛋白分子表面相互作用较弱的部位；④酶蛋白分子表面完全水化，被单层水分子所覆盖。就酶蛋白本身而言，当周围含有足够的水分子来维持其天然构象时，酶的活性就与用什么样的介质没有很大的关系，也就是说，只要酶吸附了足够的"必需水"，在有机溶剂中就应该能够显示出催化活力。"必需水"在酶催化反应中并非作为反应的直接参与者，而只是起维持酶活力构象的作用。然而，太多的水却会使酶的催化活性降低。当含水量升高到一定程度后，整个酶分子（包括非极性部位）被一层单分子水层包围，此时，酶的活性仅为水溶液中的 1/10。其中一个原因是水分子在活性位点之间形成水束，通过介电屏蔽作用，掩盖了活性位点的极性；另一个原因是太多的水会使酶积聚成团，导致疏水底物较难进入酶的活性部位，引起传质阻力。

当然，对于不同的酶，在有机溶剂中进行催化反应所必需的水量是有很大差异的，例如，一个脂肪酶分子只要结合几个水分子就会显示出催化活性，在辛烷中一个糜蛋白酶分子需要吸附 50 个分子的水就显现出催化活性，而一个乙醇脱氢酶分子和多酚氧化酶分子在有机溶剂中则需要与成百上千个水分子结合才显示催化活性，这些水已经足够能在酶分子表面形成一个单分子层。此外，加入适量的水能使酶活性中心的极性和柔韧性提高，从而使酶活急剧升高。然而，过量的水非但不能使酶的催化活性得以继续提高，相反会引起酶活性中心内部水簇的形成，改变酶活性中心的结构，最终导致酶活力的降低。图 9.4 为猪胰脂

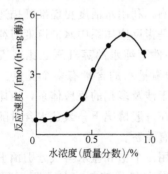

图 9.4　猪胰脂肪酶催化三丁酸甘油酯与正庚醇转酯反应过程中转酯反应速度与水浓度的关系

肪酶催化三丁酸甘油酯转酯反应过程中转酯反应速度与水浓度之间的关系。

从图中可以看出，在该转酯反应中，随着体系中水含量的增加，猪胰脂肪酶的催化活力有显著的变化，当水含量在最适水含量的 0.95％时，猪胰脂肪酶的活力达到最大，再增加水含量时，非但不能增加酶的催化活力，反而将会引起酶活力的降低。当有机溶剂中酶含水量低于最适水含量时，酶分子的构象过于"刚性"而会失去其催化活性；而含水量高于最适水量时，酶分子结构的柔性过大，酶的构象将向疏水环境下热力学稳定的状态变化，引起酶分子结构的改变而使酶失去催化活性。只有在最适水量时，酶蛋白质分子结构的动力学刚性和热力学稳定性之间达到最佳平衡点，酶表现出最大的催化活性。由于水的高介电性，有机溶剂中少量的"必需水"能够有效地屏蔽有机溶剂与酶蛋白表面某点之间的静电相互作用，使酶分子构象与结晶状态一致，即与水溶液中酶的结构类似。只有当溶剂的极性非常强，水的介电能力不足以屏蔽溶剂与酶蛋白分子之间的静电相互作用，或者溶剂的亲水性大于与水相互作用的酶蛋白表面的亲水性，水脱离酶蛋白而进入有机溶剂时，酶蛋白分子的结构才会受到溶剂的影响。当水加入到溶剂-酶体系中时，水在溶剂和酶之间分配，与酶紧密键合的结构水是决定酶活性的关键因素，在有机介质中，只要有少量的水与酶结合，那么酶就会保持其活性。但是有时在脱水的酶体系中也观察到了酶的活性，这可能是由于有部分水可以极牢固地吸附在酶蛋白分子上，即使经过干燥处理也不能除去这部分水，以及伸展的蛋白质充当了少量天然酶的稳定剂，因而产生这样的结果。

从结构的角度来看，水作为酶分子的润滑剂作用已经被证实，水之所以能够起酶的"润滑剂"作用主要是由于水能够与酶蛋白分子中的功能团形成氢键，使酶蛋白分子功能团相互连接，进而释放其封闭结构。虽然在一个典型的非水介质酶催化体系中水含量通常只占 0.01％，但水含量微小的差别会导致酶催化活力的较大改变，甚至还会改变酶催化反应的方向。酶需要少量的水以保持其活性的三维构象状态，水会影响酶蛋白结构的完整性、活性位点的极性和稳定性。酶分子周围水的存在，能降低酶分子的极性氨基酸的相互作用，防止产生不正确的构象结构。酶分子周围的水形成的水化层可作为酶分子表面和反应介质之间的缓冲剂，是酶微环境的主要成分。

大量研究表明，非水介质中酶的活性比水溶液中要低好几个数量级，原因大致如表 9.4 所列。其中水的影响是至关重要的。要改变这种情况的最有效的办法是设法改善酶在非水介质中的刚性构象，例如加入少量的水会使酶活力提高 2～3 个数量级。

表 9.4　酶在有机溶剂中活力低的原因

原　因	说　明	解　决　办　法
扩散限制	有机溶剂中的扩散要比水中小，限制了底物的扩散	增加搅拌速度；降低酶的颗粒大小
封闭活性中心	导致酶活力降低几倍	用结晶酶替代
构象改变	冻干过程及其它脱水过程造成的	使用冻干保护剂；制备有机溶剂中可溶解的可与两亲性物质配位化合的酶
底物脱离溶剂束缚的能力差	疏水性底物严重，可导致酶活力降低至少 100 倍	选择溶剂以获得有利的底物-溶剂相互作用
过渡态不稳定化	当过渡态至少部分暴露于溶剂时才发生	选择溶剂以期获得与过渡态有利的相互作用
构象柔性降低	无水的亲水溶剂尤为显著，会夺取酶分子上必需的结合水，从而导致酶活力降低至少 100 倍	使水活度（a_w）最适化；水合溶剂；使用疏水溶剂；使用仿水和变性共溶添加剂
亚最适 pH	导致至少 100 倍的酶活力降低	从酶的最适 pH 水溶液中脱水；使用有机相缓冲液

9.4.3 水活度

在非水介质酶催化反应中，酶的催化活性与其结合水的多少直接相关，从理论上讲，与体系中总的水含量以及有机溶剂的性质等因素无关。但事实上，当水加入到非水酶催化的反应体系中时，由于反应系统的含水量可在酶、溶剂、固定化载体及杂质之间进行分配，有机溶剂的种类、酶的纯度、固定化酶的载体性质和修饰剂性质等因素对结合于酶分子上的水量有直接影响。Zaks 和 Klibanov 等比较详细地研究了酵母醇氧化酶在不同溶剂中水含量对酶活力的影响，发现在水的溶解度范围之内酶在有机溶剂中的催化活力随溶剂中水含量的增加而增加（图9.5）。但是，与亲水有机溶剂相比，在疏水性强的溶剂中酶表现最大催化活力所需要的水量低得多；当溶剂的含水量相同时，酶结合水量却不同，酶活性与酶结合水量之间有很好的相关性，即随着酶结合水量的增加而增大（图9.6）。在不同溶剂中酶活性对酶束结合水量的依赖是相似的，而系统含水量则变化很大。

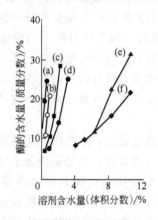

图9.5　结合在酵母醇氧化酶上的水量
与溶剂含水量的关系

酵母醇氧化酶：(a) 乙醚；(b) 乙酸丁酯；(c) 乙酸乙酯；(d) n-辛醇；(e) 叔戊醇；(f) 2-丁醇

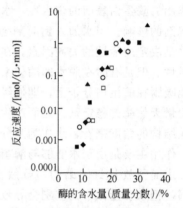

图9.6　醇氧化酶在各种有机溶剂中的
活性与酶结合水量的关系

□乙醚；○乙酸丁酯；■乙酸乙酯；●辛醇；
▲叔戊醇；◆丁醇

但从部分研究工作的结果来看，由于水能在反应体系的各组分之间进行分配直至达到平衡，因而用加水量只能间接反映出酶结合水量对催化能力的影响。为了更好地表示水含量对酶催化能力的影响并排除溶剂对酶催化最适含水量的影响，Halling 等提出了用反应体系中的水活度（activity of water）来描述有机介质中酶催化活力与水含量之间的关系。采用水活度作为结合水量的衡量值有多个优点：①水活度的大小能直接反映出酶分子结合水量的多少，以及体系中的其它因素；②含微量水的低水有机溶剂体系是一个涉及含酶和载体的固相、含底物溶剂的液相和体系空间的气相等的三相系统，可用各相的水活度相等的原则方便地表示或处理体系的平衡状态；③可以在反应达到平衡时通过测定体系的气体湿度比较方便地测定出水活度。图9.7为水在各相间的平衡示意图。

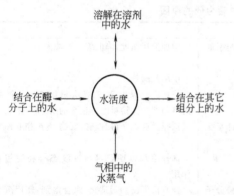

图9.7　水在各相间的平衡示意

在研究反应体系中各组分或条件对酶活力的影响时，应控制体系处于恒定的水活度，在不同有机溶剂中至少可通过三种方式来获得恒定的水活度：①用一个饱和盐水溶液分别预平

衡底物溶液和酶制剂；②向反应体系中直接加
一种水合盐；③向每一溶剂中加入不同量的水。

图 9.8 为在已知水活度下利用盐的饱和溶
液预平衡法测定反应速率的过程示意图。

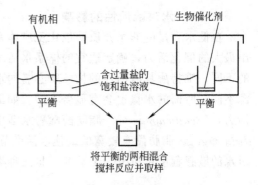

图 9.8 在已知水活度下利用盐的饱和溶
液预平衡法测定反应速率的过程示意

从图中可以看出水活度的调控是在将酶与
盐的饱和溶液平衡的同时将含有底物的溶剂也
平衡至相同的水活度，然后把它们混合后进行
相关的催化反应。在这种水活度控制方式中，
当已经达到预平衡的酶和含有底物的溶剂混合
时以及在以后的反应过程中水活度能否维持恒
定是很值得注意的问题。通常有两种情况可能
会引起水活度的改变：①在反应中产生或消耗了水；②溶剂化作用和相行为。通常在将催化
反应控制在较低转化率时，按化学计量产生或消耗的水一般很少，对水活度的影响往往可以
忽略。而由相平衡导致的水活度改变的原因则较为复杂，只有当水在酶和含有底物的溶剂之间
及两者混合物中的活度系数有严格的相关性时，水活度才会在混合前后保持不变，否则，将分
别进行预平衡的底物和溶剂相混合时，水活度会发生改变。对此，有一种较为合理的解决方法
是分别将酶与包括溶剂和底物的整个主体相分别预平衡至恒定的水活度，然后将酶分散到主体
相中，因为水在两者之间已经达到平衡分配，所以在没有其它操作的情况下，水活度就不会发
生改变。但如果除水以外的其它组分（如底物）发生了重新分配，那么也会达到水活度的改
变，因为相组成的变化会引起水活度系数的改变。当反应中有较大量的水产生或消耗时，可通
过加入除水剂或加入水的方式来维持恒定的水活度，如加入乙基纤维素、分子筛等均可有效

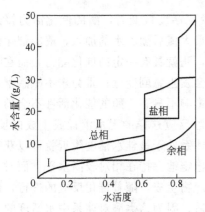

图 9.9 水合盐对体系水活
度的缓冲作用原理

去除反应体系中的水分。例如在以硅藻土吸附胰凝
乳蛋白酶催化 N-乙酰苯丙氨酸与乙醇的酯化反应过
程中，加入 4% 的乙基纤维素可有效维持反应在较
宽的水活度范围内具有较高的转化率。

由水合盐与其无水形式构成的盐对可以对体系
中的水活度起缓冲作用，作用原理如图 9.9。

图中是以 Na_2HPO_4 为例。Na_2HPO_4 有三种水
合形式：$Na_2HPO_4 \cdot 2H_2O$、$Na_2HPO_4 \cdot 7H_2O$ 和
$Na_2HPO_4 \cdot 12H_2O$。设想反应体系中加入 Na_2HPO_4，
假定反应过程中有水生成，当反应开始后，随着反应
的进行，体系中的水浓度增加（阶段 I），体系中的水
活度也随着增大；当反应进行到一定程度，体系中积
累了足够的水时，部分 Na_2HPO_4 结合水形成了

$Na_2HPO_4 \cdot 2H_2O$ 的形式，从而体系中的盐就以 $Na_2HPO_4/Na_2HPO_4 \cdot 2H_2O$ 的盐对形式存
在；此后，随着反应的进行和体系中水的积累，Na_2HPO_4 不断转化为 $Na_2HPO_4 \cdot 2H_2O$，在
Na_2HPO_4 全部转化为 $Na_2HPO_4 \cdot 2H_2O$ 前，体系中的水活度可保持不变。当 Na_2HPO_4 无水
盐全部转化为 $Na_2HPO_4/Na_2HPO_4 \cdot 2H_2O$ 后，随着反应的不断进行和水的进一步产生与积
累，会引起体系水活度的提高（阶段 II），直至生成的水量足以使 $Na_2HPO_4 \cdot 2H_2O$ 转化为
$Na_2HPO_4 \cdot 7H_2O$，形成 $Na_2HPO_4 \cdot 2H_2O/Na_2HPO_4 \cdot 7H_2O$ 盐对，从而将体系的水活度维持
在另一水平，这就是水合盐对对体系中水活度起到"缓冲"作用的机理。

9.4.4 水对酶活性的影响

在低水含量的非水介质酶催化反应体系中，水分的影响是至关重要的，要使酶能够表现出最大的催化活力，确定适宜的体系水活度就显得十分重要。不同水类的酶因为其分子结构的不同，维持酶具有活性的构象所必需的水量也就不同，即使是同一种类的酶，由于酶的来源不同，所需的水量也会有显著不同。如 *Rhizopus arrhizus* 脂肪酶在低水活度表现出最佳活力，*Pseudomonas* sp. 脂肪酶随着水活度的增加活性也提高，其它来源的脂肪酶如 *Candida rugoga* 脂肪酶有较宽的最佳水活度范围。例如在脂肪酶催化转酯反应中，根据脂肪酶对水的敏感程度可以分为Ⅰ、Ⅱ、Ⅲ三种类型，如图 9.10 所示。

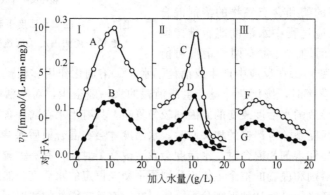

图 9.10　水含量对脂肪酶催化正辛醇与三丁酸甘油酯转酯反应速率的影响

脂肪酶来源：A—*Candida cylindracea*（OF）；B—*Candida cylindracea*（AY）；

C—*Pseudomonas* sp.；D—*Pseudomonas fluorescens*；E—*Porcine pancreas*；

F—*Penicillium cyclopium*；G—*Penicillium roqueforti*

图 9.10 中，Ⅰ为对水敏感型，当体系中不加水及水活度极低时，酶的催化活力接近于零，随着水活度的增加，酶的催化活性急剧上升，至最大值后随着水的加入，酶的催化活性又逐渐下降；Ⅱ为范围敏感型，即在很低的水活度时，酶就具有一定的催化能力，而在最佳水活度附近，随着水活度的变化，酶的催化活性随之会发生急剧变化；Ⅲ为水不敏感型，催化反应具有最佳的水活度，但水活度对酶的催化活性影响不显著，酶的催化活性不会随水活度的改变而发生突跃式的变化。在实践上，对于像转酯反应这样的无水消耗或生成的反应，Ⅰ型和Ⅱ型的脂肪酶就较为适宜，此时，只需要控制体系处于最佳水活度附近就可以获得较满意的酶催化活性，且在反应过程中酶催化活性可以稳定地保持在相对较高水平；而对于酯合成、肽合成等缩合反应，在反应过程中有水作为副产物生成，随着催化反应的进行，体系中的水含量会不断升高，此时就以Ⅲ型脂肪酶更为合适，因为这类酶对体系中水活度的变化不敏感，水活度在最佳值附近发生一定的波动不会引起酶催化活性的显著降低。当然，对于特定的底物转化过程，除考虑水活度对酶催化活性的影响外，酶对反应的特异性和选择性是首要考虑的因素。另外，在与水不互溶的溶剂中，最佳水活度随酶浓度的增加而增加；而在与水互溶的溶剂中，最佳水活度是不随酶浓度而发生变化的。大部分酶需要比较高的水活度才能表现出较好的活性。

在不同的反应中，酶所需要的最适水量也不同，例如在酯化反应中，水作为酰基酶的一个亲核试剂与醇底物竞争，随着水活度的增加，醇底物的 K_m 值会提高许多倍（10～20 倍）。因此在考虑最适水活度的时候，也要同时考虑醇底物的浓度。非水介质中酶要表现最大活性，不仅需要有一个适当的水活度，而且水的位置也要正确。对枯草杆菌蛋白酶进行超声波处理后，可使酶活性显著提高，这可能是由于结合在酶蛋白中的水分子重新排布造成的。

9.5 非水介质中的酶催化反应类型

酶用于有机合成的范围在不断扩大，在有机相中酶催化可完成的反应有氧化、还原、脱氧、脱氨、羟化、甲基化、酰胺化、磷酸化、异构化、环氧化、开环、卤化等。

9.5.1 C—O 键的形成

(1) 酯类　酯酶和脂肪酶可催化酯合成反应、转酯反应和酸酐水解反应。

① 酯合成反应

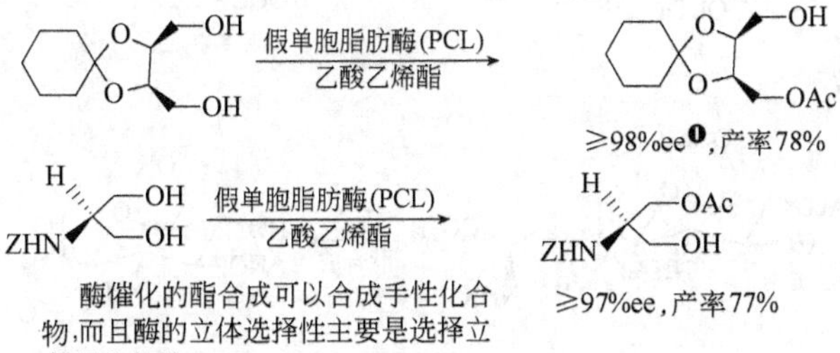

酶催化的酯合成可以合成手性化合物，而且酶的立体选择性主要是选择立体异构的醇。

② 转酯反应

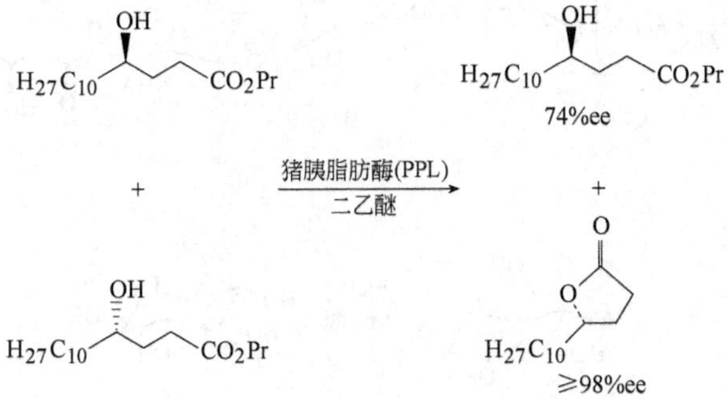

③ 酸酐水解反应

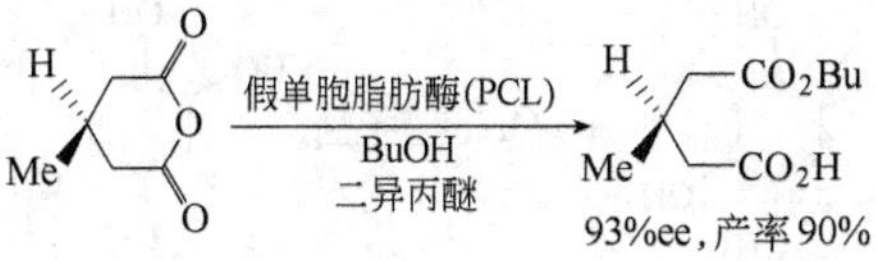

(2) 环氧化合物

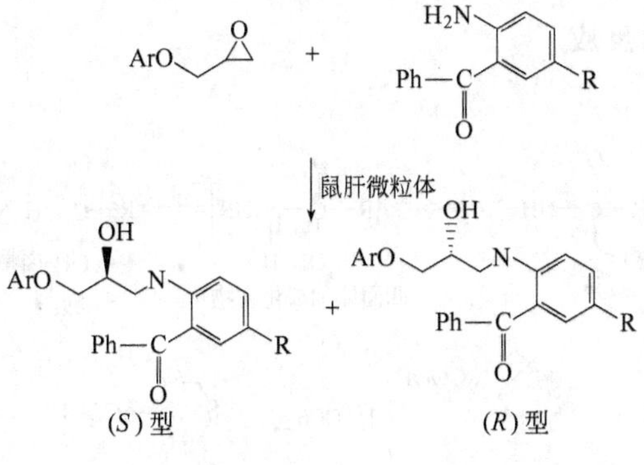

---

❶ ee 表示光学对映体收率。

（3）糖苷键的水解和形成

① 糖的焦磷酸化，糖的异构化

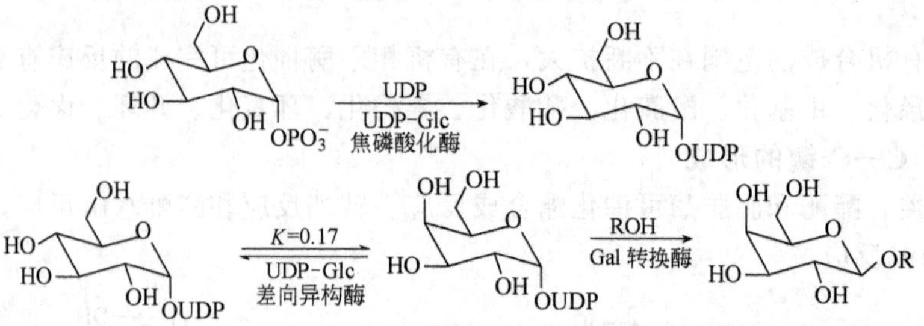

② 糖的衍生物

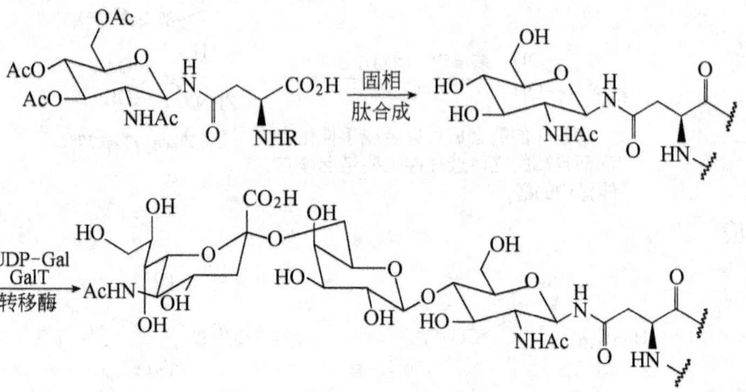

③ 醇解

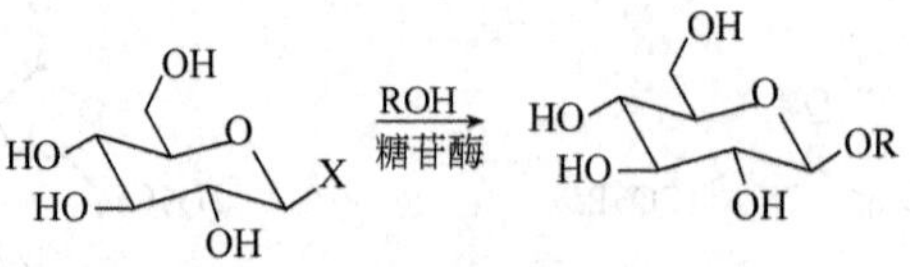

（4）加氧氧化反应

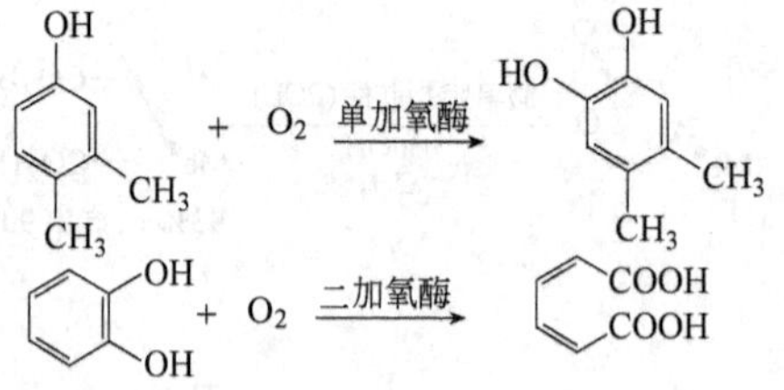

9.5.2 C—N 键的反应

肽的合成

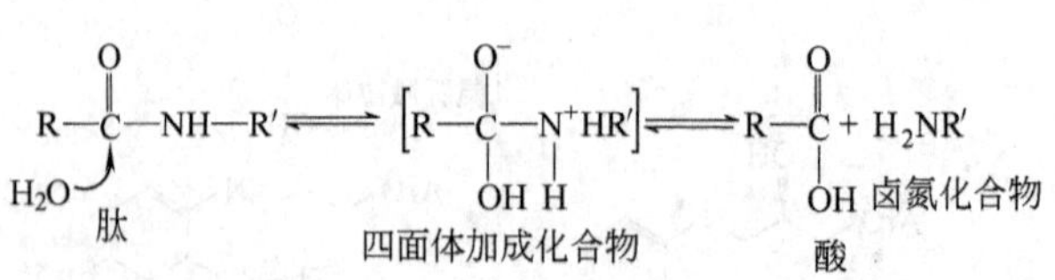

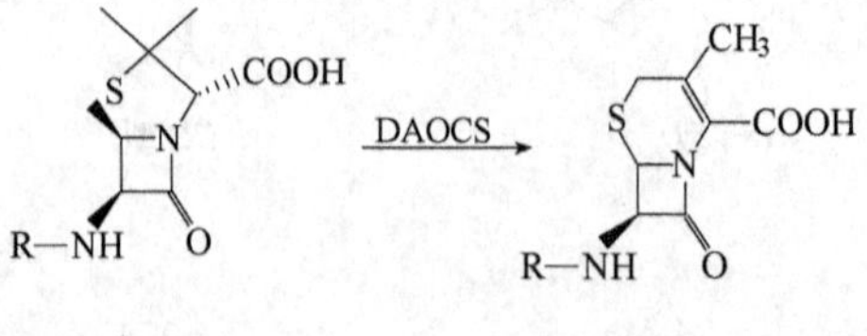

192

9.5.3 C—C 键的形成

（1）羟醛反应

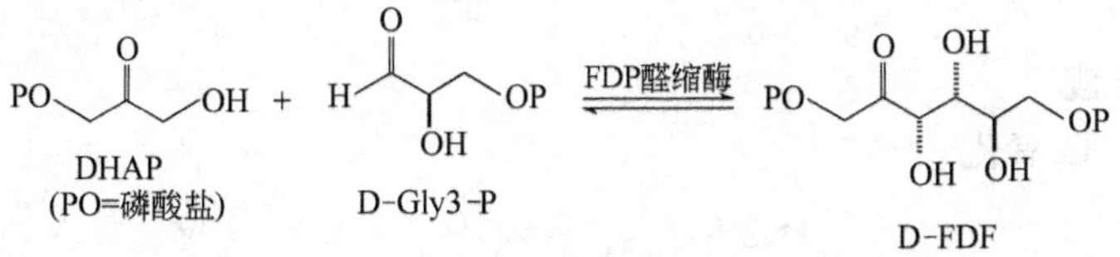

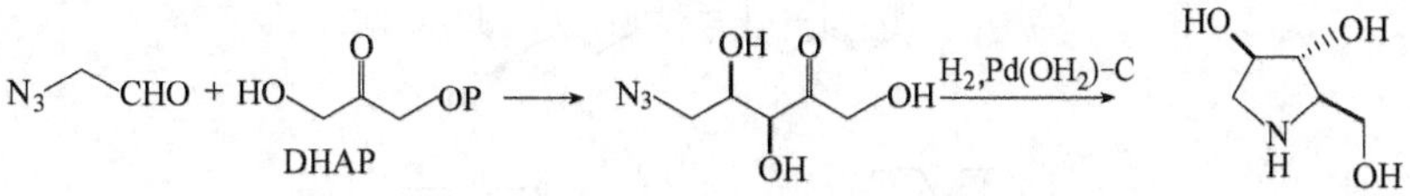

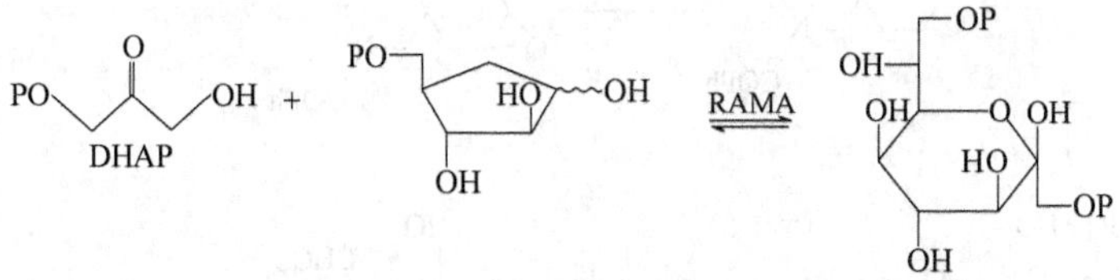

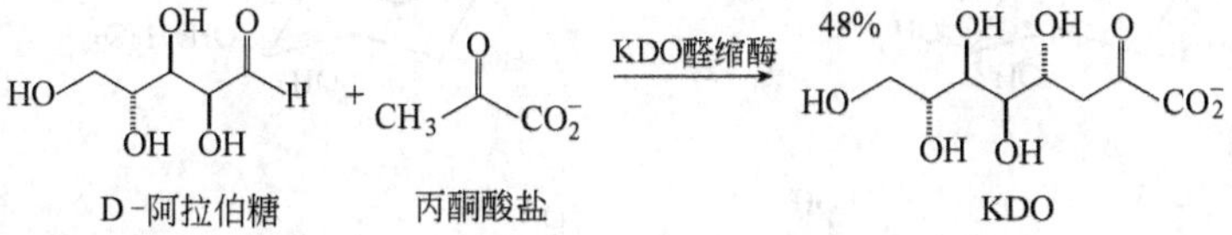

（2）酮醛和羟醛转移反应

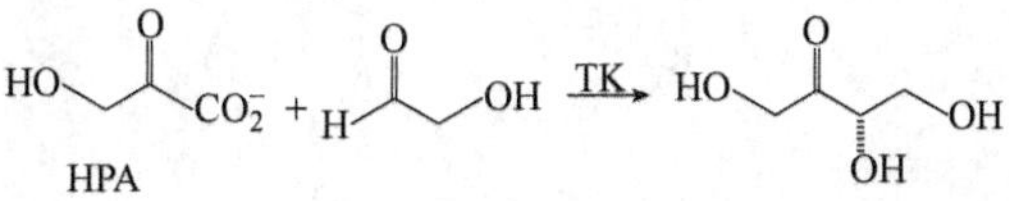

（3）醛缩合反应

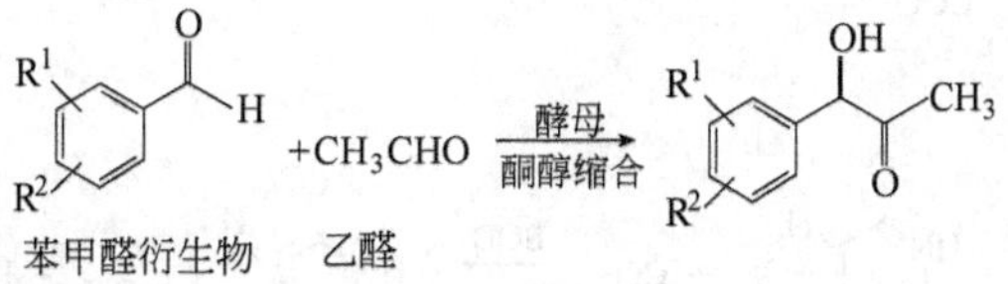

（4）乙酰辅酶 A 参与的 C—C 键构成反应

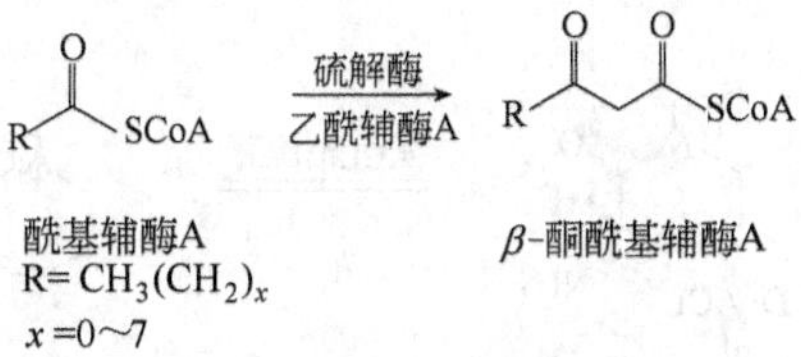

（5）醛加成反应

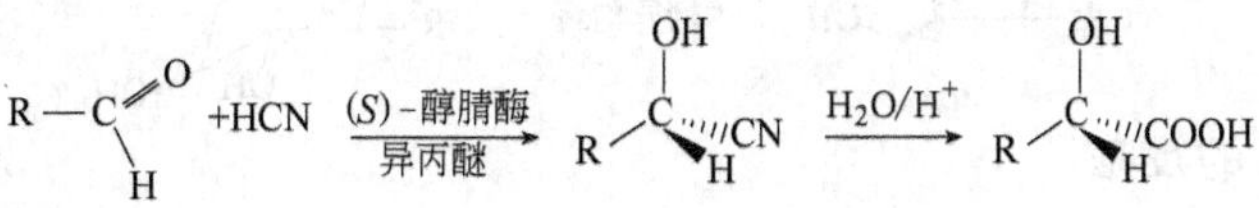

9.5.4 还原反应

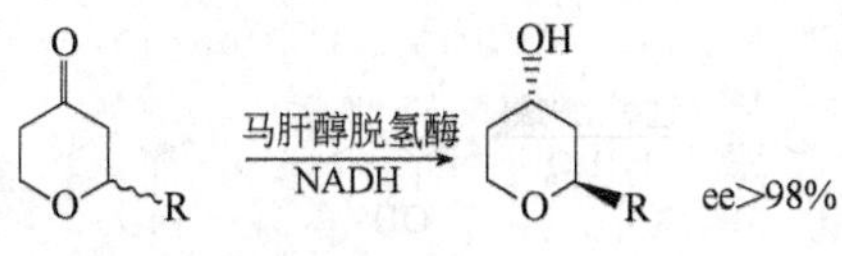

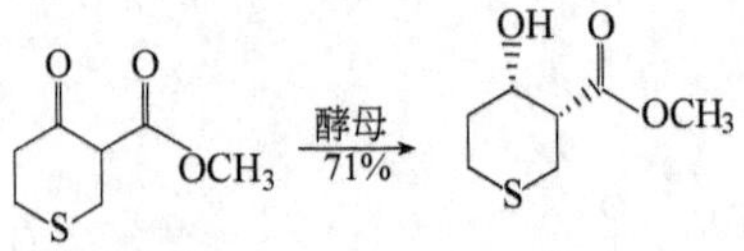

酵母
71%

9.5.5 氧化反应

（1）C—H，C=C 氧化

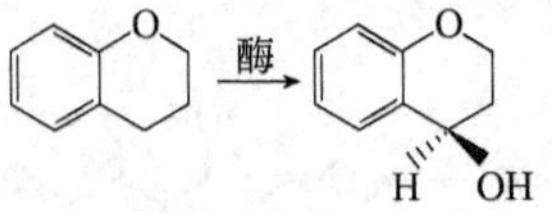

酶

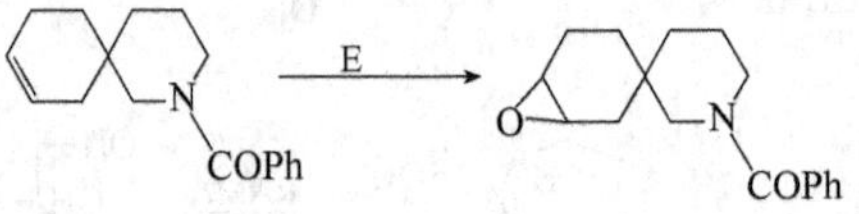

E

COPh → COPh

（2）醇氧化

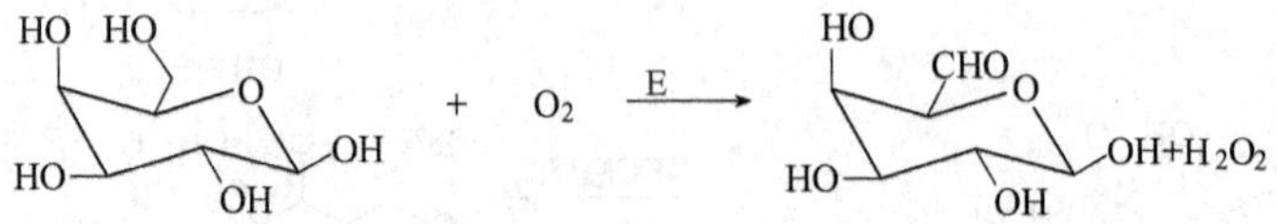

HO HO + O_2 → HO CHO +H_2O E

（3）苯酚氧化

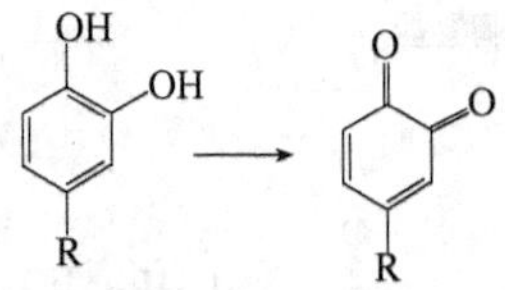

R

（4）羧酸氧化

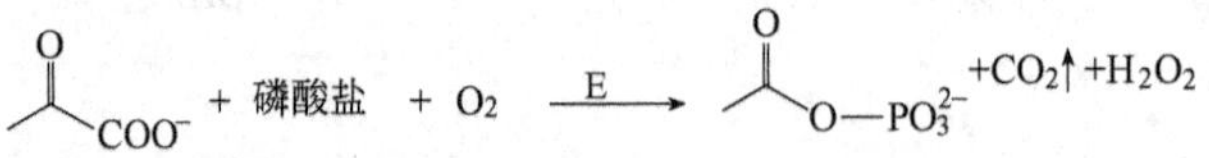

COO⁻ + 磷酸盐 + O_2 → E → O—PO_3^{2-} +CO_2↑+H_2O

（5）C—N 氧化

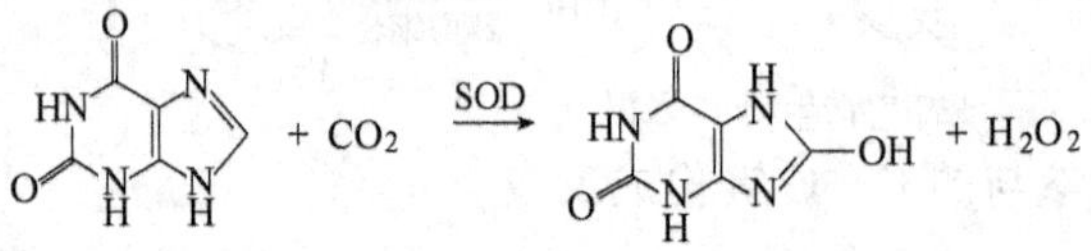

+ CO_2 → SOD → OH + H_2O

9.5.6 异构化反应

ACL消旋酶

D-ACL

R^1 R^2 OH OH → 木糖异构酶 → HO R^2 R^1 OH OH

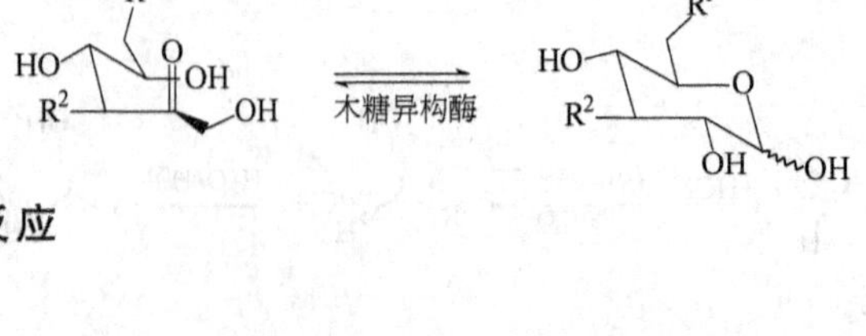

9.5.7 C—X 的反应

卤化反应：

（1）烯烃

过氧化物酶
I,H_2O
OH + I

90%   10%

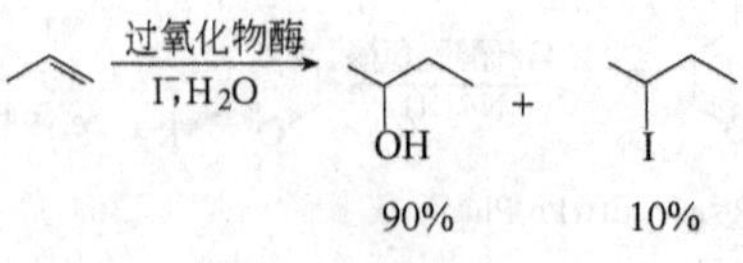

（2）炔烃

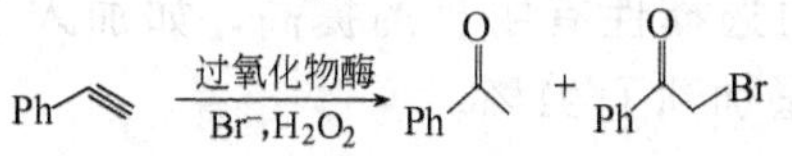

（3）芳香族化合物

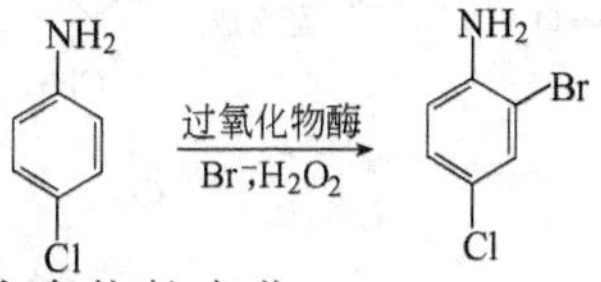

（4）含有活泼的 C—H 键的化合物的卤化

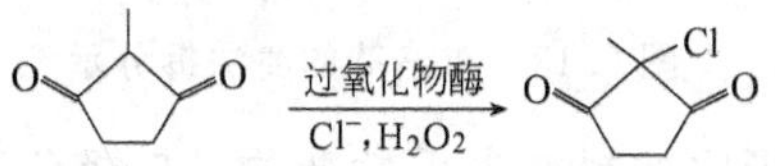

9.6 非水介质酶催化的应用

近年来的大量研究已经表明，在非水介质中酶常常会有高度的选择性，包括立体选择性、对映体选择性、区域选择性和化学选择性，这为非水介质酶催化在有机合成领域中的应用开辟了极有意义的新天地。迄今为止，已有以脂肪酶、蛋白酶为典型代表的多种酶被用于非水介质中催化酯化、酯交换、肽合成和大环内酯合成等多种反应，其中特别在前手性化合物的不对称合成、对映体的选择性拆分等方面获得了有重要意义的应用。

9.6.1 光学活性化合物的制备

光学活性化合物是指那些具有旋光性质的化合物，在医药、功能材料、非线性光电材料、波导材料、导电高分子等方面具有重要作用。但光学活性化合物的制备一直是有机合成的难题。而酶的催化作用具有对映体选择性高、副反应少等优点，在用于光学活性化合物的合成和拆分中获得了广泛使用，可以将有潜在手性的化合物和前体通过酶催化反应转化为单一对映体的光学活性化合物。如可以利用氧化还原酶、裂解酶、羟化酶、水解酶、合成酶和环氧化酶等催化前体化合物不对称合成得到具有光学活性的醇、酸、酯、酮、胺衍生物；也可以非水介质中的酶催化反应合成含磷、硫、氮及金属的光学活性化合物；此外，还可以利用非水介质中的酶催化进行外消旋化合物的拆分反应，如脂肪酶、蛋白酶、腈水合酶、酰胺酶、酰化酶等能够催化外消旋化合物的不对称水解或其逆反应，以拆分制备光学活性化合物。

（1）普萘洛尔的酶法拆分　利用 PSL（假单胞菌脂肪酶）在有机溶剂中可对外消旋的萘氧氯丙醇酯进行水解，得到（R)-酯的 ee 大于 95％（图 9.11）；而利用 PSL 对消旋的萘氧氯丙醇进行选择性酰化，也得到了 ee 大于 95％的光学活性的（R)-醇。

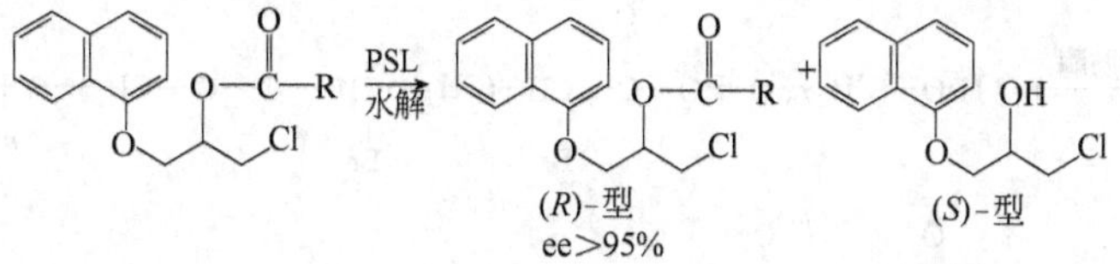

图 9.11　PSL 对外消旋的萘氧氯丙醇酯进行的水解反应路线示意

（2）环氧丙醇的酶法拆分　PPL（猪胰脂肪酶）在有机溶剂中与两相体系中可对 2,3-环氧丙醇的丁酸酯进行了酶促拆分（图 9.12），得到了较为优化的拆分条件。

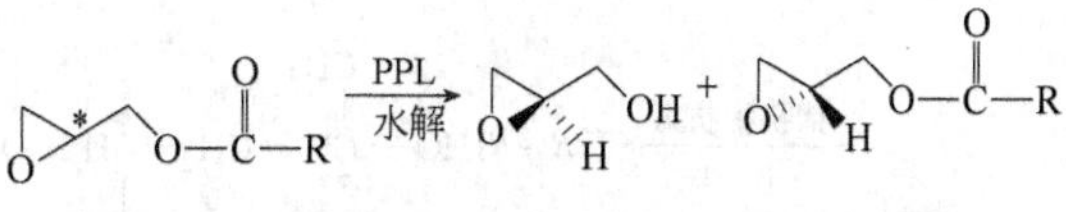

图 9.12　脂肪酶水解反应拆分丁酸环氧丙酯

（3）布洛芬的酶法拆分（图 9.13）　在有机溶剂中对布洛芬进行酶促酯化反应时加入少量的极性溶剂，可使酶的选择性有明显的提高，如加入了二甲基甲酰胺后，最后得到（S)-布洛芬的 ee 从 57.5％增加到了 91％。

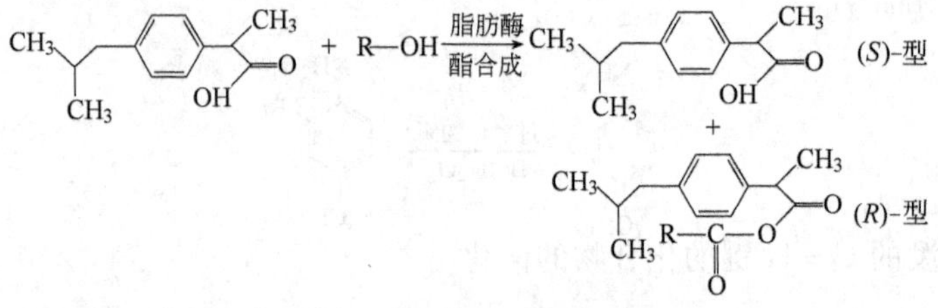

图 9.13　布洛芬的酶法拆分示意

（4）5-羟色胺拮抗物和摄取抑制剂类手性药物　5-羟色胺（5-HT）是一种涉及各种精神病、神经系统紊乱（如焦虑、精神分裂症和抑郁症）的一种重要神经递质。制备过程中，成功地将非水介质中实现了酶法拆分，其中一个主要手性中间体的拆分如下：

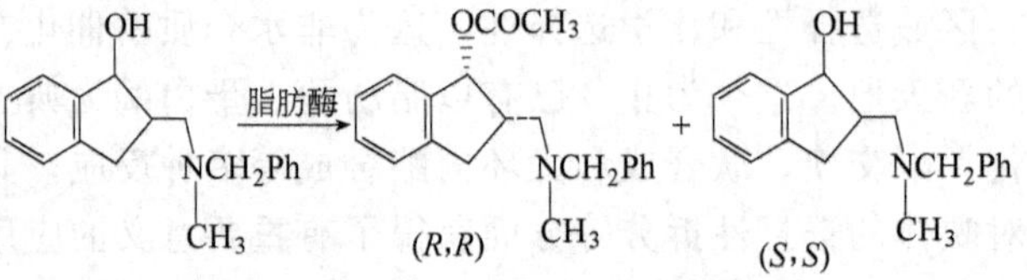

在转酯化反应中脂肪酶选择性地催化反应生成了（R,R)-酯，残留的为（S,S)-醇。

（5）其它手性药物　利用脂肪酶对合成昆虫信息素、α-维生素 E、维生素 D₃ 及前列腺素类似物的重要中间体——叔-α-苯氧酸酯进行酶促拆分反应，得到了两种不同的对映体，其中一个反应如下：

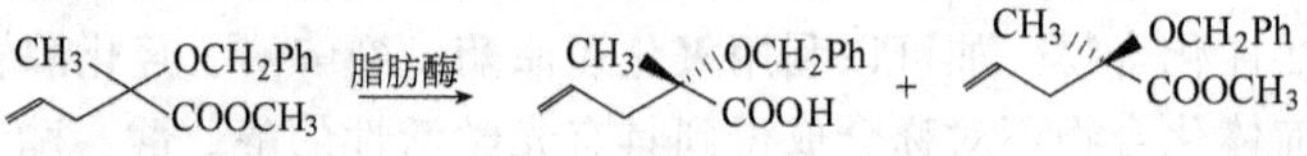

9.6.2　旋光性聚合物的合成

利用水解酶在非水介质中可以合成多种手性聚合物（图 9.14）。这些手性聚合物具有广阔的应用前景。

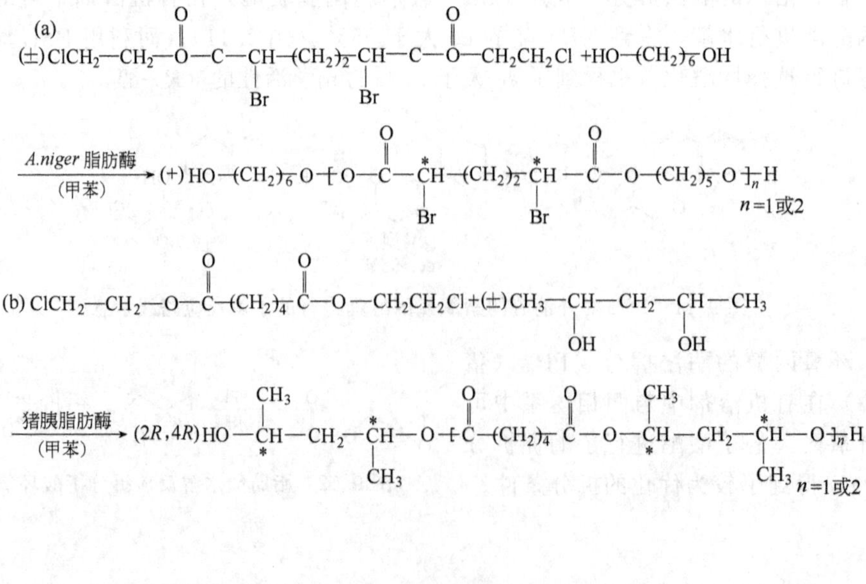

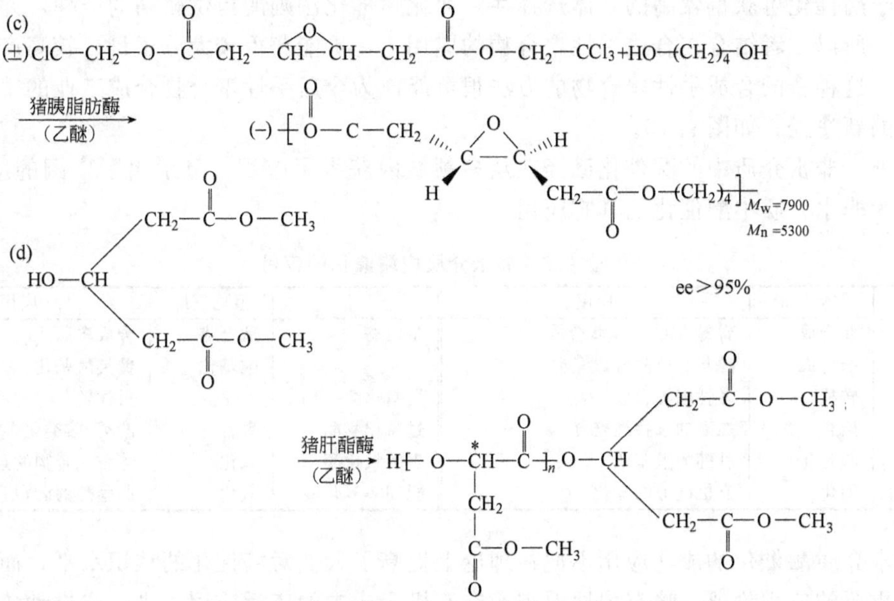

(c)
$(\pm)ClC-CH_2-O-C-CH_2-CH-CH_2-C-O-CH_2-CCl_3 + HO-(CH_2)_4-OH$

猪胰脂肪酶
(乙醚)

$(-)\{O-C-CH_2\cdots C^{}C\cdots HCH_2-C-O-(CH_2)_4\}$ $M_w=7900$
$M_n=5300$

(d)
$CH_2-C-O-CH_3$
$HO-CH$
$CH_2-C-O-CH_3$

ee > 95%

猪肝酯酶
(乙醚)

$H\{O-CH-C\}_nO-CH$
$CH_2-C-O-CH_3$

图 9.14 在有机相中酶催化 AA-BB 型（a，b，c）、A-B 型（d）的聚合反应

（a）脂肪酶催化己二醇与 2,5-2 溴己二酸氯乙酯的聚合反应；（b）脂肪酶催化 2,5-戊二醇与己二酸氯乙酯的聚合反应；（c）脂肪酶催化 1,4-丁二醇与 3,4-环氧己二酸 2-三氯乙酯的聚合反应；（d）脂肪酶催化 3-羟基戊二酸甲酯的聚合反应；

* 表示手性中心

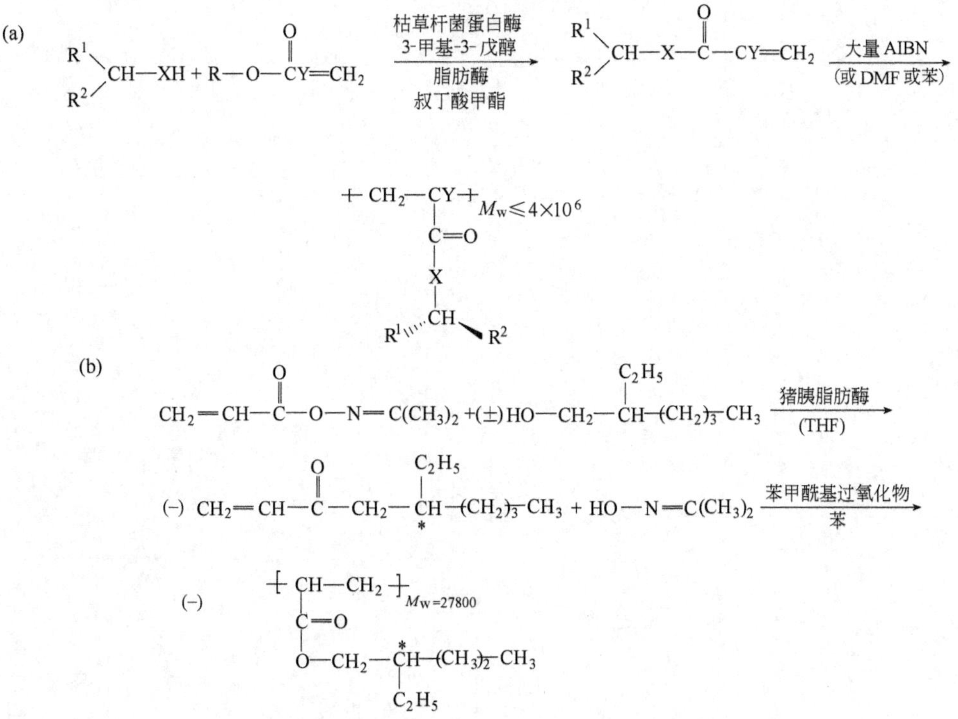

(a)
$R^1CH-XH + R-O-CY=CH_2$

枯草杆菌蛋白酶
3-甲基-3-戊醇
脂肪酶
叔丁酸甲酯

$R^1CH-X-C-CY=CH_2$

大量 AIBN
（或 DMF 或苯）

$\{CH_2-CY\}$ $M_w \leq 4\times10^6$

(b)
$CH_2=CH-C-O-N=C(CH_3)_2 + (\pm)HO-CH_2-CH(C_2H_5)-(CH_2)_3-CH_3$

猪胰脂肪酶
(THF)

$(-) CH_2=CH-C-CH_2-CH(C_2H_5)-(CH_2)_3-CH_3 + HO-N=C(CH_3)_2$

苯甲酰基过氧化物
苯

$\{CH-CH_2\}$ $M_w=27800$

图 9.15 化学法、酶法相结合合成光学活性的聚酯

（a）中的 R^1, R^2 代表手性分子的片段，如：1-indanol，1,2,3,4-4H-1-萘酚，1-(1-萘基)-乙胺，苯丙酰胺 AIBN 为偶氮异二丁腈；（b）2-乙基-1-己醇的乙酸酯的聚合反应

* 代表手性中心

由于酶催化可获得较高的立体选择性，而化学催化法则能提供较高的产率，并且适用范围更广，所以二者结合在合成手性聚合物的应用上，更能获得较大分子量、较高产率的手性聚合物。这种新的合成手性聚合物的方法很可能成为今后手性聚合物合成工业的一条很有应用潜力的新途径，如图 9.15。

此外，非水介质中的酶催化已经在众多领域内获得了应用，显示出了广阔的应用前景，表 9.5 为非水介质中酶催化的其它应用。

表 9.5　非水介质中酶催化的应用

酶	催化反应	应用	酶	催化反应	应用
脂肪酶	肽合成	青霉素 G 前体肽合成	蛋白酶	肽合成	合成多肽
	酯合成	醇与有机酸合成酯类		酰基化	糖类酰基化
	转酯	各种酯类合成	羟基化酶	氧化	甾体转化
	聚合	二酯的选择性聚合	过氧化物酶	聚合	酚类、胺类化合物的聚合
	酰基化	甘醇的酰基化	多酚氧化酶	氧化	芳香化合物的羟基化
醇脱氢酶	酯化	有机硅醇的酯化	胆固醇氧化酶	氧化	胆固醇的测定

非水介质酶催化的成功应用不但在理论上提高了人们对酶催化的认识水平，而且在实践上具有重要的应用价值，将有力地促进酶在有机合成中的广泛应用，进一步推动酶工程的迅猛发展。

10 应用酶工程

现代意义上的酶已经不单单是一些动物、植物或微生物的重要产物，它已经成为现代生物产业中一个不可或缺的重要组成部分。酶作为生物催化剂可以在非常温和的条件下高效、专一性地催化合适的底物，并将其转化为相应的产物，在许许多多的化学反应中起着不可低估的重要作用。在代替需要高温、高压、强酸、强碱的化学反应和简化工艺、降低设备投资与生产成本以及提高产品质量和收率、节约原料和能源、改善劳动条件、减少环境污染等方面，酶日益受到人们的普遍重视，并展示出了广阔的应用前景，在食品加工、制糖工业、纺织、皮革、洗涤剂制造、医药、造纸等行业得到了广泛的应用，并取得了极大成功。表10.1列出了酶的一些应用实例。

表 10.1　各类酶的应用实例

酶的类别	酶的名称	酶的来源	应 用 实 例
氧化还原酶类	葡萄糖氧化酶	霉菌	食品加工中脱氧除去葡萄糖
	D-氨基酸氧化酶	霉菌、肾脏	氨基酸制造，生化试剂等
	尿酸酶	酵母、肾脏	尿酸定量测定等诊断试剂
	过氧化氢酶	细菌、霉菌	食品加工中去除残留的过氧化氢
	过氧化物酶	植物	与葡萄糖氧化酶一起用于葡萄糖测定
转移酶类	转氨基酶	细菌	氨基酸制造
	核苷磷酸转移酶	细菌	核酸调味品制造
水解酶类	脂肪酶	细菌、霉菌	食品加工中乳制品增香、医药、洗涤剂
	5′-磷酸二酯酶	霉菌	核酸调味品的制造
	淀粉酶	细菌、霉菌	酿造食品、淀粉加工、医药、饲料加工
	纤维素酶	霉菌	谷物加工、蔬菜加工、医药
	半纤维素酶	霉菌	谷物加工、蔬菜加工
	果胶酶	霉菌、细菌	果汁加工、果酒澄清
	溶菌酶	鸡蛋	人工乳添加剂、防腐、医药
	蜜二糖酶	霉菌	甜菜制糖过程中去除棉籽糖
	乳糖酶	霉菌、酵母	食品加工中分解乳糖、治疗乳糖不耐症
	转化酶	酵母、细菌	糖果和糖浆制造
	透明质酸酶	细菌	促进药物扩散、消炎等
	凝乳酶	霉菌、牛胃	乳酪制造
	天冬酰胺酶	细菌	医药
	脲酶	植物（豆类）	尿素定量、人工肾
	青霉素酰化酶	霉菌、细菌	6-氨基青霉烷酸和半合成青霉素制造
	氨基酰化酶	霉菌、细菌	手性氨基酸的拆分和制造
	腺苷酸脱氨酶	霉菌	核酸调味品制造
	柚苷酶	霉菌	食品加工中去除蜜橘苦味
	橙皮苷酶	霉菌	果汁澄清
	蛋白酶	霉菌等	食品加工、氨基酸制造、皮革和洗涤剂
裂解酶	天冬氨酸-β-脱羧酶	细菌	丙氨酸生产
	L-氨基酸脱羧酶	细菌	生化试剂
	β-酪氨酸酶	细菌	L-多巴的生产
	延胡索酸酶	细菌	由延胡索酸制造苹果酸
	天冬氨酸酶	细菌	天冬氨酸生产
异构酶	氨基酸消旋酶	细菌	氨基酸生产
	葡萄糖异构酶	细菌	高果糖浆生产

本章将对一些常用酶和酶的应用进行介绍。

10.1 淀粉酶

淀粉酶是水解淀粉和糖原酶类的统称，广泛存在于动植物和微生物中，是最早实现工业化生产，并且迄今为止仍是用途最广、产量最大的酶制剂。特别是 20 世纪 60 年代以来，由于酶法生产葡萄糖以及用葡萄糖生产果葡糖浆的大规模工业化，淀粉酶的需要量几乎占了整个酶制剂总产量的 50％以上。

按照水解淀粉方式的不同，主要的淀粉酶可以分为四类：α-淀粉酶、β-淀粉酶、葡萄糖淀粉酶和解枝酶或异淀粉酶。其中：①α-淀粉酶是以糖原或淀粉为底物，从分子内部切开 α-1,4-糖苷键而使淀粉水解；②β-淀粉酶是从底物淀粉的非还原性末端顺次水解每相隔一个的 α-1,4-糖苷键而使淀粉水解成麦芽糖；③葡萄糖淀粉酶是从底物淀粉的非还原性末端顺次水解 α-1,4-糖苷键和分枝的 α-1,6-糖苷键而生成葡萄糖；④解枝酶或异淀粉酶只能水解糖原或支链淀粉分枝点 α-1,6-糖苷键，并切下整个侧枝。除此之外，还有使 6 个或 7 个葡萄糖构成环式糊精的环式糊精生成酶、可将游离葡萄糖转移至其它葡萄糖基的 α-1,6 位上的葡萄糖苷酶或葡萄糖苷转移酶等。表 10.2 为一些微生物来源淀粉酶的类型。

表 10.2　微生物来源的淀粉酶类型

微生物	淀粉酶类型	作用位点
枯草杆菌(Bacillus subtilis)	α-淀粉酶	α-1,4-糖苷键
淀粉液化芽孢杆菌(B. amyloliqefaciens)	α-淀粉酶	α-1,4-糖苷键
巨大芽孢杆菌(B. megaterium)	β-淀粉酶	α-1,4-糖苷键
Pseudomonas stutzeri		α-1,4-糖苷键
产气气杆菌(Aerobacter aerogens)	异淀粉酶	α-1,4-糖苷键或 α-1,6-糖苷键
软化芽孢杆菌(B. mecerans)	环式糊精生成酶	α-1,4-糖苷键
德氏根霉(Rhizopus delemar)	葡萄糖淀粉酶	α-1,4-糖苷键或 α-1,6-糖苷键
黑曲霉(Aspergillus niger)	葡萄糖淀粉酶或葡萄糖苷转移酶	α-1,4-糖苷键或 α-1,6-糖苷键
	α-淀粉酶	α-1,4-糖苷键
拟内孢霉(Endomycopsis fibuliger)	葡萄糖淀粉酶	α-1,4-糖苷键或 α-1,6-糖苷键

10.1.1　α-淀粉酶

α-淀粉酶的全称为 α-1,4-葡聚糖-4-葡聚糖水解酶（EC 3.2.1.1），作用于淀粉时，可从分子内部切开 α-1,4-糖苷键而生成糊精和还原糖，由于产物的末端葡萄糖残基 C-1 碳原子为 α-构型，故得名。主要来源于枯草杆菌、地衣芽孢杆菌、嗜热脂肪芽孢杆菌、淀粉液化芽孢杆菌、凝聚芽孢杆菌、马铃薯杆菌、淀粉糖化芽孢杆菌、嗜碱芽孢杆菌、米曲霉、黑曲霉、链霉菌、丙酮丁醇梭状芽孢杆菌、拟内孢霉等微生物和其它一些动植物组织，不同来源的 α-淀粉酶的性质是不同的。性质不同的 α-淀粉酶各有不同的用途，如表 10.3。目前，α-淀粉酶已经广泛用于食品、发酵、谷物加工、纺织、造纸、医药、轻化工业、石油开采等各个领域，其中最大的用途是酶法生产葡萄糖、饴糖、棉布褪浆、酒精发酵等。

10.1.2　β-淀粉酶

β-淀粉酶（EC 3.2.1.2）又称淀粉-1,4-麦芽糖苷酶，是淀粉酶类中的一种，广泛存在于大麦、小麦、甘薯、大豆等高等植物以及芽孢杆菌属等微生物中。β-淀粉酶作用于淀粉时，可从 α-1,4-糖苷键的非还原性末端顺次切下麦芽糖单位，一旦遇到 α-1,6-糖苷键的分支点，就不再具有水解能力，因此，当以 β-淀粉酶分解支链淀粉时，直链部分生成麦芽糖，而分解点附近及内侧因不能被分解而残留下来，产物则为麦芽糖及大分子 β-界限糊精。由于该

表 10.3 α-淀粉酶的用途

应用领域		用 途	α-淀粉酶来源
淀粉加工	食用	制造饴糖、麦芽寡糖、葡萄糖、葡萄糖浆以及麦芽糊精、糊精等	细菌、麦芽、霉菌
	其它	制造织物上浆剂、办公室用褙糊、造纸胶黏剂等	细菌
面包工业		增加面包体形,改善质量风味,缩短发酵时间,节约糖的用量,防止老化等	霉菌、细菌
婴儿食品制造		粮食原料前处理。促进干燥,提高消化性能	细菌、霉菌
酿造、发酵工业	啤酒	原料糖化,促进未分解淀粉分解增加收率	麦芽、细菌、霉菌
	清酒、白酒	原料糖化	霉菌
	酒精	淀粉原料的液化及糖化	细菌、霉菌
	酱油、醋	原料处理	
果汁加工		分解果汁中的淀粉,使过滤变得容易进行	细菌
蔬菜加工		制造菜汁和菜泥	霉菌
饲料制造		与其它酶一起促进消化	细菌、霉菌
纺织品处理		各种织物退浆	细菌
医药		消化剂	胰脏、霉菌、麦芽
其它用途		香料加工;石油压裂液降黏剂;餐具洗涤剂	细菌

酶作用于底物的同时还可发生转位反应,使产物由 α-型转变为 β-型,故称为 β-淀粉酶不同来源的 β-淀粉酶的性质是不同的,如表 10.4 和表 10.5。

表 10.4 几种高等植物 β-淀粉酶的酶学特性

β-淀粉酶的性质	β-淀粉酶的来源			
	甘薯	大豆	小麦	大麦
最适 pH	5.3	5.2	5.0~6.0	5.5~6.0
pH 稳定范围	5.0~5.8	4.5~9.2	4.5~8.0	—
等电点	5.1	6.0	6.0	4.8
淀粉分解率/%	63	67	65	62
水解主要产物	麦芽糖	麦芽糖	麦芽糖	麦芽糖

表 10.5 不同微生物来源 β-淀粉酶酶学特性比较

性质	多黏芽孢杆菌			巨大芽孢杆菌	蜡状芽孢杆菌	环状芽孢杆菌	假单胞菌
	ATCC 8523	NCIB 8158	AS 1.546				
最适 pH	—	6.8	6.5	6.5	6.0~7.0	6.5~7.5	6.5~7.5
最适温度		37℃	45℃	—	40~60℃		45~55℃
作用方式	对淀粉作用产生 β-麦芽糖;能分解 Schardinger 糊精产生麦芽糖和麦芽三糖;对麦芽八糖作用产生麦芽糖,麦芽三糖和麦芽四糖	对支链淀粉作用率为 50%,产物为麦芽糖;不能作用于末端经高碘酸盐氧化的淀粉;不能作用于 Schardinger 糊精	对可溶性淀粉作用生成麦芽糖	对麦芽低聚糖作用,从非还原性末端切下麦芽糖;能被对氯苯甲酸盐所抑制;能被半胱氨酸复活	具有典型的 β-淀粉酶活性;分解产物为麦芽糖	对糖原作用的亲和力较淀粉高	具有典型的 β-淀粉酶活性;产物为麦芽糖

201

β-淀粉酶主要是用于生产麦芽糖和啤酒工业外加酶法糖化等领域。利用诸如多黏芽孢杆菌、巨大芽孢杆菌等微生物产生的 β-淀粉酶糖化已经酸化或 α-淀粉酶液化过的淀粉原料，可以生产麦芽糖含量 $60\%\sim70\%$ 的高麦芽糖浆。

10.1.3 葡萄糖淀粉酶

葡萄糖淀粉酶的系统名为 α-1,4-葡聚糖葡萄糖水解酶（EC 3.2.1.3），因为大量用作淀粉糖化剂，所以习惯上将其简称为糖化酶。研究和生产都已经表明，糖化酶的底物专一性很低，它除了能从淀粉链的非还原性末端切开 α-1,4-糖苷键之外，也能切开 α-1,6-糖苷键和 α-1,3-糖苷键，只是它对这三种键的水解速度有些不同。

能产生糖化酶的微生物主要有黑曲霉、臭曲霉、海枣曲霉、宇佐美曲霉、红曲霉、泡盛曲霉、甘薯曲霉、毛霉、雪白根霉、德氏根霉、河内根霉、爪哇根霉、拟内孢霉、木霉、假丝酵母、丙酮丁醇梭状芽孢杆菌等，工业上应用最广的是根霉、黑曲霉和拟内孢霉等。一般来说，将来源于黑曲霉的糖化酶称为黑曲霉型糖化酶，而将来源于根霉的糖化酶称为根霉型糖化酶。多数的黑曲霉型糖化酶将淀粉水解到 80% 就会终止反应，而大多数的根霉型糖化酶可以水解 100% 的淀粉，这两类糖化酶对多种底物的水解能力有很大的差异。

糖化酶的主要用途是作为淀粉糖化剂。由于以淀粉为原料应用酸水解法制备糖液，需要高温、高压和酸催化剂，且会产生一些不可发酵性糖及其一系列有色物质，这不仅降低了淀粉转化率，而且生产的糖液质量差。自 20 世纪 60 年代以来，国外在酶水解理论研究取得了新发展，使淀粉水解取得了重大突破。日本率先实现工业化生产，随后其它国家也相继采用了这种先进的制糖工艺。酶解法制糖工艺是以作用专一性的酶制剂作为催化剂，所以反应条件温和，复合和分解反应较少，因此采用酶法生产糖液可提高淀粉的转化率及糖液的浓度，大幅度地改善了糖液的质量，是目前最为理想、应用最广的制糖方法。

10.1.4 异淀粉酶

异淀粉酶（EC 3.2.1.9）是能够专一性地切开支链淀粉和糖原等分支点的 α-1,6-糖苷键，从而形成长短不一的直链淀粉的一类淀粉酶，其最初的含义是表示一种能够分解淀粉中"异麦芽糖"键的特殊淀粉酶。

能够产生异淀粉酶的微生物非常广泛，主要有产气气杆菌、假单胞菌、溶壁微球菌、短乳杆菌、缓和链球菌、产气肠杆菌、纤维黏菌、固氮菌、芽孢杆菌、欧文杆菌、明串珠菌、产色链霉菌、珊瑚色诺卡菌、球孢放线菌、小单孢菌、单孢高温放线菌等。在某些动植物中也发现了异淀粉酶的存在，例如，在大米、蚕豆、马铃薯、麦芽、甜玉米、动物的肝脏、肌肉内均发现了异淀粉酶。

不同来源的异淀粉酶对于底物的作用专一性是不同的，这主要表现在对于各种支链低聚糖以及苷霉多糖的分解能力上。例如，产气气杆菌、缓和链球菌等微生物产生的苷霉多糖酶可以分解支链淀粉，但不能单独分解天然糖原；来源于蚕豆、马铃薯和甜玉米等的植物苷霉多糖酶能够分解支链淀粉及其 β-极限糊精的 α-1,6-糖苷键；而从假单胞菌、纤维黏菌和酵母等分离出来的假单胞菌型异淀粉酶不能水解苷霉多糖，但可使糖原完全水解。

由于异淀粉酶能够专一性分解支链淀粉分支处的 α-1,6-糖苷键，可通过其催化作用研究淀粉、糖原以及其它有关化合物的细微分子结构。但近年来，异淀粉酶主要则作为淀粉酶类中的一个新酶种，应用于以淀粉为原料的食品生产等领域，单独使用或与其它相关酶配合使用，已经获得了广泛的应用，主要应用有：

（1）将支链淀粉转变为直链淀粉　直链淀粉具有凝结成块、易形成结构稳定的凝胶的特性，有很广的应用前景。而一般的谷物淀粉中，直链淀粉含量比较低，一般只有 20% 左右。

采用异淀粉酶改变淀粉结构，可使支链淀粉转变为直链淀粉，制造方法为先采用异淀粉酶分解经过液化的分支部分，使其转变为直链淀粉，并以丁醇或缓慢冷却法沉淀直链淀粉，再回收含少量水分的晶型沉淀物，最后通过低温喷雾干燥法制得粉状的直链淀粉。

（2）与 β-淀粉酶配合使用生产麦芽糖　目前生产麦芽糖主要采用 α-淀粉酶进行淀粉的液化，再以麦芽或麸皮中的 β-淀粉酶进行糖化。如果在糖化时添加异淀粉酶，使它与麦芽或麸皮中的 β-淀粉酶相继作用或同时作用，能降低 β-界限糊精的含量，提高 β-淀粉酶酶解的程度，可使麦芽糖收率大大提高，从而获得高浓度麦芽糖浆。

（3）用于啤酒外加酶法糖化　大麦芽既是酿造啤酒的主要原料，也为酿造过程提供了丰富的酶源，麦芽中分解淀粉的主要酶是 α-淀粉酶、β-淀粉酶和分解淀粉中的 α-1,6-糖苷键的 R-酶（植物异淀粉酶或植物苗霉多糖酶），β-淀粉酶与另外两种淀粉酶协同作用，可使淀粉分解成为麦芽糖和低分子糊精，使麦芽汁具有比较理想的糖类组成。在工业生产中为了节约麦芽的用量，通常采用所谓外加酶法进行糖化，也就是说在减少麦芽用量的前提下，增加淀粉质辅助原料的比率，并加入适当的酶制剂进行糖化。通常为了保证大麦及其它辅助原料糖化完全，需要外加 α-淀粉酶和分解淀粉中的 α-1,6-糖苷键的异淀粉酶等，采用异淀粉酶与 β-淀粉酶的协同作用，可取得良好的效果。

图 10.1 为淀粉酶在淀粉的加工过程中的应用及其相关的产品。

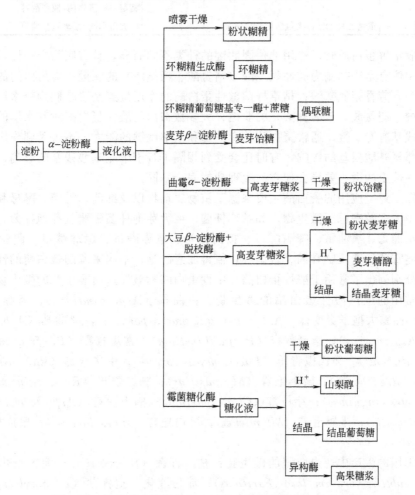

图 10.1　淀粉酶在淀粉的加工过程中的应用及其相关的产品

10.2 蛋白酶

蛋白酶是能够催化肽键水解的一类酶，广泛存在于动物内脏、植物茎叶或果实和微生物中，已经在皮革、毛纺、丝绸、医药、食品、酿造等各个领域得到广泛的应用。

蛋白酶的种类繁多，按蛋白酶水解蛋白质的方式可以分为内肽酶、羧肽酶、水解蛋白质或多肽中酯键和水解蛋白质或多肽酰胺键等种类蛋白酶；按蛋白酶的来源可以分为动物蛋白酶、植物蛋白酶和微生物蛋白酶三种；按蛋白酶作用时的最适 pH，可分为酸性蛋白酶、中性蛋白酶和碱性蛋白酶三种；而目前比较流行的是按蛋白酶的活性中心和最适 pH 进行分类，根据这一分类方法可将蛋白酶分为丝氨酸蛋白酶、巯基蛋白酶、金属蛋白酶和酸性蛋白酶四种，如表 10.6 所示。

表 10.6　根据活性中心和最适 pH 的蛋白酶分类

蛋白酶类别	活性中心抑制剂	最适 pH	蛋白酶
丝氨酸蛋白酶	二异丙基磷酰氟（DFP）	8～10	胰蛋白酶、糜蛋白酶、凝血酶、透明质酸酶、枯草杆菌碱性蛋白酶、酸性羧肽酶等
巯基蛋白酶	对氯汞苯甲酸（PCMB）	7～8	组织蛋白酶、木瓜蛋白酶、菠萝蛋白酶等
金属蛋白酶	乙二胺四乙酸（EDTA）	7～9	羧肽酶 A、羧肽酶 B、异亮氨酸肽酶、枯草菌耐热型蛋白酶、胶原酶等
酸性蛋白酶	重氮乙酰-DL-正亮氨酸甲酯（DAN）	2～4	胃蛋白酶、凝乳蛋白酶等

蛋白酶水解蛋白质时，作用部位因肽键的种类不同而异，具有底物专一性，例如，胰蛋白酶的作用位点是羧基侧为碱性氨基酸（精氨酸、赖氨酸）的肽键；胃蛋白酶的作为位点为肽键的两侧有芳香族氨基酸；枯草杆菌碱性蛋白酶的作用位点是羧基侧为疏水性芳香族氨基酸（色氨酸、酪氨酸、苯丙氨酸）的肽键；大多数霉菌的酸性蛋白酶对其水解的肽键羧基侧的赖氨酸残基有专一性。通常蛋白酶的专一物和水解肽键的能力，不仅受到作用位点的一侧或两侧相邻氨基酸残基的影响，有时还会受到相隔了若干个氨基酸残基的影响，各种蛋白酶在底物专一性上的微小差异会使它的生理功能完全不同。

目前在工业上应用的蛋白酶主要来源于植物、动物以及细菌、霉菌、酵母和放线菌等微生物，其中大多数来源于微生物，如枯草杆菌、巨大芽孢杆菌、蜡状芽孢杆菌、米曲霉、黄曲霉、栖土曲霉、黑曲霉、啤酒酵母、拟内孢霉、毕赤酵母、隐球酵母、假丝酵母、红酵母、灰色链霉菌、费氏链霉菌、真菌等，值得注意的是，不同来源的蛋白酶的性质是有差别的。下文分别列出了常用于酸性蛋白酶、中性蛋白酶和碱性蛋白酶生产的微生物。

（1）常用的生产酸性蛋白酶的微生物：白曲霉（*Asp. candidus*）；斋藤曲霉（*Asp. saitoi*）；黑曲霉大孢子突变株（*Asp. niger* var. *macrosporus*）；泡盛曲霉（*Asp. awamori*）；米曲霉（*Asp. oryzae*）；紫薇青霉（*P. janthinellum*）；常规青霉（*P. frequentens*）；杜邦青霉（*P. duponti*）；宛氏拟青霉（*Paecilomyces vorioti*）；中华根霉（*Rh. chinesis*）；单孢根霉（*Rh. oligosporus*）；微小毛霉（*M. pusillus*）；黏红酵母（*Rhod. glutinis*）；血红栓菌（*Trametes sanguinea*）；芽枝霉（*Cladosparium*）；栖土曲霉（*Asp. terricola*）；冻土毛霉（*M. hiemalis*）；米黑毛霉（*M. miehei*）；乳白耙霉（*Irpex lacteus*）；栗疫霉（*Endothia parasitica*）。

（2）常用的生产中性蛋白酶的微生物：枯草杆菌（*B. subtilis*）；淀粉糖化枯草杆菌变异株（*B. subtilis* var. *amylosaccchariticus*）；淀粉液化芽孢杆菌（*B. amyloliquefaciens*）；巨大芽孢杆菌（*B. megaterium*）；蜡状芽孢杆菌（*B. cereus*）；耐热性解蛋白芽孢杆菌（*B.*

thermoprotelyticus）；奈良链霉菌（*St. naraensis*）；灰色链霉菌（*St. griseus*）；米曲霉（*Asp. oryzae*）；黄曲霉（*A. flavus*）；棕曲霉（*A. ochracens*）；寄生曲霉（*A. parasiticus*）；栖土曲霉（*Asp. terricola*）；铜绿色假单孢菌（*P. aeraginosa*）；酱油曲霉（*A. sojae*）；溶组织梭状芽孢杆菌（*Cl. histolyticum*）；奇异变形杆菌（*Proteus virabilis*）；溶酪蛋白小球菌（*Micrococus caseolyticus*）；嗜热脂肪芽孢杆菌（*B. stearothermophilus*）。

（3）常用的生产碱性蛋白酶的微生物：枯草杆菌（*B. subtilis*）；嗜碱芽孢杆菌（*B. alcalophilus*）；短小芽孢杆菌（*B. pumilus*）；地衣芽孢杆菌（*B. lichenifomis*）；马铃薯杆菌（*B. mesentericus*）；黏质赛氏杆菌（*Serratia marescens*）；纳豆芽孢杆菌（*Bacillus natto*）；米曲霉（*Asp. oryzae*）；黄曲霉（*A. flavus*）；棕曲霉（*A. ochracens*）；酱油曲霉（*A. sojae*）；栖土曲霉（*Asp. terricola*）；萨氏曲霉（*Aspergillus sydowi*）；硫曲霉（*Aspergillus sulphureus*）；蜂蜜曲霉（*Aspergillus melleus*）；芽孢杆菌（*Bacillus katascensis*）；立德链霉菌（*S. rectus*）；费氏链霉菌（*S. fradiae*）；灰色链霉菌（*S. griseus*）；鬼伞菌（*Coprinus maerohizus*）；蓝棕青霉（*P. cuaneo-fulvum*）；细极链格孢（*Alternaria tenuissima*）；小球菌（*Micrococcus soclonensi*）；头孢霉（*Cephalosporiums*）；节杆菌（*Arthrobacter* sp.）；假单胞菌（*Pseudomonos* sp.）；镰刀菌（*Fusarum* sp.）；解脂假丝酵母（*Candida lipolytica*）。

以微生物大量生产蛋白酶的方法分为固体和液体发酵，其中以液体发酵为多，图 10.2 为工业上微生物蛋白酶生产的工艺流程。表 10.7 为蛋白酶的一些应用情况。

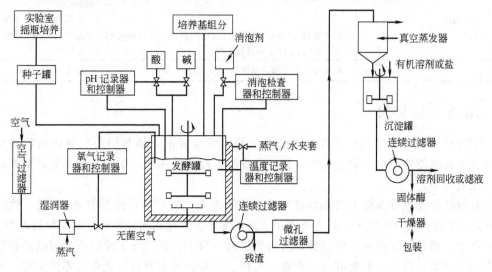

图 10.2　工业上微生物蛋白酶生产的工艺流程

表 10.7　蛋白酶的应用情况

	应　用	简　要　说　明	蛋白酶来源
食品工业	酱油酿造	大豆预处理或酿制时添加，提高蛋白质利用率	霉菌、细菌
	乳酪制造	凝固酪素，缩短成熟时间	霉菌
	面包、糕点、通心粉制造	缩短揉面时间，增强面团伸延性，改善面包质量	霉菌、放线菌
	肉类加工	水解结缔组织	霉菌、细菌、放线菌
	酿酒	啤酒、葡萄酒、黄酒、清酒防止混浊及酿造时补充酶活力	木瓜、霉菌、细菌
	合成酒增香	精制大豆粉水解后制造合成酒香味液	链霉菌
	蛋白水解物制造	制造蛋白胨、混合氨基酸，生产调味液及糖果等用的蛋白质发泡剂	细菌、霉菌、放线菌
	脱腥	大豆、鱼油的脱腥	细菌、霉菌、放线菌

应 用		简 要 说 明	蛋白酶来源
日用化学品制造		制造加酶洗涤剂、加酶牙粉、加酶牙膏等,可提高洗涤效果	细菌
皮革毛皮工业		毛皮脱毛、软化毛皮等	细菌、霉菌、动物胰脏
明胶制造		制造明胶	霉菌、细菌、放线菌
胶原纤维制造		制造再生革、蛋白纤维	细菌、霉菌
制药工业	制造蛋白水解物	制造蛋白胨、水解蛋白注射液、要素膳食、牛肉膏、酵母膏等	霉菌、放线菌
	脏器药物制造	制造肝脏、脑等的蛋白质水解制品,例如,肝宁、胎盘水解物、冠心舒等	微生物或动物胰脏
	硫酸软骨素、血活素等	动物软骨制取硫酸软骨素、牛血制取血活素等	细菌、放线菌、动物胰脏
废感光片处理		回收感光片片基以及银粒	细菌、霉菌
医疗药品	消化剂	与其它酶一起制成合剂治疗消化不良、食欲不振、便秘、腹泻、胃热呕吐等肠胃病	细菌、霉菌、放线菌
	消炎剂	消炎、消肿、化痰止咳等	细菌、霉菌、放线菌、动物胰脏等
	去除坏死组织	促进创口愈合,提高药物治疗效果,消除疤痕等	细菌、霉菌、放线菌、动物胰脏
	驱除蛔虫		木瓜、无花果、细菌
	其它	治疗血栓、高血压、动脉硬化、蛇咬伤中毒等疾病,诊断胃癌等疾病,发酵工业处理原料	细菌、放线菌、动物
饲料加工		利用酸性蛋白酶为添加剂,促进家畜生长	霉菌

10.3 脂肪酶

脂肪酶(EC 3.1.1.3)又称甘油酯水解酶,可水解由甘油与脂肪酸形成的甘油酯,广泛存在于动植物的组织和微生物中,已经在皮革、皮毛、绢纺、医药、食品等各个领域得到了广泛的应用。

目前已经发现许多微生物都具有产脂肪酶的能力。初步估计细菌有 28 个属、放线菌有 4 个属、酵母菌有 10 个属、其它真菌有 23 个属,共计超过 65 个属的微生物能产脂肪酶,而实际上,脂肪酶在微生物中的分布远远超过这一数字。但具有工业应用价值的脂肪酶则主要来源于根霉、曲霉、假丝酵母、青霉、毛霉、须霉、假单胞菌、色杆菌等微生物。不同来源的脂肪酶的性质和作用条件存在较大差异,如表 10.8 列出了微生物脂肪酶的主要生产菌及酶的最适作用条件。

表 10.8 微生物脂肪酶的主要生产菌及酶的最适作用条件

微 生 物	酶作用最适条件	
	pH	温度/℃
黑曲霉(Asp. niger)	5.6	25
白地霉(Gentrichum candidum)	5.0~7.0	40
圆柱形假丝酵母(Candida cylindracea)	6.5	37
解脂假丝酵母(Candida lipolytica)	7.5	40
副解脂假丝酵母(Candida paralipolytica)	8.2	37
阿氏假囊酵母(Eremothecium ashbyii)	8.0~8.5	40

微 生 物	酶作用最适条件	
	pH	温度/℃
解脂毛霉(*Mucor lipolyticus*)	8.0	37
微小毛霉(*M. pusillus*)	5.0～5.5	50
巢子须霉(*Phycomyces nitens*)	6.0～7.0	37～40
圆弧青霉(*Penicillium cyclopium*)	7.0	35
耶尔球拟酵母(*Torulopsis ernobii*)	6.5	45
无根根霉(*Rhizopus arrhizus*)	3.5	37
德氏根霉(*Rhizopus delemar*)	5.6	35
无色杆菌(*Achromobacter*)	10	45
荧光假单胞菌(*Pseudomonas fluorescens*)	8.0～9.0	42
莓实假单胞菌(*Pseudomonas fragi*)	9.5	75
黏质色杆菌(*Chromobacterium viscosum*)	6.5	70
多球菌(*Myriococcum*)	7.0～8.5	50～60
绵毛状腐质霉(*Humicola Lanuginosa*)	8.0	60
硝酸盐还原假单胞菌耐热变种	9.5	50
(*Pseudomonas nitroreduceus* var. *thermotolerans*)		

脂肪酶在面粉中有具有良好的乳化作用，改善面包、馒头的质构，提高外观质地，可以取代或减少增强面团的乳化剂，因乳化作用的油脂来自于面粉本身，使面团更具操作性和稳定性。同时还具有增筋作用，能增加面团过度发酵时的稳定性，使面团烘焙膨胀性增加，蒸煮品质强度提高，增大面包、馒头体积。此外，还具有增白作用和良好的抗老化性能以及优良的配伍性能和协同效应，与淀粉酶、葡萄糖氧化酶、纤维素酶和半纤维素酶等复配增效作用更好。

10.4 青霉素酰化酶与半合成抗生素

青霉素酰化酶（EC 3.5.1.11）又称为青霉素酰胺酶或青霉素氨基水解酶，由 1 个分子质量为 20～23kDa、含有侧链结合位点的亚基和 1 个分子质量为 65～69kDa、含有催化位点的亚基组成。已经知道，青霉素酰化酶催化的反应包括酰胺的水解、酯类的水解和酰胺的合成三类。

青霉素酰化酶是半合成抗生素生产过程中有重要作用的一种酶，它可在偏碱性环境下催化青霉素 G 或头孢菌素 G 水解生成 6-氨基青霉烷酸（6-APA）或 7-氨基头孢烷酸（7-ACA），如图 10.3。而在酸性或中性环境中，该酶则可催化 6-APA 或 7-ACA 发生酰基化反应生成新型青霉素或新型头孢霉素等半合成抗生素。

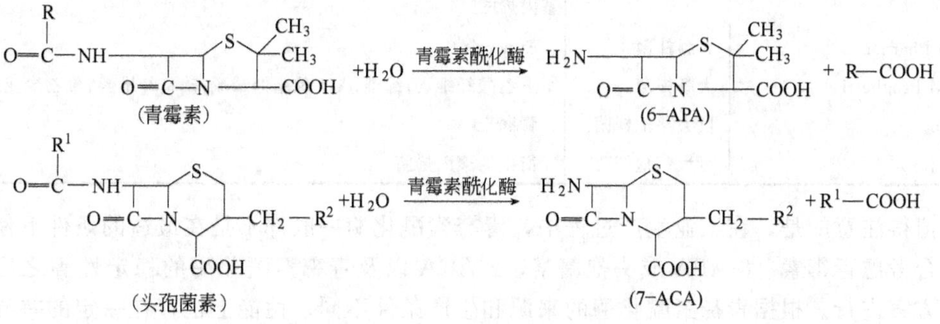

图 10.3 青霉素酰化酶催化的反应

青霉素酰化酶广泛存在于霉菌、酵母等微生物中，用于大规模生产青霉素酰化酶的微生物有无色杆菌属、游动放线菌属、巨大芽孢杆菌、大肠杆菌、雷氏变形菌和淡紫灰链霉菌等。需要注意的是，不同来源的青霉素酰化酶，其底物专一性和活性中心也明显不同。目前，绝大部分商业化的青霉素酰化酶是从大肠杆菌中经过提取、分离和纯化而得的，一般的分离纯化策略是采用匀浆法和超声波法破碎细胞提取后，再用盐析法和色谱法进一步纯化，主要的一些方法见表10.9。

表10.9　青霉素酰化酶的一些提取、分离和纯化方法

步骤	提取、分离和纯化方法				
	方法1	方法2	方法3	方法4	方法5
1	匀浆	匀浆	匀浆	匀浆	丙酮干燥
2	pH沉淀	核酸去除	pH沉淀	核酸去除	Sepharose-4B
3	硫酸铵沉淀	硫酸铵沉淀	鞣酸沉淀	硫酸铵沉淀	DEAE-纤维素
4	SE-Sephadex色谱	PEG沉淀	丙酮沉淀	DEAE-纤维素	
5	DEAE-Sephadex	DEAE-纤维素色谱	CM-纤维素色谱	羟基磷灰石色谱	
6	结晶	结晶	结晶	结晶	结晶

青霉素酰化酶在应用过程中是采用固定化的方式进行催化的，制备固定化青霉素酰化酶是一个十分重要的环节。青霉素酰化酶固定化的原则是以最少的处理步骤获取较纯净和浓缩的高活性固定化酶。其中，固定化载体的选择至关重要，有多种材料可作为固定化载体使用，如表10.10。

表10.10　常用的青霉素酰化酶固定化载体

公　　司	酶的来源	固定化载体
American Home Co.	巨大芽孢杆菌	戊二醛的分子间加合物
Astra Alab AB	大肠杆菌	琼脂糖；Sephadex G-200
Bayer AG	大肠杆菌	丙烯酰胺；N,N'-亚甲双丙烯酰胺与马来酐；葡聚糖；1,4-丁二醇；二甲基丙烯酸；甲基丙烯酸
Beecham Group	大肠杆菌	DEAE-纤维素；CM-纤维素；AE-纤维素及其它纤维素衍生物；CM-Sephadex Amberlite IRC-50及其它弱阳离子与阴离子交换剂；乙烯马来酐共聚物；尼龙；Amberlite XAD-7；蔗糖/表氯醇共聚物
Boehringer Mannheim	大肠杆菌	聚丙烯酰胺
Hindustan Antibodies Ltd.	大肠杆菌	纤维素
Otsuka Pharmaceuticals	球状芽孢杆菌	DEAE-Sephadex
Pfizer Inc.	雷氏变形菌	甲基丙烯酸缩水甘油酯；N,N'-亚甲双丙烯酰胺；硅藻土；聚（羟乙基-甲基丙烯酸）
Rohm Pharma	大肠杆菌	Eupergit C
SNAM Proghetti	大肠杆菌	三乙酸纤维素；纤维；AH-琼脂糖苯醌；硝基纤维素；聚乙烯亚胺
Squibb	巨大芽孢杆菌	膨润土
Toyo Jozo	巨大芽孢杆菌	衍生的聚丙烯腈

值得注意的是，在工业生产过程中，青霉素酰化酶一般都不是在最适的条件下使用，而是综合考虑青霉素、6-APA或头孢菌素、7-ACA以及青霉素酰化酶的稳定性等之后，采用折中方案进行。根据青霉素酰化酶的来源和生产条件不同，性能上也存在一定的差异，采用的条件也就有些不同，如表10.11。

表 10.11　几种固定化青霉素酰化酶的操作参数与特性

参　　数	Rohm Phama	Astra Alab AB	Boehringer Mannheim
酶的来源	*E. coli*	*E. coli*	*E. coli*
固定化载体	Eupergit C	Sephadex G-200	聚丙烯酰胺
活力/(IU/mg)	100～150	200～250	310～360
操作 pH	8.0	7.8	8.0
操作温度/℃	37	37	28
使用寿命/h	1000		1000～1500
底物浓度/%	8		7.2～10.0
反应器	搅拌罐	搅拌罐或填充床	搅拌罐
转化率/%	99	97	97
循环次数	620	165	600
产量/kg	250～300	757	1000
保质期	6 个月(4℃)	12 个月(20℃)	18 个月(4℃)

注：产量是指每千克固定化青霉素酰化酶水解产生的 6-APA 的量。

　　目前，通过青霉素酰化酶的作用，可以半合成得到氨苄青霉素、羟氨苄青霉素、羧苄青霉素、磺苄青霉素、氨基环烷青霉素、邻氯青霉素、双氯青霉素、氟氯青霉素等，如表10.12。通过青霉素酰化酶的作用，头孢菌素经水解生成 7-ACA 后，再与侧链羧酸衍生物反应，可半合成得到头孢利定、头孢噻吩、头孢氨苄、头孢拉定、头孢力新、头孢甘氨酸、头孢环己二烯等新型头孢菌素，如表10.13。

表 10.12　通过青霉素酰化酶作用得到的一些半合成青霉素

半合成青霉素	R	半合成青霉素	R
氨苄青霉素		氨基环烷青霉素	
羟氨苄青霉素		邻氯青霉素	
羧苄青霉素		双氯青霉素	
磺苄青霉素		氟氯青霉素	

表 10.13　通过青霉素酰化酶作用得到的一些半合成头孢菌素

半合成抗生素	R^1	R^2	半合成抗生素	R^1	R^2
头孢利定 (Cefridine)			头孢拉定 (Cefradine)		—CH$_3$
头孢噻吩		—O—COCH$_3$	头孢甘氨酸		—O—COCH$_3$
头孢力新 (Cefrixine)		—H	头孢环己二烯		—H

10.5 淀粉酶、葡萄糖异构酶与果葡糖浆的生产

目前全世界的淀粉糖产量已经高达 1000 万吨以上，其中 70% 以上的是果葡糖浆。果葡糖浆是由葡萄糖异构酶催化葡萄糖异构化生成部分果糖而得到的葡萄糖与果糖的混合糖浆。由于葡萄糖的甜度只有蔗糖的 70%，而果糖的甜度又是蔗糖的 1.7 倍，因此，当糖浆中的果糖含量达到 42% 时，其甜度就与蔗糖相当。由于果葡糖浆的甜度提高了，就能降低糖的使用量，更由于人体摄取果糖后血糖不易升高，且有滋润肌肤的作用，因此很受人们的欢迎。

虽然用化学方法从葡萄糖生产果糖也能够实现，但是反应条件苛刻、副反应多、转化率低，无法实现工业化生产。酶法生产果葡糖浆在常温、常压下就可进行，无副反应，可以利用固定化酶在固定床反应器中连续进行，酶的成本非常低廉。随着技术进步，目前已经能够生产果糖含量高达 90% 以上的高果糖浆，广泛用于碳酸饮料等食品工业。果糖浆的生产是酶工程在工业生产中最成功、规模最大的应用实例。

葡萄糖异构酶的正确名称是 D-木糖异构酶（EC 5.3.1.5），它能将 D-木糖、D-葡萄糖、D-核糖等醛糖可逆地转化为相应的酮糖，由于葡萄糖异构化为果糖具有重要的经济意义，所以习惯上就把 D-木糖异构酶成为葡萄糖异构酶。

葡萄糖异构酶分布很广，大多数能在木糖培养基中生长的微生物都可以生产葡萄糖异构酶，至今已经发现超过 50 种微生物可以生产该酶。这些微生物包括链霉菌、白色链霉菌、米苏里游动放线菌诺卡菌、芽孢杆菌、产气杆菌、黄杆菌、短杆菌、乳酸杆菌、假单胞杆菌、醋酸杆菌、节杆菌、大肠杆菌等。但不同微生物来源的葡萄糖异构酶的性质也有些不同，并表现出不同的最适反应条件，如表 10.14。

表 10.14 几种不同微生物来源葡萄糖异构酶最适反应条件

产酶微生物	最适温度/℃	最适 pH	需要的金属离子
嗜水假单胞杆菌(Pseud. hydrophila)	42~43	8.5	As^{2+}、Mg^{2+}
阴沟产气杆菌(A. cloaeae)	50	7.6	As^{2+}、Mg^{2+}
产气杆菌(Aerobacter)	40	6.5~7.0	As^{2+}
巨大芽孢杆菌(B. megatherium)	35	7.7	Mn^{2+}
短乳杆菌(Lact. brevis)	60~65	6.0~7.0	Co^{2+}
短杆菌(Brevibacterium)	70~75	8.0~8.5	Mg^{2+}
凝结芽孢杆菌(B. coagulans)	60~65	7.0	Co^{2+}、Mg^{2+}
节杆菌(Arthrobacter)	60~65	7.5~8.0	Co^{2+}、Mg^{2+}
嗜热脂肪芽孢杆菌(B. stearothermophilus)	80	7.5~8.0	
白色链霉菌(St. albus)	70~80	7.0~9	
暗色产色链霉菌(St. phaeochromogenes)	80	8.0~10	Co^{2+}、Mg^{2+}
米苏里游动放线菌(Actinoplanes missouriness)	75	7.0~7.5	Co^{2+}、Mg^{2+}
玫瑰黄色链霉菌(Kc-575)	70~80	7.0~7.5	Co^{2+}、Mg^{2+}
玫瑰红链霉菌 336	70	7.0~7.5	Co^{2+}、Mg^{2+}
高温放线菌	90	8.0	Co^{2+}、Mg^{2+}

葡萄糖异构酶对底物的选择性是很严格的，例如，短乳杆菌和凝结芽孢杆菌葡萄糖异构酶只对 C-2 和 C-4 的羟基为顺式的戊糖和己糖有专一性催化作用，而对 L-木糖、D-阿拉伯糖或 L-阿拉伯糖、D-来苏糖、D-甘露糖以及 D-半乳糖等都没有作用。不同来源葡萄糖异构酶的底物专一性是不同的，表 10.15 列出了几种葡萄糖异构酶的专一性情况。

表 10.15　不同来源葡萄糖异构酶的底物专一性

底 物	白色链霉菌 YT No5	白色链霉菌 NRRL5778	橄榄色产色链霉菌	短乳酸杆菌	嗜热脂肪芽孢杆菌	凝结芽孢杆菌
D-葡萄糖	++	++	++	+	++	+
D-木糖	++	++	++	++	++	++
D-核糖	++	++	+	+	+	+
D-阿拉伯糖	－	+	+		+	
D-阿洛酮糖	－	++				
D-来苏糖	－					
D-果糖	－					
D-甘露糖	－					
D-半乳糖	－					
L-鼠李糖		+				

注：表中"＋"表示有作用；"＋＋"表示作用较强；"－"表示没有作用。

　　一般工业上是采用固定化细胞或固定化酶催化葡萄糖异构化来生产高果糖浆，根据不同的微生物和来源不同的葡萄糖异构酶，所用的固定化方法也是有区别的。表 10.16 为固定化细胞的方法和应用效果，表 10.17 为固定化酶的制备方法和应用效果。

表 10.16　含葡萄糖异构酶的微生物固定化方法和应用效果

微生物种类	固定化方法和应用效果
暗色产色链霉菌 短乳酸杆菌	壳聚糖凝聚，65℃半衰期 25 天
节杆菌	聚电解质凝聚，固定床反应器中生产能力 2000kg/kg 固定化细胞
橄榄色链霉菌	戊二醛交联，固定床反应器生产能力 2000kg/kg 固定化细胞，60℃半衰期 41.5 天
凝结芽孢杆菌	戊二醛交联，固定床反应器生产能力 2000kg/kg 固定化细胞，65℃半衰期 35.4 天
委内瑞拉链霉菌	胶原膜包埋，70℃固定床反应器中工作时间为 40 天
暗色产色链霉菌	聚丙烯酰胺凝胶包埋，半衰期 53 天
暗色产色链霉菌	聚甲叉莱糖凝胶包埋，半衰期 53 天
链霉菌	三醋酸纤维包埋，生产能力 2000kg/kg 固定化细胞，半衰期 70 天
米苏里游动放线菌	纤维素包埋，60℃半衰期 42 天
米苏里游动放线菌	明胶包埋后再用戊二醛交联，60℃半衰期 21 天
玫瑰红链霉菌 336	明胶包埋后再用戊二醛交联，64℃半衰期 40 天，生产能力 2000kg/kg 固定化细胞以上

表 10.17　一些葡萄糖异构酶的制备方法和应用效果

酶的来源	固定化方法和应用效果
链霉菌	DEAE-纤维素吸附，60℃半衰期 189h
链霉菌	DEAE-纤维素吸附，效果很好
玫瑰红链霉菌 336	DEAE-纤维素吸附，生产能力大于 3000kg/kg 固定化细胞，60℃半衰期 25～30 天
暗色产色链霉菌	吸附于溴化氢活化的交联琼脂糖，半衰期为 18 天
暗色产色链霉菌	吸附于酚醛型阴离子交换树脂 Duolite A7，60℃，固定床反应器内半衰期 35 天
玫瑰红链霉素	吸附于强碱性季铵型阴离子交换树脂，固定床反应器内半衰期 45 天以上，生产能力 1600kg～2000kg/kg 固定化酶
暗色产色链霉菌	在碳二亚胺存在下工价结合于壳聚糖，固定床反应器中 5 天后活性降低 40%，20 天后活性不再降低
暗色产色链霉菌	共价结合于树脂 Duolite A-7 三嗪衍生物，60℃半衰期 40 天，9.8L 固定化酶 30 天内处理 5644kg 葡萄糖
暗色产色链霉菌	用羧基型 Amberlite IRC-50 吸附，60℃半衰期 1500h

目前固定化的葡萄糖异构酶已经占整个固定化酶市场的最大份额，全球每年有数百万吨之多，而不同公司应用不同来源的葡萄糖异构酶和不同固定化载体制备了各种固定化酶，表10.18 为最常用于工业化生产的葡萄糖异构酶固定化方法。

表10.18　用于工业化生产的葡萄糖异构酶固定化方法

生产公司	固定化方法
Novo Industry	凝结芽孢杆菌自溶后,用戊二醛交联,造粒后得固定化酶
Gist-Brocades	用明胶固定化放线菌包埋后,再用戊二醛交联,造粒
Clinton Corn. Processing Inc.	将酶提取物吸附到离子交换树脂上来固定化酶
Miles Labs. Inc.	用戊二醛交联细胞,造粒
CPC Int. Inc.	将酶提取物吸附到陶瓷载体上来固定化酶
Sanmatsu	将酶提取物吸附到离子交换树脂上来固定化酶
Snam Progetti	将细胞包埋到乙酸纤维素中

图10.4 为以淀粉为原料生产果葡糖浆的生产工艺流程示意图。

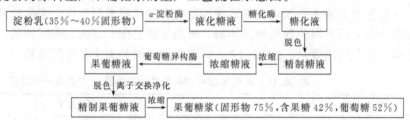

图10.4　以淀粉为原料生产果葡糖浆的生产工艺流程示意

如将上图中异构化后果葡糖液的葡萄糖与果糖分离，再将分离出的葡萄糖进行异构化，如此反复，可使更多的葡萄糖转化为果糖，可得到果糖含量到70%、90%甚至更高的糖浆，也就是人们常称的高果糖浆。

10.6　酶法生产 L-氨基酸

目前，氨基酸在医药、食品以及工农业其它领域中的应用范围越来越广。各种必需氨基酸对人体的正常发育有很好的促进作用，有些氨基酸还可以作为药物，以适当比例配成的混合物可以直接注射到人体内，用以补充营养以及治疗某些疾病。此外，氨基酸还可用作增味剂和畜禽的饲料，并可用来制造人造纤维、塑料等。利用酶的催化作用可以将各种底物转化为 L-氨基酸或将 DL-氨基酸拆分成为 L-氨基酸和 D-氨基酸。

10.6.1　DL-氨基酸的酶法拆分

可以采用氨基酰化酶拆分 DL-氨基酸，氨基酰化酶（EC 3.5.1.14）可以催化外消旋 N-酰化-DL-氨基酸进行不对称水解，酶法拆分 DL-氨基酸生产 L-氨基酸的反应式如图10.5 所示。拆分时，N-酰化-DL-氨基酸经过氨基酰化酶的水解得到 L-氨基酸和未水解的 N-酰化-D-氨基酸，由于这两种物质的溶解度不同，很容易使它们分离。未水解的 N-酰化-D-氨基酸经过外消旋作用后又成为 DL-氨基酸，可再次用氨基酰化酶进行分离。目前已有多种酶用于

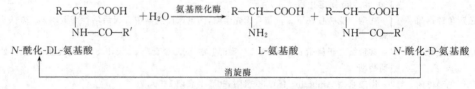

图10.5　酶法拆分 DL-氨基酸生产 L-氨基酸的反应式

212

L-氨基酸的工业生产。

最早应用的例子是，1969 年科学家就通过离子交换法将氨基酰化酶固定在 DEAE-葡聚糖载体上，制得了世界上第一个适用于工业生产、稳定性好、酶活高的固定化酶，用于连续化拆分酰化-DL-氨基酸。具体过程包括如下步骤：

(1) 固定化氨基酰化酶的制备　将预先用 pH 7.0、0.1mol/L 的磷酸缓冲溶液处理 DE-AE-葡聚糖 A-25 溶液 1000L，在 35℃下与 1100～1700L 的天然氨基酰化酶水溶液（内含 33400 万单位的酶）一起搅拌 10h，过滤后得到 DEAE-葡聚糖-酶的复合物，用水洗涤，制得活性为 16.7～20 万单位/L 的固定化氨基酰化酶，活性收率为 50%～60%。

(2) 固定化酶拆分 DL-氨基酸　将上述固定化氨基酰化酶装于柱子上，作为固定床反应器连续拆分 DL-氨基酸。生产不同的 L-氨基酸，加入底物酰化-DL-氨基酸时要控制不同的流速。一般来说，只要酶柱充填均匀，溶液流动平稳，体积相同的固定化酶柱的尺寸大小对反应效率是没有影响的。在长期使用之后，酶柱上的酶可能有部分脱落，但由于是用离子交换法固定化氨基酰化酶，因此再生十分容易，只要加入一定量的游离氨基酰化酶，酶柱便能完全活化。

(3) L-氨基酸的分离和纯化　将经过酶柱反应拆分的流出液蒸发浓缩，调节 pH，使 L-氨基酸在等电点条件下沉淀析出，通过离心分离后，可收集得到 L-氨基酸粗品和母液。粗品 L-氨基酸可用重结晶法得到进一步的纯化，制得 L-氨基酸。

(4) N-酰化-D-氨基酸的外消旋化　在上述母液中加入适量的乙酐，加热到 60℃，其中的 N-酰化-D-氨基酸就会发生外消旋反应，产生 N-酰化-D-氨基酸混合物，并在酸性条件下析出外消旋混合物，收集后可重新作为底物进入酶柱进行拆分。

10.6.2　酶法合成 L-天冬氨酸

天冬氨酸酶由称为天冬氨酸氨裂合酶（EC 4.3.1.1），是一种可催化延胡索酸氨基化生成 L-天冬氨酸的裂合酶，其催化反应如下：

工业上已用固定化大肠杆菌天冬氨酸酶连续生产 L-天冬氨酸。

10.6.3　酶法生产 L-丙氨酸

L-天冬氨酸-4-脱羧酶（EC 4.1.1.12）可以将 L-天冬氨酸的 4 位羧基脱去，生成 L-丙氨酸，反应如下：

工业上，已用固定化假单胞菌 L-天冬氨酸-4-脱羧酶连续生产 L-丙氨酸。

10.7　酶法生产有机酸

有机酸是一类有重要应用价值的轻工、化工产品，与工业生产以及人们的日常生活有着十分密切的关系，通过酶的催化作用可以生产各种有机酸，如苹果酸、酒石酸等。

10.7.1　酶法合成 L-苹果酸

苹果酸又名羟基丁二酸，为优良的酸味剂，在化工、印染、医药品生产上也有广泛用途，可用化学合成法、发酵法和酶法等进行生产。工业上常以延胡索酸为原料，通过延胡索酸酶合成。延胡索酸酶又称延胡索酸水合酶（EC 4.2.1.2），是催化延胡索酸与水反应，水合生成 L-苹果酸的裂合酶，其催化反应如下：

$$
\begin{array}{c}
\underset{\text{(延胡索酸)}}{\overset{\displaystyle H\!-\!C\!-\!COOH}{\underset{\displaystyle HOOC\!-\!C\!-\!H}{\big\|}}} + H_2O \xrightarrow{\text{延胡索酸酶}} \underset{\text{(L-苹果酸)}}{\overset{\displaystyle \begin{array}{c}COOH\\ CH_2\\ H\!-\!C\!-\!OH\\ COOH\end{array}}{}}
\end{array}
$$

利用酶法生产 L-苹果酸的优点是副反应较少，产品的产量和质量均较高。采用延胡索酸水合酶进行苹果酸工业化生产的方式有很多，目前工业上主要是采用固定化黄色短杆菌或产氨短杆菌的延胡索酸酶连续生产 L-苹果酸。

10.7.2　酶法合成 L-酒石酸

L-酒石酸是一种食用酸，在医药化工等方面用途也很广，系从葡萄酒副产物酒石中分离得到的一种有机酸，但产量有限。目前可用于酒石酸生产的方法主要有化学法和生物法，其中化学合成法可以制造酒石酸，但遗憾的是产物酒石酸是 DL 型，其水溶性较天然 L-酒石酸要差，不利于应用。实践上，可以用酶法制造光学活性的 L-酒石酸。酶法合成 L-酒石酸首先以顺丁烯二酸在钨酸钠为催化剂下用过氧化氢反应生成 L-环氧琥珀酸，再通过环氧琥珀酸酶催化 L-环氧琥珀酸水解，开环而生成 L-酒石酸。

$$
\underset{\text{顺丁烯二酸}}{\overset{\displaystyle \begin{array}{c}COOH\\ \|\\ COOH\end{array}}{}} \xrightarrow{H_2O_2} \underset{\text{L-环氧琥珀酸}}{\overset{\displaystyle \begin{array}{c}COOH\\ CH\\ O\\ CH\\ COOH\end{array}}{}} \longrightarrow \underset{\text{L-酒石酸}}{\overset{\displaystyle \begin{array}{c}COOH\\ H\!-\!C\!-\!OH\\ HO\!-\!C\!-\!H\\ COOH\end{array}}{}}
$$

生产环氧琥珀酸酶的微生物主要有假单胞杆菌、产碱杆菌、无色杆菌、根瘤菌、土壤杆菌、诺卡菌等。

10.7.3　酶法合成长链二羧酸

长链二羧酸是香料、树脂、合成纤维的原料，可利用微生物加氧酶与脱氢酶氧化 $C_9 \sim C_{18}$ 正烷烃来制造，二羧酸是正烷烃氧化分解（末端氧化与 ω-氧化之后）的中间产物。

$$CH_3CH_2(CH_2)_nCH_2CH_3$$
$$\downarrow \text{末端氧化}$$
$$CH_3CH_2(CH_2)_nCH_2COOH$$
$$\swarrow \omega\text{-氧化} \quad \searrow \beta\text{-氧化}$$
$$HOOCCH_2(CH_2)_nCH_2COOH$$
$$\downarrow \beta\text{-氧化}$$

使用正烷烃氧化力强的二羧酸高产菌株假丝酵母 *Candida cloaca*，将其进一步诱变筛选出不能酯化正烷烃的突变株，当其氧化 C_{16} 正烷烃时，正烷烃消费率 97%，其中 60% 转成二羧酸。

10.7.4　用酶水解腈生产相应有机酸

有些细菌具有腈类水解酶可水解相应的腈类成为有机酸。例如细菌 R312 以葡萄糖为碳源培养后离心分离出细胞，将其悬浮在10％乳腈（2-羟基丙腈，$CH_3CHOHCN$）溶液中，用氨或KOH中和至pH 8，在细胞浓度20～40g/L下保温25℃，2～3h后乳腈完全水解成为乳酸铵，仍可用常法将乳酸回收。所产乳酸为消旋化合物，可供食品、医药应用。能生产腈水解酶的细菌很多，包括芽孢杆菌、无芽孢杆菌、小球菌以及短杆菌等。

10.8　手性化合物的酶法合成和拆分

手性是人类赖以生存的自然界的本质属性之一，对映体的存在是自然界中的一种普遍现象。手性化合物是指那些化学组成相同，但是立体结构不同而成为恰如人的左右手一样互成对映体的化合物，也称为光学活性化合物。构成生物体的基本物质，如氨基酸、蛋白质、核酸、糖类等生物大分子都是手性分子。除细菌等生物以外蛋白质都是由左旋的L-氨基酸组成；多糖和核酸中的糖则是右旋的D构型，它们在生物体内造成手性环境。与此相关的许多药物、生理活性物质、农药和除草剂也都是光学活性化合物。因为它们进入生物体内后，其药理和生理作用多与它们和体内靶分子之间的手性匹配和分子识别能力有关。因此，不同对映体显示了不同的药理作用。光学活性化合物在功能材料、非线性光电材料、波导材料、导电高分子等方面也具有不可替代的重要作用。

手性化合物的制备是化学与生物学研究的重要领域，也一直是有机合成的难题，至今尚未走出困境，但人们在长期的科学研究和生产实践中已经建立起了很多制备方法，并由此产生了手性技术，尤其是20世纪末，手性技术获得了很大的发展。手性技术包括了手性合成与手性拆分两个方面。如图10.6为手性技术的研究领域。

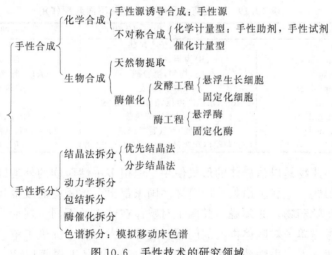

图10.6　手性技术的研究领域

由图10.6中可以看出，可以通过手性合成和拆分的多种途径获得手性化合物，但由于化学法中需要经常采用对映体纯辅助试剂或对映体纯起始原料，而这些试剂或原料要么价格昂贵，要么来源有限，在应用时常常会遇到不少麻烦。而酶作为生物催化剂，具有高对映体选择性、副反应少等优点，可以催化多种化学反应获得光学纯度和收率高的手性化合物，可以用于手性化合物的合成和拆分。酶催化手性化合物合成是将有潜手性的化合物和前体通过酶催化反应转化为单一对映体的光学活性化合物，如氧化还原酶、裂解酶、羟化酶、水解酶、合成酶和环氧化酶等。它们可以催化前体化合物不对称合成得到具有手性的醇、酸、酯、酮、胺衍生物，也可以合成含磷、硫、氮及金属的光学活性化合物。此外，酶还可以催化外消旋化合物的拆分反应，如脂肪酶、蛋白酶、腈水合酶、酰胺酶、酰化酶等能够催化外消旋化合物的不对称水解或其逆反应，以拆分制备手性化合物。

酶催化手性化合物的合成与拆分已经成功地用于光学活性氨基酸、有机酸、多肽、甾体转化、抗生素修饰和手性原料制备等领域。

10.8.1 手性化合物的酶法合成

酶是生物催化反应的核心，本身就是一个手性分子，其起催化作用的活性中心也是一个手性环境，酶催化反应可以将酶自身的手性传递给非手性或潜手性底物分子，使生物催化反应具有化学、区域和立体选择性，因此反应产物的手性收率有时可达100％。目前，酶催化已经成为实现手性合成的重要的有效途径。但值得注意的是，由于酶是高度进化的生物催化剂，往往具有最适天然底物，因此运用单一酶法实现一些非天然手性化合物的全合成尚存在一定的难度和局限。对于这种情况，目前一般采用化学-酶组合合成法予以实现，在一些非关键合成步骤采用常规化学法，而在关键性的合成步骤，尤其是涉及手性的反应过程，则采用酶法合成，实现不同方法的优势互补。手性化合物的酶法合成已经在多个领域内取得了重要的进展，已经且将发挥重要的作用。

10.8.1.1 手性药物的酶法合成

手性药物实际上应该是指只含单一对映体的药物，但是过去手性药物多数是以其消旋体形式（含有等量对映体的混合物）出售。据不完全统计，目前世界在1327余种全合成的化学药物中约有528种手性药物（约占40％），但是其中作为单一对映体药物批准上市的仅为手性药物的10％（约61种），大多数（467种）是以外消旋体形式销售。已经发现很多手性药物的对映体具有不同的药理作用（如表10.19）。

表 10.19　手性药物两种对映体的不同药理作用

药 物 名 称	有效对映体的构型与作用	另一对映体的构型与作用
普萘洛尔(Propranolol)	(S)构型,治心脏病	(R)构型,影响或抑制性欲
青霉素胺(Penicillamine)	(S)构型,抗关节炎	(R)构型,突变剂
反应停(Thalidomide)	(S)构型,镇静剂	(R)构型,致畸胎,无镇静作用
酮基布洛芬(Ketoprofen)	(S)构型,抗炎	(R)构型,防治牙周病
萘必洛尔(Kebivolol)	(＋)治疗高血压,β-受体阻断剂	(－)血管舒张
乙胺丁醇(Ethambutol)	(S,S)构型抗结核菌	(R,R)构型,引起失明
曲托喹酚(Tretoquinol)	(S)构型,支气管扩张剂	(R)构型,抑制血小板凝聚的作用
萘普生(Neproxen)	(S)-对映体疗效是(R)-对映体的28倍	(R)-对映体无活性

传统上，许多药物是以消旋体的形式使用，但很多手性药物的外消旋体形式都存在或小或大的副作用。因此，世界上诸如美国等许多国家都出台了相应的政策和法规，明确要求一个含手性因素的化学药物，必须说明其两个对映体在体内的不同生理活性、药理作用和药代动力学情况，以考虑单一对映体供药的问题。这在很大程度上促进了单一对映体手性药物的研究和生产的高速发展。手性药物世界销售额从1994年以来每年以20％以上的速度增长，1997年全球年销售额已达到900亿美元。目前提出新药注册申请和正在开发的新药中，单一对映体占绝大多数，处于Ⅱ/Ⅲ期临床的化合物中，80％是手性药物。酶催化在单一对映体手性药物的开发中具有很大的应用潜力，并已经有很多成功的实例。

(1) L-多巴的酶法合成　帕金森综合征是一种大脑中枢神经系统发生病变的老年性疾病，主要症状表现为手指颤抖、肌肉僵直、行动不便等，病因是由于遗传或人体代谢失调，不能在体内由酪氨酸转化为神经传递介质多巴或多巴胺所致。L-多巴是L-酪氨酸的衍生物，化学名为3,4-二羟基-L-苯丙氨酸，是帕金森综合征治疗的一种重要药物。可以利用β-酪氨酸酶（EC 4.1.99.2）催化L-酪氨酸氧化或邻苯二酚与丙酮酸、氨反应生成多巴，其反应如图10.7、图10.8）。

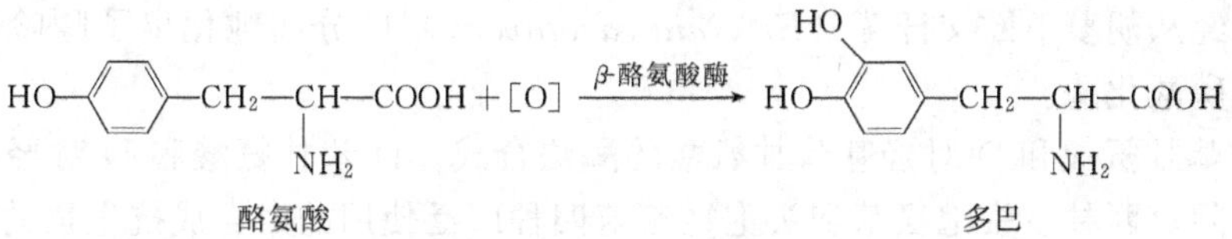

图 10.7 β-酪氨酸酶催化 L-酪氨酸氧化反应生成多巴

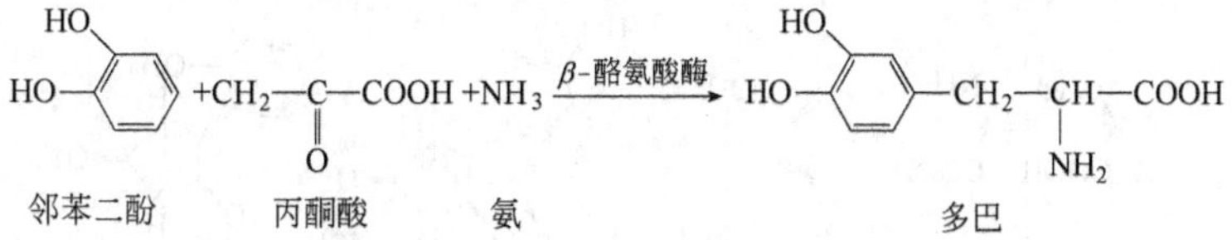

图 10.8 β-酪氨酸酶催化邻苯二酚与丙酮酸、氨反应生成多巴

β-酪氨酸酶也称酪氨酸-苯酚裂合酶，主要来源于草生欧文菌（*Erwinia herbicola*）ATCC 21433，也有来源于黄曲霉等其它微生物。目前β-酪氨酸酶已经制成固定化酶以供各种场合使用。

（2）L-麻黄碱和 D-假黄麻碱的酶法合成　L-麻黄碱是中药麻黄中的一种生物碱，化学名为（1R,2S)-2-甲氨基-1-苯基丙醇，可用于支气管哮喘的治疗。传统上可采用提取法从麻黄中获得，但存在多种局限，而化学法合成的则是 DL-麻黄碱，不能得到单一的 L-麻黄碱。L-麻黄碱经过乙酰化和羟基取代后可以产生构型转化的 D-假麻黄碱，其化学名为（1S,2S)-2-甲氨基-1-苯基丙醇，具有减轻充血的作用，与抗组胺药配伍制成抗感冒和抗过敏药物。

丙酮酸脱羧酶（EC 4.1.1.1）可以催化丙酮酸与苯甲醛缩合生成 L-苯基乙酰基甲醇（简称 L-PAC），而 L-PAC 再经过甲胺还原胺化就可得到 L-麻黄碱。L-麻黄碱分子中的苄醇基经过乙酰化和羟基取代后可以产生构型转化的 D-假麻黄碱。如图 10.9。

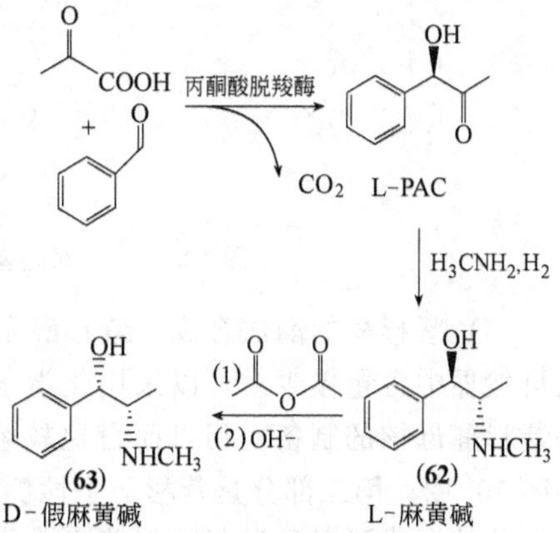

丙酮酸脱羧酶广泛存在于酵母细胞中，在酿酒酵母和产蛋白假丝酵母中含量较为丰富。

（3）利巴韦林的酶法合成　利巴韦林（Ribavirin）是一种核苷类似物抗病毒药物，能抑制病毒核酸的合成，具有广谱抗病毒性能，对 RNA 和 DNA 病毒均有抑制作用，能防治甲型流感病毒、乙型流感病毒、腺病毒性肺炎、疱疹、麻疹等疾病。

图 10.9 丙酮酸脱羧酶催化 L-麻黄碱、D-假麻黄碱的合成

可以利用嘌呤核苷磷酸化酶和嘧啶核苷磷酸化酶可以实现利巴韦林的商业化合成，其中嘌呤核苷磷酸化酶催化腺苷、鸟苷、尿苷和乳清酸核苷的磷酸化生成 1-磷酸核糖，嘧啶核苷磷酸化酶则催化 1-磷酸核糖与 1,2,4-三唑-3-甲酰胺反应生成利巴韦林，如图 10.10。

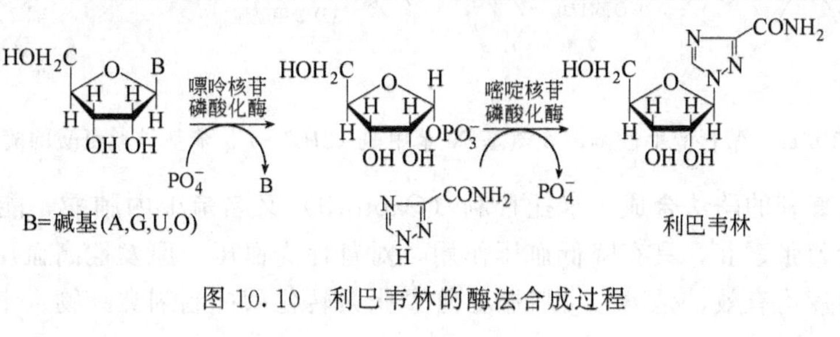

图 10.10 利巴韦林的酶法合成过程

目前已经从胡萝卜欧文杆菌（*Erwinia carotovora*）中分离纯化出了嘌呤核苷磷酸化酶和嘧啶核苷磷酸化酶。

（4）D-苯甘氨酸和D-对羟基苯甘氨酸的酶法合成　D-苯甘氨酸和D-对羟基苯甘氨酸是氨苄西林、阿莫西林、头孢氨苄和头孢羟氨苄四种广泛使用的半合成抗生素的侧链。可以采用化学合成法与海因酶拆分和酰胺水解酶水解相结合来合成，如图10.11。

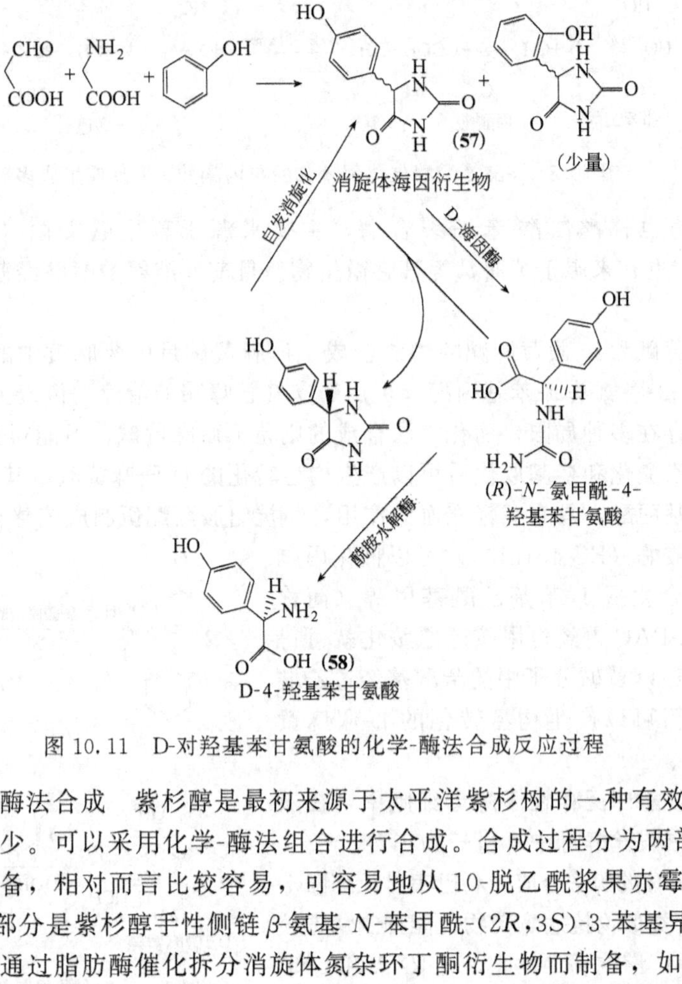

图 10.11　D-对羟基苯甘氨酸的化学-酶法合成反应过程

（5）紫杉醇的酶法合成　紫杉醇是最初来源于太平洋紫杉树的一种有效的抗肿瘤药物，在自然界中含量极少。可以采用化学-酶法组合进行合成。合成过程分为两部分：第一部分是紫杉醇母核的制备，相对而言比较容易，可容易地从10-脱乙酰浆果赤霉素Ⅲ制备而得，如图10.12；第二部分是紫杉醇手性侧链 β-氨基-N-苯甲酰-(2R,3S)-3-苯基异丝氨酸的合成，这部分的合成可以通过脂肪酶催化拆分消旋体氮杂环丁酮衍生物而制备，如图10.13。手性侧链 β-氨基-N-苯甲酰-(2R,3S)-3-苯基异丝氨酸和母核10-脱乙酰浆果赤霉素Ⅲ衍生物经过缩合反应即可制得紫杉醇，如图10.14。

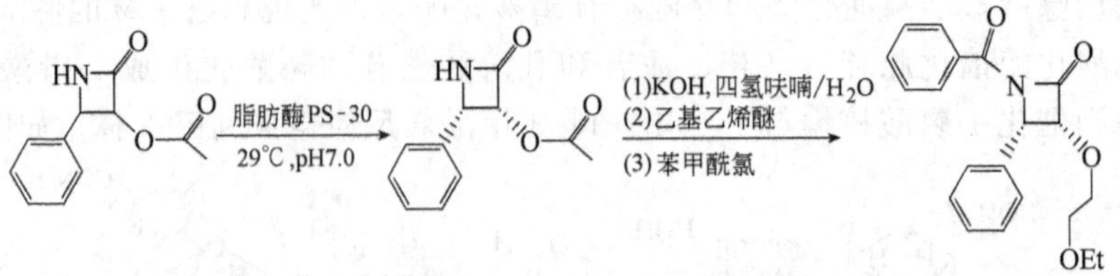

图 10.12　紫杉醇手性侧链 β-氨基-N-苯甲酰-(2R,3S)-3-苯基异丝氨酸的酶法合成

（6）卡托普利的酶法合成　卡托普利（Captoril）又名巯甲丙脯酸，能抑制血管紧张素Ⅰ转化为血管紧张素Ⅱ，具有降低血压作用，对肾性高血压、原发性高血压及常规药物治疗无效的高血压症均有效，是第一个口服血管紧张素转化酶抑制剂类药物。卡托普利分子中含

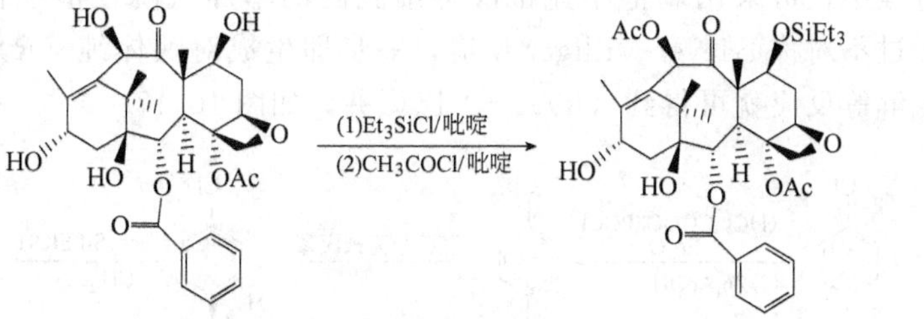

图 10.13　紫杉醇母核 10-脱乙酰浆果赤霉素Ⅲ衍生物的合成

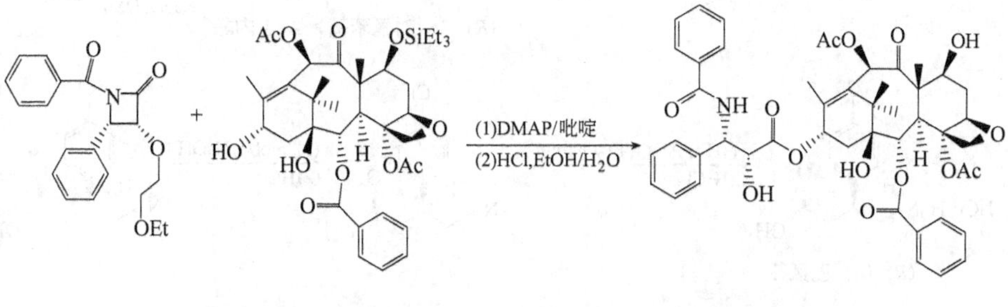

图 10.14　β-氨基-N-苯甲酰-(2R,3S)-3-苯基异丝氨酸和
10-脱乙酰浆果赤霉素Ⅲ衍生物缩合生成紫杉醇

有两个手性中心，活性取决于含巯基烷链的构型，其（S）型对映体是（R）型药物活性的 100 倍以上，因此，最好的药物分子应为（S,S）构型。传统化学合成方法生成的是非对映体混合物（R,S＋S,S），然后用二环己胺成盐后分离得到（S,S）构型，但产率很低。

采用皱落假丝酵母的酶系可将异丁酸立体选择性氧化为（R）-α-甲基-β-羟基丙酸，后者与 L-脯氨酸缩合再经过巯基化就可得到（S）-卡托普利，如图 10.15。也可以采用假单胞菌脂肪酶或黑曲霉脂肪酶拆分 α-甲基-β-乙酰硫代丙酸得到中间体后，再经过酰氯化及与 L-脯氨酸缩合就可制成（S）-卡托普利，如图 10.16。

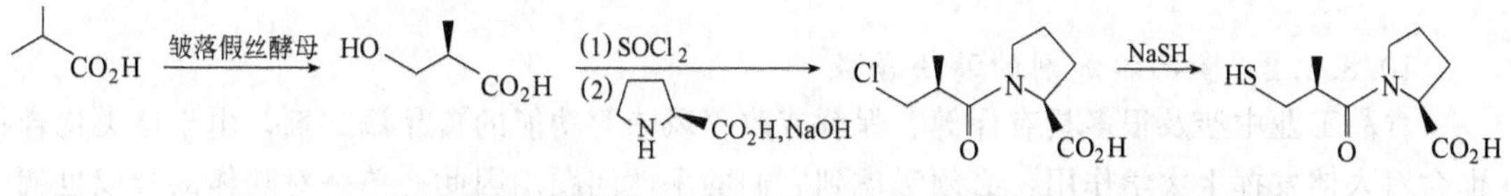

图 10.15　采用皱落假丝酵母酶系参与的（S）-卡托普利化学-酶法合成过程

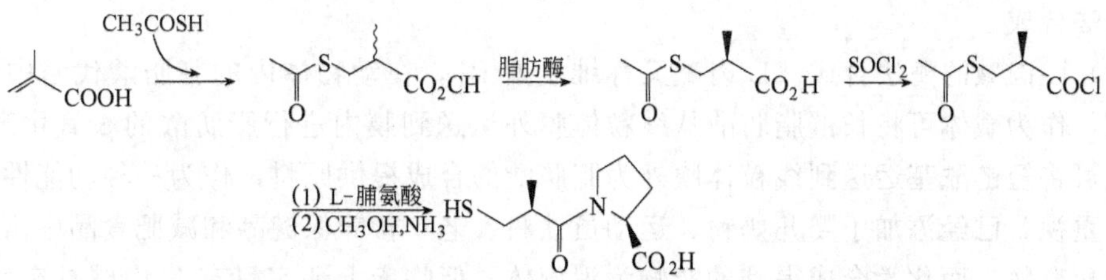

图 10.16　假单胞菌脂肪酶或黑曲霉脂肪酶参与的（S）-卡托普利化学-酶法合成过程

（7）（R）-巴氯芬的酶法合成　（R）-巴氯芬是重要的中枢神经传递质 γ-氨基丁酸（GA-BA）受体的激动剂，是一种常用的解痉药物。最初于 1962 年被合成并以消旋体形式上市，但最近的研究表明，具有生物学活性的（R）-（－）-巴氯芬选择性地激动 GABA$_B$ 受体，且可用化学-酶法合成较容易地制备对映体（R）-（－）-巴氯芬。

在制备过程中，可采用刺孢小克银汉霉细胞内的单加氧酶使潜手性化合物 3-(对氯苯基) 环丁酮经过不对称 Baeyer-Villiger 反应，一步即生成对映体纯 (R)-3-(对氯苯基)-4-丁内酯，再经氨解等反应就可得到 (R)-(−)-巴氯芬，如图 10.17。

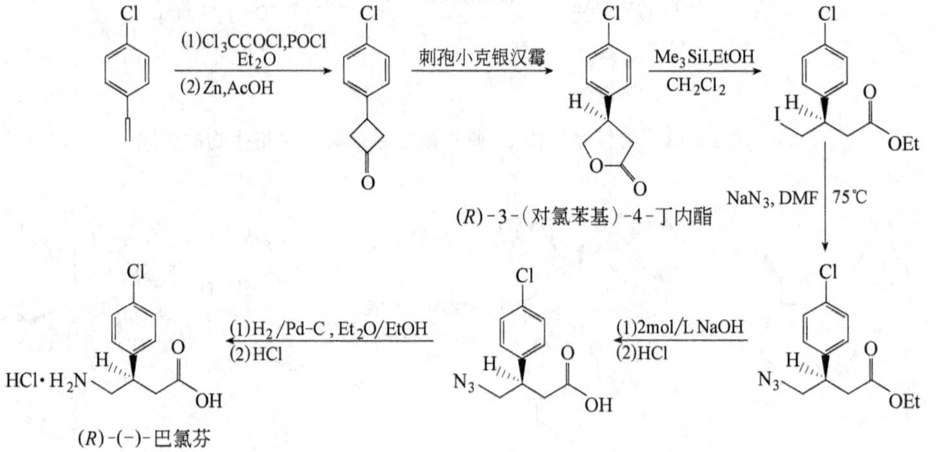

图 10.17 酶法合成 (R)-(−)-巴氯芬的反应过程

也有报道用 α-胰凝乳蛋白酶拆分潜手性中间体 3-(对氯苯基)戊二酸二甲酯得到 (R)-单酯，再经羧基的还原胺化就可制得 (R)-(−)-巴氯芬，如图 10.18。

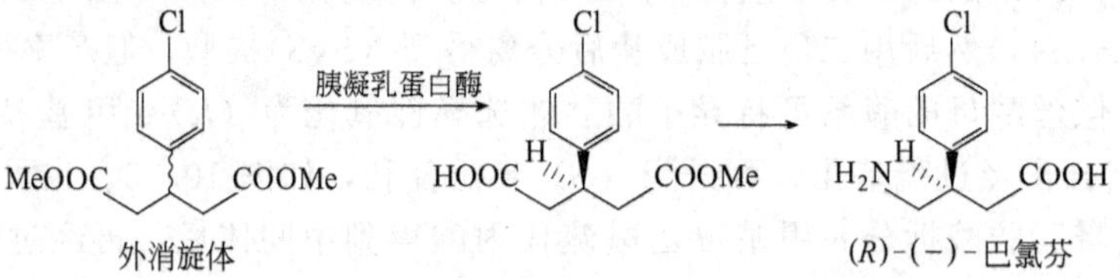

图 10.18 酶法拆分中间体后合成 (R)-(−)-巴氯芬的反应过程

10.8.1.2 食品添加剂的酶法合成

食品工业中涉及很多具有保健、保鲜或改善风味等功能的食品添加剂，由于这类化合物也会对人体发挥生物学作用，必须考虑到它们的手性问题。因此，单一对映体的合成也就引起人们的关注，现在已经越来越多地采用纯对映体化合物作为添加剂，例如 L-肉碱和硫辛酸的酶法合成。

（1）L-肉碱的酶法合成 L-肉碱又称维生素 B_T，在动物体内的脂肪酸代谢中起着重要的作用，作为载体可将长链脂肪酸从线粒体膜外运送到膜内进行脂肪酸的 β-氧化产生能量，同时又可将短链酰基运送到线粒体膜外为脂肪酸的合成提供原料，作为一种功能性食品添加剂受到重视，已经添加于婴儿奶粉、运动员饮料、老年营养保健品和减肥食品中。肉碱是一种手性化合物，而化学合成得到的产物为消旋体，但临床上证实只有 L-肉碱具有生理活性，而 D-肉碱非但没有生理活性而且还是 L-肉碱的拮抗剂。

L-肉碱可以由提取法、合成法、发酵法和化学-酶法合成来制备。其中以化学-酶法合成研究得最多，且有多种途径可以获得目的产物。例如，可利用面包酵母中的酶系催化 γ-氯代乙酰乙酸辛酯还原得到 (R)-γ-氯代乙酰乙酸辛酯，后者经取代和水解两步反应就可得到 L-肉碱，如图 10.19（a）。同样，利用微生物可选择性地氧化 γ-N-三甲基丁酸生成 L-

肉碱，如图 10.19 (b)。也可以用 1-氯-2,3-环氧丙烷氨解和酶法拆分制备 L-肉碱，如图 10.19 (c)。

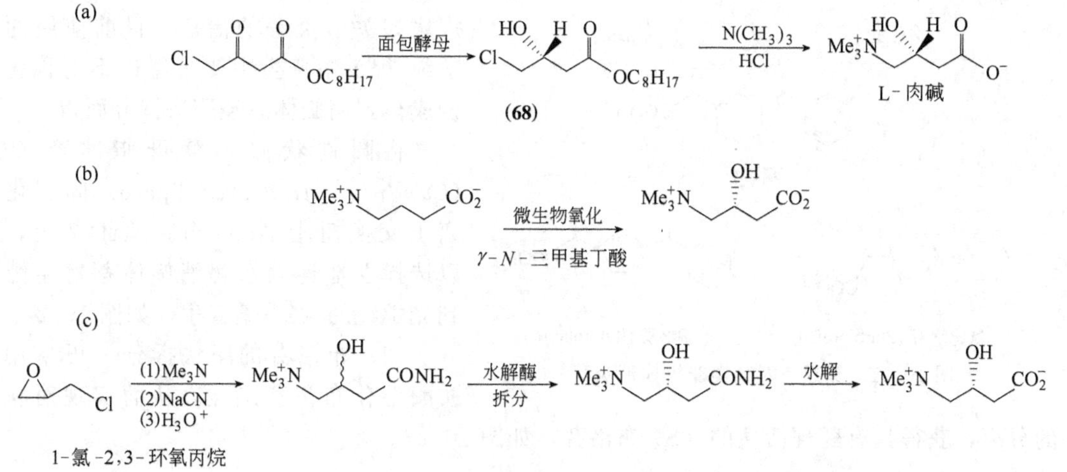

(a)

(b)

γ-N-三甲基丁酸

(c)

1-氯-2,3-环氧丙烷

图 10.19　L-肉碱的化学-酶法合成

　　(2) 硫辛酸的酶法合成　(R)-硫辛酸是 α-酮酸氧化脱羧酶系的辅酶，其化学名为 1,2-二硫戊环-3-戊酸，还原型的硫辛酸具有游离的 —SH，是一种天然的抗氧化剂，可作为保健食品，也可用于肝炎的辅助性治疗。化学法合成的一般都是消旋体，只有利用化学-酶法才可以制备纯对映体 (R)-(＋)-硫辛酸。

　　可利用环戊酮单加氧酶催化消旋体 2-(2-乙酰氧乙基)环己酮生成 (S)-(＋)-ε-内酯，经甲醇醇解可以生成 (S)-(＋)-6,8-二醇辛酸甲酯，然后经三步化学反应可以得到 (R)-(＋)-硫辛酸，如图 10.20。

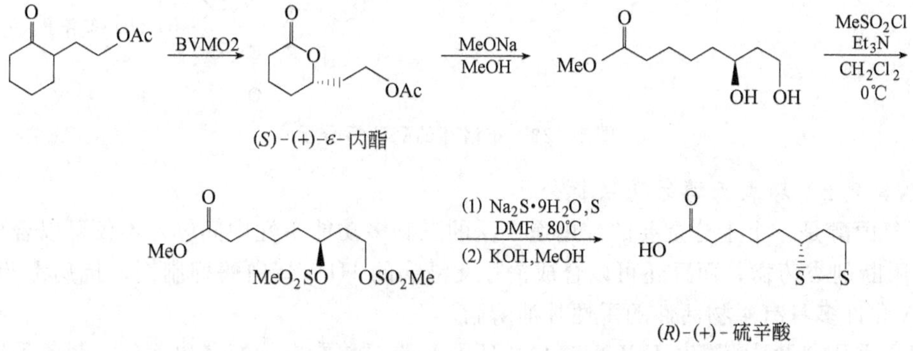

(S)-(+)-ε-内酯

图 10.20　(R)-(＋)-硫辛酸的化学-酶法合成

　　环戊酮单加氧酶是一种 Baeyer-Villiger 单加氧酶，来源于假单胞菌属 NCIMB 9872。

10.8.2　手性化合物的酶法拆分

10.8.2.1　非甾体消炎药的酶法拆分

　　临床常用的非甾体消炎药属于 2-芳基丙酸类化合物，能抑制前列腺素的生物合成。这类包括了许多化合物，例如萘普生、布洛芬、酮洛芬、氟比洛芬和酮咯酸等，如图 10.21。药理学研究已经证实 (S)-对映体的药理活性要远大于 (R)-对映体，通常需要利用不对称化学合成或合成消旋体后，再拆分来制备光学纯的单一对映体。

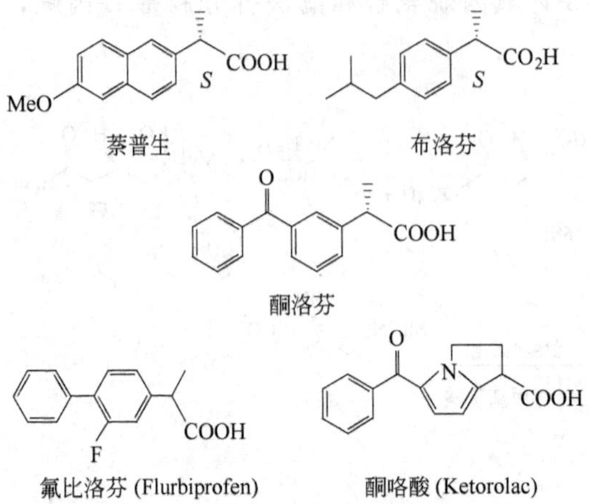

萘普生

布洛芬

酮洛芬

氟比洛芬 (Flurbiprofen)

酮咯酸 (Ketorolac)

图 10.21　2-芳基丙酸类非甾体消炎药

（1）萘普生的酶法拆分　萘普生是一种使用量较大的非甾体抗炎剂类手性药物，已经被广泛地用于人联结组织的疾病如关节炎等的治疗。目前使用的光学纯（S）-萘普生主要是通过不对称化学合成得到消旋体后经酶法拆分而得。

将圆柱状假丝酵母脂肪酶 CCL（*Candida cylindracea* lipase）固定化在离子交换树脂 Amberlite XAD-7 上，可以选择性地连续水解消旋体萘普生酯得到光学纯的（S）-萘普生，如图 10.22。

（2）布洛芬的酶法拆分　可采用脂肪酶催化布洛芬酯化，从而实现对映体的分离，获得具有药理活性的（S）-布洛芬，如图 10.23。

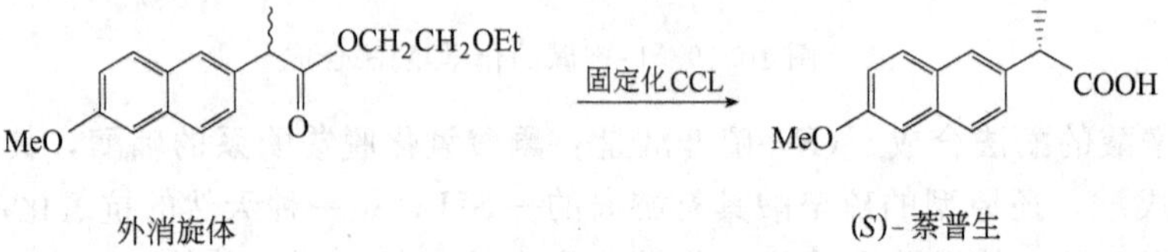

外消旋体

（S）-萘普生

图 10.22　固定化圆柱状 CCL 催化消旋体萘普生酯水解拆分制备光学纯（S）-萘普生

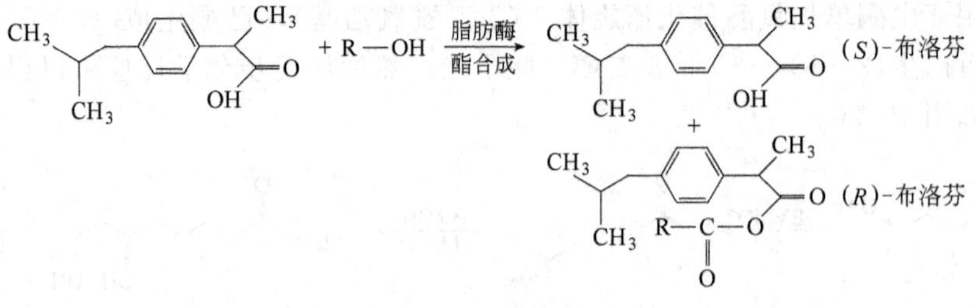

（S）-布洛芬

（R）-布洛芬

图 10.23　布洛芬的酶法拆分示意

10.8.2.2　环氧丙醇的酶法拆分

环氧丙醇是一个十分重要的、用途广泛的三碳多功能手性中间体，不仅可以合成众多的β-受体阻断剂类药物，而且还可以合成治疗艾滋病的 HIV 蛋白酶抑制剂、抗病毒药物（S）-HMPA 和许多具有生物活性的手性甘油磷脂。

可以采用猪胰脂肪酶（PPL）对 2,3-环丙醇的丁酸酯进行酶催化拆分，制备手性环氧丙醇，如图 10.24。

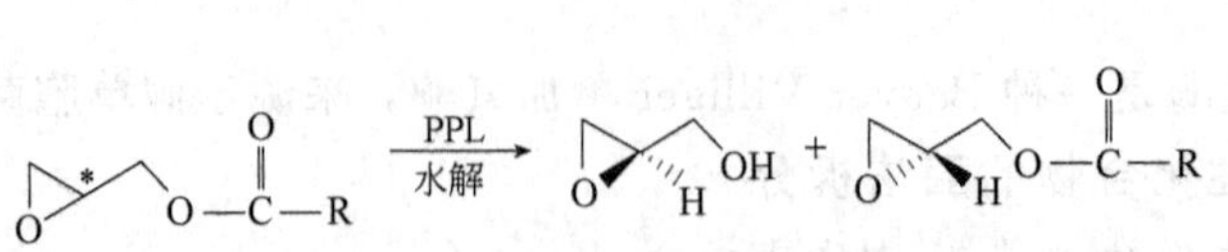

图 10.24　猪胰脂肪酶催化水解反应拆分环氧丙醇丁酸酯制备手性环氧丙醇

10.8.2.3　普萘洛尔的酶法拆分

普萘洛尔是一种重要的 β-受体阻断剂类药物，可采用假单胞菌脂肪酶（PSL）对外消旋的萘氧氯丙醇酯进行水解，得到（R）-萘氧氯丙醇酯。而利用 PSL 对消旋的萘氧氯丙醇进行选择性酰化，也得到了 ee 大于 95％的光学活性的 (R)-萘氧氯丙醇酯，如图 10.25。

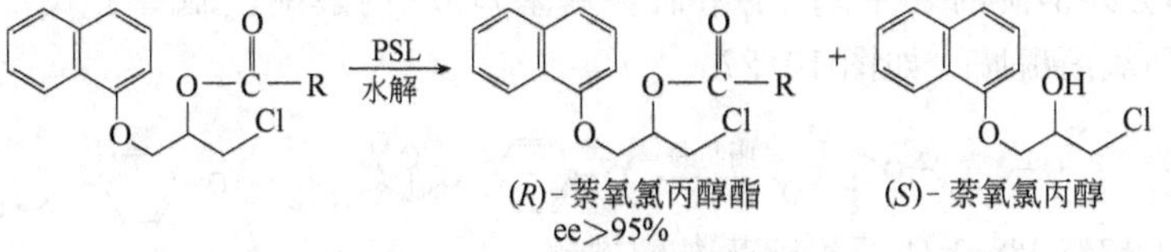

图 10.25　PSL 对外消旋的萘氧氯丙醇酯进行的水解反应路线示意

10.8.2.4　(—)-薄荷醇的酶法拆分

(—)-薄荷醇是一种重要的萜类香料，可作为食品添加剂，全球每年的消耗量载 4500t 以上。有多种途径可以生产 (—)-薄荷醇，如从薄荷植物中分离纯化而得，也可采用稀有金属 Rh 的衍生物和 ZnBr$_2$ 作催化剂进行不对称化学合成。还可以采用将百里香酚还原（H$_2$/Ni）制备消旋体薄荷醇，然后用酶法拆分得到 (—)-薄荷醇。

在酶法拆分过程中，消旋体丁二酸薄荷酯在水饱和的正庚烷非水介质中被固定化小红酵母细胞酶系水解产生 (—)-薄荷醇；也可以采用皱落假丝酵母脂肪酶（CCL）能催化 5-苯基戊酸与消旋体薄荷醇进行对映体选择性酯化反应得到 5-苯基戊酸-(—)-薄荷醇酯，然后经过水解而制备出 (—)-薄荷醇，如图 10.26。

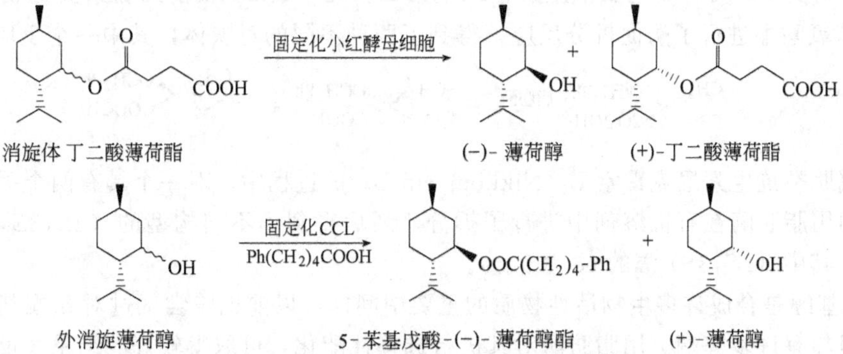

图 10.26　固定化脂肪酶催化消旋体薄荷醇的拆分

10.8.2.5　5-羟色胺拮抗物和摄取抑制剂类手性药物的酶法拆分

5-羟色胺（5-HT）是一种涉及各种精神病、神经系统紊乱（如焦虑、精神分裂症和抑郁症）的一种重要神经递质。现有一些药物的毒性就在于它不能选择性地与 5-HT 受体反应（已发现至少 7 种 5-HT 受体）。事实上，那些具有立体化学结构的药物在很大程度上能影响其与受体结合的亲和力和选择性，其中一种新的 5-HT 拮抗物 MDL 就极好地显示了这一特性。(R)-MDL 在体内的活力是 (S)-MDL 的 100 倍以上，是以前 5-HT 拮抗物酮色林活力的 150 倍，更为重要的是 (R)-MDL 对 5-HT$_2$ 显示了极高的选择性。

在制备 MDL 的过程中，第一次成功地在酶法拆分时实施了同位素标记。其中一个主要手性中间体的拆分如下：

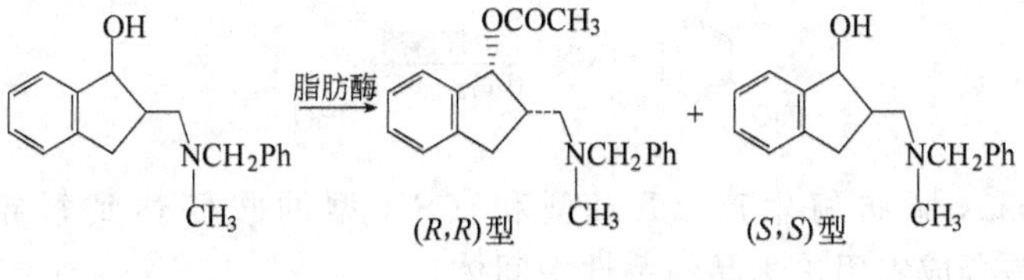

10.8.2.6 苯基环氧丙醇酯的酶法拆分

脂肪酶拆分外消旋的 3-甲基-(4-甲氧基苯基)环氧丙醇酯，制备了 （—)-(2R,3S)-3-(4-甲氧基苯基)环氧丙酰胺。如图 10.27。

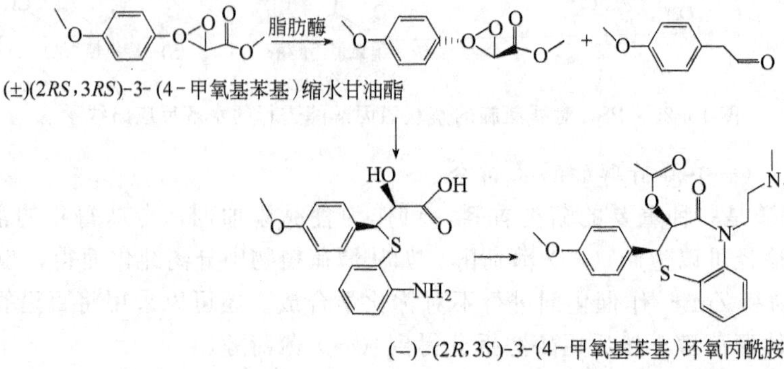

(±)(2RS,3RS)-3-(4-甲氧基苯基)缩水甘油酯

(—)-(2R,3S)-3-(4-甲氧基苯基)环氧丙酰胺

图 10.27 脂肪酶催化拆分外消旋的 3-甲基-(4-甲氧基苯基)环氧丙醇酯以及 （—)-
(2R,3S)-3-(4-甲氧基苯基)环氧丙酰胺的制备

10.8.2.7 其它手性药物的酶法拆分

用脂肪酶 OF 对合成昆虫信息素、维生素 E、维生素 D$_3$ 及前列腺素类似物的重要中间体叔-α-苯氧酸酯进行了酶促拆分反应，得到了两种不同的对映体，其中一个反应如下：

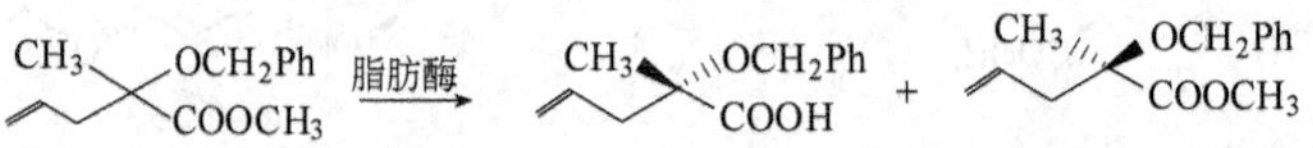

合成肽类抗生素尼克霉素 B（Nikkomycin B）的过程中，对一个具有两个手性中心的初级醇，利用脂肪酶在有机溶剂中进行了拆分，最后得到了不同构型的 （2S,3S)-醇和 （2R,3R)-醇，其中 （2S,3S)-醇的 ee 为 99%。

α-酮基醇是合成许多生物活性物质的重要中间体，以前也曾尝试过对 α-酮基用酵母进行还原，但却有许多弊端。用脂肪酶对其进行选择性酯化，可取得较好的结果。反应转化率为 58%，得到 （S)-醇的 ee 为 98%。

利用 *C. cyliudracta* 脂肪酶拆分 2-溴代和 2-氯代丙醇，手性的 2-氯代或 2-溴代丙酸是合成酚氧丙醇除草剂的前体。

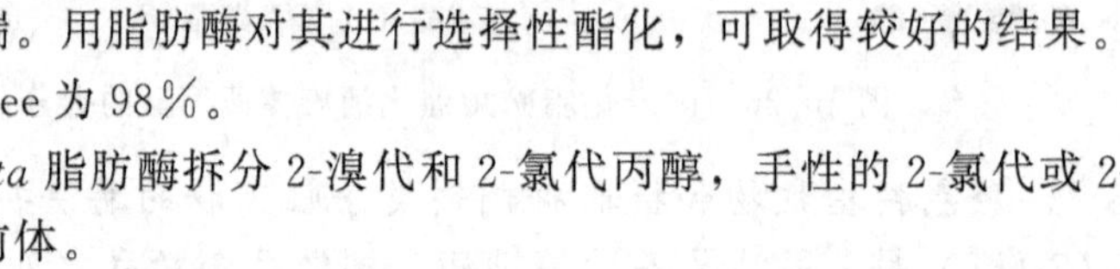

外消旋α-酮基醇　　　(S)-(+)-酮基醇　(R)-(—)-α-酮基醇乙酸酯

手性腈醇可以转化成为多种手性中间体如 α-羟酸、α-羟苯丙胺等。由 （S)-腈醇可制得高效杀虫剂，制备手性腈醇的反应式如下：

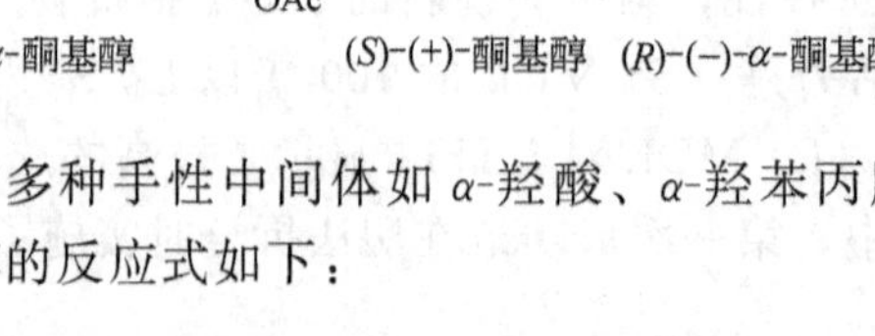

用 *Pseudomonas* 脂肪酶生产 （R） 型和 （S） 型的胺已达到每年 100t 的规模（图 10.28）。这些胺是合成农用化学品的手性中间体。

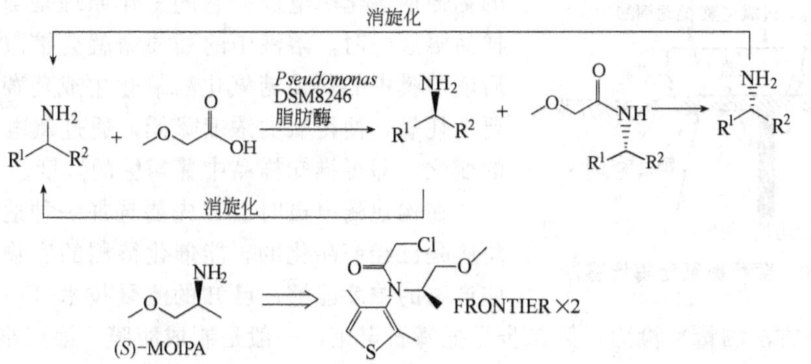

图 10.28 BASF 用脂肪酶催化作用和消旋化作用相配合生产手性胺

FRONTIER 是一种农业用途的化学药品，其（S）型有效

脂肪酶的催化反应在精细化工产品的生产中具有广泛的用途。值得一提的是脂肪酶拆分生产拟除虫菊酯的工艺。由于加入甲基磺酰氯，使水解产生的醇磺化，然后在少量碳酸钙存在下水解，导致手性中心转化。用这种方法产品光学纯度（ee）达 99.2%，产率也高（图 10.29）。

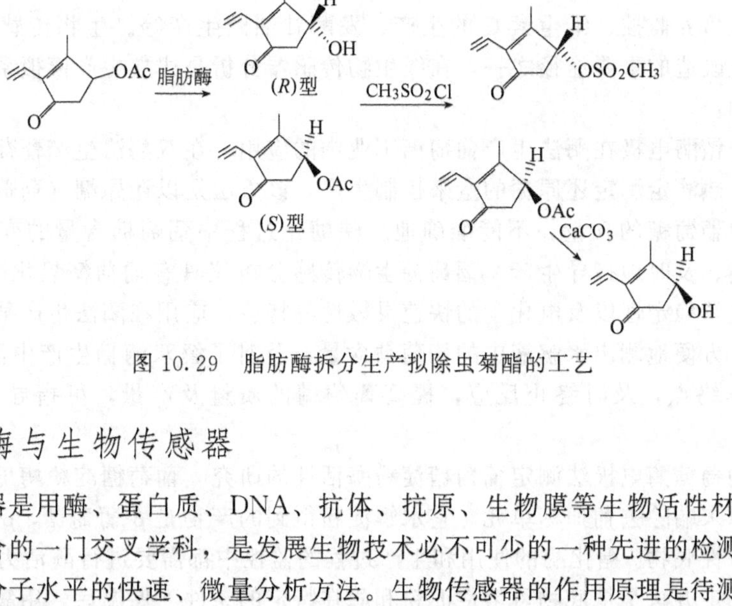

图 10.29 脂肪酶拆分生产拟除虫菊酯的工艺

10.9 酶与生物传感器

生物传感器是用酶、蛋白质、DNA、抗体、抗原、生物膜等生物活性材料与物理化学换能器有机结合的一门交叉学科，是发展生物技术必不可少的一种先进的检测方法与监控方法，也是物质分子水平的快速、微量分析方法。生物传感器的作用原理是待测物质经扩散作用进入生物活性材料，经分子识别，发生生物学反应，产生的信息继而被相应的物理或化学换能器转变成可定量和可处理的电信号，再经二次仪表放大并输出，便可知道待测物浓度。生物传感器大致可以分为酶传感器、微生物传感器、免疫传感器和场效应晶体管生物传感器四大类。其中利用酶的催化作用制成的酶传感器是问世最早、成熟度最高的一类生物传感器。

酶传感器是间接型传感器，它不是直接测定待测物质的浓度，而是利用酶的催化作用，在常温、常压下将糖类、醇类、有机酸、氨基酸等生物分子氧化或分解，然后通过测定与反应有关的物质浓度，进而推出相应的生物物质浓度。目前国际上已研制成功的酶传感器大约有几十种，其中最为成熟的传感器是葡萄糖氧化酶传感器。如图 10.30 所示的是一种较简单

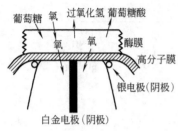

图 10.30　葡萄糖氧化酶传感器

的葡萄糖氧化酶电极。它的工作原理是当将酶电极浸入样品溶液中时，溶液中的葡萄糖就会扩散进入酶膜，之后就被膜中的葡萄糖氧化酶氧化生成葡萄糖酸，同时需要消耗氧，使得氧的浓度降低，通过氧电极测定氧浓度的变化，即可推知样品中葡萄糖的浓度。

在构建酶电极时，首先要选择一种适当的酶，这种酶应是已经商品化的，能催化待测的底物发生反应，反应产物的浓度能够用已知的测量技术（一般采用电化学方法或免疫方法测量）检测；第二步是把酶固定化，一般是制成酶膜；第三步是将酶膜与测量产物浓度的电极组装成酶电极。

在传统的酶电极的基础上，近年来，在免疫电极方面的研究进展很快，而且酶电极的基本原理已经推广应用到蛋白质芯片和基因芯片的研究开发中。

目前，生物传感器已经在国民经济中的临床诊断、工业控制、食品和药物分析（包括生物药物研究开发）、环境保护以及生物技术、生物芯片等多个领域取得了广泛的应用。固定化酶生物传感器最重要的服务对象包括临床、食品分析、发酵工业控制、环境监测、防卫安全检测等领域。例如在发酵工业的氨基酸工业、抗生素工业、酒类工业、酶制剂工业（糖化酶快速分析）、淀粉糖工业、生物细胞培养（葡萄糖、乳酸、谷氨酰胺分析）、石化工业中微生物脱硫细胞培养监控、维生素 C 的生产、发酵甘油的生产等。生物传感器检测技术是生物加工类企业改造的重要途径之一，在线生物传感器分析是建立生产模拟系统和实时检测的新工具。例如：

（1）葡萄糖酶电极在酶法生产葡萄糖工业中的应用　在双酶法生产葡萄糖的工业中，多数是采用费林热滴定测定还原糖的量来控制生产，该方法是以还原糖（葡萄糖及其它还原性糖）的量反映葡萄糖的含量，不能准确地反映糖化过程中葡萄糖含量的变化，而且操作费时，无法准确、及时地指导生产。葡萄糖生物传感分析仪具有葡萄糖氧化酶的底物专一性、固定化酶的连续稳定性以及电化学的快速灵敏性等特性，应用在酶法生产某菌糖过程中，可准确、快速、方便地测出水解液中的葡萄糖含量，及时了解双酶糖生产中淀粉的水解情况，准确判断水解终点，及时终止反应，提高葡萄糖的质量及产量，可指导并控制糖的生产过程。

（2）用葡萄糖酶电极法测定葡萄糖淀粉酶活性的研究　葡萄糖淀粉酶可连续地从淀粉和糖原的非还原末端除去葡萄糖单元，它水解淀粉得到的产物是 β-葡萄糖，β-葡萄糖是葡萄糖氧化酶的专一性底物。糖化酶的使用和生产过程的监控中都需要进行酶活力的测定。传统的糖化酶活力测定方法是把底物可溶性淀粉和酶在特定的条件下保温后，用氧化还原滴定法或比色法测定产生的还原糖量确定葡萄糖淀粉酶的活性单位，不仅烦琐、费时，而且是把还原糖的生成量按葡萄糖量计算，样品中的非葡萄糖还原性物质对测定结果有干扰，专一性差。

酶电极法快速、准确、专一性好，是一种比较理想的分析工具。用葡萄糖酶电极可以测定糖化酶的活力，以已知浓度的葡萄糖为标准，通过测定酶反应在单位时间内产生的葡萄糖量，就可计算出糖化酶的活力单位。也可利用基于葡萄糖酶电极设计的生物传感分析仪，用已知酶活力的糖化酶作标准，在仪器上直接显示酶活性单位，实现了糖化酶的快速测定。

（3）胆碱氧化酶电极生物传感器在测定胆碱中的应用　胆碱是生物体组织中乙酰胆碱、卵磷脂和神经脂的组成成分，胆碱的测定方法分为两类：化学法和酶法。化学法是目前饲料、医药、食品行业分析胆碱的主要手段，该法虽成本较低，但专一性差，操作复杂，费时费力。酶法分析先用 ^{32}P 标记的 ATP 在胆碱激酶作用下生成 ^{32}P 磷酰胆碱色谱分离后用液体闪烁谱仪测定，该法专一性较好，但分析成本高，难以推广应用。

近年来采用固定化酶电极生物传感器测定胆碱及其衍生物的研究较多，多以 O_2 电极为基础电极，也有采用固定化胆碱氧化酶复合 H_2O_2 电极构成胆碱酶电极生物传感分析仪，并用于氯化琥珀胆碱注射液中的氯化琥珀胆碱和胆碱的测定。

（4）胆碱酯酶电极生物传感器在疾病诊断中的应用　有机磷毒剂是胆碱酯酶的强烈抑制剂，测定人体血液中胆碱酯酶活性是有机磷中毒诊断及预后估计的重要指标，胆碱酯酶测定主要用于有机磷农药中毒、战争化学毒剂伤的检测。

胆碱酯酶主要存在于脑、肝、胰、心、神经细胞和肌肉等组织中，与其它病理改变时酶活力增高的情况相反，胆碱酯酶测定的临床意义在于酶活力的降低。目前我国医院化验室采用的测定胆碱酯酶的方法是比色法，由于分析速度太慢，难以作为临床治疗的依据；而价格低廉、操作简便、测定快速的胆碱酯酶电极分析仪有着广阔的前景。

10.10　酶在物质分析检测方面的应用

利用酶催化作用的高度专一性对物质进行检测，已成为物质分析检测的重要手段。通常将利用酶进行物质分析的方法统称为酶法检测或酶法分析。酶法分析是以酶的专一性为基础，以酶作用后物质的变化为依据来进行的。故此，要进行酶法分析必须具备两个基本条件：一是要有专一性高的酶；二是对酶作用后的物质变化要有可靠的检测方法。酶法分析一般包括两个步骤：第一步是酶反应，将酶与样品接触，在适宜的条件下（包括温度、pH值、抑制剂和激活剂浓度等）进行催化反应；第二步是测定反应前后物质的变化情况，即测定底物的减少，产物的增加或辅酶的变化等，根据反应物的特性，可采用化学检测、光学检测、气体检测等方法检测。当前迅速发展并广泛应用的各种酶传感器，能够将反应与检测两个步骤密切结合起来，具有快速、方便、灵敏、精确的特点，酶法在临床医学、环保监测及工业生产中发挥了巨大的作用。根据酶反应的不同，酶法分析可以分成单酶反应、多酶偶联反应和酶标免疫反应三类。

10.10.1　单酶反应分析

利用单一种酶与底物反应，然后用各种方法测出反应前后物质的变化情况，从而确定底物的量。这是最简单的酶法检测技术。使用的酶可以是游离酶，也可以是固定化酶或单酶电极等。例如：

① L-谷氨酸脱羧酶专一地催化 L-谷氨酸脱羧生成 γ-氨基丁酸和二氧化碳，生成的二氧化碳可以用华勃呼吸仪或二氧化碳电极等测定，根据生成二氧化碳的量就可获得 L-谷氨酸的量。该法已经广泛地用于 L-谷氨酸的定量分析，使用的酶形式有游离酶和酶电极。

② 脲酶能专一地催化尿素水解生成氨和二氧化碳，通过气体检测或者使用氨电极、二氧化碳电极等，测出氨或二氧化碳的量，就可确定尿素的含量。

③ 葡萄糖氧化酶能够专一性地催化葡萄糖的氧化反应生成葡萄糖酸和双氧水，而反应中所消耗氧的量或生成的葡萄糖酸的量都与葡萄糖有定量的关系，利用这一点就可进行葡萄糖的分析检测，用 pH 电极、氧电极和 $Pt(H_2O_2)$ 电极等可以测定酸的生成或氧的减少来确定葡萄糖的量。该法已广泛地用于食品、发酵工业和临床诊断等方面。

④ 胆固醇氧化酶可催化胆固醇与氧反应生成胆固醇（胆甾烯酮），通过气体检测技术或者使用氧电极来测出氧的减少量，就可以确定胆固醇的含量。

⑤ 虫荧光素酶可催化荧光素（LH2）与腺三磷（ATP）反应，使 ATP 水解生成 AMP

和焦磷酸，放出的能量转变为光，通过光度计或光量计测出光量，就可以测出 ATP 的量。可以将萤荧光素酶固定在光导纤维上，并与光量计结合组成酶荧光传感器，可以快速、简便灵敏地检测出 ATP。

单酶催化反应进行物质检测具有简便、快捷、灵敏、准确的特点，是酶法检测中最广泛采用的技术。固定化酶与能量转换器密切结合组成的单酶电极，使酶法检测朝连续化、自动化的方向发展。

10.10.2　多酶偶联反应分析

多酶偶联反应分析是利用两种或两种以上酶的联合作用，使底物通过两步或多步反应，转化为易于检测的产物，从而测定被测物质的量。有些物质经过单酶催化反应后，对物质变化情况进行检测时会受到其它物质的干扰，表现为检测的灵敏度不高等现象，使检测难于进行或检测结果的精确度不够。为此可采用两种或两种以上的酶进行连续式或平行式的偶联反应，使酶法检测易于进行并达到较理想的结果。

利用多酶偶联反应检测已有不少成功的例子，例如：

（1）葡萄糖氧化酶与过氧化物酶偶联　通过这两种酶的联合作用可以检测葡萄糖的含量。使用时先将葡萄糖氧化酶、过氧化物酶与还原型邻联甲苯胺一起用明胶共固定在滤纸条上制成酶试纸，与样品溶液接触后，在 $10\sim60s$ 的时间内试纸即显色。从颜色的深浅判定样品液中葡萄糖的含量。其原理是：葡萄糖氧化酶催化葡萄糖与氧反应生成葡萄糖酸和双氧水，生成的双氧水在过氧化物酶的作用下分解为水和原子氧，新生态的原子氧将无色的还原型邻联苯甲胺氧化成蓝色物质。颜色的深浅与样品中葡萄糖浓度呈正比。随着样品中葡萄糖浓度的增加，酶试纸的颜色变化粉红—紫红—紫色—蓝色，不断加深。其反应过程如下：

$$葡萄糖 + O_2 \xrightarrow{\text{葡萄糖氧化酶}} 葡萄糖酸 + H_2O_2$$

$$H_2O_2 \xrightarrow{\text{过氧化氢酶}} H_2O + [O]$$

$$[O] + 还原型邻联甲苯胺 \longrightarrow 氧化型邻联甲苯胺$$

$$\text{（无色）} \qquad\qquad\qquad\qquad \text{（蓝色）}$$

此酶试纸已在临床中用以测定血液或尿液中的葡萄糖含量，从而诊断糖尿病。

（2）β-半乳糖苷酶与葡萄糖氧化酶偶联　利用这两种酶的偶联反应，用于检测乳糖。首先 β-半乳糖苷酶催化乳糖水解生成半乳糖和葡萄糖，生成的葡萄糖再在葡萄糖氧化酶的作用下生成葡萄糖酸和双氧水。可以用氧电极或双氧水铂电极等测定葡萄糖的量，进而计算出乳糖的含量。

根据这一原理，还可以用蔗糖酶与葡萄糖氧化酶偶联，测定麦芽糖含量；用糖化酶与葡萄糖氧化酶偶联测定淀粉含量等。

这一类双酶偶联也可以再与过氧化物酶一起组成三酶偶联反应，并与邻联苯甲胺共固定化制成酶试纸，分别用于检测各自的第一种酶的底物。

（3）己糖激酶与葡萄糖氧化酶偶联　通过这两种酶的偶联反应可以用于测定 ATP 的含量。己糖激酶（HK）可以催化葡萄糖与 ATP 反应生成 6-磷酸葡萄糖，反应前后样品中的葡萄糖可通过葡萄糖氧化酶的偶联反应来测定。葡萄糖的减少量与 ATP 的含量成正比，故通过测定葡萄糖的减少就可以计算 ATP 的含量。

10.10.3　酶标免疫分析

酶标免疫分析（enzyme immunoassay，EIA）是以待测抗原（或抗体）和酶标抗体（或抗原）的专一结合反应为基础，通过酶活力测定来确定抗原（或抗体）含量的一类分析法，可以分为酶联免疫分析（enzyme linked immunosorbent assay，ELISA）和酶多型免疫分析（enzyme multiplied immunoassay technique，EMIT）。酶标免疫分析首先是将适宜的酶与抗体或抗原结合在一起。如要测定样品中的抗原含量，则将酶与待测的对应抗体结合制成酶标抗体；反之，如要测定抗体，则需先制成酶标抗原，然后将酶标抗体或酶标抗原与待测抗原或抗体通过免疫反应结合在一起，形成酶-抗体-抗原复合物，通过测定复合物中酶的含量就可得出待测抗原或抗体的量。

酶联免疫分析（ELISA）在和抗原（或抗体）结合后酶活性不发生变化，但在测定时必须进行相的分离，因此又称为非均相分析法；而酶多型免疫分析（EMIT）由于和抗体结合后酶的活力会发生变化，可直接在同一相中进行测定，没有相分离的必要，也称均相法。

酶联免疫分析（ELISA）又包括了竞争法、双抗法、抗抗法和差相法等几种方法：

（1）竞争法　该法的原理是在测定体系中如果抗原（或抗体）的量为一定值，那么加入待测抗体（或抗原）和酶标抗体（或抗原）进行免疫反应时，待测物质与酶标物质之间就会发生竞争，相对于仅有酶标物质进行免疫反应者，两者的差值显然代表待测物质的量。具体的测定过程如图 10.31 所示。

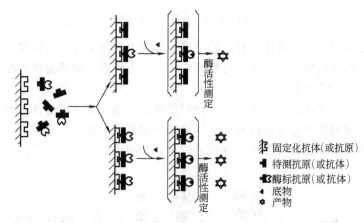

图 10.31　竞争法原理示意

该法包括以下具体步骤：①将定量的抗体（或抗原）分别吸附固定于载体上；②分别加入待测抗原（或抗体）和酶标抗原（或抗体）组成的混合物和"纯"的酶标抗原（或抗体）进行免疫反应；③洗去游离的抗原（或抗体）；④分别保温进行酶反应和酶活力测定；⑤根据两组测定的差值确定待测抗原（或抗体）的含量。

如果要获得确切的含量，可先在步骤②中用标定过的酶标抗原（或抗体）代替混合物制备一条标准曲线，然后再对照标准曲线来获取抗原（或抗体）的量。

（2）双抗法　双抗法适于多价抗原的测定。由于双价抗原既能和固定用的抗体结合，也能和测定用的酶标抗体结合，且这种结合具有双重选择性，因此双抗法具有较高的专一性。双抗法的具体测定过程如图 10.32 所示。

双抗法的操作包括以下具体步骤：①将抗体（第一抗体）固定于载体表面；②加入待测抗原溶液，进行免疫反应，然后洗去过剩的溶液；③再加入酶标抗体（第二抗体），反应后洗去过剩的酶标抗体；④进行酶反应和酶活力测定。

该法的特点是抗原和酶标抗体不一定要经过纯化，而且灵敏度很高，能测定微量的抗原。

（3）抗抗法　抗抗法是利用抗原能专一性地结合和固定待测抗体，然后再利用酶标抗球

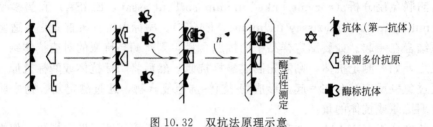

图 10.32　双抗法原理示意

蛋白直接测定固定了的待测抗体,因此,只要抗原足够纯和专一,测定可以高度准确。原理如图 10.33 所示。

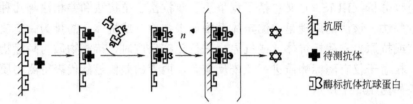

图 10.33　抗抗法原理示意

抗抗法的操作包括以下具体步骤:①将抗原固定于载体表面;②选择性地结合和固定待测抗体;③加入酶标抗球蛋白;④进行酶反应和酶活力测定,酶活力代表抗体量。一般抗球蛋白可用抗 IgG、IgM 或 IgA。

(4) 差相法　差相法的原理是:一方面利用酶标抗体或抗原能选择性地和待测抗原或抗体结合;另一方面利用固定了的抗原或抗体能除去多余的酶标抗体或抗原,从而使溶液相的酶活力能准确而直接地反映待测抗原或抗体的量,如图 10.34。

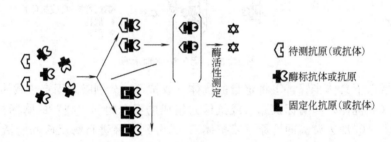

图 10.34　差相法原理示意

差相法的操作包括以下具体步骤:①待测抗原或抗体与过量的酶标抗体或抗原进行反应;②加入过量的固定化的抗原或抗体移除多余的未结合的游离酶标抗体或抗原;③测定上清液中结合的酶标抗体或抗原的活力,以酶活性代表待测抗原或抗体的含量。

一般来说,标记用酶的主要要求是:①高稳定性,标记后的抗原或抗体仍具有活性,应有较长的半衰期;②高的转换率,很少量的酶就可检出;③检测方法简便,可以采用光吸收法或荧光法测定;④酶应该来源方便且较为廉价;⑤待测液中应该没有干扰酶活性测定的因素。根据上述要求,通常用于酶标免疫分析的酶主要有碱性磷酸酶、过氧化氢酶、β-半乳糖苷酶和葡萄糖氧化酶。当然酶标记方法也很重要,选择有一定的标准,一般要求不影响酶活性和免疫活性、操作简便、产量高以及能形成稳定的酶标产品。最常用的酶标记方法是交联法,如戊二醛交联法。酶标记的方法主要有两种方式:直接向酶与抗原或抗体蛋白的混合液中滴加戊二醛，或先向酶溶液中加入戊二醛再加入抗原或抗体蛋白。也有采用 N-羟琥珀酰亚胺-m-马来酰亚胺苯甲酸等杂型双功能试剂进行交联。当酶标记反应完成后，必须除去未被标记的抗原或抗体以及未被结合的酶，可采用凝胶过滤等方法进行分离。

目前酶标免疫分析已成功地用于多种抗体或抗原的测定，从而用于某些疾病的诊断。

10.11 用于疾病诊断和治疗的酶

人类在自然界中生活要受到各种外界因素的影响，而被生产和生活污染了的环境对人类的健康带来了严重的不利影响，不可避免地产生各种疾病。很久以前，人们就开始利用酶作为药物进行疾病的治疗，并取得了很好的疗效。目前，酶在疾病诊断和治疗方面的应用越来越广泛，已经或正在为人类的健康作出贡献。

10.11.1 用于疾病诊断的酶

人类疾病的治疗效果好坏与否在很大程度上决定于诊断的准确性，大量的实践已经表明，疾病诊断的方法有很多，其中尤以基于具有专一性强、催化效率高、作用条件温和等显著特点的酶学诊断特别引人注目，经过多年的研究和积累已经发展成为可靠、简便、快捷的疾病诊断方法。

从目前的情况来看，疾病的酶学诊断方法包括两个方面：一个是根据体内原有酶活力的变化来诊断某些疾病；另一个是利用酶来测定体内某些物质的含量变化，从而诊断某些疾病。

10.11.1.1 根据体内酶活力的变化诊断疾病

一般来说，健康人体内所含有的某些酶的量是恒定在某一定范围内的，而当机体患上某些疾病时，由于组织、细胞受到损伤或者代谢异常就会引起体内的某种或某些酶的活力发生相应的改变，根据这些酶的活力变化情况，就可以进行相关疾病的诊断。表 10.20 列出了一些酶活力变化与相关疾病的关系。

表 10.20 利用某些酶在体内的活力变化诊断疾病

酶	疾病与酶活力变化的关系
淀粉酶	胰脏疾病和肾脏疾病导致酶活力升高;肝脏疾病可导致酶活力下降
胆碱酯酶	肝脏疾病、有机磷中毒等疾病可使酶活力下降
酸性磷酸酶	前列腺癌、肝炎、红血球病变等可导致酶活力升高
碱性磷酸酶	佝偻病、软骨化病、骨瘤、甲状腺机能亢进等可使酶活力升高;软骨发育不全等使酶活力下降
谷丙转氨酶	肝炎、心肌梗死等可使酶活力升高
谷草转氨酶	肝病、心肌梗死等使酶活力升高
γ-谷氨酰转肽酶	原发性和继发性肝癌可使酶活力增高至 200U 以上;胰头癌、阻塞性黄疸、肝硬化、胆道癌等会使血清中酶活力升高
精氨酰琥珀酸裂解酶	急、慢性肝炎等疾病可使血清中的酶活性升高
胃蛋白酶	胃癌使酶活力升高;十二指肠溃疡使酶活力下降
磷酸葡萄糖变位酶	肝炎、癌症等会使酶活力升高
β-葡萄糖醛缩酶	肾癌、膀胱癌可使酶活力升高
碳酸酐酶	坏血病、贫血等可使酶活力升高
乳酸脱氢酶	肝癌、急性肝炎、心肌梗死等可使酶活力显著升高;而肝硬化时,酶活力却保持恒定
端粒酶	癌细胞中含有端粒酶,而正常细胞中没有端粒酶活性
山梨醇脱氢酶	急性肝炎使酶活力显著提高;阻塞性黄疸及胆道疾病却不能使酶活力升高
5′-核苷酸酶	阻塞性黄疸、肝癌等可使酶活力显著增高
脂肪酶	急性胰腺炎使酶活力显著增高;胰腺癌、胆管炎使酶活力升高

酶	疾病与酶活力变化的关系
肌酸磷酸激酶	心肌梗死可使酶活力显著升高;肌炎、肌肉创伤等可使酶活力升高
α-羟基丁酸脱氢酶	心肌梗死、心肌炎使酶活力增高
单胺氧化酶	肝脏纤维化、糖尿病、甲状腺机能亢进等使酶活力升高
磷酸己糖异构酶	急性肝炎会使酶活力急剧升高;心肌梗死、急性肾炎、脑出血等使酶活力明显升高
鸟氨酸氨基甲酰转移酶	急性肝炎使酶活力急速升高;肝癌使酶活力明显升高
乳酸脱氢酶同工酶	心肌梗死、恶性贫血等使 LDH_1 活力增高;白血病、肌肉萎缩使 LDH_2 活性增高;白血病、淋巴肉瘤、肺癌使 LDH_3 活性增高;转移性肝癌、结肠癌使 LDH_4 活性增高;肝炎、原发性肝癌、脂肪肝、心肌梗死、外伤、骨折使 LDH_5 活性增高
葡萄糖氧化酶	测定血糖含量诊断糖尿病
亮氨酸氨肽酶	肝癌、阴道癌、阻塞性黄疸等疾病会使酶活力明显升高

10.11.1.2 用酶测定体内某些物质的量的变化诊断疾病

通常人体在出现某些疾病时,由于代谢异常或者某些组织器官受到损伤会引起体内某些物质的量或者存在部位发生变化,利用酶催化反应可以快速、准确地测量这些物质的量的变化,从而对疾病进行诊断。表 10.21 为用酶测定某些物质的量的变化进行的疾病诊断。

表 10.21　用酶测定某些物质的量的变化进行的疾病诊断

酶	测定的物质	诊断疾病
葡萄糖氧化酶	葡萄糖	诊断糖尿病
葡萄糖氧化酶+过氧化物酶	葡萄糖	诊断糖尿病
尿素酶	尿素	诊断肝脏、肾脏病变
谷氨酰胺酶	谷氨酰胺	诊断肝昏迷、肝硬化
胆固醇氧化酶	胆固醇	诊断高血脂症
DNA 聚合酶	基因	诊断基因变异、检测癌基因

10.11.2　用于疾病治疗的酶

除了可以用酶来诊断疾病之外,酶也可以作为药物用于多种疾病的治疗。很早之前,人们就会利用酶进行疾病的治疗,据《左传》记载,中国的祖先在 2500 年前就懂得利用曲治病,其实质就是利用在谷物中生长的各种微生物所产生的酶类进行疾病治疗。通常将用于治疗疾病的酶称为药用酶,从应用实践来看,药用酶具有疗效显著、副作用小等特点,应用范围也越来越广泛。表 10.22 为在疾病治疗方面已获应用的酶。

表 10.22　一些已在疾病治疗中应用的酶

酶	来　源	用　途
淀粉酶	胰脏、麦芽、微生物	治疗消化不良、食欲不振等
蛋白酶	胰脏、胃、植物、微生物	治疗消化不良、食欲不振;消炎、消肿;除去坏死组织,促进创伤愈合;降低血压
脂肪酶	胰脏、微生物	治疗消化不良、食欲不振
纤维素酶	霉菌	治疗消化不良、食欲不振
溶菌酶	蛋清、细菌	治疗各种细菌性和病毒性疾病
尿激酶	男性尿液	治疗心肌梗死、脑血栓、肺血栓等
链激酶	链球菌	治疗血栓性静脉炎、咳痰、血肿、骨折、外伤等
链道酶	链球菌	治疗炎症、血管栓塞;清洁外伤创面
青霉素酶	蜡状芽孢杆菌	治疗青霉素引起的变态反应
L-天冬酰胺酶	大肠杆菌	治疗白血病
超氧化物歧化酶	微生物、植物、动物血液、肝脏等	预防辐射损伤;治疗红斑狼疮、皮肌炎、氧中毒等
凝血酶	动物、蛇、细菌、酵母等	治疗各种出血病

酶	来　源	用　途
胶原酶	细菌	分解胶原;消炎、化脓、脱痂;治疗溃疡等
右旋糖酐酶	微生物	预防龋齿
胆碱酯酶	细菌	治疗皮肤病、支气管炎、气喘等
溶纤酶	蚯蚓	治疗血栓性疾病
弹性蛋白酶	胰脏	治疗动脉硬化;降血脂等
核糖核酸酶	胰脏	抗感染;祛痰;治疗肝癌等
尿酸酶	牛肾	治疗痛风
L-精氨酸酶	微生物	抗癌
L-组氨酸酶	微生物	抗癌
L-蛋氨酸酶	微生物	抗癌
谷氨酸酰胺酶	微生物	抗癌
α-半乳糖苷酶	牛肝、人胎盘	治疗遗传缺陷症
核酸类酶	生物或人工改造	基因治疗;治疗病毒性疾病
降纤酶	蛇毒	溶解血栓
木瓜凝乳蛋白酶	番木瓜	治疗腰间盘突出;辅助治疗肿瘤
抗体酶	分子修饰、诱导	与特异抗原反应,清除各种致病性抗原

目前在疾病治疗中常用的酶有各类蛋白酶、淀粉酶、脂肪酶、溶菌酶、超氧化物歧化酶、L-天冬酰胺酶、尿激酶、纳豆激酶、降纤酶、凝血酶、激肽释放酶、组织纤溶酶原激活剂、乳糖酶、核酸类酶等。

10.12　靶酶及酶标药物

在生物体内新陈代谢过程中进行的多种化学反应几乎都是在酶的催化下,以一定的速度、按确定的方向进行的。其中的每一种酶都有一些特定的抑制剂,通常将这种酶称为该抑制剂的靶酶。

传统上,人们只是根据某些化合物对某种疾病有一定治疗作用作为设计药物的线索,大量合成出其类似物,从中进行筛选,并获得某种疗效最好的药物。而近些年来,人们可以根据药物在生物体内可能的作用目标,如酶或受体,来设计药物,通常将由此获得的药物成为酶标药物。

血管紧张素肽转换酶（ACE）抑制剂是酶标药物的一个成功实例。人们已经知道,血管紧张素肽在人体内是以前体的形式分泌出来,经 ACE 水解后生成血管紧张素肽,从而引起血压升高。据此,人们设想通过抑制 ACE 应可以控制血管紧张素肽的释放,进而就能抑制血压的升高。通过大量的研究和实践,这一设想目前已经得到证实,许多血管紧张素肽转换酶（ACE）的抑制剂已经成为重要的常用降压药物。

同样在酶标药物研究中值得注意的例子是关于新型青霉素的研制。人们已经认识到细菌对青霉素的耐药性是由于细菌在青霉素的诱导下能大量合成青霉素酰胺酶,从而大大加快青霉素的水解造成的。在此认识的基础上,使青霉素酰胺酶在一段时间内成为了研究的热点,目前人们已经能够利用青霉素酰胺酶除去青霉素分子中的苄基,代之以其它基团,从而获得了能够抗青霉素酰胺酶的新型青霉素。与此同时,人们也在努力设计能够抑制青霉素酰胺酶的抑制剂从而抑制耐药细菌的青霉素酰胺酶,使细菌对青霉素的耐药性大为降低,但迄今尚未成功。

目前,利用酶标药物的设计方法已经成为药物设计的主流,在新药的研发中将会起重要的作用。

11 酶工程发展展望

酶工程发展至今，已经成为生物工程的重要组成部分，但离酶工程的潜力和人们对它的期望尚有相当的距离。未来酶工程的发展将很大程度上决定酶工程的未来。在今后相当长的一段时期内，酶工程将在新酶的发现、天然酶的改造、仿生酶的研究、酶应用领域的扩展等领域内进行大量的研究，以期为酶工程的各个应用领域提供稳定性好、活性高、寿命长的优良酶制剂，进而扩大酶工程的应用领域和影响度。

11.1 新酶的发现

迄今为止，酶成功应用的基础之一是人们发现了各种不同的酶。酶是酶工程的核心，没有了各种有应用价值的酶，就谈不上酶工程及其应用。如何有效地从自然界筛选或发现符合要求的新酶是酶工程获得进一步发展的基础和前提。

地球上多种多样的微生物或其它动植物为新酶的发现提供了坚实的基础，其中微生物已经成为酶的最大来源。这些在自然界中无处不在的肉眼看不见、大小不一的微生物能产生至少几百万种不同的酶，能够合成生命所需的各种物质，也能够分解所有的生命物质和许多人造化合物。数量惊人的酶和这些酶具有的惊人性质为酶工程的发展提供了扎实的基础和保障。已经有相当多的实践证明，绝大多数的酶可以用于工业生产或具有应用于工业生产的能力。

由于每一种微生物都能产生数以千计的不同类型的酶，在实践上就需要从大量的微生物库中分离出能够满足需要的酶。实际上，寻找有特殊用途的新酶犹如大海捞针，如何有效发现新酶就显得十分重要，也是酶工程发展所需要的动力和源泉。已经有相当多的技术可以用于新酶的发现，并克服了传统方法的局限，得到了广泛的应用。

（1）基于活性的筛选策略　利用分子筛选技术能够在许多条件未知的情况下，不需要活性测定就能分离出各种各样的酶。从一种生物中找到一种有趣的酶，然后就可以根据 DNA 的同源性从另外许多生物中十分有效地分离出相似活性的未知酶的基因，甚至在没有这些信息的条件下，也可以用新的 DNA 阵列技术分离出新酶。

（2）基于基因组发现新酶　基因组研究的进展为新酶的发现提供了无限的机会，人类相继完成了人、水稻、昆虫、酵母、细菌等基因组的序列测顶工作，获得了大量的基因组数据，这些基因组数据为利用生物信息学方法寻找新酶提供了许多便利的条件。可以基于基因组数据，利用计算机辅助方法快速从基因组数据库中寻找出所需的新酶。

（3）基于超级基因组文库发现新酶　利用聚合酶链反应（PCR）技术直接研究环境样本中微生物的 DNA 就会发现，自然界中未经培养的微生物数量十分惊人，利用这些至今还未经过科学研究的微生物遗传资源就需要发展新的方法。可以从环境样本中直接提取 DNA，随后克隆到适当的基因载体上，构建复杂的基因组文库，克隆在某一时刻某一生活环境中所有微生物的总基因组（称为超级基因组），这个超级基因组文库是用 DNA 探针进行 DNA-DNA 杂交或者 PCR 筛选新酶基因的基础。

已经成功地从超级基因组文库中筛选到甲壳质酶、淀粉酶、核酸酶、酯酶/脂酶、蛋白酶、加氧酶等，结果令人鼓舞，筛选新酶的前景也非常诱人。但值得注意的是，筛选方法的效率是该法的最大限制因素，利用不同的宿主表达系统可大大提高异种的表达筛选的成功率。基于微生物的资源，直接构建超级基因组文库并结合活性筛选技术可能会使新酶的发现获得新的突破。

此外，利用生物信息学通过对公开的或专利性的基因组数据库、蛋白质数据库进行计算机分子模拟，也有可能鉴别出令人感兴趣的酶基因，从而发现新酶。

众所周知，现在使用的酶还十分有限，远远不能满足人们日益增长的对酶的需要。人们正在发现更多、更好的新酶来满足不同的需要，基于各种技术获得的抗体酶、核酸酶、端粒酶等将成为新酶研究的重要领域，且伴随着人类基因组计划的巨大成果、基因组学和蛋白质组学的诞生和发展、生物信息学的兴起和发展以及 DNA 重排技术、细胞活噬菌体表面展示技术的发展，预期在不久的将来，众多新酶将会出现，并使酶的应用达到前所未有的广度和深度。

11.2　天然酶的改造

生物体之所以能够相对独立地存在于自然界中，并维持其独立性和生命的延续性，都是因为生物体内的一系列酶在发挥着作用。生物体内组成生命活动的大量生化反应都是在酶的催化作用下得以按照预定的方向有序、精确而顺利地进行，几乎所有生物的生理现象都与酶的作用紧密相关。可以这样说，没有酶的存在，就没有生物体的一切生命活动。同样，在酶的应用领域中，酶作为生物催化剂所具有的高效催化作用和高度的立体选择性，是常规的化学催化剂所无法比拟的。利用酶作为催化剂进行生物催化与生物转化，已成为生产精细化学品、手性药物、食品添加剂等的重要工具，成功地进行了氧化、脱氢、脱氨、还原、羟基化、甲基化、酯化、酰胺化、磷酸化、开环反应、异构化、侧链切除、缩合反应及卤代等反应，并已在有机合成、手性物质合成与拆分、油和脂肪的修饰改造、多肽合成等实际工作中获得了广泛应用。

但是，随着酶催化应用范围的不断扩大和研究的逐步深入，研究者发现，酶催化的精确性和有效性常常不能很好地满足酶学研究和工业化应用的要求。这主要是由于天然酶的稳定性差、活性低使催化水平很低，以及缺乏有商业价值的催化功能及其它性质，同时越来越多的情况需要一些酶催化很多在自然界中并不存在的各种底物来完成特定的反应过程，此时，自然界中存在的天然酶就不能很好地胜任人们对它寄予的期望。究其原因，还得归咎于酶的自然进化过程。在自然进化过程中，进化保证了酶对环境任何改变的适应能力，但是自然进化既没有特定的方向，也没有特定的目标，它是在整个生物的繁殖和生存过程中自发进行，此时酶的进化主要不是表现为某个酶分子的活力和稳定性的不断提高，而是在于生物整体的适应能力、调控能力的增强，因此，通常只要求酶在生物体内对特定的生物学功能有专一性。而在酶催化过程的研究和应用过程中，人们总是期望酶的活力和稳定性越高越好，并具备良好的催化性能，能在非水溶剂等特殊条件下进行催化反应，尤其重要的是能接受自然界中不存在的各种底物。正是由于天然酶的性质与实际应用过程中人们对酶的期望之间的巨大差距，使得对天然酶在分子水平上进行改造显得十分重要和迫切。

从目前的情况来看，具有新功能和特性的酶可以通过从大量未知的自然种系中寻找以及对现有的天然酶进行改造来获得。其中对于在自然进化过程中没有经过特性和功能选择的酶而言，对现有的天然酶进行改造比大量筛选可能更加合适。无数的研究工作已经表明，酶分子内某些氨基酸残基的微小改变可使酶的催化能力和立体选择性得到很大的改善。但遗憾的是，酶分子中氨基酸残基与它的空间结构以及结构-功能之间相互关系等信息严重匮乏，加上这些关系又非常复杂，迄今为止，人们对它们的理解和认识仍然非常肤浅。因此，如何利用相对简单的方法，达到对天然酶的改造或构建新的非天然酶，以及探索其结构改变与催化能力之间的关系，就显得非常有研究意义和应用前景。

睿智的研究者看到了基因工程、蛋白质工程和计算机技术的迅猛发展和相互渗透使人们对酶分子的设计和改造成为可能。通过运用这些学科的理论和技术，可以使发生在自然界中漫长的进化过程在实验室中得以模拟，使人类可以按照自己的意愿和需要改造酶分子，甚至设计出自然界中原来并不存在的全新酶分子。这一思想一经提出就很快得到了实验的支持，在前人研究工作的基础上美国科学家 Arnold F. H. 首先提出酶分子的定向进化的概念，并用于天然酶的改造或构建新的非天然酶。酶分子的定向进化技术就是人为地创造特殊的进化条件，模拟自然进化机制，在体外对基因进行随机突变，从一个或多个已经存在的亲本酶（天然的或者人为获得的）出发，经过基因的突变和重组，构建一个人工突变酶库，通过一定的筛选或选择方法最终获得预先期望的具有某些特性的进化酶。与自然进化相比，酶分子的定向进化过程完全是在人为控制下进行的，使酶分子朝向人们期望的特定目标进化。该技术的突出优点是不需要了解酶的空间结构和催化机制，适宜于任何蛋白质分子的生物改造。近年来，随着诸如易错 PCR（error-prone PCR）、DNA 改组等技术的应用，在对目的基因表达有高效检测筛选系统的条件下，尽管尚不清楚酶分子的结构等特性，采用酶分子的定向进化策略，仍能获得具有预期特性的新酶，实现酶分子的人为快速进化。诸多的研究表明，在目前对酶分子认识还不成熟的情况下，通过 DNA 水平上的适当修饰来改变酶的氨基酸顺序，进而改变酶的性能，有可能在重组生物中产生新的酶类，并获得比天然酶活力更高、稳定性和催化性能更好的进化酶，以满足研究和应用的需要。从文献报道来看，该技术已经成为了国际上酶学、生物催化和转化等领域研究的潜在热点，并已有成功利用该技术获得相应进化酶的报道。

在分子水平上研究酶和代谢途径还需要对完整的微生物、单独的细胞、细胞器、酶之间的相互关系等有清晰的了解，只有这样才能有效地进行生物合成和酶的设计。在基因组层次和蛋白组层次上对酶表达水平和酶活性的调控机制、初级代谢和次级代谢之间的相互关系、天然化合物和非天然化合物进出细胞和细胞器的运输机制以及与产物分离相关的运输蛋白和转运机理的详细研究将有助于设计新型酶催化系统，提高酶催化的生产效率。

生物学的复杂性迫使科学家用非常不准确的方式模拟酶系统，发展人工催化剂。与结构精巧、相对分子质量大至 500000 的酶（如模拟酶等）相比，人工催化剂则为相对简单的小分子，可以设计并合成出新型的多功能催化体系，用于多种合成过程。随着对代谢途径和生物识别现象的全面了解，也可能会发展出生物模拟系统。生物分子信息学的发展也有助于新型生物催化剂的设计，从头设计出新酶。与定向进化方法相结合，针对具体目标分子可以设计出高度选择性的新酶。

杂交酶的出现及相关技术的发展为酶学研究和应用开创了一个全新的领域。杂交酶是在蛋白质工程的基础上产生的，是指由两种或两种以上的酶的不同片段构建的新酶，通过杂交不仅可以使亲本酶的优势得到互补，并且可以创造出具有新催化功能的新酶。目前，杂交酶的发展非常迅速，可以预期，杂交酶将会给酶工程的研究和应用开辟一条重要的新途径。

对天然酶进行适当的化学改造也是目前酶工程研究中的一个热点，已经取得了很多进展，并已用于医药等多个领域。

11.3 仿生酶的研究

近些年来，对传统酶催化反应的改进大大促进了酶的应用，新酶的发现和天然酶的突变改进了酶的特性，使酶能够表现出更好的活性和稳定性，能够耐受有机介质的影响，在非水介质中使用，同时在有些情况下还增加了酶对非水溶性底物的选择性。因为在很多情况下，底物是水不溶性的，这种重大改进可以大大提高酶的使用价值。而当现有的酶都不能适合某一个合成反应时，就需要进行仿生酶的研究。

仿生酶是指以天然酶作为模板设计的人工酶或者是从头设计出的人工酶。由于现有天然酶的选择性和反应活性是以多肽形成的复杂高级结构为基础的，由活性部位和底物结合部位以及性质还未完全弄清的主体结构组成，这就提示人们有可能在去除酶的很大一部分结构、只保留活性部位和底物结合区等极少部分结构时，酶仍然具有相应的性质。这样构建的酶就要比天然酶简单得多，且更有利于理解酶的反应机理。然而，遗憾的是，迄今为止，仿生酶在不对称有机合成反应中的应用还非常有限。

设计仿生酶的途径之一是利用宿主分子明显的、与天然酶相对应的官能团，期望对选择的反应具有催化作用。可以设计出在分子水平上模拟酶活性中心的结构特征和催化作用机制的仿生酶。该法已经在抗体酶的研究中取得了相当大的成功，同样也激发了近年来利用分子印迹技术构建人工酶，可以利用组合化学制备一个有催化活性的文库，然后再根据催化活性进行直接筛选，获得相应的仿生酶。

已经有关于细胞色素 P450 的高效模拟系统的成功报道。

由于结构简单、性质稳定，模拟的仿生酶可能在某些情况下比天然酶更具有吸引力，但是值得指出的是，仿生酶确实失去了很多酶内在的选择性质。目前它还不能在工业上大规模使用，而仅仅处于研究阶段，但今后呢？或许会有人们现在所意想不到的结果。

11.4 酶应用范围的扩大

酶在多个领域内有巨大的应用潜力，但实际上目前还仅仅是主要局限于水解酶和氧化还原酶等降解类型酶，如何扩大酶的应用范围将是今后一段时期内十分重要的任务。

在已知的几千种酶中，现在得以应用的酶尚不足 10%，而已经大规模生产和应用的就更少，只不过区区几十种，大多数酶的应用有待进一步拓展和开发，酶的应用潜力十分巨大。

近年来的大量研究已经表明，在非水介质中酶常常会有高度的选择性，包括立体选择性、对映体选择性、区域选择性和化学选择性，这为非水介质酶催化在有机合成领域中的应用开辟了极有意义的新天地。酶在非水介质中的催化行为使酶工程的应用得到巨大突破，目前已经能够在有机相中完成的反应有氧化、还原、脱氧、脱氨、羟化、甲基化、酰胺化、磷酸化、异构化、环氧化、开环、卤化等。迄今为止，已有以脂肪酶、蛋白酶为典型代表的多种酶被用于非水介质中催化酯化、酯交换、肽合成和大环内酯合成等多种反应，其中特别在前手性化合物的不对称合成、对映体的选择性拆分等方面获得了有重要意义的应用。

非水介质酶催化的成功应用不但在理论上提高了人们对酶催化的认识水平，而且在实践上具有重要的应用价值，将有力地促进酶在有机合成中的广泛应用，进一步推动酶工程的迅猛发展。

有机合成和生物合成的整合将是酶工程发展的一个长期目标，现有的生物酶-化学催化合成方法上存在很大的局限性，需要尽快使用分子生物学的原理指导复杂分子的合成。合成工具也不应该只是单个的酶，而应包括多个酶组成的阵列，允许多个化合物的并行转化，实现精确合成复杂分子的要求。

单酶催化和酶系催化是酶法合成化合物不可分割的重要部分，酶与环境相互作用的研究将为酶动力学的调控、辅酶的人工再生系统和产物原位分离提供知识和技术基础。

几十年来发展起来的固定化技术、酶分子修饰技术、酶在非水介质中的催化技术使酶在应用过程中的不足得以克服或缓解，使酶的催化功能得以充分发挥，也使酶的应用前景更为美好。

11.5 新应用领域中酶催化动力学的研究

酶工程的主要目标是用酶的催化能力进行纯粹化学方法不能完成的各种合成。随着酶的应用领域扩大，设计的新体系也逐渐增加，例如，超临界 CO_2 体系中的酶催化以及酶在有机介质、双液相反应体系内的催化得到了人们的重视，相关的动力学问题也就随之产生，对这些体系内酶催化动力学也就获得了一定进展。

已经有酶在超临界 CO_2 体系进行催化反应的报道，诸如 α-淀粉酶、脂肪酶、葡萄糖氧化酶等多种酶在超临界 CO_2 体系中能维持相当的活性和稳定性，并已有研究超临界 CO_2 条件下压力、溶解度参数和水含量对酯基转移酶催化反应影响的报道。

双液相酶催化反应实际上是指酶在有机溶剂-水两相或有机溶剂-有机溶剂两相中的催化反应。传统观念一般认为，酶只作用于溶解在水中的底物，因此，当底物水溶性低时就会限制酶催化的反应速度。但事实上，只要条件合适，酶也可在非水溶液中进行催化反应，并已经在如肽的合成、旋光性物质的合成合伙拆分、不溶于水的化学物质的酶法分析、酯和酯的交换反应、甾体氧化、脱氢反应、酚类聚合反应等很多过程中显示出特有的优点。但如何选择合适的反应体系仍是一个悬而未决的问题，尚有待于进一步的研究予以解决。已经有大量的关于非水介质酶催化反应动力学和应用的报道。

预期酶的遗传工程研究能奠定多步、多级串联催化的基础，并蕴藏着巨大的应用前景。研究各种酶的活性、结构和机理，通过新化学修饰可以影响到酶的活性和稳定性，研究非常规介质中酶的活性，通过遗传工程方法生产在催化性能和生理-化学性能方面都更好的重要酶，可为酶工程的发展打下实验和理论的基础。

关于酶的活性部位结构、蛋白质修饰效果、酶系功能、细胞器甚至完整细胞知识和化学催化机理知识的积累和深化将是酶工程新突破的理论和技术基础。

总之，在酶工程得到迅猛发展的同时，也存在不少挑战，今后相当长时期内，酶工程将以更快的速度向纵深发展。一旦这些挑战被人们征服后，酶工程将可能发挥越来越重要的作用，也将会给人类带来更多的帮助和益处。

参 考 文 献

1　罗贵民主编. 曹淑桂，张今副主编. 现代生物技术丛书. 酶工程. 北京：化学工业出版社，2002

2　张今编著. 进化生物技术-酶定向分子进化. 北京：科学出版社，2004

3　邹国林，朱汝璠编著. 酶学. 武汉：武汉大学出版社，1997

4　袁勤生，赵健，王维育主编. 应用酶学. 上海：华东理工大学出版社，1994

5　袁勤生主编. 现代酶学. 上海：华东理工大学出版社，2001

6　陈石根，周润琦编著. 酶学. 上海：复旦大学出版社，2001

7　李学勇主编. 中国生物产业调研报告. 北京：中央文献出版社，2004

8　张玉彬编著. 生物催化的手性合成. 北京：化学工业出版社，2002

9　郭勇编著. 酶的生产与应用. 北京：化学工业出版社，2003

10　熊宗贵主编. 生物技术制药. 北京：高等教育出版社，1999

11　王大成主编. 现代生物技术丛书. 蛋白质工程. 北京：化学工业出版社，2002

12　梅乐和，姚善泾，林东强编著. 生化生产工艺学. 北京：科学出版社，1999

13　蔡谨，孟文芳. 生命的催化剂-酶工程. 杭州：浙江大学出版社，2002

14　岑沛霖主编. 生物工程导论. 北京：化学工业出版社，2004

15　Rolf D Schmid. Pocket Guide to Biotechnology and Genetic Engineering. Wiley-VCH，Germany，2002

16　岑沛霖，蔡谨编著. 工业微生物学. 北京：化学工业出版社，2000

17　张树政主编. 酶制剂工业. 北京：科学出版社，1989

18　宋思扬，楼士林主编. 生物技术概论. 北京：科学出版社，2001

19　古练权，马林编著. 生物有机化学. 北京：高等教育出版社，1998

20　Jan-Christer Janson and Lars Ryden. Protein Purification. 2rd ed. Wiley-VCH，Germany，1999

21　贾士儒编著. 生物反应工程原理. 北京：科学出版社，2003

22　James E. Bailey and David F Ollis. Biochemical Engineering Fundamentals. 2nd. McGraw-Hill International Editions，1986

23　Henry C Vogel. Fermentation and Biochemical Engineering Handbook—Principle，Process design and equipment. Noyes Pubilications，USA，1983

24　Daniel I C Wang，et al. Fermentation and Enzyme Technology. John Wiley & Sons，USA，1979

25　熊振平等编著. 生物工程丛书. 酶工程. 北京：化学工业出版社，1989

26　陈啁声，王大琛，赵大健等编著. 生物工程丛书. 微生物工程. 北京：化学工业出版社，1987

27　姚汝华主编. 微生物工程工艺原理. 广州：华南理工大学出版社，1996

28　邬显章编著. 酶的工业生产技术. 长春：吉林科学技术出版社，1988

29　郭勇，郑穗平编著. 酶学. 广州：华南理工大学出版社，2000

30　李荣秀，李平作主编. 现代生物技术制药丛书. 酶工程制药. 北京：化学工业出版社，2004

31　戚以政，汪叔雄编著. 生化反应动力学与反应器. 第2版. 北京：化学工业出版社，1999